DE BRIL VAN DARWIN

MARK NELISSEN

De bril van Darwin

Op zoek naar de wortels van ons gedrag

lannoo

Met dank aan de student die mij twintig jaar lang heeft onderwezen in wat belangrijke en interessante vragen zijn.

Vierde druk
Bezoek onze website www.lannoo.be
Omslagontwerp Studio Lannoo

D/2003/45/18 - ISBN 90 209 4116 x (3de bijdruk) - NUGI 822

Gezet, gedrukt en gebonden bij Drukkerij Lannoo nv, Tielt

INHOUD

EVEN EEN KORTE INLEIDING

Logisch toch? Zo gaat dat nu eenmaal. Het is altijd zo geweest en zal ook altijd wel zo blijven. Waarom zouden we ons er zorgen over maken? We doen wat we doen en daarmee uit.

Zo dachten we vroeger graag over ons gedrag, over de dingen die we doen of juist laten, als individu of in groepsverband. Eeuwenlang was dat onze opvatting: gedrag was er nu eenmaal en kon gemakkelijk worden uitgelegd als het resultaat van onze superieure ratio, als een creatie van een opperwezen of als een procesmatig iets dat leidt naar een welbepaald doel. Of het werd helemáál niet verklaard, omdat ons gedrag gewoon te vanzelfsprekend is. Een beetje zoals een appel die losraakt van de tak en dan regelrecht en zonder omwegen naar beneden valt. Wij hebben appels al eeuwen lang zo zien vallen; waarom zouden we dat verklaren?

Er kwam een tijd dat we wat minder prat gingen op onze superieure ratio en op ons intellect. We gingen dat intellect gebruiken om vragen te stellen, vragen die toch niet zo héél overbodig leken. Waarom valt een appel? Waarom stijgt hij niet op, zoals rook? Denken heeft ons weinig kwaad gedaan: het heeft ons bijvoorbeeld uit de duistere Middeleeuwen geholpen. Denken heeft ons echter meer vragen opgeleverd dan antwoorden. Die vragen werden hoe langer hoe gekker, de antwoorden steeds moeilijker te vinden. Totdat we onszelf – omdat we kennelijk toch niks beters te doen hadden – zelfs gingen afvragen waarom we elkaar een hand geven bij wijze van groet. Waarom we ons achter het oor krabben zonder dat het daar jeukt. Waarom we een vaste partner hebben en deze bedriegen. Waarom we oorlog voeren en vrouwen verkrachten. Of waarom we zieken verzorgen en geld storten voor hongerende kinderen in een ver en heet land. Kortom: waarom we ons gedragen zoals we ons gedragen. Toch een mooi uitgangspunt om daar – nog maar eens! – een boek aan te wijden?

Welja, het kan niet op: het zoveelste boek over gedrag. En toch leek het me verstandig. De afgelopen decennia zijn onze ideeën over gedrag zo spectaculair snel veranderd dat het bijna niet meer te volgen is. Wie niet getraind is in evolutionair denken, kan niet meer mee. Vakliteratuur wordt met het jaar minder toegankelijk en richt zich steeds nadrukkelijker op deskundigen. Toch bent u, lezer dezes, geïnteresseerd in de vragen die men vroeger niet eens wílde stellen. U wilt weten waarom we dingen doen – of juist laten – zonder te verdrinken in specialistische boeken en artikelen over gedrag. Er verschijnen erg veel werken en artikelen over gedrag, maar ze zijn meestal geschreven voor 'gevorderden' of blijven erg aan de oppervlakte.

Maar biologie is een prachtige wetenschap die voor iedereen toegankelijk zou moeten zijn. Ook als het gaat om dat complexe deelgebied van het menselijk gedrag. Dit boek doet een poging om de biologie van de mens iets toegankelijker te maken voor iedereen die er interesse voor toont. Ik bedoel inderdaad iedereen en verwacht ook geen voorkennis. Alleen nieuwsgierigheid en honger. Honger naar kennis.

Dat is dus mijn opzet: in heldere bewoordingen een beeld schetsen van manieren waarop we die 'nieuwe' vragen kunnen aanpakken. Dit boek is geen naslagwerk, want dan zou het gauw vijfhonderd keer dikker moeten zijn. En het is ook niet volledig, want ontelbare vragen blijven onbeantwoord. Nee, het is gewoon een voorzichtige eerste kennismaking met een vakgebied dat zo mooi, zo rijk en zo mysterieus is dat ik er jaren geleden smoorverliefd op werd. Ik ben niet jaloers en wil die verliefdheid aan u kenbaar maken, zodat ze misschien ook een beetje op u overslaat. De moderne gedragsbiologie is inderdaad – sta me deze plechtige woorden toe – de mooiste intellectuele discipline die onze ratio heeft voortgebracht. En ik hoop dat er van dat enorme vuur dat in mij brandt, toch een vonkje op u mag overspringen. Waarom ik dat wil? Ik weet het niet... iets in mijn gedrag misschien. Wie weet, mogelijk vinden we straks het antwoord in een van de paragrafen van dit boek!

Wanneer u dit boek uit hebt, weet u toch het een en ander over het mechanisme van de evolutie en vooral ook over het gedrag van de mens. Altijd leuk, die intellectuele kick weer iets meer te weten. Maar daarnaast kan dit boek u nog iets anders bijbrengen. Inzicht in de evolutie wil namelijk wel eens louterend werken. Ons meer vertellen over onszelf in verband met al die dingen die verkeerd lopen in ons gedrag. Op korte termijn moet u daar niet zo heel veel van verwachten, maar toch: alle kleine beetjes helpen. Welja, u mag het best een missie noemen: ik wil met dit boek een steentje bijdragen tot het doen ontstaan van een juister mensbeeld. In de hoop dat daardoor op langere termijn een einde kan komen aan zekere wantoestanden. Deze missie heeft alleen kans van slagen als ik veel mensen bereik. Daarom is dit boek geschreven voor iedereen.

Hoe gaan we te werk? Aangezien dit verhaal bestemd is voor een breed publiek en dus ook voor mensen zonder bijzondere biologische kennis, behandel ik eerst een aantal elementaire dingen die we nodig hebben om iets van het menselijk gedrag te kunnen snappen. Dat doen we op een gemakkelijk te begrijpen manier en we beginnen gewoon bij nul. Eerst gaan we kijken wat evolutie is. Wat heeft Darwin ons geleerd? Hoe werkt evolutie en wat is natuurlijke selectie? Een voorbeeld zal veel duidelijk maken.

In ons verhaal zijn we vooral geïnteresseerd in de evolutie van de mens. Dat wordt het volgende hoofdstuk. Waar komen we vandaan? Wie waren onze verre en nabije voorouders? Hoe leefden zij? Die dingen hebben we nodig om ons huidige gedrag te begrijpen. Want ik zal u nu al verklappen dat wij ons doen en laten vandaag alleen kunnen verklaren aan de hand van het gedrag van onze voorouders. Dus moeten we toch even met hen kennismaken.

Vervolgens richten we onze blik op het gedrag. U denkt misschien dat u wel weet wat gedrag is, maar vergis u niet. Oké – zegt u – de hond die kwispelt, dat is gedrag. En het meisje dat verleidelijk glimlacht, dat is ook gedrag. Maar zo simpel is het niet. Gedrag is een heel ingewikkeld biologisch systeem en er komt veel meer bij kijken dan u misschien denkt. We gaan straks ons gedrag als het ware opensnijden om het beter te bekijken. Waar komt het vandaan? Hoe is het opgebouwd? Tot zover de hoofdstukken die de nodige basiskennis behandelen. Misschien aan de lange kant voor een stoomcursus, maar ik raad u aan éventjes door te bijten.

Dan wordt het tijd om de twee behandelde onderwerpen – evolutie en gedrag – te combineren. Ja, we leggen de evolutie van het gedrag zelf onder de loep. Klinkt al iets abstracter, maar voorbeelden laten zien hoe verduveld concreet het allemaal is.

In de hoofdstukken daarna analyseren we een paar grote 'gedragssystemen'. Het gaat om brede gedragsstelsels waarbinnen we allerlei kleinere gedragingen gaan bekijken. De keuze is eigenlijk willekeurig – ik had ook andere stelsels van gedragingen kunnen kiezen – maar het gaat toch over boeiende thema's die voor een groot deel ons dagelijks leven beheersen. Daar komt bij dat er veel onderzoek naar is gedaan. En als wetenschapper mag ik nu eenmaal geen dingen uit mijn duim zuigen. Vandaar.

We blijven onder meer uitvoerig stilstaan bij het voortplantingsgedrag – de voornaamste 'speelbal' van de evolutie. Jaja, we gaan het hebben over seksueel gedrag, maar verwacht geen pornografie. Ik leg uit waar seks vandaan komt. En wat het fundamentele verschil is tussen man en vrouw (ook al dacht u dat te weten!). Ook kijken we naar de verschillende factoren die bepalen welk seksueel gedrag man en vrouw volgen. Vragen die daarbij rijzen zijn bijvoorbeeld: waarom doen wij aan overspel? Wat is het 'nut' van verkrachting, een van de gruwelijkste dingen die uit ons gedrag voortspruiten? We bekijken ook de houding van ouders tegenover hun kinderen. Is er een verschil met stiefouders?

Een ander groot gedragsstelsel is het agressief gedrag. Agressie reikt van het minimale niveau – de intonatie van een woord – tot allesverwoestende oorlogen op mondiale schaal. Ook hier de vraag waar het vandaan komt en of het nut heeft. Of is agressief gedrag een afwijking, een ziekte die we zouden moeten uitroeien? We zullen inzien dat die vragen allemaal een bevestigend antwoord moeten krijgen: agressie heeft een biologische functie, maar is bij ons toch wel extreem ontaard. Heeft oorlog bijvoorbeeld biologische wortels? Velen beweren (en hopen) van niet, maar de moderne gedragsbiologie leert ons wat anders. Op kleine schaal vind je agressie terug in de vorm van dominant gedrag en statusbejag. We willen in onze samenleving zowel boven als onder iemand staan. Hoe zit dat?

Een derde stelsel is onze taal. Dat verwacht u niet meteen in een boek over biologie, omdat u dacht dat taal aangeleerd is en niets heeft te maken met evolutie en met onze voorouders. Bij taal denkt u aan de lessen op school. U herinnert zich vaag de taal van oude volkeren die onze oersaaie geschiedenisboekjes opvoeren. Geen biologie dus? Dan vergist u zich lelijk! Taal heeft wel degelijk biologische wortels. We vermoeden zelfs dat taal oorspronkelijk niet eens *diende* om te communiceren! Ik grijp dit hoofdstuk ook aan om ons rijke repertorium aan niet gesproken of geschreven communicatie te behandelen. Dat is wat velen 'non-verbale communicatie' noemen, anderen spreken van 'lichaamstaal'. We zullen zien hoe belangrijk ook dit stelsel is.

Het volgende hoofdstuk behandelt verscheidene punten. Het was niet de bedoeling er een mengelmoesje van te maken, al komt het voor de lezer misschien zo over. Nee, ik heb in dit hoofdstuk enkele dingen behandeld die ik u hoe dan ook wilde voorleggen. En omdat ze rechtstreeks met elkaar in verband zijn te brengen, kon ik ze ook samen bespreken. We gaan namelijk kijken naar ons bewustzijn, de ontwikkeling van de hersenen en hoe het bewustzijn in onze hersenen 'zit'. Idem voor de taal – die mooie mix van biologie en cultuur: waar zit dat in ons brein, en wat heeft dat met evolutie te maken?

In het laatste hoofdstuk leg ik u een paar algemene overwegingen voor en komen er nog een paar extra vragen. Hier probeer ik aan te tonen dat de evolutietheorie een algemeen geldende manier van denken levert, die we kunnen toepassen op allerlei andere gebieden. We kunnen de theorie gebruiken in de geneeskunde en de psychiatrie, in de psychologie en de sociologie, ja zelfs in de economie en de politiek. We kunnen zelfs de vraag stellen of evolutie ook onze cultuur kenmerkt. En zo ja, volgens welk mechanisme? Ik durf zelfs de vraag te stellen wat de zin van het leven is, ook in de filosofie helpt de evolutietheorie ons een stuk verder. Er wordt nog een paragraaf gewijd aan de kloof tussen mannen en vrouwen, en een andere handelt over onze relatie met andere soorten. En tot slot rijst natuurlijk de prangende vraag: heeft het allemaal wel nut dit te weten of leren we alleen uit vrijblijvende nieuwsgierigheid over de evolutie van ons gedrag? Willen we enkel onze intellectuele honger stillen?

Daarnet zei ik dat de keuze van de behandelde onderwerpen onder andere is ingegeven door interesse. Dat is niet alleen mijn interesse. De afgelopen jaren heb ik veel gedoceerd over gedrag; ik heb allerlei lezingen gehouden over de mens; interviews gegeven in verband met deze thema's. En vooral heb ik een rijkdom aan vragen gekregen over het gedrag van de mens. Die vragen kwamen uit verschillende hoeken: van studenten, publiek bij lezingen, journalisten, van geïnteresseerden alom. Het zijn die vragen die mij hebben geleerd waarin 'men' – en mogelijk ook u – is geïnteresseerd. Vaak kreeg ik dezelfde vragen, wat erop wijst dat er ook vragen zijn die algemeen leven. Ook die heb ik in dit boek opgenomen. Ik maak er ook geen geheim van dat ik aan dit boek begonnen ben op verzoek van studenten en anderen. Hoe vaak vroeg men mij niet naar een boek waarin de onderwerpen waarover ik sprak op een begrijpelijke manier zouden zijn behandeld. Als ik dan antwoordde dat zulke boeken niet bestonden, zeker niet in het Nederlands, kreeg ik de reactie: 'Schrijf het dan allemaal zelf eens op.' En dat heb ik dan maar gedaan.

Dat maakt misschien dat mijn stijl van schrijven die van de docent is. Dat is mijn vak, daar ligt mijn ervaring en daarom schrijf ik ook maar zo. Ik schrijf met in gedachten de student tegenover mij. Hij wijst me op onduidelijkheden en ik probeer die dan toe te lichten. Ik laat hem vragen stellen en zoek een antwoord. Als ik het niet zeker weet, geef ik dat meteen aan. Moeilijke dingen kunnen bevattelijk worden door middel van vergelijkingen, zelfs al hebben die soms wat karikaturaals. En ook in dit boek kan ik het niet nalaten hier en daar mijn eeuwige grapjes ertussen te gooien, die bij menig student een meewarige blik zullen uitlokken.

'Wie in welke taal dan ook goed wil schrijven, moet de raad van Aristoteles opvolgen om te spreken als de gewone man en te denken als de wijze; dan wordt hij door iedereen begrepen.' (Roger Ascham)

I

EVOLUTIE, DARWIN, NATUURLIJKE SELECTIE

De geschiedenis leert ons dat onze cultuur – ons mens-zijn – enkele duizenden jaren geleden ontstond. Op school hebben we geleerd dat de samenstelling en werking van onze huidige samenleving pas echt zijn te begrijpen als we nagaan hoe de mensen vóór ons leefden, in het verre of minder verre verleden. Dat is juist: als we willen weten waarom onze parlementaire democratie eruitziet zoals we vandaag gewend zijn, dan moeten we terug naar het oude Griekenland en misschien nog verder. Maar zo ver teruggaan is niet altijd nodig. Als we aan een buitenlander willen uitleggen waardoor men in Vlaanderen en Nederland dezelfde taal spreekt, maar dat hier toch verschillen bestaan in cultuur, godsdienst, politiek,... dan doen we een beroep op een historicus die ons inlicht over de situatie van dit grondgebied rond het begin van de 19de eeuw. En willen we een verklaring vinden voor de haatgevoelens en het wantrouwen tussen de volksgemeenschappen in Bosnië, Kroatië, Servië,... dan vinden we die al in de jaren negentig, toen burgeroorlogen het vroegere Joegoslavië teisterden.

Steeds leert de historicus ons dat we naar het verleden moeten kijken om te begrijpen wat we nu hebben en hoe we nu leven. Hij wijst ons op de veranderingen in onze samenleving die voor een groot deel zijn te verklaren door wat eraan vooraf is gegaan, hoe zelfs zeer ingrijpende, alles omwentelende revoluties te verklaren zijn vanuit het verre of nabije verleden. Hij maakt duidelijk dat hoe omvangrijker het maatschappelijk vraagstuk is dat we onder de loep nemen, hoe verder we in de tijd moeten teruggaan om de oorsprong ervan te vinden. En hij heeft gelijk. De bioloog weet dat maar al te goed, want hij doet precies hetzelfde wanneer hij de levensvormen van vandaag wil verklaren: waardoor zijn ze zoals ze zijn? De bioloog manifesteert zich hier als collega van de historicus, alleen gebruikt hij een tijdschaal van een totaal andere orde. De historicus gaat misschien enkele decennia of eeuwen terug, de bioloog rekent in honderdduizenden, miljoenen en honderden miljoenen jaren. Hij probeert namelijk de evolutie te reconstrueren.

De lezer die vertrouwd is met de begrippen 'evolutie' en 'natuurlijke selectie', ook op het niveau van het gen, kan dit hoofdstuk overslaan. Voor wie wel de termen kent, maar niet veel kaas heeft gegeten van de inhoud ervan, zal ik proberen het verhaal kort en bondig te vertellen. Dit hoofdstuk is niet overbodig als we de gedachtegang in de volgende hoofdstukken willen volgen. Ik zal vele malen, in feite bij elk voorbeeld, een beroep doen op de mechanismen van de evolutie. Als die materie vreemd is aan de lezer, gaat de kracht van de verklaring verloren. Ik vraag geen grondig begrip van de theorie, slechts voldoende om het verdere verhaal te kunnen volgen.

Bovendien is deze kennismaking met de evolutietheorie niet overbodig, omdat ze de basis van al het biologische denken is. Als iemand een biologische achtergrond wil aangeven, heeft hij het over evolutie. Als hij de biologische essentie van iets wil analyseren, gaat hij de evolutie ervan na. Als hij de functie van een systeem wil geven, beschrijft hij de evolutionaire kracht die het heeft gevormd. Biologie *is* evolutieleer.

Darwin, de moderne bioloog

Het paradigma van denken en begrijpen in termen van evolutie dateert uit het midden van de vorige eeuw, toen Charles Darwin, de grondlegger van de moderne biologie, samen met Russell Wallace aantoonde dat de levende materie geen statisch stelsel is, dat het niet onveranderlijk is. Darwin en Wallace zagen dat alle levensvormen in de loop van een zeer lange tijd zijn ontstaan uit andere vormen, waarvan ze licht of sterk afweken doordat ze zich beter hadden aangepast aan veranderende omstandigheden. Leven, dieren en planten waren niet in één keer gemaakt en op de wereld geplaatst met de boodschap 'leef en plant u voort'. Nee, alle huidige soorten zijn in de loop van een zeer langdurig proces gevormd uit eerdere soorten, de huidige vormen uit eerdere vormen. Het proces van wording uit voorgaande structuren noemt men evolutie.

Darwin en Wallace hadden hun bevindingen gelijktijdig en onafhankelijk van elkaar gedaan, en toch spreekt men alleen over het werk van Darwin. Dat kan worden verklaard door het feit dat Darwin veel meer heeft gepubliceerd dan alleen zijn ideeën over evolutie. Hij schreef een indrukwekkend werk over de mens, over huisdieren, hij was een groot specialist in wormen, enzovoort. Maar zijn handtekening onder de evolutieleer is vooral te danken aan Wallace, die meer heil zag in het verspreiden van de evolutiegedachte over de wereld en onder alle denkende mensen, dan in een academische oorlog tussen geleerden die het alleenrecht of minstens het eerstgeboorterecht van hun theorieën opeisen. Hij liet in alle nederigheid de eer aan Darwin om het vaderschap van de moderne evolutieleer te dragen. Die houding, die bijzonder zeldzaam is in de academische wereld, siert hem, en verdient voldoende respect om zijn naam in deze context niet te vergeten.

Het zou verkeerd zijn te stellen dat Darwin de vader was van de evolutieleer zelf. De idee van evolutie bestond al lang vóór hem. Ondanks de hardnekkigheid van het scheppingsverhaal dat stelt dat alle leven op aarde in een zeer kort tijdsbestek door een opperwezen is gemaakt, groeide na de Verlichting de gedachte dat er een dynamiek zou kunnen zitten in de aard en de verschijning van de soorten. Die soorten zouden door de tijden heen veranderlijk zijn en kunnen leiden tot nieuwe soorten. De verspreiding van deze idee ondervond de grootste weerstand van Kerk en theologie. Veranderlijkheid – en dus evolutie – botste immers met de allesverklarende bijbel, bovendien kon er geen sluitende verklaring noch bewijs voor die evolutie worden gevonden. Men kende natuurlijk wel de fossielen van uitgestorven planten- en diersoorten. Die fossielen lagen ten grondslag aan de gedachte van veranderlijkheid, maar konden ook anders worden uitgelegd. Er hadden zich bijvoorbeeld grootse catastrofen voorgedaan, zoals overstromingen waardoor soorten uitstierven die nu als fossielen worden teruggevonden; keer op keer had een nieuwe schepping voor een nieuwe levende wereld gezorgd. Zo bleef de evolutiegedachte een academisch vraagstuk waar niemand echt in geloofde.

De grote handicap van de ontwikkeling van de evolutiegedachte, was het ontbreken van een verklaring: als soorten of rassen veranderen en daardoor aanleiding geven tot het ontstaan van andere soorten of rassen, welk mechanisme schuilt daar dan achter? Hoe kan men verklaren dat een wolf verandert in een hond? Meer dan een eeuw heeft men gezocht naar verklaringen, maar steeds weer werden ze verworpen, omdat ze niet bestand waren tegen kritisch onderzoek. Steeds werd de evolutieleer opnieuw begraven.

Eén man kwam erg dicht bij de oplossing, Jean-Baptiste Antoine Pierre de Monet, Chevalier de Lamarck – gewoon Lamarck voor de vrienden. Hij stelde dat het leven voortdurend verandert, en dat die verandering gericht is op een steeds hogere, complexere ordening. Het nieuwe van zijn visie is dat het milieu hierbij de richting aangeeft. Planten passen zich onmiddellijk aan de omgeving aan, zegt hij, dieren doen dit via een omweg: ze 'voelen' wat in hun situatie het beste voor ze is en zorgen voor de juiste verandering. Het bekendste voorbeeld van Lamarck illustreert dit: giraffen moeten hun hals rekken om bladeren die aan hogere takken groeien te kunnen eten, dus worden hun nekken steeds langer, en worden deze aangepaste veranderingen doorgegeven aan nakomelingen. Dat hebben ze vele generaties lang gedaan, wat maakt dat wij giraffen nu kennen als dieren met een zeer lange nek.

Ook al klopt die redenering niet, toch is de gedachte van Lamarck van belang. Hij opperde dat veranderingen in de loop van vele generaties geleidelijk en cumulatief plaatshadden en dat veranderende eigenschappen erfelijk overdraagbaar moesten zijn. Maar dat is meteen ook de fout in het lamarckistisch denken: kenmerken die een individu in de loop van zijn leven verwerft, hebben geen erfelijke basis. Als dat wel zo zou zijn, zouden alle pasgeboren Japanners zonder probleem Japans spreken want sinds eeuwen hebben hun voorouders Japans geleerd en gesproken. Toch moet elke Japanse baby – spijtig voor hem – zich zijn woordenschat helemaal van voren af aan meester maken. Lamarck introduceerde dus een belangrijk nieuw element – de invloed van de omgeving, het milieu waaraan levende wezens zich aanpassen in de loop van opeenvolgende generaties – maar hij had het mis met de erfelijkheid van deze aanpassingen. Dat is overigens niet verwonderlijk, aangezien men in zijn tijd, dat is het einde van de 18de eeuw, nog geen enkele notie had van erfelijkheid. Laat staan van genen.

Al die opkomende en weer onderdrukte ideeën van evolutie hebben het veld ontgonnen waarin de juiste visie van het evolutionair gebeuren kon ontkiemen. Het enige wat nog nodig was, was een genie dat zou zien wat anderen kunnen zien, maar hieruit conclusies zou trekken die nieuw waren en onomstotelijk juiste verklaringen zouden bieden. Zulke genieën waren Darwin en Wallace. De verklaring van de evolutie die zij op papier zetten, is tot op de dag van vandaag de basis van het biologisch denken – zij het dat bepaalde verklaringen van toen nu anders zijn geformuleerd op grond van onze huidige kennis. We danken aan deze 19de-eeuwse genieën de term *natuurlijke selectie*: het natuurlijke mechanisme dat aan de basis van de evolutie ligt. Als ik dus stel dat evolutie het sleutelwoord is van de moderne biologie, dan is natuurlijke selectie dat evenzeer. Evolutie is het *proces*, natuurlijke selectie is de *kracht* die dit proces realiseert. Het ligt dus voor de hand dat we ook hier een woordje uitleg over geven. We zullen in de verdere hoofdstukken immers – zoals al gezegd – voor elke gedachtegang naar deze kracht moeten teruggrijpen om ons gedrag te begrijpen.

Wat is natuurlijke selectie? We kunnen dit mechanisme vandaag omschrijven met behulp van de kennis van de erfelijkheidsleer. Maar om de redenering beter te kunnen begrijpen, is het verstandig eerst even stil te staan bij de visie van Darwin zelf. Trouwens, men citeert hem vaak in termen van 'de wet van de sterkste', en dat is een vervormde voorstelling. Als we eerst zijn visie aanhalen en daarna diezelfde visie herformuleren in termen van genen, zal blijken dat natuurlijke selectie niet zomaar is te omschrijven als de wet van de sterkste. De aanwijzingen die Darwin vond, vooral op zijn reis naar de

Galapagoseilanden, om te komen tot zijn inzichten, laten we hier terzijde. We beperken ons tot zijn conclusies.

Alle soorten planten en dieren hebben een grote voortplantingscapaciteit, dat wil zeggen dat ze soms enorm veel nakomelingen zouden kunnen krijgen als ze alle in leven bleven en opgroeiden. Een kabeljauw legt per keer miljoenen eitjes. Dat is zo ontzaglijk veel dat, als er geen zouden sterven, de aarde na een paar jaar bedekt zou zijn met een dikke korst kabeljauwen. Als een vrouw tussen 15 en 50 jaar niets anders zou doen dan kinderen baren, kan ze gemakkelijk 25 kinderen hebben. Al die nakomelingen hebben dezelfde voortplantingscapaciteit, dus zal in elke soort de grootte van een populatie exponentieel toenemen.

Maar dat gebeurt natuurlijk niet. De populaties planten en dieren blijven min of meer constant. Er is veel sterfte onder de nakomelingen, vooral bij planten en bij dieren die geen of weinig ouderzorg kennen. Natuurlijk zijn er schommelingen: in de loop van enkele jaren ziet men dat bepaalde dieren in een gebied in aantal toenemen of dalen en dat deze veranderingen een ritmisch verloop hebben. Deze golvende curve wordt gevolgd door een analoge schommeling bij de predators van die dieren: zijn er veel prooien, dan neemt het aantal predators toe, en omgekeerd. Bovendien blijven populaties in sommige soorten niet constant: er zijn soorten die – vandaag zelfs met een razendsnel tempo – uitsterven. Andere soorten, zoals de mens, nemen jaarlijks in aantal toe. Maar gemiddeld kan men stellen dat binnen de soorten de aantallen op lange termijn ongeveer constant zijn.

Levende wezens moeten een beroep kunnen doen op wat men in de biologie 'natuurlijke hulpbronnen' noemt. We zullen deze term nog vaak tegenkomen in dit boek, dus moeten we even duidelijk maken wat eronder wordt verstaan. Het is een technische term om al die dingen aan te duiden die overleving en voortplanting mogelijk maken: voedsel, nestplaatsen, voortplantingspartners enzovoort. Die hulpbronnen zijn natuurlijk beperkt. Elke soort heeft bijvoorbeeld een eigen menu als het op voedsel aankomt: soms is dat menu zeer verscheiden (denk maar aan alleseters als varkens en mensen), soms is het zeer beperkt (zoals de koala die alleen eucalyptusbladeren bestelt). Maar de voorraad is hoe dan ook beperkt. Niet alleen beperkt: in een stabiele omgeving zijn de natuurlijke hulpbronnen ook vrij constant.

Toen Darwin deze overwegingen op een rijtje zette, werd hij geïnspireerd door wat Thomas Malthus, ook al zo'n groot denker uit de 19de eeuw, had geschreven over populaties van planten en dieren, en dus ook van de mens. Hij stelde dat een onbeperkte toename van een populatie niet mogelijk is omdat die groei wordt afgeremd door beperkende factoren, zoals de beschikbaarheid van voedsel. Malthus had hier een waarschuwing aan het adres van de mens gericht, namelijk dat de voedselproductie weldra geen gelijke tred zou kunnen houden met de toename van de wereldbevolking. Darwin zag dat dit beginsel universeel is in de levende wereld. Aangezien er meer individuen worden geproduceerd dan de omgeving kan verwerken en aangezien populaties ongeveer constant blijven, moet er een echte competitie bestaan tussen de individuen van een soort. Er wordt als het ware gestreden om de schaarse natuurlijke hulpbronnen en er blijft slechts een beperkt deel van de nakomelingen in leven.

Een zeer belangrijke waarneming die Darwin had gedaan op zijn wereldreis was dat in een populatie dieren of planten steeds enige vorm van variatie bestaat. Individuen zijn nooit geheel identiek, maar vertonen onderling grote en kleine verschillen qua uiterlijk en anatomische kenmerken, in de werking van hun lichaam, in hun gedrag. Iedere bioloog zal een zee van voorbeelden kunnen geven van variaties binnen een populatie. Wij denken maar al te vaak dat elke steekmug volledig gelijk is aan alle andere steekmuggen, dat alle gorilla's op dezelfde manier zullen reageren enzovoort. Maar een honden- of kattenliefhebber kent maar al te goed de individualiteit van zijn huisdier: het is slimmer, agressiever, sneller, slomer, socialer... dan het huisdier van de buurman. Darwin wees erop dat die individuele verscheidenheid, die variatie in een populatie universeel is (voorkomt bij alle soorten). Dat is een cruciale constatering geweest. Zonder variatie is er geen evolutie. In hoofdstuk 6 zullen we zien dat variatie zo belangrijk is dat uit die noodzaak de seksualiteit is ontstaan. Maar laten we niet vooruitlopen.

Op dit punt staat de visie van Darwin niet zo ver af van die van Lamarck. Ook deze benadrukte de variatie binnen een soort, maar zag die variatie als gevolg van verworven kenmerken, denk aan het ontstaan van de lange giraffenek. Darwin daarentegen meende terecht dat veel van de variatie inderdaad het gevolg is van omgevingsinvloeden, maar dat daarnaast vele kenmerken die het verschil bepalen tussen individuen een erfelijke basis moeten hebben. Hij wist nog niets van het mechanisme van de erfelijkheid – die kennis kwam pas enkele decennia later – maar hij wist wel dat erfelijkheid bestond. Men had natuurlijk al lang gezien dat kinderen bijvoorbeeld vanaf hun geboorte kenmerken kunnen dragen die ook bij minstens een van hun ouders zijn terug te vinden. Kenmerken die zich dus niet in de loop van hun groei ontwikkelden. Lijken wij niet op onze ouders en zusters en broers? Die gelijkenissen zijn erfelijk bepaald. Dat geldt natuurlijk niet altijd, want men stelt evenzeer vast dat geadopteerde kinderen na enkele jaren enigszins op hun pleegouders gaan lijken, al heeft dat meer te maken met het onbewust en ongewild nabootsen van gezichtsmimiek (glimlachen, ogen opensperren enzovoort). Ook dat is een algemeen verschijnsel: geërfde eigenschappen kunnen door invloeden van de omgeving, vaak door een leerproces, worden bijgeschaafd. Maar ook dat komt later aan bod.

We nemen nog eens deze overwegingen samen. Als er aan de ene kant competitie bestaat en aan de andere kant is er variatie binnen de populaties, dan zal die variatie haar invloed laten gelden op de competitie. Door de variatie zullen bepaalde individuen een voorsprong hebben in de competitie ten opzichte van andere. In een populatie luipaarden zal een individu dat iets sneller loopt dan de andere, iets meer kans hebben om een prooi te vangen, en dus iets meer kans hebben op voedsel, en dus op overleving. Er zijn massa's van dat soort voorbeelden: iets beter gecamoufleerde dieren ontsnappen iets gemakkelijker aan een predator; iets hogere bomen vangen iets meer zonlicht en kunnen dus iets beter aan fotosynthese doen en zo meer voedsel opbouwen, noem maar op. Met andere woorden, het overleven in de strijd voor het voortbestaan is geen toeval, maar steunt op de erfelijke constitutie van de individuen. Overleven gebeurt dus niet voor iedereen op dezelfde manier, maar is ongelijk. Dat proces noemen we *natuurlijke selectie*, een term die we van Darwin kregen en nu nog als kerngedachte in de biologie gebruiken.

We zeiden al dat de klassieke uitdrukking 'de wet van de sterkste' niet opgaat. Nu begrijpen we waarom: individuen die overleven ten koste van andere, hebben zich op een of andere manier beter aangepast aan hun omgeving en dat heeft meestal niets met sterk zijn te maken. Wanneer het klimaat afkoelt bijvoorbeeld, zullen individuen die door een klein verschil in hun fysiologie iets beter zijn aangepast aan de grotere kou, meer kans hebben om verder te leven in deze gewijzigde situatie.

Het is niet moeilijk zich daarbij voor te stellen dat het beter aangepaste kenmerk – bijvoorbeeld goed gecamoufleerd zijn – zich stilaan zal verspreiden in de populatie. Wanneer dat betere kenmerk een erfelijke basis heeft, zal het langer blijven bestaan, aangezien het individu dat het kenmerk bezit langer leeft en meer kans heeft zich voort te planten. De nakomelingen zullen dit betere kenmerk overerven en zelf ook langer overleven en zich op grotere schaal voortplanten.

Over een tijdsspanne van vele generaties leidt deze natuurlijke selectie tot een voortdurende, geleidelijke verandering van populaties, evolutie genoemd. Allerlei veranderingen worden als het ware 'opgestapeld'. Evolutie is dan de geleidelijke verandering van een populatie, de kracht die dat proces mogelijk maakt is de natuurlijke selectie. Op lange termijn kunnen populaties zoveel nieuwe kenmerken opstapelen dat ze te sterk van andere populaties gaan verschillen om zich er nog mee te kunnen voortplanten. Op dat moment is de seksueel geïsoleerde populatie een nieuwe soort geworden. Als we dat principe bekijken over een zeer lang tijdvak, dan kunnen vele soorten ontstaan en zijn alle huidige soorten geëvolueerd uit voorgaande soorten. En die tijd hebben de soorten gehad! We weten immers dat het leven al 3,5 miljard jaar bezig is met dit proces. Het begon allemaal met een doodsimpele cel, simpeler nog dan een bacterie. En het eindigde – voorlopig – met de mens.

De schitterende visie van Darwin kende zelf een natuurlijke selectie en evolutie. Binnen het gamma verklaringen van de levende wereld en het al dan niet bestaan van evolutie, was de verklaring van de natuurlijke selectie de best aangepaste, want ze weerstond de meeste kritiek. Maar niet zonder slag of stoot. Darwins idee moest zich eerst waarmaken in een krachtmeting met andere opvattingen, onder meer met het joods-christelijke scheppingsverhaal. Twee van de vurigste en helderste verdedigers van Darwin waren Thomas Henry Huxley in Engeland en Ernst Haeckel in Duitsland. In deze landen verspreidde Darwins evolutietheorie zich het snelst, en verdrukte geleidelijk aan alle andere visies. De natuurlijke selectie binnen de denkende wereld had de visie van natuurlijke selectie doen overleven en doorgegeven. En toch, hoe helder, duidelijk en wetenschappelijk overtuigend Darwins idee ook is, nog steeds zijn er mensen die haar aanvechten en willen vervangen door andere opvattingen. Zelfs het aloude scheppingsverhaal wordt telkens opnieuw afgestoft. Maar dat punt doet in dit betoog niet terzake.

Van darwinisme naar genen en neodarwinisme

De idee van Darwin en het paradigma dat eruit voortvloeide, waren zo prachtig dat ze – zoals gezegd – tot vandaag overleefden en alle concurrerende visies verdrukten. Maar zelfs de meest succesvolle soorten die door de natuurlijke selectie zijn voortgebracht, kunnen onder invloed van een veranderende omgeving wijzigingen ondergaan. Ook de leer van Darwin ontsnapte er niet aan, en moest zich aanpassen aan de veranderingen in haar milieu. Wat ik daarmee bedoel?

Er is al op gewezen dat Darwin – ook al legde hij de nadruk op de erfelijkheid van de kenmerken die door de natuurlijke selectie worden bevoordeeld – geen weet had van de erfelijkheidsmechanismen. Hoe worden kenmerken overgeërfd? Eeuwenlang dacht men dat er een substantie in het bloed zat die op een of andere manier de kenmerken van moeder en vader op de kinderen moest doorgeven. Maar zelfs die verklaring hield geen stand. Darwin moest wachten tot Gregor Mendel enkele jaren later zijn nu vermaarde experimenten met onder meer erwtenplanten uitvoerde en de eerste wetmatigheden in de overerving formuleerde. Mendel legde de basis van de genetica, de wetenschap van de erfelijkheid (genetisch en erfelijk zijn min of meer synoniem en worden in dit boek door elkaar gebruikt). In feite wachtte Darwin niet echt op deze bevindingen, want al publiceerde Mendel zijn onderzoeksresultaten tijdens Darwins leven, hij besteedde er geen aandacht aan. Anders zou zijn idee nog veel moderner zijn geweest.

De wetenschappelijk wereld waarbinnen Darwins idee moest gedijen, veranderde dus door de verruimde kennis van de erfelijkheid. Maar de meest drastische verandering in dit milieu deed zich voor in de loop van de 20ste eeuw, meer bepaald met de definitie van het begrip *gen*, de eenheid van overerving. De jongste verandering op dat vlak is de omschrijving van het gen als 'een stuk DNA' en het inzicht in de wijze waarop informatie die het draagt wordt omgezet in lichaamsstructuren, in chemische processen, in gedrag enzovoort. Kortom, de huidige kennis van de genetica is – vergeleken met de 19de eeuw – een zeer grote omwenteling van het wetenschappelijke landschap waarin Darwins idee moest opboksen tegen de andere. Ondanks deze gewijzigde omgeving werd de idee niet weg geselecteerd, zoals dat voor zo veel andere wetenschappelijke visies in de loop der tijden wel is gebeurd, maar werd ze aangepast, ze vervormde zich totdat ze weer in het nieuwe milieu paste. De theorie van Darwin werd niet aangetast, ze staat nu nog overeind, maar ze is anders gedefinieerd. Het systeem van natuurlijke selectie – de differentiële overleving van entiteiten – wordt vandaag nog bijna algemeen aanvaard, maar als entiteiten zien we nu niet meer individuen van bacteriën, planten of dieren, maar genen. Het zijn de genen die zich in een populatie kunnen verspreiden ten koste van andere genen. Of gedoemd zijn te verdwijnen.

Wat is een gen? Ook dit gedeelte mag rustig worden overgeslagen door de lezer die vertrouwd is met dit begrip.

Bij de voortplanting geven ouders hun erfelijke kenmerken niet rechtstreeks door. Zo is 'bruine ogen' een kenmerk dat niet in de vorm van een kleurstof en een iris van een oog wordt overgedragen op het kind. Deze structuren zouden niet in een ei- of een zaadcel kunnen worden opgeslagen. In plaats daarvan wordt een code gebruikt. Die code is te vergelijken met een zin op dit blad: een zin bestaat uit een reeks letters en leestekens die samen bepaalde informatie bevatten. Zinnen kunnen alle mogelijke lengtes en alle mogelijke informatie-inhouden hebben, maar steeds worden dezelfde letters van ons alfabet gebruikt. Wij tellen 26 letters en nog wat leestekens om onze zinnen te maken. Maar een gen gebruikt slechts vier letters: A, T, G, en C. In werkelijkheid zijn dat geen letters maar moleculen. Die moleculen kunnen in alle mogelijke combinaties worden aaneengeschakeld – zoals echte letters in een zin – en houden op die manier ook informatie in, bijvoorbeeld voor de kleur van de ogen. Er zijn wel veel van deze moleculen nodig om de code van één kenmerk te bevatten: we spreken over honderden, zelfs duizenden. De aaneenschakeling van A, T, G en C, samen met nog een aantal moleculen die het geheel aan elkaar moeten houden en het de nodige stevigheid bezorgen, vormt het DNA. Het DNA is dus een onwaarschijnlijk grote molecule, bestaande uit een welbepaalde aaneenschakeling van eenheden. Die aaneenschakeling komt overeen met de informatie.

Het stuk DNA dat de code draagt voor één kenmerk, bijvoorbeeld de kleur van de ogen, is een *gen* voor dat kenmerk. Wat hier nu uiterst simplistisch is samengevat, behandelt een basisgegeven van de levende materie: alle kenmerken die een levende entiteit maken tot wat ze is, worden gecodeerd in een molecule. Dat is niet alleen een fantastische uitvinding van het leven, het is een geniale oplossing voor de vraag 'Hoe geef ik mijn kenmerken door aan mijn nakomelingen?'. Het DNA kan namelijk worden verpakt en in de cellen worden opgeslagen, ook in de ei- en zaadcellen. DNA wordt ingepakt in een *chromosoom*. Bij de bevruchting, waarbij ei- en zaadcel versmelten, zullen de DNA-strengen van de eicel vermengd worden met die van de zaadcel. De honderden, of bij hogere organismen zoals wijzelf, tienduizenden kenmerken zijn dus gereduceerd tot een uiterst klein ding.

Vergelijk dat met een huis. Ik wil een huis laten bouwen en stap naar een architect met de vraag een ontwerp te maken. Hij kan zijn ontwerp op twee manieren kenbaar maken: hij kan een kant-en-klaar huis bouwen volgens zijn voorstel en dat aan mij tonen, of hij kan een bouwtekening tekenen en dat voorleggen. Het grote voordeel van de tweede oplossing is dat hij het gemakkelijk kan meenemen en kopiëren. Het huis is een lichaam, de bouwtekening is het geheel aan DNA dat voor dat lichaam codeert.

Meer hoeven we in feite niet te weten om het verhaal te kunnen volgen, hoe boeiend de biologie van het gen ook is. We kunnen in onze context verder werken met de notie 'gen' als de eenheid van de erfelijkheid die de code draagt voor een kenmerk. Als een kenmerk niet gecodeerd is in een gen, is het niet erfelijk bepaald. Er zijn genen voor talloze kenmerken. Elke structuur van een lichaam, elke werking van dat lichaam en ook vele gedragingen zijn via genen geheel of gedeeltelijk erfelijk bepaald. We tonen straks aan dat inderdaad ook gedrag een erfelijke basis kan hebben.

Met deze kennis kunnen we de theorie van Darwin opnieuw formuleren. We vertrekken daarbij dus niet van een individu maar van een *gen* voor een kenmerk. Algemeen wordt deze modernere visie omschreven als *neodarwinisme*.

Als we een populatie levende wezens van één bepaalde soort bekijken, hebben alle individuen dezelfde genen, want ze behoren tot dezelfde soort. Maar een gen bevat niet altijd identiek dezelfde informatie: het codeert wel voor een eigenschap, maar die eigenschap kan onder twee of meer vormen voorkomen. Nemen we als voorbeeld het gen voor de witte kleur van berkespanners (dat zijn vlinders, meer bepaald motten die veel op berken zitten). Alle individuen van de populatie van deze insecten hebben dit gen voor de eigenschap 'kleur'. Maar de kleur kan bij deze dieren voorkomen in twee vormen: wit en zwart. Er kan in de populatie opeens een zwarte mot verschijnen. Dat wil niet zeggen dat het gen voor de kleur verdwenen zou zijn bij deze mot, wel dat haar code wat veranderd is. De code behandelt nog altijd de kleur, maar nu zegt ze 'zwart'. Een gen heeft dus alternatieve vormen. In de genetica noemt men dat *allelen*. Twee of meer allelen zijn de gedaanten waaronder een bepaald gen zich voordoet. Aangezien ik een gen al vergeleken heb met een zin, moet ik die vergelijking doortrekken voor een allel. Stel dat ik de informatie over de schuldvraag voor een verdachte wil coderen in de zin: 'De jury is van oordeel dat verdachte Strangler schuldig is aan moord op zijn buurvrouw'. Dat is een code voor één informatie-element, bestaande uit 72 tekens. Stel dat ik twee tekens toevoeg aan deze code, bijvoorbeeld: 'De jury is van oordeel dat verdachte Strangler onschuldig is aan moord op zijn buurvrouw', dan gaat het nog steeds om hetzelfde informatie-element – de schuldvraag van mijnheer Strangler in de zaak van de moord op zijn buurvrouw – maar in een alternatieve vorm, een alternatief dat mijnheer Strangler graag zal horen. De vergelijking gaat snel mank omdat een gen tientallen keren langer is dan 72 tekens, maar ik denk dat de betekenis van een allel hiermee wel duidelijk is gemaakt.

Het vóórkomen van allelen leidt tot variatie binnen de populatie. In ons voorbeeld zal een populatie witte motten door een plotselinge verandering bij één individu in het gen voor kleur, een anders gekleurd individu doen ontstaan. Die abrupte verandering noemen we een *mutatie*. In de vergelijking met de Strangler-zin: de mutatie wordt gevormd door de twee letters 'on'. Dus de variatie waaraan Darwin dacht, blijft de basis waarop de natuurlijke selectie zal kunnen ingrijpen, maar wordt nu gedefinieerd als de frequentie van allelen: is de frequentie van een bepaald allel nul, dan is er geen variatie voor dat kenmerk. Zijn er meerdere allelen, dan is er veel variatie.

We gaan verder met het voorbeeld van de motten omdat dit een eenvoudige vorm van variatie is. Er zijn namelijk slechts twee allelen, wit en zwart voor het gen voor kleur. Men moet zich deze variatie voorstellen alsof er een competitie ontstaat tussen de allelen om het gen te omschrijven. Het allel voor zwart 'wil' het allel voor wit verdrijven, of met andere woorden: het zal ernaar streven zijn frequentie in de populatie te doen toenemen ten koste van het allel voor wit. Nog maar eens onze vergelijking met de zin over de schuldvraag: binnen de jury ontstaat tijdens de deliberatie een competitie tussen de twee zinnen (met en zonder 'on-'). Beide stellingen proberen meer terrein te winnen ten koste van de andere. Hetzelfde geldt voor de allelen voor wit en zwart bij de motten. Hoe kan dat? Hoe kan een allel terrein winnen, in frequentie toenemen? In het voorbeeld beschouwden we één mot met de bewuste mutatie, hoe kan zoiets de frequentie van het mutante allel veranderen?

Als de mot in kwestie sterft, verdwijnt ook de mutatie. Maar als het diertje lang genoeg overleeft om nakomelingen te krijgen, kan het allel voor zwart worden doorgegeven aan de volgende generatie, en die kan het dan weer doorgeven aan de volgende generatie. Zo zou het allel zich kunnen verspreiden, maar dat gebeurt natuurlijk niet. Alle andere motten, die het allel voor wit dragen en doorgeven, kunnen zich immers ook voortplanten in dezelfde mate als het mutante dier. Zelfs over vele generaties zal er dus weinig veranderen. Dan komen we echter tot Darwins gedachte van de betere aanpassing: hebben witte en zwarte motten dezelfde kansen om te overleven en zich voort te planten? De allelen voor wit of zwart hebben geen invloed op die kansen, het zijn gewoon dezelfde moleculen met een miniem verschil in samenstelling. Die kansen kunnen wel worden beïnvloed door hun vertaling in de uiteindelijke mot: een wit of een zwart lichaam. Motten worden immers gegeten door vogels, dus hebben ze er voordeel bij zo weinig mogelijk op te vallen. Als witte motten op witte berken zitten, vallen ze niet op en worden ze normaliter met rust gelaten (tenzij een waakzame, scherpziende vogel ze toch ontwaart, bijvoorbeeld door een kleine beweging). Maar de mot die als zwarte uitzondering was geboren door de mutatie, valt sterk op wanneer hij even uitpuft tegen een witte achtergrond. Het vlindertje zal dus snel worden opgemerkt en opgegeten. Het heeft weinig kans nakomelingen te krijgen die de zwarte kleur zouden kunnen overerven. Het mutante allel delft snel het onderspit en verdwijnt.

Kan het dan nooit winnen? Jawel hoor, maar onder één zeer belangrijke voorwaarde: de omgeving moet eerst veranderen. Witte berken moeten worden vervangen door donkere. Dat is nog niet eens zo'n heel raar voorbeeld, want met de opkomst van de vervuilende industrieën sinds de 19de eeuw zijn er inderdaad gebieden met berken die door jarenlange roetneerslag donker zijn geworden. De witte achtergrond werd zeldzaam voor de motten. Dat houdt in dat witte motten in de loop van deze ontwikkeling steeds meer tegen een donkere achtergrond moesten uitrusten, en dus opvallend werden voor predators. De zwarte mot daarentegen kon ten volle profiteren van de mutatie en was mooi gecamoufleerd tegen de vervuilde achtergrond. Het insect kon de zwarte kleur doorgeven aan kinderen, kleinkinderen, achterkleinkinderen, die alle dezelfde schutkleur hadden. Al die nakomelingen erfden het voordeel en hadden dus meer kansen op overleving dan de oorspronkelijke variant. De witte berkespanner verdween dan ook van lieverlede van het toneel.

Voor de juistheid: dit voorbeeld is een beetje overdreven, want het gaat te snel. We zien hier de frequentie van een allel veranderen in een paar decennia. Zo werkt dat inderdaad bij wat men 'micro-evolutie' noemt, maar de meeste evolutionaire veranderingen vergen wel duizenden of miljoenen jaren. Toch is het geen fictief voorbeeld, want het heeft zich de laatste twee eeuwen daadwerkelijk voorgedaan – ook in omgekeerde richting. Toen er meer aandacht kwam voor milieuzorg en de berken weer wit werden, verdween het allel voor zwart en kwam het allel voor wit terug! Het allel voor zwart werd dus verdrongen door een nieuwe verandering van de omgeving.

Vertaald naar het neodarwinisme zeggen we dus dat het allel voor zwart het allel voor wit had verdrongen. Het allel, het stuk DNA dus, heeft dat niet zelf gedaan, wel via zijn vertaling in een zwarte of witte mot. De natuurlijke selectie betekent hier dat het zwarte allel zorgde voor een vlinder die dat allel in grotere mate kon vermenigvuldigen dan het witte allel. Het allel, dus het gen, zit als het ware in een commandopost (een *chromosoom*) van een zeer groot voertuig (het lichaam) en zegt wat dat voertuig moet doen om kopieën van zichzelf te verkrijgen. Lichamen zijn dus tijdelijke voertuigen die nagenoeg onsterfelijke genen door de generaties moeten loodsen. Het voertuig, het lichaam is slechts tijdelijk omdat het ontstaat met de geboorte en verdwijnt met de dood. Het gen is echter onsterfelijk omdat het steeds opnieuw wordt gekopieerd. Het belang van een gen is hier niet zijn materiële entiteit – de atomen die het DNA opbouwen – maar zijn inhoud, zijn boodschap. De eeuwenoude uitdrukking: 'Ik kwam, ik zag, ik overwon' bestaat nog altijd dankzij opeenvolgende kopieën van deze woorden in voertuigen (boeken en vertellingen) die zelf nu verdwenen zijn.

Een gen zorgt er dus voor dat zijn voertuig twee dingen doet: in leven blijven en zich voortplanten. Als het hier niet in slaagt, mislukt het gen. Slaagt het hier wel in, dan zal het veel kopieën van zichzelf kunnen verspreiden. In dit laatste geval zegt men dat het *voortplantingssucces* groot is. In de gedragsbiologie is de Engelse term *fitness* algemeen ingeburgerd. We zullen in de volgende hoofdstukken dan ook over de fitness spreken om het voortplantingssucces van een individu of gen aan te duiden. Fitness is de som van alle overlevings- en voortplantingskansen.

Deze manier om de levende wereld te bekijken, is een drastische omwenteling in ons denken geweest. In de biologische wereld was de erfelijkheid steeds een essentieel fenomeen om van leven te kunnen spreken. Nu wordt de eenheid van erfelijkheid, het gen, de eigenlijk kern van het leven, en zijn de dingen die wij levende wezens noemen (bacteriën, protisten, schimmels, planten, dieren) slechts tijdelijke voertuigen om dat leven verder te zetten. Dat geldt ook voor u en mij, wij helpen gedurende de enkele decennia dat wij leven enkele tienduizenden genen die al miljoenen jaren bestaan, in stand te houden. Wij verdwijnen, onze genen niet. Om het iets duidelijker te maken, pakken we *Romeo en Juliet* van Shakespeare uit de bibliotheek. Dit verhaal is natuurlijk geen gen, maar kan worden gebruikt voor de vergelijking. Het is het equivalent van een gen in onze cultuur (zie straks hoofdstukken 4 en 10). Hou het boek in uw handen en kijk ernaar. Je zou kunnen zeggen dat het is gemaakt door Shakespeare. Maar dat klopt niet: de drukker heeft het boek gemaakt. De inhoud echter, het verhaal van de familievete die leidt tot de dood van twee jonge geliefden, is wél van Shakespeare. Zijn verhaal is onsterfelijk geworden doordat het vele malen is verteld, gedrukt en verfilmd. Het verhaal zal pas echt verdwijnen, als alle menselijke resten van deze aardbol verdwenen zijn. Boeken verdwijnen, verhalen niet. Lichamen verdwijnen, genen niet.

Voor veel denkers gaat deze visie wat ver. Ze hebben er moeite mee zo'n drastische kijk op de levende materie te aanvaarden. Toch is het een prachtig paradigma dat veel dingen vanuit een evolutionair daglicht kan verklaren. De volgende hoofdstukken bevatten genoeg voorbeelden. We danken de idee aan Richard Dawkins, een van de geniaalste denkers over evolutie van onze tijd.

Sinds de jaren zestig is onze visie van het gen in verband met het voortplantingssucces nog verfijnd. Het is gebleken dat een gen niet noodzakelijk rechtstreeks van de ouders op de nakomelingen moet worden doorgegeven om verspreid te kunnen worden. De verspreiding is ook mogelijk via verwanten: wie kinderloos blijft, kan zijn genen toch nog verspreid zien via de voortplanting van bijvoorbeeld broers en zusters. Dat noemen we het *totale voortplantingssucces*. Binnen de context van dit hoofdstuk is dit thema te abstract. Daarom zal ik het onder de loep nemen in hoofdstuk 6.

Ik liet al het woord *aanpassing* vallen. Inderdaad, een gemuteerd gen kan meer kansen op kopieën krijgen in een milieu dat veranderd is ten opzichte van het milieu waarin het oorspronkelijke gen kon gedijen. Het lichaam dat ontstaat met de kenmerken van het gemuteerde gen is automatisch en per definitie beter aangepast aan dat veranderde milieu, want anders zou de mutatie niet bevoordeeld zijn geworden. De zwarte motten waren beter aangepast aan het steeds zwarter worden van de achtergrond. De begrippen natuurlijke selectie en aanpassing gaan dus hand in hand. We zullen ons in de volgende hoofdstukken nog veel moeten beroepen op die vaststelling.

In de volgende hoofdstukken gaan we na of Darwins idee, de natuurlijke selectie en de daaruit voortvloeiende aanpassing, ook opgaat voor gedrag en gedragssystemen. Volgens Darwin wel, maar in onze tijd waarin men terecht erg kritisch is ten opzichte van wetenschappelijke verklaringen, volstaat het niet om zich op iemands autoriteit te beroepen om iets te aanvaarden. Men moet eerst duidelijk maken dat er ook genen zijn voor gedrag, dat gedrag erfelijk is of minstens een erfelijke component heeft. Om dit te realiseren, of althans probéren dat te doen, zal ik eerst omschrijven wat gedrag eigenlijk is. Daarna zal ik aanwijzingen aanhalen om de erfelijkheid van gedrag aan te tonen. Dit alles komt aan bod nadat we de evolutie van de mens hebben bekeken.

2

DE MENSWORDING, HET MOEDERLAND

De historicus kan veel dingen in onze huidige samenleving verklaren. Dankzij een nauwgezette reconstructie van ons recente verleden, kan hij uitleggen waarom onze wetgevende structuren zijn zoals ze nu zijn en waarom verschillende landen bestaan uit deelstaten en internationale samenwerkingsverbanden onderhouden. Hij heeft hiervoor een instrument van onschatbare waarde: geschriften. Mensen schreven de afgelopen paar duizend jaar veel op, en dat is ideaal om de verleden tijd te reconstrueren.

Voor de reconstructie van het ontstaan van de mens en zijn verre verleden heeft de bioloog niet de luxe van de historicus. Hij kan niet volstaan met een paar eeuwen of millennia. Voor de biologische geschiedenis van de mens moeten we veel verder terug, wel tien- tot honderdduizenden jaren. Bovendien hebben onze voorouders van destijds geen geschreven of andere documenten nagelaten en moeten we het stellen met schaarse, indirecte informatie. Wie de evolutie van onze voorouders wil reconstrueren, kan alleen steunen op het fossiele bewijsmateriaal van hun bestaan. Voor alle duidelijkheid, onder fossielen verstaan we in dit verband *alle* overblijfselen die iets kunnen vertellen over de verdwenen vormen van de mens en zijn voorouders. Dat gaat niet alleen over botten, maar ook bijvoorbeeld over inkervingen in die botten. Zij kunnen ons iets vertellen over de leefwijze van toen.

In de loop van deze eeuw zijn veel fossiele resten in de vorm van skeletelementen opgegraven. Met monnikengeduld zijn die resten als stukjes van een legpuzzel verzameld en bij elkaar gevoegd. Bij elke vondst van een puzzelstuk werd de hele puzzel aangepast om het nieuwe stuk erin te krijgen. Met andere woorden, de zienswijze van onze evolutie werd voortdurend aangepast aan nieuwe feiten. Het continu aanpassen van hypotheses is overigens gangbaar in een wetenschappelijke ontwikkeling.

De laatste decennia wordt naast het gebruik van fossielen nog een beroep gedaan op andere technieken, waarop we hier niet kunnen ingaan. We vermelden alleen een zeer verfijnde techniek waarbij de DNA-samenstelling van verschillende soorten of rassen heel accuraat kan worden vergeleken. Overeenkomsten kunnen wijzen op verwantschap, en dus op gemeenschappelijke afkomst. Zo is de vaststelling dat de mens 98,4% van zijn genetische constellatie gemeen heeft met de chimpansee voor sommigen zeer ontluisterend en kan ons tot nadenken aanzetten.

Biochemische technieken zijn niet alleen interessant om soorten met elkaar te vergelijken. Ze kunnen ook worden aangewend om aan tijdsbepaling te doen. In de loop van de tijd verandert het genetisch materiaal van een soort door kleine of grote mutaties. Hoe meer tijd de evolutie krijgt, hoe meer veranderingen kunnen worden opgestapeld in het DNA. Aangezien het DNA vertaald wordt in eiwitten, zullen ook die eiwitten in de loop van de evolutie veranderen. Hemoglobine bijvoorbeeld, een eiwit in het bloed dat zorgt voor de binding en transport van zuurstof, verandert met een snelheid van ongeveer één procent per elf miljoen jaar. Stel dat de hemoglobine van de mens en van een andere soort 10% van elkaar verschillen, dan weet men dat die soorten iets meer dan 100 miljoen jaar geleden uit elkaar geëvolueerd zijn. We mogen terecht spreken van een 'moleculaire klok'. De klok biedt de kans om de fylogenetische leeftijd van een soort te berekenen. Helaas zijn de bevindingen op basis van fossielen enerzijds en deze die steunen op de moleculaire klokmeting anderzijds, niet altijd in overeenstemming met elkaar. Zo kunnen verschillende meningen ontstaan waarbij er één de overhand krijgt, vaak na jarenlange discussies.

Door gebruik te maken van fossielen en biochemische technieken zijn verscheidene hypothesen over de menswording opgesteld. Deze hypothesen wijzen vandaag grotendeels in dezelfde richting, hoewel er nog lang geen volledige eensgezindheid bestaat. Vrij algemeen aanvaardt men dat de huidige mens en de huidige mensapen eenzelfde voorouder hadden; beide groepen delen te veel DNA-overeenkomsten om toevallig te zijn. Er is wel een punt van discussie over de vraag hoe *dicht* de mens bij de mensapen staat. Moleculaire klokmeting wijst uit dat de mensachtigen en de Afrikaanse mensapen (chimpansees en gorilla's) zo'n 15 miljoen jaar geleden van de tak van de Aziatische mensapen (orang-oetan) zijn afgesplitst. De groep Afrikaanse mensapen en mensachtigen is circa 5 miljoen jaar geleden wederom opgesplitst in twee groepen. Vanaf dat moment konden de primitieve mensen hun eigen evolutionaire weg volgen. De biochemische klokmeting plaatst de mens bij de chimpansee en de gorilla, met de orang-oetan een stuk verder weg. Aanhangers van het fossielenonderzoek zagen de mens aanvankelijk verder van alle mensapen verwijderd. Ze hebben uiteindelijk toch het biochemische bewijsmateriaal aanvaard.

Het is hier niet de bedoeling alle zienswijzen aan te halen, laat staan de pro's en contra's af te wegen. Ons interesseert nu vooral hoe de evolutie van onze voorouders zich manifesteerde. We volgen hierbij een veel aanvaarde beschrijving.

Afrika is de bakermat van de mens. In grote lijnen kunnen we de evolutie van de mens opdelen in vier (uiteraard kunstmatige) fasen. Deze fasen zijn niet streng van elkaar gescheiden, ze overlappen elkaar zelfs. Een eerste fase situeert zich ongeveer tussen 5 tot 10 miljoen jaar geleden, toen uit een mensaapachtige voorouder de groep van de mensachtigen is ontstaan. Dit waren nog lang geen mensen zoals die nu rondlopen, maar vertoonden al veel kenmerken die een onderscheid met andere apen mogelijk maakten. Zo waren het wezens die op twee benen liepen of konden lopen. We noemen dat een *bipedale* houding. Deze eigenschap was een grote sprong voorwaarts in onze evolutie, want door het vrijkomen van de handen konden dingen worden gedragen en gemanipuleerd.

Een tweede fase loopt van ongeveer 2 tot 7 miljoen jaar geleden. Hierbij gingen verschillende soorten van deze mensachtigen zich meer en meer specialiseren in evenveel ecologische omstandigheden: ze pasten zich elk aan een bepaald milieu aan. Biologen noemen dat *adaptieve radiatie*. Er ontstonden in die periode inderdaad veel nieuwe omgevingen in Afrika. De aardkorst kwam in beweging waardoor Oost-Afrika hoger kwam te liggen dan West-Afrika. Dat betekende een vermindering van de hoeveelheid regen, waardoor het regenwoud werd teruggedrongen. Oorspronkelijk liep het regenwoud immers van oost naar west. Zodoende ontstond in Oost-Afrika een lapjesdeken van bossen en open gebieden. Het is die verscheidenheid aan omgevingen die door de toenmalige mensachtigen werd gekoloniseerd. Een zuiver geologische en klimatologische evolutie heeft dus veel bijgedragen tot de menswording.

Een van deze aanpassingen luidt de derde fase in en leidt ons dichter bij de huidige mens. Die cruciale aanpassing is de ontwikkeling van grotere hersenen dan andere soorten. De eigenaars van die grotere hersenen konden zich nog beter aan hun omgeving aanpassen. Dit is het startsein voor de ontwikkeling van het geslacht van de eigenlijke mensen, *Homo* genaamd. Er ontstonden ontelbare mogelijkheden om de natuur niet meer lijdzaam te ondergaan, maar erin in te grijpen. De evolutie van de intelligentie maakte een grote sprong voorwaarts en leidde tot de vierde fase. Dat is de ontwikkeling van de moderne mens, dat wil zeggen een vertegenwoordiger van *Homo* die zijn bewustzijn sterk uitbreidde, een taal ontwikkelde en technieken begon te ontwerpen om fijne werktuigen te vervaardigen.

Ik gebruik geregeld de term 'mensachtigen', maar wat verstaan we daar precies onder? Het is goed dat even duidelijk te stellen, omdat ook over deze term meningsverschillen bestaan. Sommigen beschouwen deze groep als mensen zonder meer, anderen willen de mensapen ook als mensachtigen omschrijven. Ik volg hier de opvatting dat we mogen spreken van mensachtigen vanaf het ogenblik dat we de gemeenschappelijke voorouder van de Afrikaanse mensapen en de mensen verlaten hebben. De lijn die we dan volgen omvat twee grote groepen mensachtigen: het zijn twee geslachten met de wetenschappelijke namen *Australopithecus* (letterlijk vertaald betekent dit zuidelijke mensaap) en *Homo* (mens). Deze groepen zijn van elkaar te onderscheiden door de grotere schedelinhoud en de kleinere tanden in de bovenkaak van *Homo*.Vroeger dacht men dat *Homo* was ontstaan uit *Australopithecus*, maar tegenwoordig wint de opvatting veld dat beide geslachten naast elkaar zijn ontwikkeld. Na enkele miljoenen jaren bleek de tak van *Australopithecus* minder succes te hebben en verdween, terwijl *Homo* zich verder ontwikkelde in onze richting.

We zagen daarnet dat er in de tweede fase van de evolutie van de mens verschillende soorten mensachtigen ontstonden die later weer verdwenen. Binnen elk van deze twee geslachten zijn inderdaad fossielen van verschillende soorten beschreven. Binnen *Austrolopithecus* is de eerste soort *A. afarensis*. Hij is populair geworden door het fossiel dat bekendheid verwierf als Lucy. *A. afarensis* was de voorouder van de andere soorten. In Zuid-Afrika liepen wezens rond die we *A. africanus* noemen, terwijl in Oost-Afrika iets later de soort *A. boisei* ontstond. De eerste houdt het een half miljoen jaar uit, de tweede ongeveer één miljoen jaar. Dan verdwijnen ze van het toneel. Maar eerst ontstond uit *A. africanus* nog een andere soort: *A. robustus*, gekenmerkt door een zwaardere schedel en sterkere kaakspieren waardoor hij veel taaier voedsel kon eten. Ook hij stierf uit. Ongeveer één miljoen jaar geleden was er van het geslacht *Australopithecus* geen sprake meer.

We weten natuurlijk niet veel over de levenswijze van dit geslacht, maar er zijn toch enkele onrechtstreekse aanwijzingen aan de hand waarvan we vergelijkingen kunnen maken met soorten die vandaag leven en waarvan we het gedrag wel kunnen bestuderen. Zo weten we dat de mannen met een lichaamslengte van anderhalve meter duidelijk groter waren dan de vrouwen met hun één meter twintig. We vermoeden dat ze een levenswijze hadden die te vergelijken is met de huidige bavianen in de Afrikaanse savannen. Men stelt zich voor dat de australopithecinen in groepen van ongeveer 30 individuen leefden: enkele mannen en veel vrouwen met hun kinderen. Overdag trokken ze rond in een groot gebied om voedsel te verzamelen en 's avonds zochten ze steeds dezelfde slaapplaatsen op, zoals steile rotsen of bosjes, waar ze beschut waren tegen roofdieren. Bij de volwassen mannen waren het de dominantste die de meeste mogelijkheden hadden om te paren.

Ondergeschikte mannen moesten hun beurt afwachten en waren aan de rand van de groep terug te vinden. Een primatoloog zou in deze wezens, vanwege hun gedrag, een mensaap herkennen; een antropoloog zou in hen eerder een mens zien op grond van het bipedale rechtop lopen.

Is het voor ons interessant te weten hoe deze lang uitgestorven wezens leefden? Ja, want zeer waarschijnlijk is die leefwijze sterk te vergelijken met die van hun voorouder, die meteen ook de voorouder is van onze evolutietak: *Homo.*

Ook bij *Homo* kennen we enkele soorten. De eerste beschreven soort die in Afrika rondliep, is *H. habilis.* Sommigen menen dat hij evolueerde uit *A. africanus*, maar het is waarschijnlijker dat hij afstamt van een *Homo*-soort die we nog niet kennen, maar gelijktijdig met *A. africanus* leefde. Letterlijk betekent *H. habilis* de 'handige mens'. Hij kreeg die naam omdat zijn schedelinhoud aanzienlijk groter was dan die van de austrolopithecinen, en hij dus meer hersenmassa moet hebben gehad, wat weer doet veronderstellen dat hij inderdaad ook handiger, praktischer was. Ook hij hield het niet langer dan een half miljoen jaar uit, maar zijn evolutielijn werd voortgezet door de succesvollere soort *H. erectus.* Deze voorvader dankt zijn naam aan het feit dat hij rechtop liep. Later stelde men vast dat zijn voorgangers dat al langer deden, maar de naam werd niet veranderd. Na een succesvol bestaan van misschien wel anderhalf miljoen jaar moest ook *H. erectus* het opgeven. Maar dat deed hij niet voordat hij zorgde voor de moderne mens, de soort *H. sapiens.* Dat zijn wij, u en ik, de 'verstandelijke mens', de mens met rede. En wij zijn voorlopig nog niet uitgestorven.

De evolutie van het geslacht *Homo* gaat gepaard met een ontwikkeling van cultuur. Onder het veelomvattende begrip *cultuur* verstaan we in de biologie het geheel van artefacten, voorwerpen en gedragingen die door een wezen zijn ontworpen, verbeterd, aangepast en gebruikt voor een of ander doel. Dit staat in tegenstelling tot een enorme verscheidenheid aan levensvormen en -elementen die gedurende zeer lange perioden gemaakt en gemoduleerd zijn door de natuurlijke selectie. De cultuur gaat dus van een steen waarvan splinters zijn afgehakt om hem scherper te maken, tot de *Pastorale* van Beethoven of een ruimteveer dat onze aarde verlaat. We mogen de termen cultuur en werktuiggebruik niet met elkaar verwarren. Het werktuiggebruik is veel ouder dan de mens. Veel diersoorten kunnen voorwerpen uit de natuur gebruiken om een doel te bereiken dat zónder dat voorwerp onbereikbaar is. Sommige gieren openen eieren door er een steen op te laten vallen; zeeotters slaan de schelp van weekdieren stuk met stenen; chimpansees vissen termieten uit hun nest met een takje, enzovoort. Die voorwerpen worden als werktuig gebruikt, maar zijn niet *vervaardigd* door de gebruiker; ze zijn gevonden in de omgeving van de gebruiker en in onveranderde toestand gebruikt. Hoewel, de chimpansee ontdoet zijn takje van de blaadjes voordat hij begint te hengelen. Dat toont nog maar eens aan dat het onmogelijk is om waarnemingen in de levende natuur in strikt gescheiden vakjes in te delen. Deze vorm van werktuiggebruik staat al dichter bij de ontwikkeling van de vervaardiging van werktuigen zoals in de menselijke cultuur. Voor de volledigheid moeten we aanstippen dat 'cultuur' misschien wel gelijkstaat met 'menselijk' wat de productie van gereedschappen betreft, maar niet voor andere dingen. Denken we maar aan gedragingen die als cultureel verschijnsel zijn ontstaan bij diverse diersoorten (we zullen daar later op terugkomen). In deze paragraaf hebben we het over cultuur als een proces van werktuigvervaardiging, het ontstaan van technologie.

Tussen 2 en 3 miljoen jaar geleden ontstond een cultuurperiode die we de Olduwan-periode noemen, omdat de elementen die op deze cultuur wijzen in de Olduwai-kloof in Oost-Afrika zijn gevonden. Het gaat om de oudste stenen werktuigen die we kennen. Door stenen tegen elkaar te slaan, verkreeg de technologische mens vlijmscherpe schilfers die hij als mesjes kon gebruiken. Microscopisch onderzoek heeft uitgewezen dat deze schilfers werden gebruikt om vlees of planten te snijden of hout te hakken. Sommige onderzoekers zien in deze vorm van cultuur geen voorwaarde voor een grotere intelligentie dan die we terugvinden bij mensapen; ook deze hadden de truc bij wijze van spreken kunnen uitvinden. Inderdaad, het afslaan van steenschilfers is niet wezenlijk verschillend van het verwijderen van blaadjes om een hengelstokje te krijgen. De manier van werken echter wel. Het wegnemen van blaadjes is een eenvoudige handeling die weinig inzicht vergt, terwijl stenen schilfers afslaan een ingewikkeldere techniek vraagt. De stenen moeten onder de juiste hoek en met de juiste kracht tegen elkaar worden geslagen. Bovendien moet de technicus een kei met een goede vorm herkennen. Het valt te betwijfelen of mensapen over zo'n motorisch en cognitief vermogen beschikken. Dat dit geen algemeen gevolgde zienswijze is, volgt uit het feit dat de stenen werktuigen van Olduwai in hun vorm door het toeval zijn bepaald, de maker had geen ontwerp van een doel voor ogen, een werktuig met een bepaalde vorm.

Dat was wel het geval in de volgende cultuurperiode, die zowat 1,4 miljoen jaar geleden begon: de Acheuliaan-cultuur, genoemd naar de plaats Saint-Acheul in Frankrijk. Hier werden stenen voorwerpen gevonden die veel ingewikkelder van vorm waren dan de schilfers van Olduwai. Deze werktuigen waren op basis van een ontwerp gemaakt; de technicus had een beeld van het doel voor ogen. Zo zien we driehoekige vuistbijlen, die wat vorm en scherpte betreft ontworpen waren als vleessnijder of wapen in de jacht. Het ontwikkelen van de techniek tijdens de Acheuliaan-cultuur is een doorbraak geweest in de menselijke evolutie. Er konden veel meer dierlijke voedselbronnen worden aangesproken dan voorheen, nu grotere prooien konden worden gedood en hun taaie huid gemakkelijker was open te snijden.

Er is in de voorgaande alinea's geen naam geplakt op de vertegenwoordigers van die culturen. Dat komt doordat men geen onomstotelijke bewijzen heeft van wie die werktuigen heeft gemaakt. De eerste vertegenwoordigers van *Homo* moeten op hetzelfde ogenblik hebben geleefd als de australopithecinen. Maar het feit dat de huidige mensapen geen werktuigen van dit kaliber maken en dat de schedelinhoud van *Homo* veel groter was dan die van *Australopithecus*, sterkt ons wel in het vermoeden dat zelfs de Olduwai-cultuur aan *Homo* moet worden toegeschreven. De scherpe steensplinters, voorlopers van onze messen, werden dus door *H. habilis* gemaakt, de verfijndere vuistbijlen zullen we eerder in de winkel van *H. erectus* moeten zoeken.

Het verhaal tot *H. habilis* speelt zich af in Afrika, de geboorteplaats van de mens. Vandaag vinden we echter mensen over zowat het hele aardoppervlak. De mens moet dus ergens in zijn ontwikkeling de andere continenten zijn gaan koloniseren. Wanneer en hoe? Ook hierover bestaan weer meerdere visies. De meest aanvaarde hypothese is de volgende.

Verschillende groepen van de succesvolle *Homo erectus* hebben zo'n 2 miljoen jaar geleden Afrika verlaten om het huidige Europa en Azië binnen te trekken. Tot voor kort – we moeten daarbij denken aan ongeveer 200 duizend jaar geleden – leefde *H. erectus* in deze continenten. Uit de populatie die in Afrika gebleven was, zou echter de nieuwe soort *H. sapiens* ontwikkeld zijn. Deze zou ongeveer hetzelfde hebben gedaan als zijn voorouder 2 miljoen jaar eerder: men heeft het sterke vermoeden dat groepen van *H. sapiens* vanuit Afrika naar Europa en Azië migreerden. Op deze drie continenten is een competitie ontstaan tussen de oermensen, *H. erectus* en hun modernere en beter aangepaste afstammelingen, *H. sapiens*. Deze competitie werd snel beslecht in het voordeel van onze soort, zodat wij vandaag nog maar met één soort mensen op deze planeet rondlopen. De kolonisatie van de wereld door een migratie vanuit het oorspronkelijke thuisland, staat als de *Out of Africa-hypothese* te boek.

De eerste fossielen van onze soort werden gevonden in het Duitse plaatsje Neanderthal. Deze mensen worden in een ondersoort ondergebracht, *H. sapiens neanderthalensis*, beter bekend als de Neanderthalers. Als men de vorm van de schedel van deze primitieve mensen bekijkt, valt de overgang van *H. erectus* naar onze soort onmiddellijk op. Het vooruitsteken van het middenaangezicht en de dikke schedel plaatst hen dichter bij *H. erectus*. Door de grote schedelinhoud en dus grote hersenmassa horen ze bij *H. sapiens*. De Neanderthalers leefden in een gebied dat we vandaag kunnen omschrijven als West-Europa, het Nabije Oosten tot een eind in Azië, en dit van ca. 135.000 tot 35.000 jaar geleden, maar sommigen denken dat ze nog recenter leefden.

De modernere versie van de mens, de ondersoort *H. sapiens sapiens*, zou 100.000 jaar geleden het licht hebben gezien. Dat betekent dat hij vele tienduizenden jaren tegelijkertijd met de Neanderthalers zou hebben geleefd. Hoe dat heeft gekund, is nog een vraagteken. Aan de ene kant verwacht men dat de intelligentere, moderne mens de primitievere Neanderthaler vrij snel zou hebben verdreven. Anderzijds stelt men vast dat hun gelijktijdige bestaan toch minstens 60.000 jaar heeft geduurd. We zijn dan inmiddels beland in het Pleistoceen, de IJstijden. Het zou kunnen dat de twee ondersoorten om beurten de overhand kregen. De Neanderthaler zou dan overheerst hebben in de koudere perioden – de eigenlijke IJstijden – en de moderne mens in de warmere perioden, dus tussen de IJstijden

Deze schets in telegramstijl van de evolutie van de mens bevat veel hiaten en laat veel vragen onbeantwoord. Voor ons betoog is het echter van belang te weten dat onze soort door een traag proces gedurende een lange periode is geëvolueerd uit andere soorten, uit onze voorouders. Die voorouders waren in elk stadium uit onze voorgeschiedenis, door de natuurlijke selectie aangepast aan hun omgeving. We onthouden uit hoofdstuk 1 dat deze aanpassingen erfelijk worden overgedragen op de nakomelingen, en dus veel generaties lang blijven bestaan. Het is dus niet verwonderlijk dat de huidige mens nog aanpassingen draagt, zij het in rudimentaire vorm, van nabije en verre voorouders, en zelfs van de baviaanachtige australopithecinen. Het is namelijk kenmerkend in de evolutie dat oudere aanpassingen niet worden weggegooid, maar dat er alleen nieuwe worden toegevoegd. Dat principe zal in de volgende hoofdstukken vaak aan bod komen. Het is essentieel om het gedrag van de moderne mens te kunnen begrijpen.

Dat begrijpen vraagt een beeld van de omgeving waarin onze voorouders zich ontwikkelden en waaraan ze zeer goed waren aangepast. Het geheel van de omgevingsfactoren waarin onze voorouders leefden en waaraan hun soort of populatie na veel generaties natuurlijke selectie was aangepast, noemt men de *environment of evolutionary adaptedness* (EEA). Letterlijk vertaald betekent EEA: de 'omgeving van het evolutionair aangepast zijn'. Deze term is wel erg log in het gebruik. En ook bestaat er nog geen 'officiële' Nederlandse vertaling voor. Daarom stel ik voor om van ons *moederland* te spreken. Volgens Van Dales woordenboek is dit 'het land van herkomst', en dat is misschien wel de essentie van het verhaal van dit boek. We dragen een grote erfenis uit ons land van herkomst, ook al leven we nu en hier. Vergelijk het met de Italiaan in de Verenigde Staten: hij vertoont nog echt Italiaanse trekken in zijn manier van spreken, eten en omgaan met anderen. Hij is een Italiaan gebleven, met Amerikaanse invloeden. De Chinees in Zuid-Afrika is grotendeels Chinees gebleven, en ook de Deen in Japan is zijn moederland heus niet vergeten. Zo herkennen we in de moderne mens van nu de mens uit ons moederland van tien- of wel honderdduizend jaar geleden. Om te onderstrepen dat ik met deze term specifiek naar een evolutionaire periode verwijs, en dat hij de rode draad in ons verhaal is, zal ik voortaan ons Moederland met een eerbiedige hoofdletter 'M' schrijven.

De invloeden van het Moederland op het hedendaags gedrag zijn zo fundamenteel dat ik bang ben dat de lezer me straks niet meer kan volgen. Daarom wil ik dit punt zo duidelijk mogelijk stellen, en wel aan de hand van een concreet, zij het beperkt voorbeeld. Ik neem daarvoor een andere soort dan onszelf, dat maakt de redenering gemakkelijker aanvaardbaar. Neem de hond. Deze mensenvriend staat nog met meer dan één poot in zijn Moederland: de bossen waarin hij tot voor tien- of twintigduizend jaar geleden met zijn wolvenroedel rondtrok op zoek naar voedsel. In het uitgestrekte gebied was het nodig om nu en dan de roedel bijeen te roepen, om te voorkomen dat de groep zich zou splitsen of dat een lid zou verdwalen. Daarvoor werd een zeer doeltreffend mechanisme gebruikt, dat sinds wolvenheugenis een goede aanpassing was aan deze omgeving en levenswijze: het huilen. Een eenzame wolf, of een dier dat de andere terug wilde roepen, zette zich neer en huilde: een geluid dat kilometers ver te horen was. Onze wolf van vandaag, de hond, begint te huilen wanneer hij achtergelaten wordt in een flatje en de eenzaamheid niet meer aankan. Dat geluid is in het hele flatgebouw te horen, maar niet bij de slager aan de overkant, waar het baasje – de dominante roedelgenoot – op jacht is gegaan. Het huilen is hier dus zinloos, maar als wolf heeft hij niets anders gekend; de natuurlijke selectie heeft zijn soort nooit 'geleerd' de telefoon te grijpen om het baasje op te bellen. Dit gedrag was zeer functioneel in zijn Moederland, maar is tot vandaag niet verdwenen. Vergeten we niet dat wolven gedurende vele honderdduizenden jaren gebruik hebben gemaakt van deze aanpassing. Dat verandert je dus niet zo gauw.

Dit verhaal gaat verder. In het Moederland van de hond deed zich nog een aanpassing voor. Wanneer een roedelgenoot de huiler had bereikt, huilde deze gezellig mee. Twee is meer dan één, en drie nog meer, vier nog meer. Zo ontwikkelden de wolven een sterke motivatie om bij het horen van huilen mee te doen. De communicatie binnen de groep kon er alleen maar door verbeteren en daar profiteert elk groepslid van. Vandaag kent de hond dat nog en huilt lustig mee als u (en zeker schrijver dezes) begint te zingen. Vergeet niet dat wij roedelgenoten zijn voor de hond. Bovendien is zingen een gedrag dat in zijn Moederland niet bestond, maar – volgens het wolvenbrein – het dichtst aanleunt bij gehuil en dus een signaal is om mee te doen.

Terug naar de mens. Het begrip EEA – Moederland dus – heeft al voor de nodige discussie gezorgd. En dat is wel te begrijpen, want wij hebben niet één voorouder, maar een hele keten voorouders. Verstaan we onder ons Moederland nu de omgeving van de eerste vertegenwoordigers van *H. sapiens sapiens*, of die van *H. erectus* of *habilis*? Voor een goed begrip van ons gedrag moeten we met al deze soorten rekening houden. Bekijken we een van onze aanpassingen als erfenis van soort A, dan moeten we een beroep doen op Moederland A, voor soort B wordt dat Moederland B, enzovoort. We kunnen stellen dat al onze voorouders samen ons Moederland vormen, en dat ze ieder afzonderlijk overeenstemmen met een fase. Spreken we bijvoorbeeld over de 'wortels' van onze agressie in groepsverband, dan moeten we waarschijnlijk terug naar het Moederland ten tijde van de voorouder van *Australopithecus* en *Homo*. Voor de ontwikkeling van onze taal moeten we het Moederland veel dichter bij huis zoeken. Het is begrijpelijk dat een recentere voorouder interessanter is om onze huidige levenswijze te verklaren, aangezien zijn gedrag meer overeenkomsten vertoont met het onze dan dat van verre voorouders.

Aangezien onze directe voorvader *H. erectus* is, kunnen we veel leren van zijn doen en laten, en is zijn omgeving en leefperiode een belangrijke fase in ons Moederland. Richard Leakey geeft een mooie beschrijving van een scène uit het leven van deze mens. Deze beschrijving is weliswaar voor een stuk speculatief, maar rekening houdend met de enorme kennis en ervaring van deze auteur ben ik niet bang voor echt verkeerde voorstellingen. Ik geef u graag zijn beschrijving letterlijk mee, al is het een vrij lang citaat.

> Een rivier vervolgt rustig haar weg door een brede bedding aan de oostkant van een enorm meer. Langs de kronkelige oevers staan hoge acacia's die een welkome schaduw werpen en de tropische zon afschermen. Een groot deel van het jaar is het rivierbed droog, maar de recente regens in de noordelijk gelegen heuvels laten, op weg naar het meer, de rivier langzaam zwellen. Al sinds een paar weken is het dal stralend van kleur, en bloeiende kruiden storten een vloedgolf van geel en paars over de oranje aarde uit, terwijl de lage acaciastruiken op bolle witte wolken lijken. Het regenseizoen is op komst.
>
> Verderop, in een bocht van de rivier, zien we een kleine groep menselijke wezens, vijf vrouwelijke volwassenen en een aantal jonge en oudere kin-

deren. Zij zijn atletisch gebouwd en sterk. Ze praten luid en druk; een deel van de conversatie is duidelijk sociaal van karakter, een ander deel gaat over de plannen van vandaag. Vier volwassen mannen uit de groep zijn al eerder, voor zonsopgang, vertrokken op zoek naar vlees. De taak van de vrouwen is het verzamelen van plantaardig voedsel dat, zoals iedereen zal begrijpen, het hoofdbestanddeel van hun dieet is. De mannen jagen, de vrouwen verzamelen: dit is een systeem dat opvallend goed functioneert in de groep, en al zo lang als men zich kan herinneren. Drie van de vrouwen zijn nu klaar om te vertrekken; ze zijn naakt op een dierenhuid om de schouders na; die heeft de tweeledige functie van babydrager en eventuele voedselzak. Ze hebben korte, scherpe stokken bij zich, die een van de vrouwen heeft gemaakt door met een scherpe steenafslag stevige twijgen af te snijden. Deze stokken zijn voor het opgraven van diep gelegen sappige knollen, voedsel dat de meeste andere grote primaten weigeren te eten. Eindelijk gaan de vrouwen weg en zoals gewoonlijk lopen ze achter elkaar, in de richting van de afgelegen heuvels van het meerbekken. Ze volgen een pad waarvan zij weten dat het hun een rijke voorraad noten en knollen zal opleveren. Voor rijpe vruchten moeten ze wachten tot later in het jaar, wanneer de regens hun werk hebben gedaan.

Bij de rivier zitten de twee andere vrouwen rustig op het zand onder een grote acacia en houden de capriolen van drie jongeren in de gaten. Ze zijn te oud om in een rugdoek te worden gedragen, en te jong om te jagen of te plukken; zij doen wat alle menselijke jongeren doen: zij spelen het spel der verbeelding, spelletjes die de voorbode zijn van hun volwassen leven. Deze ochtend speelt een van hen een antilope met een gewei van takken en zijn de andere twee jagers die hun prooi achtervolgen. Een tijdje later haalt de oudste van de drie, een meisje, een van de vrouwen over haar nog eens voor te doen hoe je stenen werktuigen moet maken. Geduldig slaat de vrouw twee lavakeien met een snelle, krachtige klap tegen elkaar, zodat er een perfecte afslag afspringt. Met duidelijke vastberadenheid probeert het meisje hetzelfde te doen, maar zonder succes. De vrouw pakt de handen van het meisje vast en maakt de gewenste beweging, in vertraagd tempo.

Het maken van scherpe steenafslagen is moeilijker dan het lijkt en de handigheid wordt vooral geleerd door voordoen, niet door mondelinge instructie. Het meisje probeert het opnieuw, deze keer met een subtiel verschil in beweging. Met een boog valt een scherpe afslag op de grond en het meisje slaakt een kreet van vreugde. Zij pakt de schilfer op en laat hem aan de glimlachende vrouw zien, waarna zij wegrent om hem aan haar speelgenootjes te tonen. Ze gaan samen verder met hun spelletjes, nu gewapend met een gebruiksvoorwerp van volwassenen. Ze vinden een stok waaraan de leerlingsteenklopster een scherpe punt snijdt, vormen dan een groepje jagers en gaan op zoek naar een katvis om aan hun stok te spietsen.

Rond schemertijd bruist het kamp aan de rivier weer van leven. De drie vrouwen zijn teruggekeerd met rugdoeken die uitpuilen van de baby's en het voedsel, waaronder enkele vogeleieren, drie kleine hagedissen, en een onverwachte traktatie honing. Tevreden over hun inspanningen speculeren de vrouwen over hetgeen de mannen zullen meebrengen. Vaak komen de jagers met lege handen terug. Dat is heel gebruikelijk bij speurtochten naar vlees, maar als ze geluk hebben kan de beloning geweldig zijn en wacht hun een warm onthaal.

Al spoedig vertelt het geluid van naderende stemmen de vrouwen dat de mannen eraan komen. En dat zij, te oordelen naar de opgewonden toon van hun conversatie, succes hebben gehad. Een groot deel van de dag hebben de mannen zwijgend een kleine kudde antilopen achtervolgd, nadat zij hadden gemerkt dat een van de dieren enigszins kreupel was. Herhaalde malen raakte dit individu achter op de kudde en moest het zich enorm inspannen om weer aan te sluiten. De mannen realiseerden zich dat ze kans hadden een groot dier te pakken te krijgen. Jagers met een minimum aan natuurlijke of kunstmatige wapens, zoals bij deze groep het geval is, zijn afhankelijk van hun vernuft. Hun krachtigste wapen is het vermogen zich rustig te verplaatsen, één te worden met de omgeving, en te weten wanneer je moet toeslaan.

Ten slotte deed zich een mogelijkheid voor en de mannen namen volgens een stilzwijgende afspraak een strategische positie in. Een van hen gooide met precisie en kracht een grote kei, die met een ongelooflijke klap raak was; de twee anderen renden naar de prooi om hem tegen de grond te drukken. Na een snelle steek met een korte, gepunte stok spoot een fontein van bloed uit de halsslagader van het dier. Het dier worstelde maar was snel dood.

Na hun inspanningen waren de mannen moe en bedekt met zweet en bloed, maar ook zeer opgetogen over het succes. Vlakbij lag een aantal lavastenen waaruit zij werktuigen konden maken om het beest te slachten. Met een paar fikse slagen van de ene steen tegen een andere hadden ze voldoende afslagen om door de taaie huid heen te snijden en de gewrichten bloot te leggen, rood vlees afstekend tegen witte botten. Al snel legden de spieren en pezen het af tegen het vakkundige slachten en gingen de mannen met twee lendebouten op weg naar het kamp, lachend en elkaar plagend over de gebeurtenissen van de dag en hun rol daarin. Zij wisten

dat hun een opgewekte ontvangst wachtte.
Het eten van het vlees later die avond gaat gepaard met een zeker ritueel. De man die de jachtgroep had geleid snijdt stukken af en overhandigt die aan de vrouwen die om hem heen zitten en aan de andere mannen. De vrouwen geven een portie aan hun kinderen, die speels stukjes ruilen. De mannen bieden hun partners stukken aan, die ook op hun beurt stukken aanbieden. Het eten van vlees is meer dan alleen de maag vullen; het is een sociale activiteit die verbondenheid kweekt.
Als de vreugde over de jagerstriomf wat bedaard is, doen de mannen en vrouwen ontspannen verslag van hun dagelijkse bezigheden. Ze weten dat zij binnenkort dit aangename kamp zullen moeten verlaten, omdat de rivier door de heviger wordende regens in de verre heuvels al gauw buiten haar oevers zal treden. Maar op dit moment zijn zij tevreden.
Drie dagen later verlaat de groep het kamp voor de laatste keer om op hogere grond een veilige plek te zoeken. Bewijsmateriaal van hun vluchtige aanwezigheid ligt overal verspreid. Hopen versplinterde lavastenen, afgesneden stokken en bewerkte huid getuigen van hun technologische kundigheid. Gebroken dierlijke botten, de kop van een katvis, eierdoppen en resten knollen tonen de variatie in hun dieet. Verdwenen echter is het intensieve sociale verkeer waarvan het kamp het middelpunt was. Ook verdwenen zijn het ritueel van het vleeseten en de verhalen over de dagelijkse gebeurtenissen. Na korte tijd loopt het lege, stille kamp langzaam onder water doordat de rivier buiten haar oevers treedt. Fijn slib bedekt het afval van vijf dagen uit het leven van de kleine groep en houdt een kort verhaal gevangen. Uiteindelijk vergaat alles, behalve de botten en stenen die zeer pover bewijsmateriaal achterlaten waaruit dit verhaal moest worden gereconstrueerd. (Leakey R., *De Oorsprong van de Mens*, uitg. Contact, 1995, p. 65-69, vertaling Fieke Lakmaker).

Een typisch tafereel uit het leven van de jager-verzamelaar. De taakverdeling van jagende mannen en verzamelende vrouwen is een strategie die het grootste deel van onze voorgeschiedenis heeft bepaald. Het is niet verwonderlijk dat wij vandaag nog steeds de erfenis dragen van gedragssystemen die thuishoren in het jagen/verzamelen. We zullen hiervan veel voorbeelden uitdiepen in de volgende hoofdstukken. Overigens, vandaag zijn er nog veel culturen die volgens deze levenswijze leven, denk maar aan Bosjesmannen, sommige indianenvolken enzovoort.

Als we iets verder op de klok van de evolutie kijken, en bij onze betbetbetbetovergrootouders die al naar de naam *H. sapiens sapiens* luisterden, blijven stilstaan, dan is het Moederland veranderd. Zij werden geconfronteerd met de cyclische IJstijden. Misschien kenden zij niet alleen de agressie bij het jagen, maar ontstonden er zo nu en dan ook knokpartijen met neef *H. sapiens neanderthalensis*. Hij maakte immers dezelfde aanspraak op gebied, wild, water en andere waardevolle hulpbronnen. Het is niet uitgesloten dat deze periode gepaard ging met ware moordpartijen. In hoofdstuk 7, wanneer we spreken over de wortels van onze oorlogvoering, zal duidelijk worden dat men bij zulke confrontaties op weinig medeleven kon rekenen. Neanderthalers waren niet alleen vreemden, ze waren ook duidelijk verschillend van onze ondersoort. De competitie om hulpbronnen moet zeker tot niets ontziende agressie hebben geleid.

De omgeving is drastisch veranderd toen zowat tienduizend jaar geleden, misschien nog eerder, het agrarisch leven werd 'uitgevonden'. De strategie van jager-verzamelaar, die honderdduizenden jaren een goede aanpassing bleek, kwam vermoedelijk onder grote druk te staan, doordat veel van het wild verdween waarop werd gejaagd. De mammoet stierf uit of verminderde sterk in aantal en ook de wolneushoorn en andere prooidieren verdwenen van het toneel. Er moest een nieuwe strategie komen en wellicht kon die ontwikkeld worden uit het verzamelen waarmee de vrouwen zich hadden beziggehouden. Minder jacht betekende dat er meer plantaardig voedsel moest worden verzameld. Om periodes waarin minder te rapen viel te kunnen overbruggen, legden ze wellicht voorraden aan van fruit, knollen en zaden voor later gebruik. Het is best denkbaar dat materiaal uit deze voorraden is gaan kiemen. Onze voorouder zal dit met grote verwondering hebben gadegeslagen. Ik zie hem al met wijd opengesperde ogen kijken naar het plantje dat groeit uit een zaadje in de voorraadkast. Als hij het niet meteen in zijn mond stak, zal hij gezien hebben dat het plantje uitgroeide tot dezelfde plant waarnaar hij, of zijn vrouw, steeds weer uitkeken op de zoektochten. En – kijk nu toch 'ns, vrouw – die plant ging dan ook nog dezelfde zaadjes aanmaken als waarmee alles begonnen was. Hetzelfde wonder voltrok zich met andere zaden, vruchten en knollen uit de voorraad. De voorouder keek ernaar en genoot ervan. Ziedaar een van de eerste biologen! Die verwondering en honger naar kennis werd natuurlijk in praktijk omgezet. De kennis kon worden gebruikt. De mens ontdekte dat hij de planten die al dat voedsel voortbrachten niet meer hoefde te gaan zoeken, maar ze zelf kon telen. De proto-agricultuur was ontstaan.

Het zal wel niet lang geduurd hebben voordat de techniek van het telen aanzienlijk verbeterde en zich uitbreidde. Er werden grote stukken land afgebakend en gereserveerd voor het telen van steeds meer planten. De technieken daarvoor werden voortdurend verbeterd. De mannen konden de tijd die was vrijgekomen door de vermindering van de jacht, besteden aan het uitdenken en vervaardigen van voorwerpen om de grond om te ploegen, de oogst gemakkelijker binnen te halen, het graan uit de aren te halen enzovoort. De agricultuur had haar intrede gedaan. De menselijke cultuur had hierbij zo'n geweldige stap vooruit gezet dat historici van de geboorte van onze cultuur spreken.

In de loop van tienduizend jaar zijn onze omgeving én onze cultuur oneindig snel veranderd. We hebben dat zelf in de hand gehad. De mens heeft zelf zijn omgeving veranderd, ook sociaal. Onze genetisch vastgelegde aanpassingen hebben dat uiteraard niet kunnen volgen. In slechts tienduizend jaar is van natuurlijke selectie weinig te merken. De selectie heeft veel meer tijd nodig om iets te kunnen veranderen. Voor de agrarische periode was de mens 'geprogrammeerd' om optimaal te functioneren in zijn omgeving, dankzij een evolutieproces van honderdduizenden jaren! De laatste tienduizend jaar vallen daarbij in het niet en tellen voor de biologie gewoon niet mee. Onze aanpassingen horen dus thuis in een vorige fase van onze ontwikkeling, in het Moederland.

Om eerlijk te zijn moet ik dit laatste toch een beetje nuanceren, want ik was te streng. Er hebben zich wel enkele kleine veranderingen in ons genetisch patrimonium voorgedaan sinds het begin van de agrarische periode. Neem bijvoorbeeld de aanmaak in ons lichaam van het enzym *lactase*. Bij zoogdieren, dus ook onze voorouders van voor tienduizend jaar, wordt dit enzym bij jonge individuen aangemaakt. Het dient om lactose (melksuiker) af te breken. Sinds de landbouwperiode zijn ook volwassenen melk gaan drinken en zien we een nieuwe aanpassing ontstaan: de productie van lactase gaat verder tot in het volwassen stadium. Daardoor kunnen ook volwassenen melk gebruiken als energiebron. Dat dit geen oude aanpassing is van onze soort blijkt uit het feit dat de aanmaak van lactase bij veel volwassen mensen fout loopt en dat sommige rassen het enzym zelfs volledig ontberen in het volwassen stadium (bijvoorbeeld Aziaten en zwarten). Zij hebben een lactose-intolerantie. Het gaat hier dus om een recente aanpassing, maar ze is nog lang niet voltooid.

Zo zijn er nog wel meer kleine veranderingen op te sommen, maar het moge duidelijk zijn dat het bouwplan van onze soort niet wezenlijk veranderde, en dat ons erfgoed aan gedragingen nog voor 99% overeenstemt met wat ons Moederland voorschreef.

Met deze kennis kunnen we een aantal gedragssystemen die eigen zijn aan ons mens-zijn leren begrijpen. We kunnen de systemen die zich nu voordoen spiegelen aan de situatie in het Moederland. Daarbij moeten we ons voor elk te onderzoeken gedrag steeds de Grote Vraag stellen, dus de vraag van de ultieme oorzaak. Wat was het voordeel van dat gedrag in het Moederland?

Waardoor kon het tot een aanpassing uitgroeien? Hoe kon de natuurlijke selectie ingrijpen in dit gedrag? Waardoor waren de dragers van het gen dat voor dit gedrag codeerde, bevoordeeld tegenover hen die dat gedrag niet vertoonden? Kortom, wat was de biologische functie van het gedrag? Dat is de biologische benadering, het zoeken van verklaringen binnen het darwinistische paradigma.

3

WAT IS GEDRAG?

Er zit een schoonheidsfoutje in de vorige hoofdstukken. Ik spreek al de hele tijd over 'gedrag', maar als wetenschapper zou ik moeten weten dat je nooit over iets mag praten zonder het omschreven te hebben, zonder duidelijke definitie. Daar zitten we al vast, want het zal duidelijk worden dat het moeilijk is, misschien wel onmogelijk, om het begrip gedrag te definiëren. Ik was trouwens ook niet van plan u te vervelen met begripsbepalingen; die zijn hooguit interessant voor discussies onder vakspecialisten. Bovendien zijn er voor complexe begrippen meestal evenveel definities als er boeken over geschreven zijn. Dat geldt des te meer voor gedrag! Wat ik wel moet doen aan het begin van dit boek, is een omschrijving geven van wat ik onder gedrag versta. In feite is heel dit boek daartoe een poging, maar ik geef vast een aanzetje.

We laten niet alleen definities achterwege. Het is in dit boek ook zeker niet de bedoeling de lezer om de oren te slaan met wetenschappelijke of technische uiteenzettingen, of met moeilijk te volgen redeneringen. Maar als ik wetenschappelijk verantwoord iets wil vertellen over gedrag, kan ik er niet onderuit om soms iets technischer te worden dan gepland. Zeggen wat gedrag is, betekent meteen zeggen waar het vandaan komt, een typisch biologische visie. Waar komt gedrag vandaan? Daarvoor ga ik ver terug, en wel met een technisch onderwerp: voedsel.

Van lichtfabriek tot brein

Levende wezens kunnen op twee manieren aan voedsel komen. Daar begint het verhaal van het ontstaan van gedrag. Planten, sommige bacteriën en veel eencellige organismen maken hun voedsel gewoon zelf. Dat voedsel bestaat uit suikers. Ze hebben daarvoor twee dingen nodig: grondstoffen en energie. De grondstoffen zijn koolstof, zuurstof, waterstof, en die halen ze uit hun omgeving, dus de bodem of de lucht. De energie is het licht van de zon. Inderdaad, de natuur heeft gedurende miljoenen jaren een systeem ontwikkeld waardoor 'lichtfabrieken' in plantencellen het licht kunnen opvangen en de energie daarvan kunnen gebruiken om simpele moleculen en atomen aan elkaar te plakken tot heel *complexe* moleculen. Die complexe moleculen kunnen ook weer aan elkaar worden gezet waardoor nog ingewikkeldere moleculen ontstaan. Dat systeem is niet alleen zeer ingenieus, maar ook economisch: zonlicht en atomen uit de omgeving kosten niets. Dit proces heet fotosynthese, omdat licht (*foto-*) wordt gebruikt bij de samenstelling (*-synthese*) van moleculen. Organismen die zulke lichtfabrieken hebben, noemen we *autotroof*, dat wil zeggen dat ze zelf (*auto-*) voor hun voedsel (*-troof*) zorgen. In menselijke termen uitgedrukt is dat de vriendelijkste manier om aan voedsel te komen. Hoewel, zo vriendelijk is het niet altijd: een plant – bijvoorbeeld een boom – zit er weinig mee in om een soortgenoot kapot te maken of geen zonlicht te gunnen als hij daar zelf beter van wordt. Maar goed, dit zeer ingenieuze systeem, dat al honderden miljoenen jaren bestaat doordat het zo doeltreffend is, zou het alleenrecht van bestaan moeten gekregen hebben op onze aardbol. Dan zou de aarde immers veel ellende bespaard zijn gebleven. Als we alleen planten hadden, zou onze levende wereld een voorbeeld zijn voor buitenaardse wezens die de relatief vreedzame samenleving van onze planeet zouden komen bestuderen.

Uiteraard bleef het daar niet bij. Elk systeem waarin ieder in een vrij goede verstandhouding zijn steentje bijdraagt tot het geheel, doet profiteurs opstaan: bedriegers die niet meedoen en ten koste van anderen leven om minder energie te hoeven verbruiken. Neem een gemeenschap van ijverige mensen die allemaal werken voor hun onderhoud en in vrede met elkaar leven. Vroeg of laat zal daar een individu opstaan dat een andere strategie ontwikkelt: niet zelf werken, maar andermans vruchten stelen. Ik moet mezelf even inhouden, want dit is stof voor de volgende hoofdstukken. Gaat u wel even mee met deze beeldspraak, want in de wereld van de autotrofen liep alles ook zo.

Parasiterende organismen verstoorden de vrede van de autotrofen. Die parasieten zagen het niet zitten om zelf voedsel te maken, om constant een ingewikkelde fotosynthetische fabriek draaiende te houden – zolang er zonlicht is – om aan voldoende voedingsstoffen te komen. Waarom zouden ze die voedingsstoffen niet gewoon gaan halen waar ze al gemaakt zijn, dus bij de planten? De grootste groep bouwstenen in de levende natuur zijn eiwitten, zeer lange ketens van aaneengeschakelde kleinere moleculen: aminozuren. Om eiwitten te maken, heb je dus aminozuren nodig. Planten eten levert voldoende voedingsstoffen (onder andere aminozuren) en ook genoeg energie op om de eigen bouwstenen (waaronder eiwitten) te maken. Bovendien hoeven hierbij geen ingewikkelde lichtfabrieken te worden gebruikt, die toch alleen maar overdag kunnen draaien. En daarmee was de strategie van het voedsel stelen geboren. De organismen die haar toepassen, noemen we *heterotrofen* (voedsel halen bij een 'ander'). Heterotrofen kennen we vooral als dieren, maar ook schimmels, paddestoelen en allerlei micro-organismen 'bezondigen' zich aan parasitisme. Deze stap in de evolutie ziet er al veel minder vriendelijk uit voor de buitenaardse bezoekers van zojuist, want we hebben het nu over roof, diefstal, parasitisme en ga zo maar door. Maar voor ons mensen was die stap van belang, want anders waren we er niet geweest. En meteen hebben wij hier ook het begin van 'gedrag'.

Autotrofen kunnen voor hun grondstoffen en een constante stroom licht rustig op één plek blijven en daar hun fabriek draaiende houden. Maar heterotrofen zijn gauw uitgepraat als ze op één plaats blijven. De voorraad planten die ze kunnen verorberen is vlug uitgeput. Dus als een heterotroof niet wil verhongeren, moet hij niet wachten tot het voedsel naar hem toekomt, hij moet zich verplaatsen zodra het voedsel in zijn bereik op is. Als autotrofen dezelfde handicap hadden, zouden we het geen punt vinden dat bomen of grassen of sierbloemen rondwandelden, op zoek naar nieuwe grondstoffen. Ze doen dat niet, omdat ze het niet nodig hebben en er dus ook niet voor zijn uitgerust. Planten hebben een constructie die ze in staat stelt stevig ter plaatse te blijven staan. Bewegen vereist een nieuwe technologie, een mechanisch systeem dat het hele organisme – het dier zeg maar – van plaats kan doen veranderen zonder dat het uiteenvalt. Voor de volledigheid: er zijn een paar dieren die wél blijven vastzitten. Dat kan dan doordat de omgeving zelf voldoende nieuw voedsel aanvoert. Denk maar aan zeeanemonen of mossels die van voedsel worden voorzien door het water dat voortdurend voorbij blijft stromen.

Wie zich als heterotroof wil manifesteren, moet aan een bijzonder ingewikkeld ingenieurswerk beginnen. In de eerste plaats moeten er sterke structuren ontstaan die het lichaam kunnen dragen. Die structuren moeten voorzien zijn van bewegende delen die ten opzichte van elkaar kunnen scharnieren. Op die manier kunnen delen van het lichaam kracht uitoefenen op de omgeving zoals de bodem, het water of de lucht, om het hele lichaam te verplaatsen. Verder zijn er structuren nodig die door samentrekking zulke scharnierende bewegingen mogelijk maken. Kortom, de heterotroof moet een skelet, gewrichten en spieren krijgen. Maar daar blijft het niet bij. Als je geen fotosynthetische fabrieken wilt bouwen, maar bestaand voedsel wilt eten, dan moet je de complexe moleculen van de planten wel eerst afbreken voordat je er iets mee kunt. Dat vraagt een andere industrie, de spijsvertering, waarop we hier niet verder zullen ingaan omdat het niet in ons verhaal hoort. Het ingenieurswerk is trouwens nog niet af omdat de bewegende delen op zich niet volstaan: ze moeten ook nog bestuurd worden. Afgezien van een paar eencelligen zullen heterotrofen zich niet in het wilde weg verplaatsen om nieuwe voedingsbronnen aan te boren. Ze richten hun verplaatsingen volgens de meest economische vector, namelijk naar plaatsen met een verhoogd voedselaanbod. Daarvoor ontwikkelde de heterotroof een complex besturingssysteem: het zenuwstelsel. Deze vernuftige uitvinding *scant* de omgeving, verwerkt de verzamelde gegevens en handelt op basis van de analyse van die gegevens. Het gedrag is geboren.

Waar zijn we nu met ons verhaal? Eerst waren er dus eerlijke arbeiders met fotosynthetische fabrieken en een 'lichaam' dat was aangepast aan een verblijf op één plek. Toen kwamen er parasieten die de opbrengst van de eerste groep stalen, en daarvoor ingewikkelde systemen moesten ontwikkelen. Het ingewikkeldste daarvan was wel het zenuwstelsel. Is dat allemaal nog wel rendabel? Zijn met al die engineering de kosten niet te hoog geworden voor een doorsnee-parasiet? Is de autotroof met zijn minder complexe lichaam niet een stuk goedkoper af? Rendeert het nog om een dief te zijn die moet beschikken over zeer geavanceerde en dure materialen om te kunnen inbreken? Jazeker, want de ontwikkeling van de ingewikkelde structuren verliep stelselmatig. Al het ingenieurswerk is verricht door evolutie, met natuurlijke selectie als voornaamste stuk gereedschap. Stap voor stap werd de uitrusting van de heterotroof verbeterd. De bouw van het skelet met gewrichten, de ontwikkeling van spieren en het zenuwstelsel zijn eindresultaten van een stelselmatige opstapeling van nieuwe aanpassingen. Die aanpassingen rendeerden steeds beter dan de vorige. De eerste heterotrofen hadden natuurlijk niet zo'n ingewikkelde constructie, dat zou niet renderen ten opzichte van de autotrofen. Ze waren nog zeer eenvoudig (eenvoudige heterotrofen zijn bepaalde eencelligen, schimmels, paddestoelen). Maar toen het systeem van de heterotrofen eenmaal was ontstaan, toen de fotosynthetische fabriek niet meer nodig was, konden binnen dat systeem verbeteringen worden aangebracht. De dieren werden complexer. Om de vergelijking met de diefstal van voedsel door te trekken: de dieven ontwikkelden een betere uitrusting waardoor ze steeds meer voordelen konden halen. Ze konden gaan inbreken bij eigenaars die veel voedsel hadden, bij organismen waar veel viel te rapen.

We kunnen dus stellen wat gedrag was in de beginfase: een systeem dat informatie inwint over de omgeving, deze informatie verwerkt tot een conclusie en die conclusie vertaalt in een handeling waardoor voedsel is te verzamelen. Zo werden honderden miljoenen jaren geleden de eerste computers gemaakt in de vorm van gespecialiseerde cellen en klompen cellen die zich konden bezighouden met het verzamelen en verwerken van informatie. De heterotroof, die zich dit dure apparaat had verschaft, ging het al snel voor meer doeleinden gebruiken. Tenslotte gebruiken wij onze huiscomputer toch ook niet voor alleen dat éne spelletje? Als je een dure computer hebt gekocht, probeer je die toch ook te benutten voor tekstverwerking, voor wat huishoudelijke boekhouden, e-mailverkeer, het berekenen van de belastingen, het raadplegen van een encyclopedie en ga zo maar door, tot en met de meest geavanceerde technische toepassingen. Dat had de heterotroof ook snel door en wendde zijn dure investering niet meer alleen aan om voedsel te zoeken, maar ook om zijn lichamelijke integriteit te behouden. Als de weersomstandigheden een gevaar opleverden, te hevige zon bijvoorbeeld of te koude regen, dan kon hij die computer ook gebruiken om een schuilplaats te zoeken.

Er werken nu dus al twee vectoren bij het bepalen van de verplaatsing: naar het voedselaanbod en weg van gevaren. Zo kunnen we nog wel even doorgaan, want de toepassingen van de computer voor de heterotroof zijn legio. Het dier moest zich immers ook voortplanten en merkte vrij snel dat het systeem van de planten beter kon. Planten doen 'het' immers op een weinig economische manier. Ze laten ontelbaar veel voortplantingscellen in de omgeving vrij, in de hoop dat er enkele bevruchtingen plaatsgrijpen, waarvan er dan minstens één tot een nieuwe plant leidt. Sommige planten pakken het wat handiger aan, maar dit terzijde. Het dier koos voor een veel economischer systeem: maak een beperkt aantal voortplantingscellen aan en zorg ervoor dat je ze zo dicht mogelijk bij de voortplantingscellen van een soortgenoot afzet om de kans op bevruchting te vergroten. Lagere dieren zijn zo ver nog niet, maar ook dat weer terzijde. En ziedaar een derde vector: zich verplaatsen in de richting van een voortplantingspartner en, nog ingewikkelder, zó handelen dat de voortplantingscellen dicht bij elkaar komen. Het seksuele gedrag was geboren.

Het dier bleef zijn computer voor steeds weer nieuwe toepassingen gebruiken. Nu het voortplantingssysteem verbeterd was, bleek het nog economischer om de bevruchte cellen niet zomaar aan hun lot over te laten, maar om ze te beschermen en te verzorgen, net als de nieuwe, jonge organismen die eruit voortkwamen. De broedzorg was ontstaan, al dan niet met paarvorming tussen de ouders.

We gaan afronden. Keer op keer werd de computer voor nieuwe toepassingen ingeschakeld: voor een samenleving in groepsverband, voor communicatie tussen de groepsleden om sneller informatie uit de omgeving uit te wisselen, voor samenwerking om het rendement van bepaald gedrag te verhogen enzovoort. Maar één element moeten we nog wel even aan ons verhaal toevoegen. En dat is de opkomst van een tweede generatie parasieten, dieven, die nog sneller winst wilden maken zonder het omslachtige werk van planten te eten. In elke populatie dieven merk je dat er vroeg of laat een bedrieger ontstaat die weer van de dieven gaat stelen. Een dief van de tweede orde dus. Want daar word je nog rijker van. De heterotrofen hebben dat ook meegemaakt, ik zou ze de heterotrofen van de tweede orde noemen. Hoe zit dat?

De heterotrofen die we tot dusver bekeken, hadden dus hun parasitisme ontwikkeld om geen ingewikkelde lichtfabrieken te hoeven bouwen. Hun diefstal werd echter duur betaald, niet alleen door de ontwikkeling van de bewegingsapparaten en de regulerende computer, maar ook door de behandeling van de voedingsstoffen die ze opnamen. Zoals gezegd moesten de voedingsbestanddelen die ze uit planten haalden, worden afgebroken om er de eigen bouwstenen mee te maken. Vergelijk dit met een metselaar die geen bakstenen wil bakken om het huis van zijn dromen te bouwen, en daarom een ander huis afbreekt om de stenen ervan te gebruiken voor zijn huis. De planten etende dieren gebruikten daarvoor een doeltreffend stelsel van verteringssappen. Toch was dit stelsel lang niet zo ideaal, want de efficiëntie was niet optimaal. Plantencellen zijn namelijk omgeven door een stevige wand (wat behoort tot hun structuur om stevig ter plaatse te kunnen blijven staan) en die wand is voor dieren lang niet altijd even gemakkelijk af te breken. Daardoor gaat relatief veel materiaal verloren. Bovendien hebben de eiwitten van planten in hun samenstelling een andere verhouding aan aminozuren dan dieren: van de twintig aminozuren die in de natuur voorkomen, worden sommige meer door dieren dan door planten gebruikt. En omgekeerd. Dat maakt dat dieren veel meer plantenmateriaal moeten eten dan het geval zou zijn als dieren en planten dezelfde samenstelling van aminozuren zouden hebben. Want wil je voldoende aminozuren binnenkrijgen, ook de soorten die maar mondjesmaat bij planten voorkomen, dan zul je heel veel plantenmateriaal moeten eten. Planteneters eten dus veel meer dan echt economisch verantwoord is. Dat zie je trouwens meteen aan een planteneter: hij heeft een heel lange dunne darm om al dat plantenmateriaal te verwerken, en daardoor een dikke, neerhangende buik.

Nu, hoe zou een economisch denkende heterotroof dit inefficiënt systeem kunnen verbeteren? Als hij nu eens geen planten zou eten voor zijn bouwstenen, maar andere heterotrofen! Collega's die het verspillende werk van het verteren en herverdelen van de aminozuren al hebben uitgevoerd! Dat zou veel minder voedsel betekenen en meteen de juiste verhouding van de aminozuren. Of om de parallel van hierboven voort te zetten: het al 'omgebouwde' voedsel van de dieven van de eerste orde wordt gestolen door de dieven van tweede orde. Dat is inderdaad een stuk efficiënter. De dierenetende dieren zijn ontstaan: de 'roofdieren', de jagers. Ook hen herken je meteen: aan de veel kortere dunne darm en de daardoor strakke, ingetrokken buik.

Deze episode in de evolutie is niet alleen interessant voor de bioloog die een systematische orde in de levende wereld wil beschrijven, maar ook voor ons verhaal over de evolutie van gedrag. Want roven impliceert weer een heel andere toepassing van de heterotrofencomputer. De reeks geschetste vectoren moeten we nu uitbreiden met een nieuwe reeks: het dier moet zich niet alleen richten naar de plaats van het voedsel (de prooi) maar hij moet bovendien inspelen op de steeds *veranderende* plaats van dat voedsel. Die prooi zit immers niet stil, zeker niet als zijn belager in de buurt is! Daar komt dus nog bij dat de meeste heterotrofen nog een nieuw programma voor hun computer moesten installeren: rekening houden met andere gevaren dan deze uit de omgeving zoals het weer. Ze moesten gaan oppassen voor roofdieren. De dieren moeten met andere woorden op meer dingen letten om hun lichamelijke integriteit te bewaren. Hun computer moet dus bij het scannen van de omgeving en het verwerken van de gegevens de speciale alarmfunctie 'predators' inbouwen. Deze moet in noodgevallen leiden tot een zeer snelle reactie.

We ronden dit verhaal voorlopig af met een nieuwe dimensie, die voor dit boek zeer belangrijk zal zijn. Zowel het jagen op een prooi als het waakzaam zijn voor mogelijke predators, kan aanzienlijk worden verbeterd als individuen gaan samenwerken. Vier ogen zien meer dan twee, vele computers analyseren en verwerken meer dan één. De ontwikkeling van zulke samenwerkingsverbanden is zoiets als de creatie van computernetwerken. Het is de geboorte van het sociaal gedrag, met zijn eigen kenmerken, met nieuwe ontwikkelingen van nog andere complexe systemen – groepsvorming, hiërarchie, taal enzovoort – die we in dit boek gaan behandelen.

Het zal wel duidelijk zijn dat in heel dit verhaal de toenemende complexiteit van die computer, het zenuwstelsel, centraal staat. Het zenuwstelsel dat voortdurend moest verbeteren om steeds meer toepassingen mogelijk te maken. Het complexer worden van de gedragingen ging gepaard met een complexer worden van het zenuwstelsel. We spreken nu vooral over het centrale deel van het zenuwstelsel, over het brein, de hersenen. Vandaag is dat brein zo onvoorstelbaar ingewikkeld dat de toepassingen ervan ontelbaar zijn. Onze hersenen kunnen zowat alles aan, met uitzondering van één ding: bevatten hóé ze het doen.

De evolutie van de lichtfabrieken in de planten tot het brein van de mens is hier wel erg kort door de bocht en in telegramstijl geschetst. Het gaat er mij vooral om dat u gedrag en brein gaat zien als nevenproducten van veranderende strategieën in voedselaanmaak, autotroof of heterotroof. En kunnen we nog zeggen dat onze aardbol in feite alleen door planten zou mogen bevolkt zijn, wanneer de buitenaardse waarnemers op bezoek komen? Ze zouden in dat geval de computer waarop ik nu tokkel niet kunnen zien, noch onze operatiekamers of concertgebouwen, maar ook niet de martelkamers, genociden en milieuvernietiging. Ik laat deze vraag in alle vrijheid over aan uw filosofische interesse, en aan uw invulling van 'de zin van het leven'. Maar lees eerst dit boek verder, ik kom hier op het einde op terug.

Groen licht

Op basis van het voorgaande kunnen we gedrag omschrijven als een proces dat is in te delen in drie fasen: informatie verwerven, die verwerken en erop reageren. Bij het bekijken van deze fasen zullen we de zuivere theorie meteen verduidelijken aan de hand van een voorbeeld, anders wordt het te abstract. Het voorbeeld is simpel. Nadat ik op de rand van de stoep heb staan wachten en het verkeerslicht eindelijk van rood op groen springt, zet ik een stap vooruit om de straat over te steken. Dit voorbeeld is op het eerste gezicht belachelijk; we hebben het over een ogenschijnlijk triviale daad die weinig aandacht vraagt. Toch vergt die ene stap vrij veel breinwerk. Daarom kan het voorbeeld verhelderend zijn om de drie fasen van gedrag van elkaar te onderscheiden.

Ten eerste is gedrag het verwerven van informatie uit de omgeving. Hoe ziet de omgeving eruit, en vooral: wat verandert erin? De antennes die hiervoor worden gebruikt, zijn de zintuigen. Het zijn uitlopers van de hersenen die ermee verbonden blijven om op elk ogenblik informatie door te spelen. Het brein selecteert op elk afzonderlijk ogenblik de informatie die interessant is en nodig om te verwerken. Vanuit deze gezichtshoek zijn zien, horen, ruiken en voelen al elementen van gedrag, de eerste fase. Als u even naar deze letter 'o' kijkt, dan is dat op zich een gedragselement, u hebt er geen idee van welke ingewikkelde circuits daarvoor in uw brein worden doorlopen.

In het voorbeeld van het verkeerslicht nemen mijn hersenen een massa informatie-elementen waar – over het kruispunt, de auto's, de huizen, het weer – maar één eenvoudig element springt eruit: het doven van het rode licht en het gelijktijdig aanflitsen van het groene. Voor het geplande doel (de straat oversteken) is dit de belangrijkste informatie. Alle andere elementen zijn op dat moment van ondergeschikt belang: het geluid van de auto's, de architectuur van de huizen, de temperatuur van de lucht, ja zelfs de andere verkeerslichten op het kruispunt, die ik in mijn ooghoeken waarneem. Deze eenvoudige info gaat van mijn ogen naar een gebied diep in mijn hersenen, meer bepaald een deel van de *thalamus*. Daar wordt ervoor gezorgd dat de informatie die ik nodig heb om de stoep te kunnen verlaten de nodige prioriteit krijgt en wordt doorverwezen. Die info gaat naar de achterkant van mijn hersenschors waar het feitelijke zien plaatsheeft. Een reeks van zeer uitgebreide circuits van zenuwcellen wordt doorlopen om het brein de gewaarwording van 'groen licht' te bezorgen. De eerste fase heeft plaatsgehad.

In de tweede fase van gedrag wordt de informatie verwerkt. Dat verwerken kan gaan van relatief eenvoudig tot uitermate complex. De informatie moet grondig beschreven worden. De beelden die we zien, de klanken die we horen, de geuren die we ruiken en de tastindrukken die we voelen, moeten tot een herkenbaar totaalbeeld leiden. In ons voorbeeld moet de groene kleur van een rond voorwerp onder een ander rond voorwerp met rode kleur dat op een paal staat, herkend worden als 'groen licht'. Dat beeld wordt na herkenning vergeleken met informatie in het geheugen. Is deze informatie vroeger al verworven? Wat betekende dat signaal toen? Als de info nog niet werd opgedaan, zitten er dan elementen in die wel in het geheugen zijn opgeslagen? En wat was dan de betekenis van die elementen? Hoe ouder het organisme, des te meer informatie in het geheugen opgeslagen is en des te meer kans er bestaat dat je het waargenomen beeld ook inderdaad herkent.

Zo zeggen mijn hersenen dat het groene, ronde voorwerp zich in het verleden altijd heeft voorgedaan in een vaste sequentie met een oranje en een rood licht. Verder knopen mijn hersenen er een betekenis aan vast van al dan niet de straat mogen oversteken, op straffe van schade bij het overreden worden door een auto. De opgeslagen informatie, het geheugen, is dus noodzakelijk om een ondubbelzinnige herkenning van de beelden uit de omgeving mogelijk te maken.

Naast het herkennen van de beelden, waaronder we ook geluid, tast en reuk verstaan, moeten we die informatie plaatsen naast andere data die we op hetzelfde ogenblik of kort ervoor registreerden. Een organisme zal niet handelen op basis van slechts één info-element, maar zal rekening houden met *alle* info die op dat ogenblik een rol kan spelen. Een groen licht heeft pas een verkeersfunctie wanneer het zich, getuige andere informatie, in de juiste context voordoet. Het verspringen van het licht van rood naar groen op een televisiescherm of midden in een bos zonder wegen of op een tentoonstellingsstand waar het een aandachtstrekker is, zal in ons brein een andere betekenis krijgen. We zullen het niet herkennen als een signaal uit de omgeving dat duidelijk maakt dat we mogen oversteken. Toch waren de kleur van het licht en de vorm van de lamp in deze atypische situaties gelijk. Het waren andere informatie-elementen die de betekenis van het groene licht in ons brein wijzigden.

Bovendien moet het brein rekening houden met andere factoren die zich voordoen. Als ik op de rand van de stoep sta, is dat op zich niet voldoende om tot een handeling over te gaan wanneer het licht op groen springt. Een andere factor die een rol speelt, is de route die ik wil volgen. Ik had me immers voorgenomen van A naar B te gaan en het kruispunt was een oponthoud op het te volgen traject. Stel nu dat dit voornemen niet in mijn geheugen was opgenomen, maar dat ik op de stoeprand naar iets opvallends stond te kijken – een reclamebord, een optocht, desnoods de mooie kleuren van de verkeerslichten zelf – dan zou de kleurverandering in mijn brein geen informatie leveren om de straat over te steken.

Wanneer de informatie naast alle andere info-elementen is gelegd en is vergeleken met het geheugen, dient het als vertrekpunt voor een simulatieproces. We zullen later het enorme belang van simulatie behandelen. Mijn brein zou als een automatisme kunnen werken en reflexmatig de straat oversteken bij groen licht. Dat zou een goede beslissing zijn als het signaal 'groen licht' altijd en uitsluitend moet worden gevolgd door een stap vooruit. In werkelijkheid is dat niet zo. Het automatisch, reflexmatig reageren op een prikkel kan in een paar uitzonderlijke gevallen voldoende, zelfs noodzakelijk zijn. Als mijn hand een gloeiend heet voorwerp aanraakt, trekt mijn arm die hand in een reflex en binnen een fractie van een seconde terug, automatisch, zonder meer. Dat is een goed automatisme omdat er snel moet worden gehandeld, maar ook omdat er geen alternatief voor dat terugtrekken bestaat. Ik moet niet denken, maar doen om de schade aan mijn hand minimaal te houden. Maar in veel gevallen, zeker bij complexe gedragingen, zijn zulke automatismen juist gevaarlijk. De hersenen willen de situatie eerst bestuderen voordat ze de betrokken spieren het commando 'handelen!' geven. Het brein gaat eerst na wat de opties zijn, hoe kosten en baten uitvallen. Met andere woorden: wat betekent elke keuzemogelijkheid qua energie, gevaar enzovoort, en wat levert het op? Eén manier om deze vragen te beantwoorden is het rechtstreeks uitproberen van de mogelijkheden. Doe maar, en maak achteraf de balans op. In ons voorbeeld is de keuze eenvoudig. Of ik blijf staan bij het aanflitsen van het groene licht, of ik zet een stap vooruit en steek de straat over. Daarna kan mijn brein nagaan wat er is gebeurd. Ben ik nog heelhuids of lig ik bloedend onder een auto? Het hoeft geen betoog dat zo'n handelwijze van ons brein nogal gevaarlijk is: bij een foute inschatting kan het meteen de laatste keer kan zijn dat het brein überhaupt heeft beslist.

Een tweede manier om de vraag naar de juiste keuze te beantwoorden, is het nabootsen van de mogelijke handelingen in een virtuele situatie. Het brein maakt een virtueel beeld van de omgeving – het kruispunt, de auto's, de geplande route incluis – alsof ergens in de hersenen een film wordt afgedraaid. Daarbij zullen die elementen die in de gegeven context belangrijk zijn, worden opgenomen en andere elementen worden weggelaten, zoals een toneeldecor alleen de strikt noodzakelijke details vertoont. De huizen, het weer, de reclameborden en mijn kleren zijn informatie-elementen die niet in het decor, of de film, hoeven te passen. Zodra de virtuele mise-en-scène klaar is, kan de film beginnen en kunnen verschillende handelingen worden uitgevoerd. Het brein speelt de film steeds opnieuw af en verandert er grote of kleine elementen in. Door de filmsequenties zo volledig mogelijk te maken, dat wil zeggen door er zo veel mogelijk informatie in te verwerken, kan voor elke mogelijke keuze worden nagegaan wat het eindresultaat is, wat de kostprijs en opbrengst zijn. Mijn brein heeft hier maar twee mogelijke scenario's te verwerken: blijven staan of vertrekken.

Als ik blijf staan, stelt mijn brein vast dat de film goed afloopt, mijn lichamelijke integriteit is behouden. Het zou dus een goede keuze kunnen zijn. Gelukkig is datzelfde brein slim genoeg om te weten dat de behandelde informatie niet volledig is: er was ook nog die intentie om het traject van A naar B te volgen. En in het stilstandscenario is dat traject niet voltooid, het doel is niet bereikt, en dus wordt die optie verworpen.

Maar als ik een stap zet om de straat over te steken, moet het brein een andere conclusie trekken. Het traject van A naar B wordt vervolgd en dat is goed. Maar er duikt een gevaarlijk element op. Het verlaten van de stoep betekent op terrein komen waar veel auto's zijn waargenomen. Die auto's hebben een grote snelheid en kunnen daardoor mijn lichamelijke integriteit ernstig schaden. Dus wordt de situatie grondiger uitgediept. Het brein zoekt in zijn archief, in het geheugen, naar informatie die de relatie tussen groen licht en de snelheid van de auto's weergeeft. Het blijkt dat in het merendeel van de eerdere gevallen de snelheid van de auto's op de over te steken straat is teruggelopen tot nul wanneer het verkeerslicht voor mij op groen springt. Maar het blijkt ook dat in één enkel geval een auto toch was doorgereden. Het brein stelt vast dat er één kans is op, zeg, tienduizend dat een stap vooruit kan leiden tot een drama. Is dat risico waard om genomen te worden?

Het brein kan die vraag beantwoorden door een nieuw filmpje af te spelen. Daarbij springt het licht op groen, zet ik een stap vooruit en rijdt er een auto verder zonder te remmen. Nu kunnen zich weer twee mogelijkheden voordoen: of ik loop verder, of ik stop onmiddellijk, op de rijbaan, nog voor ik met de rijdende wagen in aanraking ben gekomen. Het brein kiest om voor de hand liggende redenen voor het tweede scenario en stelt vast dat, zelfs al doet zich de kans van één op tienduizend voor dat 'groen licht' toch gepaard gaat met een 'doorrijdende auto', een tweede beslissing met een grote kans van slagen een drama kan voorkomen. Een kleine berekening maakt duidelijk dat de kans om overreden te worden bij groen licht weliswaar bestaat, maar heel klein is. De kostprijs van de handeling 'de stoep verlaten' is klein, de winst – het geplande traject kunnen vervolgen – is groot. Dus, het brein besluit finaal dat de optie om een stap vooruit te zetten een goede keuze is. Dat is het resultaat van de verwerking van alle informatie. De beslissing is genomen. Natuurlijk hebben we in dit voorbeeld een vereenvoudiging van mogelijkheden en gevolgen bekeken, maar als voorbeeld verduidelijkt het toch wel wat met de 'verwerking van gegevens' wordt bedoeld.

Het is vast overbodig om erop te wijzen dat die verwerking meestal niet als een bewust redeneerproces plaatsgrijpt. De vele simulaties, vergelijkingen en conclusies die we als voorbeeld gaven, gebeuren bliksemsnel en zonder dat wij dat als een denkproces ervaren. Voor één eenvoudige stap zouden we misschien minutenlang moeten nadenken om tot dezelfde conclusie te komen. Uiteraard zouden complexere handelingen dagen of misschien wel jaren van bewust en rationeel denken vergen. We zouden dan domweg *niets* meer kunnen doen. De verwerking kan echter evengoed wél een bewust redeneerproces inhouden, zeker bij zeer complexe gedragingen. Bijvoorbeeld: zal ik partner A of B nemen om voor nageslacht te zorgen? Maar zelfs hier werken veel onbewuste verwerkingsprocessen in ons brein. We maken er kennis mee in hoofdstuk 6.

Twee fases zijn afgerond, maar de stoep is nog niet verlaten, de stap is nog niet gezet. Dat gebeurt in de derde en laatste fase. Deze houdt de uitvoering in van de beslissing die het brein na de simulaties heeft genomen. De handeling kan plaatsgrijpen. Het is die handeling die een waarnemer kan zien en die we meestal het eigenlijke gedrag noemen. In de derde fase zijn de hersenen nog lang niet klaar met werken, want nu moeten ze een beroep doen op weer andere, zeer ingewikkelde programma's. Het brein moet nagaan welke spieren ik moet samentrekken om de stap te zetten. En dat zijn er een boel, niet alleen om één been vooruit te bewegen, maar ook om dat been en de voet in de juiste stand te zetten, om het andere been sterker te doen strekken zodat het heel even het volle gewicht van mijn lichaam kan dragen, om de hele lichaamshouding zodanig te veranderen dat het in evenwicht blijft, enzovoort. Het brein moet voor elk van deze spieren nagaan hoe sterk en hoe lang ze moeten samentrekken. Bovendien is een strenge coördinatie nodig, want niet al deze spieren mogen tegelijkertijd samentrekken, ze moeten een specifieke volgorde volgen.

Voor al deze spieren en voor de coördinatie wordt er een programma opgesteld. Dat programma wordt vertaald in elektrische impulsen die van het brein naar de betreffende spieren gaan om de samentrekking te realiseren. De spieren trekken aan de onderdelen van het skelet, en ik zet mijn eerste stap op straat.

Misschien vond u de illustratie met het groene licht wat aan de lange kant. Excuses daarvoor, maar in feite is het beeld dat ik hier heb geschetst nog te eenvoudig. Ook al is het zetten van één stap een simpel gegeven als gedrag, er komen flink wat meer bewerkingen in de hersenen bij kijken dan ik beschrijf. Het zal dan wel duidelijk zijn dat een complexer gedrag, een paring bijvoorbeeld, onwaarschijnlijk ingewikkelde informatievergaring vereist, een zeer omvangrijke verwerking en een massa spiercontracties. Het is dus zeker niet overdreven als men zegt dat het brein, zeker het menselijke, elke computer overtreft.

Voor de volledigheid blijf ik nog even stilstaan bij de omkadering van het begrip gedrag. We omschreven het als informatie verwerven, verwerken en erop reageren. Het is boeiend dit oude systeem te vergelijken met onze huidige computers. Er zijn namelijk veel parallellen. Het gedrag kan met computerterminologie omschreven worden als input – verwerking – output. De computerinput wordt vaak gerealiseerd via het toetsenbord, maar kan ook plaatshebben door een directe invoer van gegevens afkomstig van bijvoorbeeld meetinstrumenten. De verwerking van die gegevens gebeurt met software die de computerfabrikant heeft ingebouwd of die de gebruiker zelf heeft geïnstalleerd. De output is wat verschijnt op het beeldscherm, uit de printer of plotter, of een elektrische puls die een machine in gang zet.

Een andere visie om gedrag te omschrijven is de sequentie prikkel – integratie – respons. Vooral in oudere literatuur wordt deze omschrijving gebruikt. De 'prikkel' is elke fysische grootheid in de omgeving die we zintuigelijk waarnemen. De 'integratie' is een minder alledaags woord voor wat we hierboven 'verwerking' noemden. De 'respons' is de reactie op de waargenomen prikkels, hetgeen we een organisme zien doen en vaak als 'het gedrag' wordt omschreven. We weten al dat die reactie slechts de derde fase van een gedrag is. Deze visie verschilt in wezen niet van de drie fasen die we hierboven beschreven.

Niveaus van gedrag

Ik gebruik steeds de termen 'eenvoudig' en 'complex' als ik het over gedrag heb. Dat komt doordat gedrag zich op vele niveaus van complexiteit kan manifesteren. Wanneer ik mijn hand wegtrek van een gloeiend heet fornuis, dan is dat heel eenvoudig gedrag. Maar wanneer ik als president van een grote mogendheid overweeg een buurland al dan niet de oorlog te verklaren, dan is dat zeer complex gedrag. Dat is een belangrijk aspect van de spraakverwarring die bestaat rond gedrag en vooral onder auteurs die zich bij het behandelen van gedrag concentreren op één niveau. Een polemoloog bestudeert de oorlog, een econoom is geïnteresseerd in koopgedrag, een etholoog of psycholoog die non-verbale communicatie analyseert, schrijft pagina's vol over het optrekken van de mondhoeken. Gedrag is te bestuderen op alle niveaus.

De eerste die dit punt onderkende en het uitvoerig beschreef, was de Nobelprijswinnaar en grondlegger van de experimentele ethologie, Niko Tinbergen. Hij gaf een beschrijving van een sympathiek visje in onze beken, de stekelbaars. Tinbergen analyseerde zeer nauwgezet het gedrag van het diertje en beschreef aan de hand ervan de verschillende niveaus van gedrag. De stekelbaars heeft zoveel bijgedragen tot onze huidige biologische kennis van het gedrag dat het zelf een Nobelprijs verdient! Het is een enorm interessant beestje, en toch wil ik het terzijde laten liggen. Ik zal de gedachtegang van Tinbergen overnemen, maar dan met een voorbeeld uit het menselijk gedrag. Ik veronderstel immers dat u dit boek niet leest om iets over stekelbaarzen te leren.

Ons gedrag kent veel niveaus en elk niveau maakt deel uit van een hoger niveau, het hoogste niveau zelf natuurlijk uitgezonderd. Er bestaat als het ware een hiërarchie in gedragingen of gedragselementen. Op elk niveau kan op één ogenblik slechts één gedrag actief zijn, en dat op basis van de invloeden die op zeker moment de overhand hebben om gedrag uit te lokken. Is dat duidelijk? Nee, natuurlijk niet. Dit vrij abstracte schema wordt bevattelijker met een voorbeeld. We kiezen een voorbeeld uit het voortplantingsgedrag, omdat dit systeem zeer uitgebreid is en dus veel voorbeelden biedt. Een andere reden voor dit voorbeeld is dat de voortplanting het voornaamste werkterrein is bij de natuurlijke selectie, en dus erg belangrijk is voor de ontwikkeling van nieuwe structuren in de levende natuur. Voor de duidelijkheid houden we de behandeling van dit voorbeeld weer zeer eenvoudig, in feite bekijken we het iets te simplistisch, maar daarom is het niet minder juist.

In een normaal mensenleven wordt onder invloed van hormonen en van invloeden uit de sociale omgeving op een goed ogenblik de motivatie voor de voortplanting in gang gezet. Er start een gedragssysteem dat een groot deel van een mensenleven kan voortduren. Dat bepaald ogenblik is niet in uren of dagen uit te drukken, maar spreidt zich uit over maanden, ergens in de levensfase die we op basis van vele factoren de 'puberteit' noemen. In dat stadium wordt het eerste niveau van 'voortplanting' aangevangen. Het organisme – de jongen of het meisje – begint aan een hiërarchie van gedragssystemen die onder de noemer 'voortplanting' vallen. Andere systemen die we op het eerste niveau als voorbeeld zouden kunnen gebruiken zijn onder andere 'agressie', 'vluchtgedrag' of 'lichaamsverzorging'. Deze andere voorbeelden duren gelukkig niet zo lang als voortplantingsgedrag en zullen zich soms maar gedurende enkele minuten manifesteren. Toch blijft het principe identiek.

Zodra het eerste niveau is gestart, zoekt het brein als het ware naar factoren die een gedrag binnen dit geheel, maar van een lager niveau, kunnen uitlokken. Met andere woorden: het tweede niveau kan starten. Hier doen zich weer allerlei mogelijkheden voor. Zo kan een gedrag als de paring – of voor wie niet houdt van biologische termen, de geslachtelijke gemeenschap – van start gaan. Andere mogelijkheden zijn bevalling, ouderzorg of partnerkeuze. Met dit laatste zal het toch allemaal moeten beginnen. Voor de voortplanting moet je bij de hogere levensvormen – waartoe wij behoren – met z'n tweeën zijn, dus is deze eerste stap een absolute voorwaarde. We nemen dit gedrag van het tweede niveau als voorbeeld.

Partnerkeuze betekent dat de jongen of het meisje een reeks gedragingen start die jaren kunnen duren of worden herhaald, en die alle gericht zijn op de keuze van een partner. Dit niveau bepaalt een zeer groot gedeelte van het doen en laten van de puber en de adolescent, ja zelfs van de volwassene. In hoofdstuk 6 belichten we dit gedragssysteem van een heel andere kant, maar voorlopig blijven we even bij het tweede niveau van voortplantingsgedrag. Dat dit systeem in de tweede fase de overhand krijgt, hangt samen met het feit dat andere mogelijkheden zich nog niet voordoen – ouderzorg kan bijvoorbeeld niet worden gestart, er zijn nog geen nakomelingen.

We dalen de hiërarchie af naar het derde niveau. In het voorbeeld van de partnerkeuze kunnen daarbij weer veel alternatieven worden opgesomd. Zo kan bijvoorbeeld het systeem 'aandacht trekken' gestart worden, wanneer een potentiële partner in het vizier verschijnt, op een feestje, op school, in de trein. Om een relatie te beginnen met een partner wordt een eerste contact pas mogelijk wanneer de aandacht van beiden op elkaar is gericht. In een later stadium van de relatie kunnen we op dit derde niveau ook 'het hof maken' vinden – het verstevigen van de paarbinding. De paarbinding moet namelijk wel even duren voordat beide partijen bereid zijn om aan een paring te beginnen. Nog een mogelijkheid is dat een van de partijen een verleidingsproces in gang zet om daadwerkelijk tot paring over te gaan. Of, en ook dat hoort thuis op het derde niveau, het gedragssysteem 'rivalen afweren' kan in gang worden gezet op het ogenblik dat de paarbinding dreigt te worden verstoord door het verschijnen van andere potentiële partners. We kunnen alle kanten op dus. In die zee van keuzemogelijkheden dalen we af naar het vierde niveau via het systeem 'aandacht trekken'.

De jongeheer of jongedame die een gedragssysteem op dit vierde niveau ontwikkelt, heeft weer eens de keuze tussen een verzameling van mogelijkheden op het vlak 'aandacht trekken'. Er kan een signaal van financiële rijkdom worden uitgezonden, bijvoorbeeld door op een of andere manier de aandacht te vestigen op een dure auto, kostbare juwelen... of een signaal van lichamelijke gezondheid zoals gespierde ledematen. Een sterk en gezond lichaam biedt immers meer kansen op een voorspoedige voortplanting dan een zwak lichaam. Op dit niveau kan ook onderscheid met rivalen worden onderstreept, bijvoorbeeld door een goocheltruc, een goede grap of een razend slimme opmerking tijdens een discussie. Ook tot de mogelijkheden behoort een rechtstreeks kenbaar maken van de interesse, zoals door een sensueel signaal. Enzovoort, enzovoort. Als voorbeeld dalen we nu naar het vijfde niveau af via deze laatste keuze, het produceren van een seksueel of sensueel gebaar.

Ik val in herhaling, maar ook op het vijfde niveau heeft de jongeheer of -dame een heel scala van mogelijkheden. Een sensueel signaal kan bijvoorbeeld bestaan uit een eenvoudige glimlach. Men glimlacht immers nooit zomaar naar een vreemde, er zit altijd een bedoeling achter. Een iets sterker signaal van een vrouw die de aandacht van een man wil trekken, is het beroeren van de bovenlip door de tong. Nog sterker, ze kan de aandacht op haar borsten richten door de rits van het decolleté iets verder te openen. Een maximaal sterk signaal zou het richten van de blik op een slaapkamer kunnen zijn of een ander element dat rechtstreeks naar het paringsgedrag verwijst. Laten we het reëelst te verwachten signaal nemen: de glimlach. Als die glimlach het onderwerp van het vijfde niveau is, kan hij worden uitgevoerd door de gedragselementen die zich ophouden op het zesde niveau.

Op dit zesde niveau, en in ons voorbeeld meteen het laatste en elementairste niveau, doet zich een andere situatie voor dan bij de vijf vorige. Hierboven sloten de diverse mogelijkheden op één niveau elkaar uit: je kunt niet tegelijk twee of drie handelingen stellen (al gaan we daar nog uitzonderingen op zien). Op dit laagste niveau vinden we echter een enorme samenwerking van elementen om de gewenste eindhandeling – de glimlach – te kunnen realiseren. Voor een glimlach is de samenwerking vereist van veel spieren van het gezicht: de spieren die de mondhoeken optrekken zonder de lippen van elkaar te verwijderen. Er kunnen bovendien spieren zorgen voor het lichtjes sluiten van de ogen enzovoort. De samentrekking van elke spier mag beschouwd worden als een gedragselement. Al die gedragselementen werken dus samen.

We kunnen voor de volledigheid nog lager afdalen tot het niveau waarop al die spieren een elektrische prikkel krijgen van vele uiteinden van zenuwcellen die impulsen van de hersenen aanvoeren. Dat is een commando dat we hierboven als output hebben omschreven.

Deze niveaus en deze opsomming van de mogelijkheden op elk niveau zijn nog veel gedetailleerder te behandelen. Dat doet hier echter niet terzake, we hebben hier geen volledige inventaris nodig van voortplantingselementen binnen de grote noemer 'voortplantingsgedrag'. Ik wil alleen aantonen hoe gedrag, zoals Tinbergen het ons leerde, hiërarchisch in niveaus is op te delen. Wie spreekt van partnerkeuze, aandacht trekken, sensueel signaal... spreekt iedere keer over voortplantingsgedrag, maar steeds op een ander plan.

Van eenvoudig naar complex

De vorige paragraaf behandelde een hiërarchie van gedragingen waarbij het ene gedrag als een onderdeel van het ander is te beschouwen. We kunnen ook nog op een andere manier van een hiërarchische indeling van gedrag spreken. Die indeling maken we op basis van de complexiteit van de computerprogramma's die ons brein gebruikt. Die kunnen zeer simpel zijn, maar ook zo ingewikkeld dat we niet moeten verwachten er de eerstvolgende eeuw grondig inzicht in te krijgen. In overeenstemming hiermee kunnen gedragingen zeer eenvoudig zijn, zelfs nog eenvoudiger dan de voorbeelden van hierboven (een stap zetten bij groen licht of een glimlach om de aandacht te trekken) tot en met zeer ingewikkeld. Het allereenvoudigste gedrag dat wij kennen is de reflex, het automatisch reageren op prikkels zonder dat onze hersenen erbij interveniëren. Zeer complexe gedragingen zijn het gebruik van een taal, een symfonie componeren, een computer monteren, een hart transplanteren, oorlogvoeren, als souteneur geld verdienen,...

Waarom noemen we een reflex het simpelste gedragssysteem? Zoals gezegd, omdat het computerprogramma daarvoor – het circuit dat het zenuwstelsel moet doorlopen – het eenvoudigste is dat we ons kunnen indenken. Het is zo simpel dat de hersenen er zelfs niet bij betrokken zijn. Het systeem doet zich volledig voor in het ruggenmerg. Het ruggenmerg is een deel van ons zenuwstelsel dat samen met de hersenen het 'centraal zenuwstelsel' wordt genoemd. Het kleeft als het ware tegen de wervelkolom en strekt zich uit van het staartbeen tot de hersenen, waarin het uitmondt. We bekijken als voorbeeld de reflex die zich voordoet bij het aanraken van een heet voorwerp, bijvoorbeeld een pan.

Wie per ongeluk een hete pan aanraakt, zal bliksemsnel zijn hand terugtrekken. Als men hem vraagt waarom, zal hij antwoorden: 'Omdat het pijn deed'. Niemand zal aan de juistheid van dat antwoord twijfelen, tenzij men inzicht heeft in de biologie van dit gedrag. Inderdaad, het terugtrekken van de hand is nog veel eenvoudiger dan een reactie op pijn. Pijn is een vrij ingewikkeld systeem waarvoor veel circuits in het zenuwstelsel worden doorlopen. De reflex van het terugtrekken van de hand gebeurt zonder pijn! Als u dat niet gelooft, zullen we deze reflex eens even ontleden.

In de huid bevinden zich veel zenuwcellen die tot kleine zintuigjes zijn omgevormd. Ze zetten de hitte van de pan om in een elektrische prikkel. Die prikkel wordt door een zeer lange zenuwbaan dwars door de vinger, de hand, de arm, de schouder en de rug naar het ruggenmerg geleid. Dezelfde zenuwvezel die in de vinger vertrok, komt via de ruggenmergszenuw binnen in het ruggenmerg en eindigt daar. We noemen dit een gevoelszenuw of 'aanvoerende zenuwvezel' omdat hij de informatie uit de buitenwereld aanvoert naar het centraal zenuwstelsel. Het uiteinde van de vezel maakt in het centrum van het ruggenmerg contact met een andere zenuwvezel, een veel kortere die van het begin tot het einde in het ruggenmerg blijft. Hij kan eventueel wat hoger opklimmen of dieper afdalen, maar verlaat het ruggenmerg niet. Dit is een schakelcel of een tussencel omdat hij de aanvoerende vezel verbindt met de volgende in het circuit, de 'afvoerende vezel'. Bij elke overschakeling wordt de elektrische impuls via een reeks chemische stoffen overgedragen. De motorische of afvoerende vezel voert de prikkel van het centraal zenuwstelsel weg. Ook deze is weer heel lang en verlaat het ruggenmerg via dezelfde ruggenmergszenuw. Hij doorloopt het hele traject in omgekeerde richting langs rug en schouder naar de arm, waar hij eindigt in de bicepsspier. Daar worden elektrische prikkels in de spier gestuurd waardoor deze samentrekt. Het resultaat is het buigen van de arm en dus het verwijderen van de hand van de hete pan.

Voordat we terugkomen op het onderscheid tussen eenvoudige en complexe circuits, springen we even terug naar onze eerste omschrijving van gedrag. Daarbij illustreerden we de input, de verwerking en de output met het zetten van een stap bij het verspringen van een verkeerslicht. De reflex van de arm is een nog veel simpeler gedrag, maar kan in dezelfde drie fasen worden vertaald. De input is de elektrische prikkel die in de huid vertrok. Hij vervoert de informatie dat het lichaam contact heeft gemaakt met een zeer schadelijk iets. Die informatie is bepaald door de plaats van vertrek, door de aard van de zintuigjes en door de eindbestemming. De verwerking gebeurt ter hoogte van de tussencel in het ruggenmerg, waar de beslissing wordt genomen om te reageren (we komen hier zo op terug). De output loopt langs de afvoerende vezel naar de spieren van de arm die het commando in waarneembaar gedrag vertalen, het buigen van de arm.

U stelt zich vast twee vragen. Waarom die enorme omweg van de vinger helemaal naar de rug en terug? Waarom kunnen de zenuwvezels vanuit de huid van de vinger niet rechtstreeks naar de spieren van de arm lopen om deze te doen samentrekken? En ten tweede, waarin bestaat nu precies die verwerking van de informatie? Wat is het nut van de tussencel in het ruggenmerg? Voor beide vragen geldt een vergelijkbaar antwoord.

De omweg over het ruggenmerg is nodig om de verwerking tussen in- en output mogelijk te maken. Die verwerking gebeurt niet in de huid zelf, omdat deze daarvoor geen structuren bezit. Het ruggenmerg is het simpele broertje van de hersenen. Wij gebruiken de hersenen als complexe computer om complexe dingen te regelen, en het ruggenmerg als een simpele computer voor simpele dingen, zoals reflexen. Misschien moet ik het ruggenmerg een zakrekenmachientje noemen om het onderscheid met de hersenen te maken. Het ruggenmerg heeft echter wel de infrastructuur om verwerkingen mogelijk te maken, niet alleen voor de huid van de vinger bij verbrandingsgevaar, maar ook voor de voet die op een spijker trapt of voor nog veel andere soorten van reflexen in andere delen van het lichaam. Het is veel economischer om één computer te gebruiken voor al die mogelijke reflexen, dan in elk lichaamsdeel een nog kleinere computer te voorzien. We kunnen niet in elke vinger, elke teen, elk lichaamsdeel waar input tot een reflex kan leiden, een zakrekenmachientje inbouwen. Vandaar de omweg.

De tweede vraag was: wat houdt de verwerking in het ruggenmerg in? We zullen in de verdere hoofdstukken kennismaken met veel complexe elementen die een verwerking van gedrag uitmaken, maar hier gaat het om een zeer eenvoudig gegeven. Er is namelijk een signaal binnengekomen dat zegt dat zich een schadelijke prikkel voordoet aan de top van de vinger. Het ruggenmerg formuleert hierop slechts één antwoord: de biceps van de arm waaraan die vinger vastzit, moet samentrekken. Even terzijde: hier valt meteen het enorme verschil in complexiteit op met het voorbeeld van een stap zetten bij groen licht. En dát vonden we al zo eenvoudig! Nu, om de biceps te doen samentrekken is de tussencel niet nodig. Maar die tussenschakel maakt wel meer reacties dan alleen samentrekking van de biceps mogelijk. De tussencel kan namelijk nog contact maken met andere afvoerende vezels en ook aan hen een elektrische impuls doorgeven. Deze andere vezels kunnen bijvoorbeeld doorlopen naar de hand om daar de nodige spieren te mobiliseren die de hand bewegen. Daardoor kan in combinatie met het plooien van de arm, de vinger nog sneller van het gevaar worden verwijderd. De verwerking laat dus een verbetering van het gedrag toe. En ook kan de tussencel een commando geven aan een afvoerende vezel die in de arm contact maakt met een strekspier aan de achterkant van de arm, de triceps. Deze armstrekspier is een tegenspeler van de biceps en zal bij samentrekking de arm niet plooien maar strekken. Het commando uit het ruggenmerg zal deze strekspier net niet doen samentrekken, maar ze tijdelijk immobiliseren zodat het plooien van de arm door de biceps niet door een tegenwerkende kracht gehinderd wordt. De verwerking laat dus een fijnere regeling van het gedrag toe. Dan is er nog een voordeel van de tussencel, namelijk het doorsturen van de informatie naar de hersenen, maar daar kom ik straks op terug.

De eenvoud van dit circuit is duidelijk. Er zijn slechts drie vezels in serie geschakeld: aanvoerend, verwerkend, afvoerend. Bovendien grijpt alles plaats binnen het ruggenmerg. Dat is een dermate eenvoudige computer dat we er niet mee kunnen voelen, laat staan denken. Wat in het ruggenmerg gebeurt, noemen we een automatisme want het staat volledig los van onze wil, we weten er niets van! En dat is meteen de omschrijving van het begrip reflex: een reactie die volledig buiten de wil en als een volledig automatisch mechanisme in het ruggenmerg plaatsgrijpt. Voor de volledigheid moet ik opmerken dat er ook reflexen zijn die gestuurd worden door de hersenstam of de hersenen, maar alle hebben het automatisch karakter gemeen. Nu zit u natuurlijk met een nieuwe vraag: waarom zeg ik dat dit onwillekeurig, ongewild, onbewust plaatsheeft, terwijl we heel goed weten wat er gebeurt en die schadelijke prikkel als verdomd pijnlijk ervaren? "Ga me nu niet vertellen dat die pan niet heet was!"

Dat is weer een ander verhaal, want 'weten' wat er gebeurd is en pijn 'voelen', maken andere gedragsmechanismen uit. Ze zijn ingewikkelder dan de reflex en vormen een vervolg erop. Wanneer het ruggenmerg het eerste gevaar – hier de verbranding van de huid – heeft afgewend, zal ze niet zonder meer met de eer gaan lopen en de hele oplossing van het probleem 'voor zich' houden. Aangezien het ruggenmerg alleen reflexmatig en planloos kan handelen, kan het zulk gevaar niet *fundamenteel* aanpakken. Het terugtrekken van de hand is een noodzakelijk begin van de oplossing, maar nu moet het gevaar voor langere tijd onschadelijk worden gemaakt. Anders zou de teruggetrokken hand de pan meteen wéér kunnen aanraken, en weer een reflex moeten uitlokken. Daarom roept ons zakrekenmachientje de hulp in van de grote computer – het brein – dat met zijn onvoorstelbaar grotere rijkdom aan mogelijkheden, het gevaar grondiger zal aanpakken.

Om dat mogelijk te maken, zal de informatie in het ruggenmerg worden doorgestuurd naar de hersenen. Dat gebeurt via lange opstijgende banen die de info krijgen van de tussencellen. Deze banen lopen niet langs het centrale deel van het ruggenmerg, want dat is het eigenlijke computerdeel, maar langs het buitenste deel. Voordat ze de hersenen binnentreden, kruisen die banen over naar de andere kant van het lichaam, van links naar rechts en omgekeerd. Aangekomen in het heiligdom van de hersenen dringen de banen door die hele massa totdat ze hun eindbestemming hebben bereikt. Die bestemming is de hersenschors aan de buitenkant van de massa. In die schors komen ze aan in een welbepaalde zone: de zone die specifiek instaat voor de verwerking van de gewaarwordingen van de getroffen vinger.

In deze zone van de hersenschors zal een nieuwe bewerking via een veel ingewikkelder circuit van zenuwcellen bepalen wat nu in feite al die heisa heeft veroorzaakt. Zo wordt de juiste plaats van het onheil bepaald – de hersenen hebben een zeer gedetailleerde kaart van het hele lichaam – en ook de aard van de gewaarwording. Gaat het om een lichte temperatuurverandering? Zo ja, dan is er geen haast bij om iets te doen met die info. Zo nee, is het een ernstige temperatuurverandering, dan weet het brein dat de lichamelijke integriteit gevaar loopt. Bij een temperatuurdaling is het gevaar minder acuut, want bevriezen duurt langer dan verbranden. Wordt het verbrandingsgevaar onderkend, dan danken de hersenen het ruggenmerg voor zijn eerste en efficiënte optreden, en zoeken naar een fundamentele aanpak van het probleem. Na een simulatieoefening – te vergelijken met ons fameuze verkeerslicht – besluit het brein dat maatregelen moeten worden getroffen die maken dat het slachtoffer de pan niet meer aanraakt. De hand – en elk ander deel van het lichaam – moet ver van de pan blijven. We zien de ongelukkige vaak zelfs de hand nog verder wegtrekken dan al door de reflex was gebeurd. Misschien zet hij een stap achteruit. Verder is het brein geïnteresseerd in de schade die eventueel al is aangericht en wil dus de pijnlijke huid bekijken. Daarom zenden de hersenen commando's naar arm, hand en vinger om een beweging uit te voeren die het stukje huid naar de ogen richt. Na een visuele inspectie kan besloten worden om de vinger in de mond te nemen of de hand in hoog tempo te schudden. Kortom, het brein neemt verdere maatregelen.

Bovendien wordt de onbewuste gewaarwording die bij de reflex speelde, nu omgezet in een pijngewaarwording. Die pijn is biologisch belangrijk. Pijn heeft de functie van een alarmsignaal en is bedoeld om de nodige aandacht aan het gevaar te schenken. Het lichaam mag niet in een vlaag van luiheid de oplossing van het probleem uitstellen. Bovendien zal de pijn instaan voor een leerproces. Het geheugen zal later in dezelfde omstandigheden het brein eraan herinneren dat een pan op een fornuis voorzichtig moet worden benaderd.

Kortom, het terugtrekken van de hand bij verbranding is een uiterst eenvoudig gedragssysteem, dat na de uitvoering ervan een ingewikkeldere verwerking aan de hersenen overlaat. Dergelijke reflexen zijn heel oud in de evolutie van de dieren en hun gedrag, maar blijven bij de mens onverminderd bestaan, ondanks de ontwikkeling van uiterst ingewikkelde systemen. Dat is ook wel logisch. Waarom zou eenvoudige informatie die een eenvoudige reactie behoeft, moeten worden geregeld door een ingewikkeld, nieuwgeëvolueerd systeem? Als wij een ingewikkelde bewerking – zeg een algebraïsche vergelijking – willen oplossen, doen we graag een beroep op onze elektronische computer (enkele decennia geleden waren we technisch nog niet zo ver en moesten we de oplossing vinden met pen, papier en een flinke algebrakennis). Maar die geraffineerde computer zetten we heus niet aan om uit te rekenen hoeveel tien min acht is. Deden we dat wel, dan zouden we die computer moeten meesleuren naar de bakker en de slager. We zouden onnoemelijk veel tijd verliezen door de computer steeds eerst aan te zetten, het gepaste programma te starten en dan nog de juiste gegevens op de juiste manier in te voeren. In plaats daarvan zullen we snel de bewerking uit het hoofd doen en als we dat binnen enkele decennia ook niet meer kunnen, dan gebruiken we hooguit een zakrekenmachientje. Wel, om diezelfde reden bewaren we het ruggenmerg, ons biologisch zakrekenmachientje: om eenvoudige problemen snel op te lossen.

Voor de volledigheid en de wetenschappelijke juistheid moet ik wel vermelden dat we de waarheid een beetje geweld hebben aangedaan door te stellen dat de hierboven behandelde reflex het eenvoudigste gedrag is. Er zijn namelijk nog eenvoudiger reflexen, waarbij zelfs helemaal geen tussencellen voorkomen. De aanvoerende vezel schakelt meteen over op de afvoerende vezel. Wanneer we staan bijvoorbeeld, zullen duizenden van die supersimpele reflexen er voortdurend voor zorgen dat onze spieren voldoende gespannen blijven om niet in te zakken. Hier is de verwerking tussen in- en output nog niet aanwezig. Daarom was het geen goed voorbeeld om in de voorgaande alinea's gebruikt te worden. Anderzijds zijn niet alle reflexen zo eenvoudig als hierboven gezegd. Bij andere mechanismen zijn meer tussencellen geschakeld om veel ingewikkeldere analyses te realiseren. Zo is de ejaculatie van sperma een bijzonder complexe reflex die volgt op een lange reeks prikkels.

Ik heb al een paar keer de link gelegd tussen de complexiteit van een gedrag en de circuits van zenuwvezels die dit gedrag coördineren. Zo zouden we alle gedragingen op een lineaire schaal kunnen ordenen, gaande van eenvoudig tot complex. In de praktijk gaat dat niet. Afgezien van de ontelbare gedragssystemen die er bestaan, kennen we de juiste circuits meestal niet. We hebben wel een grof idee over de complexiteit van die circuits, maar dat is niet voldoende om de complexiteit van gedragingen wiskundig met elkaar te vergelijken. Zeker bij systemen als 'bewustzijn' en 'geheugen', waarbij zowat het hele brein is betrokken, is het moeilijk deze ten opzichte van elkaar af te wegen. Laten we in dit stadium onthouden dat we een gedrag 'complex' noemen als er ingewikkelde circuits van zenuwvezels bij komen kijken. In de volgende hoofdstukken maken we kennis met allerlei complexe gedragingen. We zullen daarbij ook zien hoe in de loop van de evolutie de gedragingen complexer werden. We hebben dat hierboven reeds in grote lijnen aangestipt, maar gaan hier later dieper op in.

Deze paragrafen moeten een voldoende idee geven van het begrip gedrag om de volgende hoofdstukken te begrijpen. De lezing van deze hoofdstukken zal dat inzicht verdiepen. Voordat we gaan stilstaan bij de studie van het gedrag, even een paar misverstanden voorkomen. Ik heb al vaak onze hersenen vergeleken met een computer. En dat zal overigens nog vaker gebeuren. Al gaat de vergelijking op voor de sequentie input-verwerking-output, ze mag niet te ver worden doorgetrokken. Ten eerste is ons brein veel ingewikkelder dan een elektronische computer. Er bestaan computers die menselijke schaakgrootmeesters kunnen verslaan, zijn ze dan niet beter dan ons brein? Nee, want Deep Blue heeft maar één taak: schaken. Een rekenmachientje kan een wortel trekken in een fractie van een seconde, terwijl ik er vele minuten over doe. Die supercomputer en het rekenmachientje zijn sterker in één taak, maar onze hersenen halen hun magistrale superioriteit uit de *veelheid* van taken die ze (zelfs tegelijkertijd) aankunnen. Het zal nog wel even duren voordat een elektronische computer dat ook kan. Een tweede verschil tussen ons brein en de computer is de plasticiteit. Onze hersenen kunnen zichzelf opnieuw programmeren, kunnen zich aanpassen aan veranderingen. Aan de computer op ons bureau verandert na de montage in de fabriek niets. We kunnen er nieuwe software instoppen of een geluidskaart vervangen, maar de schakelingen en verbindingen blijven onveranderd. Onze hersenen maken echter nieuwe schakelingen, bijvoorbeeld als we iets leren. Ze kunnen fouten die zich voordoen in het hersenweefsel oplossen, weliswaar gedeeltelijk, door hun werking te herzien. In hoofdstuk 9 zullen we een voorbeeld hiervan bekijken.

De bioloog Wim van de Grind duidt op nóg een verschil, dat hem er zelfs toe beweegt te stellen dat de metafoor van de computer misleidend is als we over ons brein spreken. Hij heeft gelijk. Een derde verschil is namelijk dat een computer met programma's werkt die verplaatsbaar zijn. De software kan uit de computer worden gehaald om vervolgens op een ander toestel te draaien. De software staat dus los van het toestel. Dat geldt uiteraard niet voor onze hersenen. De verwerking blijft gebonden aan ons brein. Na onze dood is onze zogenaamde software verdwenen. Ze zal niet op een ander 'toestel' worden gedraaid, bijvoorbeeld in een hiernamaals.

Als we echter al deze beperkingen in de vergelijking goed voor ogen houden en ons steeds bewust blijven dat de vergelijking draait rond de sequentie input-verwerking-output, vind ik dat de metafoor verder mag worden gebruikt. Het blijft een instrument om de zaken duidelijk te maken, geen verklarend model.

Studie van gedrag

We willen in dit boek ons gedrag onder een biologische loep leggen. We willen inzicht krijgen in ons doen en laten door terug te graven naar de *bottom line*. Dus moeten we eerst aanstippen wat die biologische benadering inhoudt en hoe gedrag door een bioloog kan worden geanalyseerd. De vraag is dus: hoe bestuderen we gedrag?

In historisch opzicht is de biologie van het gedrag een zeer nieuwe benadering. Nog voor er sprake was van de psychologie, werd gedrag beschreven en geduid door filosofen. Onze grijze voorvaderen hielden zich hierbij wellicht meer bezig met het voorschrijven van gedrag dan met het beschrijven. Ons gedrag was immers bepaald door opvoeding en onderwijs: er viel niet veel te bestuderen, wel te 'richten'. Er werd ook niet zozeer over gedrag gesproken, eerder over zeden. Wat men deed was het resultaat van cultuur.

Bij abnormaal gedrag, krankzinnigheid bijvoorbeeld, werden automatisch meer vragen gesteld. Waar komt dat abnormale gedoe vandaan? Waarom doet die kerel zo raar? Eeuwenlang zocht men naar verklaringen buiten het lichamelijke, zelfs buiten het aardse. De krankzinnige die niet in staat was de voorgeschreven dingen te doen en zich dus onmenselijk gedroeg, was bezeten door een slecht bovenmenselijk wezen, een duivel, een spook of zoiets. Eeuwenlang was gedrag geen onderwerp dat men wetenschappelijk de moeite waard vond.

Dat veranderde met de opkomst van de psychologie, een discipline die de menselijke psyche probeert te beschrijven en te analyseren. In het begin was hier nog geen sprake van wetenschap op zich – de manier van werken en denken was sterk gebaseerd op filosofische en theologische doctrines. Later ontwikkelde zich een objectievere werkwijze die meer verklarend wilde zijn en gedrag ging zien als het resultaat van causale factoren. Een hoogtepunt in die revolutie was zonder twijfel Sigmund Freud. Hij schonk de psychologie een robuustere basis en introduceerde deze discipline in de medische wereld, waardoor de psychiatrie geboren werd. Zijn grote verdienste is het verklaren van gedragingen en gedragselementen door gebruik te maken van elementen uit het persoonlijke verleden van een mens. Ervaringen in de jeugd kunnen vele jaren later gedragingen beïnvloeden of sturen. Zijn grote tekortkoming – hij was zo intelligent dat zelf al aan te stippen – was het ontbreken van natuurwetenschappelijke technieken om zijn theorieën te staven of te verfijnen. Hij zei te hopen dat zijn visie op het menselijk gedrag ooit zou zijn te bewijzen aan de hand van meettechnieken die in niets zouden moeten onderdoen voor natuurwetenschappelijke toepassingen. Dat is weliswaar niet gelukt en Freuds visie wordt lang niet door iedereen gedeeld, toch is de psychoanalyse een mijlpaal in de ontwikkeling van de gedragsstudie.

Het mag duidelijk zijn dat we tot hiertoe steeds over menselijk gedrag spraken. Het niet-humane gedrag werd al helemáál als onbelangrijk gezien en dus ook niet de aandacht van onderzoekers waard. Descartes had ons toch geleerd dat dieren slechts mechanismen waren die werkten als machines, met pompen en hefbomen? Als we maar wisten dat sommige dieren agressief en gevaarlijk waren, en andere zo lief dat je ze in huis kon halen, dan was dat toch ruim voldoende kennis? Waarom zou je je druk maken over het gedrag van dieren? Toch deed zich ook hier een kentering voor.

De psychologie ging steeds meer experimenten doen en evolueerde zo naar een empirische wetenschappelijke richting. Experimenteermogelijkheden zijn echter beperkt als je met mensen werkt. Je kan mensen niet in een kooitje zetten en ze zomaar onderwerpen aan allerlei leuke proefjes die de onderzoeker verzint. Daarom deed zich een belangrijke verandering voor in het denken over gedrag. De vraag rees: zijn elementen die ons in het gedrag van mensen interesseren, te bestuderen bij dieren? En kunnen we onze bevindingen dan – voorzichtig uiteraard! – misschien extrapoleren naar de mens? Descartes moest het eens horen! De zielloze machines moesten model staan voor de met rede begiftigde en met een ziel gezegende mens! Zodoende groeide stilaan aandacht voor het gedrag van ratten, duiven en apen. De eerste 'dierenpsychologen' verschenen en duwden die proefdieren in kooien om bijvoorbeeld na te gaan hoe snel ze iets konden leren.

Het mag dan al een grote stap vooruit zijn geweest dat men begon in te zien dat niet alleen de mens gedrag vertoont, maar één ding begreep men nog lang niet, namelijk dat een dier is aangepast aan zijn natuurlijke omgeving en zich alleen binnen die omgeving natuurlijk gedraagt. Proefdieren werden steeds beschouwd als mechanismen waarvan het gedrag een automatische, reflexmatige reactie was op een prikkel. In deze visie werd de stap tussen de input van de informatie en de output als reactie, dus de integratie (denk aan het verhaal met het groene licht) als niet-bestaand beschouwd. Deze school van *behavioristen* maakte in het begin van de 20ste eeuw opgang in de Verenigde Staten. Burrhus F. Skinner was een van hun bekendste roergangers. Zijn proefopstellingen van dieren in kooitjes die op knopjes of hefboompjes moeten duwen, staan nog altijd bekend als 'skinnerboxen'.

Terwijl de psychologie zich verder ontwikkelde in wetenschappelijke richting en de menselijke geest steeds beter leerde begrijpen, groeide in Europa een tegenwicht voor de onnatuurlijke, behavioristische studie van dierlijk gedrag. Een dier moet in zijn natuurlijke omgeving worden bestudeerd om het te kunnen begrijpen in zijn handelen. En als dat niet kan, moet die omgeving zo natuurgetrouw mogelijk worden nagebootst. Konrad Lorenz is wellicht de bekendste verdediger van dit principe uit die periode. Het was Lorenz die in de jaren dertig en veertig de basis legde voor een nieuwe discipline, de *ethologie*: de natuurwetenschappelijke studie van gedrag. Lorenz had de verdienste om gedrag als onderwerp binnen te halen in de biologische wetenschap en het te onderzoeken met de middelen die eigen zijn aan de biologie. In de jaren veertig en vijftig werd zijn werk aangevuld door dat van Niko Tinbergen. Hij beschreef niet alleen het gedrag van dieren, maar verrijkte de jonge wetenschap met ingenieus uitgekiende proeven die veel meer antwoorden opleverden dan de zuivere beschrijving. Daarbij werd hij geconfronteerd met een grondbeginsel van de ethologie, namelijk dat men een dier moet bestuderen in zijn natuurlijke omgeving. Het dier is tenslotte aan deze omgeving aangepast, ook in zijn gedrag. Een proef betekent onnatuurlijke omstandigheden. Daarom stelde hij zijn proeven zodanig op dat ze geen inbreuk betekenden op de normale gang van zaken van het bestudeerde dier.

Tinbergen was ook de man die de zienswijze van de ethologie duidelijk omschreef. Het onderscheid met andere gedragswetenschappen is het biologisch karakter, samen te vatten in vier vragen. (1) Hoe wordt een gedrag veroorzaakt, welke prikkel heeft geleid tot de reactie? (2) Wat is de biologische functie van een gedrag? (3) Hoe ontwikkelt een gedrag zich in de levensloop van het organisme, dus tijdens zijn groei van pasgeboren tot volwassen? (4) Hoe ontwikkelde een gedrag zich in de loop van de evolutie?

Om dit duidelijk te maken, nemen we als voorbeeld de lach van de mens. Hoe verklaar je de lach? Als antwoord op vraag 1 kan je stellen dat een bepaalde prikkel de lach als reactie heeft uitgelokt, bijvoorbeeld er werd een cadeautje gegeven. Volgens de benaderingswijze van vraag 2 kan je zeggen dat de lach een communicatieve functie heeft, waardoor groepsgenoten de gemoedstoestand van de lacher leren kennen; in een sociale gedragscontext is dat zeer belangrijk. Antwoordend op vraag 3 is het ontstaan van de lach en de ontwikkeling ervan te beschrijven en te begrijpen door te kijken naar de lach van baby, kleuter, tiener en volwassene. En ten slotte kan men via vraag 4 de evolutionaire wortels van de lach gaan zoeken in de gezichtsmimiek van de primaten en de lach als een evolutionaire ontwikkeling beschouwen. Deze vier benaderingen verklaren het gedrag steeds vanuit een andere hoek. Ze bieden vier juiste antwoorden en vullen elkaar aan om een volledig ethologisch inzicht te verwerven.

Deze nieuwe biologische visie kende een razendsnelle verspreiding. Het succes ervan waaide over van Europa naar de Verenigde Staten en Japan. Een belangrijke conclusie die de ethologie heeft opgeleverd, is het besef van uniformiteit van gedrag. Dat wil zeggen dat de basismechanismen van gedrag gelijk zijn in het hele dierenrijk! Zoals de cel of het DNA overal in de levende wereld gelijkvormig is, zo kennen ook gedragsmechanismen overal dezelfde wetmatigheden. Natuurlijk wil dat niet zeggen dat lagere organismen hetzelfde gedrag vertonen als hogere organismen. Tenslotte is in de loop van de evolutie het gedrag steeds complexer geworden, vertrekkend van een zeer simpel, reflexmatig gedrag bij lagere dieren. Er werden voortdurend nieuwe systemen toegevoegd. Uniformiteit wil wel zeggen dat de mechanismen die we bij lagere organismen vinden, ook bij de hogere zijn terug te vinden.

Een logische deductie van deze vaststelling was dat ook het gedrag van de mens aan dezelfde wetmatigheden beantwoordt. De mens is immers het resultaat van hetzelfde evolutieproces dat andere soorten hebben doorgemaakt. Dus kan de mens ook object zijn van ethologische studies. Aanvankelijk botste deze innovatie op grote tegenstand uit de psychologie en andere menswetenschappen. Deze disciplines vertrokken immers van het gegeven dat het menselijk gedrag is gebaseerd op een culturele basis, niet op biologische evolutie. Maar naarmate men meer zicht kreeg op de biologische wortels van de mens, begonnen ook psychologen zich te interesseren voor de biologische vraagstukken van de ethologie. Er ontstond een overlapping tussen de diverse disciplines die zich met menselijk gedrag bezighouden. Die tendens ging zelfs zo ver dat psychiaters op basis van de biologie nieuwe therapieën hoopten te vinden. En dat het echtpaar Tinbergen in 1972 een ethologische studie publiceerde over autisme bij kinderen en zelfs een therapie voorstelde.

De echte doorbraak van de biologische studie van het menselijk gedrag zou pas komen nadat de ethologie een nieuwe richting had gekozen. In de jaren zestig werkten enkele onderzoekers aan een nieuwe manier om gedragsfenomenen te verklaren door minder nadruk te leggen op het individu dat het gedrag vertoont, en meer op de genen van dat individu. De evolutiegedachte – altijd al een kernbegrip van de ethologie – werd nu nog grondiger uitgewerkt door het neodarwinisme (zie hoofdstuk 1). Dat wil zeggen dat de natuurlijke selectie van gedrag bekeken wordt vanuit het gen als eenheid waarop de selectie kan ingrijpen. In 1975 werd deze nieuwe synthese te boek gesteld door Edward O. Wilson, die daarmee de term 'sociobiologie' introduceerde. Hij stelde zeer expliciet dat de bevindingen uit de sociobiologie ook kunnen leiden tot een beter begrip van de menselijke sociale gedragsmechanismen. Dat leidde tot veel protest bij menswetenschappers, die niets van genetische en evolutionaire verklaringen moesten hebben.

De sociobiologie beoogde de studie van de biologische basis van sociaal gedrag, daarbij volop gebruikmakend van het neodarwinistische paradigma. De klassieke ethologie kon inderdaad geen verklaringen leveren voor het ontstaan en de evolutie van sociale gedragingen, zeker niet van altruïstisch handelen. Hoe kan natuurlijke selectie een individu bevoordelen dat zich opoffert voor andere? Waardoor doden dieren elkaar niet in een gevecht? Veel van dit soort vragen waren niet te beantwoorden met het klassieke darwinisme of met de klassieke ethologie. De natuurlijke selectie die zulke sociale handelingen heeft gemaakt, werkt immers niet op de individuen die het gedrag vertonen, maar op het gen dat de code voor dat gedrag draagt. Deze benadering wordt gekenmerkt door een overlapping tussen de klassieke ethologie, de evolutieleer, de genetica en de ecologie.

De geboorte van de sociobiologie had twee gevolgen voor de studie van het menselijk gedrag. Ten eerste was er een directe toepassing op het politiek denken, wat zeer schadelijk was voor de wetenschappelijke erkenning van de synthese. Ten tweede groeide er later een toepassing voor de menswetenschappen. Bij de eerste toepassing ging men in bepaalde kringen deze wetenschap gebruiken om allerhande maatschappelijke verschijnselen te verantwoorden (racisme, discriminatie, onderdrukking enzovoort). De sociobiologie kon immers verklaren dat het bevoordelen van naaste verwanten en groepsleden een evolutionair voordeel had in de loop van de menselijke ontwikkeling en dat voor xenofobie biologische wortels zijn aan te wijzen. De grote denkfout hierbij is evenwel dat de sociobiologie alleen wilde verklaren hoe de biologische evolutie heeft geleid tot de ontwikkeling van sociale gedragingen, zonder daaraan een waardeoordeel te koppelen. Wie een verklaring geeft voor het ontstaan van kanker, zegt ook niet dat kanker iets goeds is! Ik kom in de volgende paragraaf terug op dit misverstand. Deze betreurenswaardige gang van zaken heeft een smet geworpen op de evolutionaire studie van menselijk gedrag. De term 'sociobiologie' kreeg ten onrechte een negatieve connotatie en werd al snel minder gebezigd.

De tweede toepassing van de sociobiologie deed zich pas in de jaren negentig voor. In dat decennium was de waarde van het darwinistische perspectief ook bekend geraakt buiten biologische milieus, vooral bij de menswetenschappen. Psychologen, psychiaters, economen, juristen, sociologen ontdekten de kracht van het darwinistisch denken om op hun vakgebied nieuwe paden te bewandelen. Vooral het werk van John Tooby en Leda Cosmides betekende een doorbraak. Zij lanceerden de 'evolutiepsychologie', een school die vooral in de Verenigde Staten een snelle verspreiding kende. Psychologen van deze school herschreven hun visie op het menselijk gedrag. Ze meenden hierbij een nieuwe benadering ontdekt te hebben, maar deden in feite niets anders dan wat ethologen decennia daarvoor al hadden gedaan, en waarvoor ze werden verketterd door psychologen: ze bekeken de mens in het licht van zijn evolutie!

Maar eind goed al goed. We zijn aanbeland op een tijdstip in de geschiedenis van onze cultuur waarop we aan de slag kunnen met een analyse van de mens die steeds dieper boort om de essentie van ons bestaan te formuleren. De gedragsleer heeft geleerd niet meer te kibbelen over het eigendomsrecht van het onderwerp 'gedrag van de mens'. We zijn volwassen geworden en hebben ingezien dat een goed begrip van dat onvoorstelbaar complexe ding alleen te verwezenlijken is door een multidisciplinaire aanpak onder de grote koepel van de gedragsleer. Punt uit.

Enkele misverstanden wegnemen

De vorige alinea klinkt wel erg optimistisch. We hebben inderdaad een belangrijk punt bereikt in de studie van ons gedrag, maar de biologische visie ondervindt nog veel weerstand. Daar moeten we ons tegen wapenen. Mensen die zich niet echt hebben verdiept in deze materie formuleren met de regelmaat van de klok negatieve kritiek. Die kritiek is bedoeld om de moderne wetenschappelijke bevindingen geen ingang te laten vinden in ons mensbeeld en de klassieke disciplines met de even klassieke kijk op het menselijk gedrag het monopolie te gunnen. Meestal is die remmende houding ingegeven door ideologische of godsdienstige overtuigingen: aan de menselijke suprematie mág gewoon niet worden getornd. Die kritiek wordt gevoed door een paar taaie misverstanden. En die moeten we eerst wegpoetsen voordat we ons kunnen onderdompelen in de evolutiegedachte om ons gedrag te verklaren.

Een eerste misverstand is dat volgens de evolutietheorie het menselijk gedrag genetisch bepaald zou zijn. Dit misverstand noemt men 'genetisch determinisme'. De weerstand tegenover genetisch determinisme is zeer groot, het boezemt angst in. Ooit hoorde ik het als modder omschrijven. De evolutietheorie wil inderdaad beklemtonen dat de genetische basis niet verwaarloosd mag worden, maar stelt de oorzaken van gedrag veel genuanceerder dan het genetisch determinisme. Voor gedrag heb je twee ingrediënten nodig. Ten eerste zijn er de aanpassingen aan de omgeving die evolutionair zijn bepaald – het 'gesloten systeem' te vergelijken met de computerhardware. Ten tweede is er de input uit de omgeving die de ontwikkeling van deze aanpassingen regelt, ze in de praktijk omzet. Dat is het open systeem, te vergelijken met de computersoftware. Evolutionaire aanpassingen leveren alleen het gereedschap om problemen in de omgeving op te lossen. Wij lóssen ze op. Een onwaarschijnlijk belangrijk instrument dat de evolutie ons gaf om problemen op te lossen, is onze cultuur. Die cultuur houdt een massa afspraken in. Wat mogen we wel en niet doen, waar willen we 'met z'n allen' naar toe, wat is goed en kwaad, mooi en lelijk? Die afspraken kunnen we altijd veranderen. We kunnen zelfs beslissen ze te laten overheersen over de genetisch bepaalde gedragselementen. De evolutietheorie houdt dus geen genetisch determinisme in.

Een tweede misverstand stelt dat evolutionair ontwikkelde gedragssystemen niet kunnen worden veranderd. Men moet maar berusten in de menselijke aard, ook al is die cultureel onaanvaardbaar. Dat is uitgerekend het argument dat misbruikt werd door politici die een grond zochten voor de verantwoording van fascistische en andere verwerpelijke praktijken. Nee, het is precies andersom! Onderzoek naar menselijk gedrag, vertrekkend van de evolutieleer, levert bruikbare kennis op. De kennis van onze geëvolueerde sociale en psychologische aanpassingen geeft immers de kracht om sociaal gedrag te veranderen. Onderwijs en opvoeding kunnen inzicht geven in evolutionaire aanpassingen, waardoor men ermee rekening kan houden. In het laatste hoofdstuk zal ik enkele voorbeelden hiervan voorleggen. Als men weet wat de biologische wortels van racisme zijn – of van oorlog of van verkrachting – kan men zich tegen deze uitwassen wapenen. Ik zal verder in dit boek enkele complexere voorbeelden van de toepassing van het evolutionair denken uitwerken.

Een derde misverstand wil dat de evolutietheorie onwaarschijnlijke rekencapaciteiten van organismen veronderstelt. Dit punt is op dit stadium van ons verhaal moeilijker te begrijpen, omdat we pas later die zaken zullen behandelen waarover dit misverstand gaat. Sla deze alinea dus gerust over. Voor wie toch wil weten waarover dit misverstand gaat, een voorbeeld. We zullen later zien dat de mate waarin men zich inzet voor een ander, de mate waarin men bereid is iets van zichzelf op te offeren voor een ander, wordt bepaald door de genetische verwantschap met die ander. Verwantschap wordt berekend op basis van het aantal gemeenschappelijke genen. Men doet vier keer meer voor een broer (verwantschap van 50%) dan voor een neef (verwantschap 12,5%). Dat kunnen organismen inderdaad niet berekenen, maar dat hoeven ze ook niet! Een spinnenweb is ook opgebouwd volgens een bijzonder ingewikkelde mathematische regelmaat, uit te drukken in wiskundige formules. Toch hebben bijzonder weinig spinnen kaas gegeten van hogere wiskunde, laat staan van ingenieurstechnieken. De mathematische formules dienen alleen om ingewikkelde fenomenen te beschrijven.

Een vierde misverstand is op dit ogenblik ook iets moeilijker te vatten. De evolutietheorie zou stellen dat de huidige aanpassingen optimaal ontworpen zijn. Dat houdt in dat de biologische structuren zoals we die nu waarnemen – dus ook het menselijk gedrag – op dit ogenblik de best denkbare, de ideale zijn. Onze aanpassingen zijn echter verre van optimaal, er loopt flink wat verkeerd met onze gezondheid, met ons gedrag, met onze samenleving. Hier zijn twee verklaringen voor. Ten eerste, er is altijd een vertraging in de evolutionaire aanpassingen na een verandering in de omgeving: evolutie gaat zeer traag. Dus een organisme is altijd aangepast aan een vorige omgeving. Wij zijn aangepast aan een periode en een omgeving die ver achter ons ligt (dat is ook de lijn die we in dit boek gaan volgen, het is net het onderwerp van dit boek). Een simpel voorbeeld ter verduidelijking. Wij hebben een voorkeur voor vet voedsel. Het was een prima aanpassing voor onze voorouders om in perioden van voedselschaarste het energierijkste voedsel tot zich te nemen. In het huidige overaanbod aan voedsel is dit een zeer slechte aanpassing, wat elke cardioloog graag zal beamen.

Er is nog een tweede verklaring voor het niet optimaal zijn van onze aanpassingen. Het is inderdaad niet moeilijk nog betere aanpassingen dan de huidige te bedenken, maar die houden een te hoge kostprijs in. Bijvoorbeeld: wij hebben een goede aanpassing voor het gevaar van slangen, namelijk onze *angst* voor slangen. Die angst zorgt ervoor dat we uit de buurt van slangen blijven. Die aanpassing is te optimaliseren door bijvoorbeeld nooit meer buiten te komen. Want op die manier is de kans op confrontatie met een slang vrijwel nul. Maar binnenshuis blijven strookt niet met andere aanpassingen zoals voedsel zoeken, een voortplantingspartner vinden, en ga zo maar door. Aanpassingen vertegenwoordigen steeds een kostprijs en zullen zich pas ontwikkelen door selectie als de voordelen groter zijn. In de evolutie is ook sprake van een afweging van 'kosten' en baten.

En ten slotte is er het misverstand dat zegt dat de evolutietheorie een echte motivatie veronderstelt om de productie van genen te maximaliseren. We zeiden in hoofdstuk 1 inderdaad dat een individu een groot voortplantingssucces nastreeft of dat een gen zich 'wil' verspreiden. Dit misverstand stelt dan dat gedrag zou inhouden dat een organisme voortdurend loopt te piekeren hoe het meer kopieën van zijn genen kan verspreiden. Dat is natuurlijk niet zo. Niemand wil doelbewust zijn voortplantingssucces maximaliseren. Er zijn wel menselijke motivaties ontstaan om gedragingen aan de gang te zetten die een grotere verspreiding van genen mogelijk maken. Mensen met een motivatie om op te klimmen op de sociale ladder, bijvoorbeeld, zullen misschien meer nakomelingen hebben die dit kenmerk overerven, zoals we later zullen zien. De interferentie van wat de genen 'willen' en wat ons brein wil, zal nog vaak aan bod komen.

Deze misverstanden proberen de kracht van het evolutionair denken bij het begrijpen van het menselijk gedrag te ontkrachten. Nu we weten dat het om *misverstanden* gaat, zijn we gewapend om de Grote Vraag te stellen: *waar komt ons gedrag vandaan*? Aangezien we de evolutie van ons gedrag willen bekijken, moeten we er zeker van zijn dat gedrag onderhevig kan zijn aan natuurlijke selectie. Natuurlijke selectie werkt immers op genen, zoals nu wel voldoende is duidelijk gemaakt. Met andere woorden: de genetische basis van gedrag moet worden aangetoond. Dat zullen we dan ook eerst doen.

4

GENEN VAN GEDRAG, EVOLUTIE VAN GEDRAG

Het paradigma van Darwin bewijst elke dag opnieuw zijn waarde in het moderne biologisch denken. In de voorgaande hoofdstukken zagen we dat natuurlijke selectie en aanpassing de sleutelwoorden zijn waarmee onvoorstelbaar veel fenomenen in de levende wereld zijn te verklaren. De bioloog van vandaag zal elk nieuw begrip dat zich aanbiedt meteen kaderen in dit paradigma. Het is de rijkdom van de biologie.

We willen onze visie op het gedrag laten genieten van die rijkdom. We willen de vruchten kunnen plukken van de evolutietheorie om het menselijk doen en laten te begrijpen. Dat kunnen we ons alleen veroorloven als we uitgaan van iets waarop evolutie kan inwerken, iets waarop de natuurlijke selectie vat heeft. We moeten dus eerst zeker weten dat gedrag erfelijk is – of tenminste een erfelijke component heeft. Als dat niet zo is, kan de natuurlijke selectie er niet op ingrijpen en het niet optimaliseren. Dan bestaat er geen evolutie van gedrag. En aangezien de natuurlijke selectie in Darwins idee via de genen werkt, moeten we eerst naar de genen van gedrag zoeken voordat we dat gedrag in het licht van de evolutie kunnen analyseren.

Genen van gedrag

Zoals we al zagen, is gedrag een proces dat wordt gecoördineerd door het zenuwstelsel, door een uitgebreid stel van zenuwcellen. Deze vangen informatie uit de omgeving op, verwerken die en geven een commando aan het lichaam dat zodoende kan reageren op de informatie. Het commando is meestal een samentrekking van spieren waardoor men beweegt, spreekt, een gezichtsmimiek vertoont of iets anders. We weten uit de embryologie en de genetica dat alle zenuwcellen en spieren in hun opbouw en werking het resultaat zijn van een ontwikkelingsproces dat grotendeels bepaald is door de informatie die is opgeslagen in de genen. De genen bepalen hoe zenuw- en spiercellen worden gemaakt en hoe ze zullen werken, dus ook hoe ze het spel van het gedrag zullen spelen. Als we van die kennis uitgaan, weten we in feite al genoeg om ten volle te beseffen dat er een genetische basis bestaat voor gedrag. De dingen die het gedrag mogelijk maken, onze infrastructuur, is erfelijk bepaald; dat is dus al een duidelijke erfelijke component van ons gedrag.

Toch mogen we niet tevreden zijn met deze stelling. Iemand die sceptisch is ingesteld, zou kunnen opperen dat we in deze redenering een te grote stap zetten. Je zou kunnen stellen dat het uiteindelijke gedrag meer is dan alleen een opeenvolging van zenuwimpulsen en spiercontracties, dat die elementen wel de materiële basis vormen van een gedrag, maar dat er een factor moet worden aan toegevoegd. Die factor zou los kunnen staan van de genetisch vastgelegde informatie. Om de computer er maar weer 'ns bij te halen: de hardware mag dan genetisch vastgelegd zijn, de software zou volledig door uitwendige invloeden kunnen worden bepaald. Daarom maken we er ons niet gemakkelijk van af met de bovenvermelde logica. We gaan op zoek naar overtuigende aanwijzingen van de erfelijkheid van gedrag. Dat wil zeggen dat we op zoek gaan naar genen die coderen voor de software van gedrag. Gedrag dat door genen bepaald blijkt te zijn, noemen we *aangeboren*. Dit in tegenstelling tot *aangeleerd* gedrag, dat door ervaring is bepaald.

Een eerste en overtuigendste aanwijzing, ja zelfs onomstotelijk bewijs, vinden we in de genetische proeven. Mendel en andere grondleggers van de genetica toonden de erfelijkheid aan van de vorm van erwten, van de kleur van de ogen van fruitvliegjes, van bloedgroepen en ga zo maar verder. Ze voerden hiervoor veelvuldige kruisingsproeven uit en verwerkten de gegevens volgens streng statistische regels. Als we deze klassieke kruisingsproeven toepassen op dieren waarvan welomschreven gedragingen verschillen, dan kunnen we komen tot bevindingen die rechtstreeks aantonen dat een gedrag geheel of gedeeltelijk bepaald wordt door een of meer genen. Dat zijn omslachtige proeven die veel tijd en geduld vragen, en die op slechts weinig diersoorten met succes zijn toe te passen. Daarom zijn zulke experimenten zeer zeldzaam. Maar in de gevallen dat ze wel zijn uitgevoerd, van insecten tot zoogdieren, hebben ze duidelijk tot de gewenste conclusies geleid.

Het mooiste resultaat vinden we bij bijen. Kruisingsproeven van Rothenbuhler hebben uitgewezen dat het gedrag waarbij bijenwerksters de cellen in de honingraten van zieke larven openen, door één gen is bepaald. Een ander gedrag, het verwijderen van de zieke of dode larven, is weer door een ander gen vastgelegd. Beide gedragingen worden, net als lichamelijke erfelijke kenmerken, aan de nakomelingen doorgegeven via chromosomen. De gedragingen 'openen cellen' en 'verwijderen zieke larven' gaven in de kruisingsproeven dezelfde resultaten van overerving als de erwten van Mendel. Maar dergelijke proeven zullen lang niet altijd zulke duidelijke resultaten opleveren. Gedrag is immers zo complex dat het bijna nooit door slechts één gen kan worden bepaald. Men mag verwachten dat er voor elk gedrag steeds een set van genen in het spel is, en dat kan met de eenvoudige kruisingsproeven van Mendel niet aan het licht komen. Bovendien is deze methode onbruikbaar voor menselijk gedrag. We kunnen moeilijk kruisingsproeven uitvoeren met mensen. Daarom moeten we gebruikmaken van minder rechtstreekse methoden, van aanwijzingen die ons een dermate sterk vermoeden geven dat er een erfelijke component in het spel is en dat andere opties vrijwel uitgesloten zijn.

Iemand die op dit vlak pionierswerk heeft geleverd, is Irenäus Eibl-Eibesfeldt, een leerling van Lorenz. Hij had het enorme geduld – en gelukkig ook de mogelijkheid – om jarenlang de meest uiteenlopende volkeren van de wereld te bezoeken en kilometerslange filmdocumenten van hun gedragingen vast te leggen. Hij zorgde voor de beste documentatie ter wereld voor de volkenkunde. De analyses van deze vele filmopnamen brachten gedragselementen aan het licht waarvan men voordien geen besef had. Bovendien toonden de analyses aan dat sommige gedragselementen universeel zijn, dat alle mensen op de wereld ze op identiek dezelfde wijze vertonen. In de biologie noemt men dit een *soortspecifiek signaal*, eigen aan de soort. De universele aard van gedragselementen is een zeer sterke aanwijzing voor hun aangeboren karakter, dus voor het bestaan van genen die deze gedragselementen bepalen. Immers, als het zou gaan om een gedrag dat geleerd wordt – bijvoorbeeld van andere mensen – dan zou het automatisch grote variatie vertonen tussen volkeren die gescheiden zijn van elkaar. Vergelijk dit met een duidelijk aangeleerd gedrag, elkaar de hand schudden bij wijze van groet. Dat verschilt sterk van streek tot streek. In de Verenigde Staten doet men het zeer uitgebreid en met krachtige hand; in Noord-Afrika houdt men de hand zeer lang vast; in Scandinavië behouden de handschudders een grote afstand tussen elkaar; en in Thailand bestaat het fenomeen helemaal niet. Elke cultuur maakt een eigen invulling van dit gedrag. Het is niet universeel. We kunnen het onderscheid tussen zulk cultuurgebonden gedrag en een soortspecifiek signaal meteen duidelijk maken aan de hand van het bekendste voorbeeld, de *wenkbrauwgroet*. We danken deze kennis aan Eibl-Eibesfeldt.

Wanneer iemand een kennis ontmoet, zal hij deze een minimaal kleine en korte groet brengen met de wenkbrauwen. Dat gebeurt zodra de andere dicht genoeg genaderd is opdat beiden de details in elkaars gezichtsmimiek kunnen onderscheiden. Een glimlach leidt de groet in, dan worden de wenkbrauwen opgetrokken en gedurende ongeveer één zesde van een seconde omhooggehouden. De wenkbrauwgroet heeft een vriendelijke functie, het is alsof degene die de groet brengt in een fractie van een seconde zegt: 'Wij kennen elkaar, laten we contact hebben'. Het brengen van de groet, en ook het begrijpen ervan, zijn volledig onbewust. Niemand van ons weet dat hij dit doet, noch dat hij op dit signaal reageert, en toch gebeurt het. Dat geldt overigens voor de meeste van onze signalen – we komen daar in hoofdstuk 8 op terug. Het is een zeer klein signaal, maar daarom niet minder interessant voor dit betoog. Door zijn uitgebreide foto- en filmmateriaal kon Eibl-Eibesfeldt vaststellen dat dit gedrag tot in de kleine details op dezelfde manier wordt vertoond en begrepen bij personen van zeer uiteenlopende culturen verspreid over de hele wereld. Papoea's doen het op identiek dezelfde manier als de Fransen, de eskimo's, de Bosjesmannen, de Yanomamö-indianen,... Er zijn geen uitzonderingen gevonden. Het is dus duidelijk een soortspecifiek signaal en deze specificiteit is niet uit te leggen aan de hand van een leerproces, van een culturele overdracht van de ene mens op de andere. Met andere woorden, er moet een gen zijn dat – misschien via veel tussenstappen en omwegen – de inhoud van dit gedrag codeert en overdraagt van generatie op generatie.

Als dit voorbeeld – ondanks zijn overtuigingskracht – u nog niet bevredigt, kan een ander argument dat kleine duwtje geven dat u over de streep moet halen. Overeenkomsten die we bij alle mensen terugvinden, kunnen zich zelfs voordoen over de soortengrenzen heen (we noemen dat *interspecifiek*), meer bepaald bij onze verwanten: de mensapen en de apen. De wenkbrauwgroet komt inderdaad ook voor bij chimpansees, makaken en bavianen. In dezelfde vorm en context. Het is natuurlijk uitgesloten dat al deze primaten over de hele wereld deze handeling van elkaar en aan de mens zouden hebben geleerd. De enig denkbare verklaring voor deze interspecifieke overeenkomst is dat de verre voorouder waaruit deze soorten gedurende miljoenen jaren zijn geëvolueerd, de groet al kende en in zijn genetisch repertorium heeft ingebouwd. Hij heeft dat gen over duizenden generaties van nakomelingen doorgegeven, tot aan de mens van vandaag.

U begrijpt dat ik hier geen opsomming kan geven van alle voorbeelden die net als de wenkbrauwgroet door hun universaliteit wijzen op een genetische component. Ik zal in de volgende hoofdstukken nog voorbeelden geven. Maar er moet toch al één voorbeeld worden aangehaald, omdat het om twee redenen zo interessant is: ten eerste gaat het weer om interspecifieke universaliteit, ten tweede toont het aan dat genetisch bepaald gedrag nog onderhevig kan zijn aan de invloed van ervaringen, dus van leerprocessen. Het gaat om elkaar de hand schudden. Ik heb hierboven gezegd dat het handen schudden juist een voorbeeld is van niet-genetisch bepaald gedrag, in feite heb ik daarmee de zaken te grof voorgesteld, en toch niet gelogen. Handen schudden is een typisch gedrag waarin de aangeboren component is te scheiden van de aangeleerde.

Het aangeboren element is het lichamelijke contact via de hand tussen individuen waarvan minstens een van de twee duidelijk wil maken dat hij geen agressieve bedoelingen heeft, dat de ander geen vijandigheid hoeft te verwachten. Het aanraken van de hand met de eigen hand zien we inderdaad bij chimpansees wanneer een ondergeschikte zijn meerdere wil benaderen en diens eventuele agressie wil temperen of wegwerken door zich zelf onderdanig aan te bieden. Ook de meerdere kan zijn hand uitsteken om de ondergeschikte uit te nodigen deze aan te raken. Hij maakt aldus onmiskenbaar duidelijk dat hij geen kwade bedoelingen heeft. De relatie tussen handen aanraken en agressie is dus een zeer oud fenomeen dat al generaties lang in de evolutie is doorgegeven, en zich bij ons nog even onverminderd voordoet. Wat is het eerste dat een bemiddelende persoon doet wanneer hij twee vechtende partijen gescheiden heeft en op verzoening aandringt? Hij nodigt hen uit elkaar de hand te geven. Eventueel dwingt hij hen dat te doen door zelf, manueel hun handen bij elkaar te brengen. Kennen u en ik dat zelf niet wanneer we iemand ontmoeten die we het allerliefst in een zeer hoge boom wensen? Kunnen we die persoon zonder meer een hand geven? Nee, dat lukt ons niet, en als we er door omstandigheden toe worden gedwongen, geeft dat een rotgevoel. We vinden dit biologisch oeroude signaal terug tot in de internationale politiek: sommige grote leiders weigeren een politieke tegenstander de hand te geven, zelfs als andere politieke zwaargewichten en veel CNN-camera's hen daartoe sterk aanmanen. Zij beschouwen het weigeren van de hand als een ingenieus gevonden politiek signaal om hun boodschap duidelijk te maken en denken hier een stukje cultuur tentoon te spreiden dat hen aanzien verschaft. Niets is minder waar, zij vertonen onverminderd hetzelfde gedrag als de voorouder uit wie de chimpansee en de mens is ontstaan, het wordt al enkele miljoenen jaren lang vertoond!

Tot zo ver de genetische, aangeboren component bij het handen schudden. Het wordt tijd uit te leggen wat ik net bedoelde met de grote verschillen die we van streek tot streek zien als het om het schudden van de hand gaat. Die verschillen hebben te maken met de uiteindelijke verschijningsvorm van het gedrag, de aanpassingen die worden toegevoegd aan de aangeboren component. Het schudden van de hand komt veel voor in ons dagelijks gedrag en wordt dan ook een kapstok waaraan andere signalen, met andere boodschappen, zijn op te hangen. Naast de boodschap 'geen agressie' kan men kenbaar maken dat men zich dominant voelt over de andere (een zeer stevige, bijna agressieve handdruk) of men kan juist zijn onderwerping en angst uitdrukken (een heel slap handje). Ook kan er sprake zijn van een zekere afwijzing of terughoudendheid (men bewaart de nodige afstand) of wil men extra vriendelijk zijn (hand niet loslaten en overdreven hard en met veel misbaar op en neer schudden). Zo zijn er wel meer varianten te verzinnen. Als deze nieuwe componenten, die niet aangeboren zijn, aan de aangeboren oercomponent worden toegevoegd, dan krijgt de cultuur automatisch greep op dit fenomeen. Daar de niet-aangeboren component van mens tot mens moet worden aangeleerd, zullen regionale eigenheden ontstaan, te vergelijken met de dialecten in een taal. Culturele componenten kennen immers geen stabiliteit zoals biologische componenten. Zodoende zal, over veel jaren heen, de vorm van de handdruk van streek tot streek gaan verschillen.

Nog een interessant element in dit voorbeeld is dat het illustreert hoe de culturele component de biologische volledig kan overwoekeren en deze volledig kan maskeren of onzichtbaar maken. Zo zien we in Zuidoost-Azië dat de vorm van de handdruk dermate gereduceerd is, dat hij volledig achterwege blijft. Er worden geen handen meer geschud. Deze begroeting heeft plaatsgemaakt voor een ander signaal, waarbij de beide eigen handen met de handpalmen tegen elkaar voor de neus worden gehouden. Er zijn geen aanwijzingen dat dit nieuwe signaal aangeboren is, het is cultureel bepaald. De culturele evolutie van de mens heeft hier een resultaat van de natuurlijke selectie vervangen. Ook al gaat het hier om een eenvoudig en alledaags gegeven, toch komen we later op deze bevinding terug, omdat het een belangrijk element is in het menselijk gedrag.

We kunnen nog een belangrijk element uit deze voorbeelden leren. U stelde zich wellicht de vraag, waarom cultuur wel komt kijken bij het hand schudden en niet bij de wenkbrauwgroet. Ook dat is een interessant fenomeen in het menselijk gedrag. De oplossing hebt u in feite zelf al gevonden, want toen u de beschrijving van de wenkbrauwgroet las, was u verrast dat zoiets bestond. U hebt al lezend eens geprobeerd hoe die groet in zijn werk gaat, en u hebt zich proberen voor te stellen of u dat inderdaad doet en of u dat bij anderen al heeft waargenomen. Misschien gelooft u mijn verhaal helemaal niet. De beschrijving van het handen schudden daarentegen vond u zo banaal dat u zich de vraag stelde of het nodig was daar papier en inkt aan vuil te maken. Juist, de wenkbrauwgroet vertonen wij onbewust, zonder het te weten of te willen. Het is een van die vele non-verbale communicatie-elementen die ons sociaal leven vergemakkelijken zonder dat wij er rationeel weet van hebben. Het is één deeltje uit die enorme rijkdom aan biologische, oeroude signalen waar ons bewustzijn nog geen vat op heeft gekregen. Daardoor heeft onze culturele rijkdom, die verbonden is met dat bewustzijn, zich er niet mee kunnen bemoeien. Daar de natuurlijke selectie gedurende duizenden generaties vaststelde dat de wenkbrauwgroet goed, functioneel en duidelijk was, is dit signaal blijven bestaan. De handdruk daarentegen is te duidelijk waarneembaar om verborgen te blijven, hij kan niet onbewust worden vertoond, althans niet in zijn uiterlijke verschijningsvorm, wel op wat zijn verborgen boodschap betreft. Daardoor heeft de cultuur er greep op gekregen.

De interspecifieke universaliteit van gedragselementen is dus een zeer sterk argument om een aangeboren component aan het licht te brengen. We hebben het hier duidelijk gemaakt met eenvoudige handelingen, maar we zullen later nog vele keren een beroep doen op dit criterium om het genetisch karakter van complexe gedragingen te belichten. We beschikken echter over nog andere technieken om de genetische basis van gedrag aan te tonen. We moeten daarbij kijken naar mensen die nog niet of nooit de mogelijkheid hebben gehad om het gedrag aan te leren dat we onder de loep willen leggen. Helaas gaat het hier om lichamelijk minder bedeelde mensen, bijvoorbeeld kinderen die blind en doof geboren zijn. Men stelt vast dat ze vanaf het babystadium een gezichtsmimiek ontwikkelen die niet wezenlijk verschilt van de mimiek van normaal geboren baby's. Ondanks hun handicap kunnen deze kinderen glimlachen, huilen, bedroefd of verwonderd 'kijken', angst of afkeer uitdrukken enzovoort. Zonder deze waarnemingen zou men kunnen verwachten dat baby's deze gezichtsuitdrukkingen geleidelijk aan aanleren van de moeder of andere mensen, eventueel via de reacties die ze van hen waarnemen. Blind- en doofgeboren kinderen kunnen dat niet daar ze geen gezichten zien, noch de reacties op hun signalen kunnen zien of horen. Dus moet de ontwikkeling van deze mimiek tijdens de eerste levensmaanden van het kind, genetisch vastgelegd zijn. Even terzijde: dit is een mooi voorbeeld waarbij de interspecifieke overeenkomsten niet opgaan. De gelaatsuitdrukking die bij ons een lach betekent, zal voor een chimpansee juist angst uitdrukken. Onze gezichtsmimiek is dus tijdens de evolutie van de mens zelf ontstaan en in de genen gebrand.

Ik zal niet schrikken als er een superkritische lezer opwerpt dat baby's nog andere zintuigen hebben dan horen en zien, en dat er zich misschien een leerproces heeft voorgedaan via een kanaal dat we over het hoofd zien. Welnu, ik kan daar eenvoudig op antwoorden dat onze communicatie voor het grootste deel steunt op horen en zien, maar dat is een te gemakkelijk antwoord. Lichaamscontact is ook bijzonder belangrijk. Ten behoeve van die superkritische lezer versterk ik de aanwijzing van daarnet met waarnemingen op individuen die nog niets hebben kunnen leren, namelijk ongeboren baby's. Aan de hand van ingenieuze technieken, waaronder het uitzenden en opvangen van geluidsgolven, kan men een vrij goed beeld krijgen van de foetus in de baarmoeder. Hij wordt daarbij niet gestoord. Met die hulpmiddelen heeft men gezien dat zelfs de nog ongeboren baby tijdens zijn laatste ontwikkelingsfase, de menselijke mimiek van bijvoorbeeld plezier en afkeer vertoont. De foetus kan geeuwen, slikkende zuigbewegingen maken, ja zelfs op de duim zuigen! Dan moet u mij toch 'ns vertellen van wie ze dat geleerd moeten hebben!

We blijven even bij die mimiek, want we kunnen er nog iets meer uit leren. Het is u vast al opgevallen dat kinderen niet alleen sterke gelijkenissen vertonen met hun biologische ouders – wat gelet op de erfelijkheid van veel van onze lichaamskenmerken te begrijpen is – maar ook dat kinderen die op jonge leeftijd geadopteerd werden, na enkele jaren meer en meer op hun adoptieouders gaan lijken. De opmerking 'net zijn moeder, net haar vader' wordt soms op gegrinnik onthaald als het om een geadopteerd kind gaat. En toch is dit niet zo lachwekkend. De gezichtsmimiek heeft immers ook een culturele, aangeleerde component. Het glimlachen bijvoorbeeld is genetisch vastgelegd wat de contractie van de juiste spieren betreft. Maar deze contractie kent natuurlijk flink wat variatie. De spieren kunnen wat meer of wat minder samentrekken, of de duur kan variëren. Nog belangrijker: het optrekken van de mondhoeken kan gepaard gaan met een reeks andere bewegingen van het gezicht. Zoals de ogen iets sluiten of openen, de neusgaten verwijden of de onderkin meer of minder neertrekken. Deze individuele verschillen zijn gemakkelijk door anderen te kopiëren. Van wie leert een kind het gemakkelijkst welke signalen het moet gebruiken en op welke manier? Van de ouders, zelfs al zijn het niet de biologische ouders. Op die manier kunnen kleine verschillen in de gezichtsmimiek zich binnen de familie verspreiden en zal een familietrek niet alleen uit geërfde elementen bestaan, maar ook uit aangeleerde. Dit voorbeeld moge weer eens duidelijk maken dat het uitzonderlijk is dat een gedragselement volledig genetisch of volledig cultureel bepaald wordt.

Voor de volledigheid moet ik toch even aanstippen dat gelijkenissen tussen volkeren en/of soorten niet altijd wijzen op *homologe* kenmerken, dat wil zeggen dat ze gelijk zijn door afstamming, door verwantschap. Het kan ook om *analoge* kenmerken gaan. Dat zijn eigenschappen die bij leden van verschillende groepen (volkeren, rassen, soorten) gelijk zijn doordat deze groepen dezelfde oplossing voor hetzelfde probleem hebben gevonden. Het klassieke voorbeeld hier is de stroomlijn van vissen en dolfijnen: beide groepen zijn verre van verwant met elkaar, maar vonden dezelfde oplossing voor het hetzelfde probleem 'hoe klief je door het water met minimale weerstand?'. De bioloog die de overeenkomsten van kenmerken tussen volkeren of soorten gebruikt om op de genetische component te wijzen, zal dus eerst nauwkeurig moeten nagaan of hij niet met analoge kenmerken te maken heeft.

Ook al gaat dit hoofdstuk over de erfelijke, aangeboren component van gedrag, toch heb ik hier herhaaldelijk gewezen op de niet-erfelijke, culturele component. En terecht. Ik moet natuurlijk niet vermelden dat in het menselijk gedrag sinds zo'n tienduizend jaar de culturele component zo'n enorme sprong vooruit heeft gekend dat hij niet weg te denken is uit ons hedendaagse leven. Techniek, onderwijs, kunst en sport zijn zo van die culturele producten waarop wij als *sapiens*-wezen zeer trots zijn. Maar ook dat is niet zonder erfelijke component. De evolutie heeft immers de structuren gecreëerd die nodig waren om de cultuur mogelijk te maken, namelijk de organisatie van onze hersenen. We zullen later op dit punt terugkomen, maar moeten nu al voor ogen houden dat cultuur niet mogelijk is zonder dat de herseninfrastructuur een zeker niveau heeft ontwikkeld. Dat niveau is bereikt bij de primaten. Inderdaad, we denken hierbij steeds en uitsluitend aan de mens, maar cultuur – zij het onder een eenvoudige vorm – vinden we ook terug bij voorouders die de mensachtigen ver vooraf zijn gegaan. Een mooi en klassiek voorbeeld is de *culturele transmissie* bij Japanse makaken.

Japanse makaken zijn bijzonder intelligent en interessant, en worden daarom uitvoerig bestudeerd. Ze leven in groepen in bossen en verblijven veel in bomen, wat het onderzoek van hun gedrag wel bemoeilijkt – ze zijn moeilijk te vinden en te observeren. Japanse onderzoekers hebben dit opgelost met een wat controversiële techniek. De apen worden daarbij uit de bossen naar het strand gelokt met zoete aardappelen die goed in het gezicht liggen. De makaken hebben snel door dat er iets lekkers te rapen valt, verzamelen zich rond de lekkernij en de onderzoekers kunnen ongestoord hun waarnemingen doen. Het is de onnatuurlijke situatie die de nodige kritiek heeft opgeleverd. Maar één zeer interessante waarneming heeft ons veel geleerd over de verstandelijke vermogens van deze dieren. Wanneer de makaken de zoete aardappelen wilden eten, wreven ze eerst het zand eraf. Begrijpelijk uiteraard, daar is niet veel verstand voor nodig. Maar op een dag dompelde een jong wijfje bij toeval een aardappel in het zeewater en stelde vast dat daardoor het zand er onmiddellijk afviel en de knol veel sneller was te verorberen. Dit was een totaal nieuw gedrag in de populatie, een echte innovatie. Het wijfje bleef dit zelf ontdekte gedrag vertonen. Na enige tijd begon een van haar jongen dit na te bootsen. Apen leren overigens zeer veel van hun moeder. Nog later hadden bijna alle jonge groepsleden het aardappelwassen overgenomen. Doordat deze culturele transmissie lange tijd voortduurde, ontstond een subpopulatie waarin het wassen van de aardappelen in zee algemeen gedrag was geworden en van ouders op jongen werd overgedragen. Deze gedragsverandering is cultureel doorgegeven en niet genetisch. Op die manier kon een verandering in gedrag ontstaan via een ander mechanisme dan natuurlijke selectie. Culturele transmissie werkt veel sneller, vergeten we immers niet dat selectie tienduizenden jaren nodig heeft om een gedrag te ontwerpen en verbeteren. Hier gaat het om enkele jaren.

De Japanse makaak heeft zijn mogelijkheid om cultuur te maken en te verspreiden veel gebruikt. Zo maakt hij gebruiksvoorwerpen om zijn leven te vergemakkelijken. Een subpopulatie die hoog in de bergen leeft en ijzige koude moet trotseren, heeft nog een merkwaardige innovatie getoond. Een wijfje zag hoe mensen zich warm hielden door een bad te nemen in de warmwaterbronnen. Ze imiteerde dit gedrag en gaf het door aan haar groepsgenoten. Tot op haar oude dag bleef het dier haar broze lijfje met warme baden verwarmen.

Dit hoofdstuk toont aan dat gedrag inderdaad niet los is te zien van genen. Gedrag is – minstens gedeeltelijk – bepaald door informatie die vastgelegd is in DNA en zo gedurende de evolutie is overgedragen van generatie op generatie. Daardoor is die informatie ook onderhevig geweest aan mutaties, kon er variatie in optreden en werd het een speelbal van de natuurlijke selectie. Dat wil zeggen dat die genen die coderen voor een gedrag waardoor de drager ervan meer overlevingskansen en/of nakomelingen heeft, in frequentie zullen toenemen. Dat houdt in dat gedrag kan evolueren, net als andere kenmerken van het lichaam. Dat is het bewijs waarnaar we zochten. We moeten dus concluderen dat het gedrag van een soort mede is te verklaren vanuit het gedrag van de voorouder waaruit die soort is geëvolueerd.

Tot hier handelt dit hoofdstuk over eenvoudige gedragingen. Dat komt doordat deze uitvoerig zijn bestudeerd en we die vrij goed begrijpen. Bovendien is het didactisch verantwoord om te beginnen met de eenvoudige niveaus wanneer men complexe zaken wil uitleggen. In de volgende paragraaf ga ik een stap verder en leg uit hoe de erfelijkheid ook complex gedrag in zijn greep houdt. Het is een stap naar sociaal gedrag.

Evolutionair Stabiele Strategie

De moeilijkste vraagstellingen in de gedragsbiologie handelen over sociaal gedrag, dus over gedragssystemen waarbij meerdere, soms heel veel individuen zijn betrokken. Eenvoudige gedragssystemen, zoals de wenkbrauwgroet en de handdruk, konden we met weinig woorden in kaart brengen en toelichten. De oorzaken ervan zijn namelijk eenvoudig, het aantal genen dat ervoor codeert is wellicht beperkt en de functie is snel omschreven. Het wordt een stuk lastiger wanneer we met complexe systemen te maken hebben, met structuren die totstandkomen door handelingen van verscheidene individuen samen. Zeker bij de mens zijn sociale systemen zo complex geworden dat de gedragsbiologie niet over pasklare verklaringen beschikt die kort en bondig zijn te formuleren. Veel structuren van onze samenleving hebben wel degelijk een biologische wortel, teruggaand tot ons Moederland, maar die wortel is vele decennia ongrijpbaar gebleven omdat de klassieke ethologie een invalshoek te kort kwam. Waardoor is de liefde tussen mensen niet blijvend? Waardoor mag het beroep van prostituee door de eeuwen heen op zoveel succes rekenen? Waardoor bestaan er pedofielen? Waarom geven wij geld voor een hongerlijdend land, ver van hier? Waardoor kennen wij een politiek beleid? Waarom haten mensen elkaar, vooral anderskleurigen? Waardoor verdwijnt de oorlog niet, en kunnen problemen niet langs de weg van de al even permanente politiek worden opgelost? De klassieke ethologie probeerde deze vragen te beantwoorden door vergelijkingen te maken met andere soorten. En kwam meestal ook niet verder dan die vergelijkingen. De conclusie was vaak dat de mens nog te complex was om te onderwerpen aan een natuurwetenschappelijke analyse.

Het heeft geduurd tot de jaren zestig voordat zich een nieuwe visie ontwikkelde in de ethologie, een denkwijze die later 'sociobiologie' werd gedoopt (zie hoofdstuk 3). De nieuwe inzichten reikten wel mogelijkheden aan om de complexe vragen van daarnet te benaderen. Maar laten we eerlijk zijn: die vragen kunnen ook vandaag nog niet volledig en onomstotelijk worden opgelost; we moeten daarvoor wellicht nog enkele decennia geduld hebben. We weten wél in welke richting we het moeten zoeken en begrijpen inmiddels de basismechanismen die het sociaal gedrag draaiende houden. We zullen vanaf dit hoofdstuk die basismechanismen belichten, en het zal daarbij duidelijk worden dat die sociale structuren – als we er genoeg aandacht aan besteden – in wezen lang niet altijd zo complex en moeilijk analyseerbaar zijn als men altijd dacht.

Zoals veel academici keken ook sociobiologen verder dan hun eigen vak en hun eigen manier van denken. Na goed rondgekeken te hebben op andere terreinen, hebben ze her en der analysetechnieken 'gepikt' die vruchtbaar waren gebleken om moeilijke vraagstukken op te lossen. Zo kenden economen en krijgskundigen al geruime tijd een statistische techniek om strategieën te onderzoeken: de *speltheorie*. John Maynard Smith, een gerenommeerd Engels evolutiebioloog, zag grote overeenkomsten in de dynamiek van economische stelsels en die van de levende wereld. Het grondbeginsel van de natuurlijke selectie is overigens evenzeer toepasbaar op de economie. Hij zag de kracht in van de speltheorie en paste deze toe op sociaal gedrag. En dat initiatief heeft belangrijke nieuwe inzichten opgeleverd. Het is dus goed hier even bij stil te staan.

De speltheorie is een wiskundige theorie die nagaat wat de optimale strategie is bij competitie of conflicten. Door gebruik te maken van computersimulaties kunnen verschillende relaties binnen een sociaal verband worden nagebootst en daaruit kan een winnende strategie en haar evolutie worden afgeleid. Deze woorden zijn nogal abstract, maar een eenvoudig voorbeeld verheldert veel.

De noodzaak om een beroep te doen op de speltheorie spruit onder meer voort uit de aloude vraag waarom dieren elkaar maar zelden doden. Men stelt vast dat dieren veel dreigen en geritualiseerde gevechten voeren, maar alle moeite van de wereld lijken te doen om elkaar niet te verwonden. Dit probleem werd opgeworpen door Lorenz, een van de pioniers van de ethologie. Hij beantwoordde de vraag met de eenvoudige stelling dat dieren geen gedrag vertonen dat schadelijk is voor het bestaan van hun soort. Als ze dat wel doen, wordt de soort geschaad en verdwijnt ze. Die mooie stelling werd gemeengoed in de ethologie en algemeen in ons denken. Tot vandaag hoort men veelvuldig zeggen dat dieren alles doen om hun soort 'in stand te houden'. Hoe aantrekkelijk de stelling ook is, Lorenz maakt twee fouten. Ten eerste is de natuur lang niet zo vriendelijk en lief; er wordt veel meer verwond, verkracht en gedood dan je denkt. Er bestaan wel veel gedragingen die het verwonden en doden overbodig maken, maar dat wil niet zeggen dat deze destructieve agressie volledig achterwege blijft. En ten tweede – en dat is voor dit hoofdstuk het belangrijkste – Lorenz zondigt tegen het principe dat natuurlijke selectie niet kan ingrijpen op groepen. Als hij stelt dat iets 'goed is voor de soort' betekent dat in darwinistische termen dat de ene soort (of populatie) in de evolutie zou worden bevoordeeld ten opzichte van andere, en dat een soort (of populatie) andere zou verdringen in hun bestaan. In de biologie noemt men een redenering waarbij de natuurlijke selectie ingrijpt op een groep (een populatie, ras of soort) *groepsselectie*. In hoofdstuk I zagen we dat dit onmogelijk is, dat de natuurlijke selectie zelfs niet ingrijpt op het individu (zoals Darwin dat nog zag), maar op het gen. We zagen dat Dawkins ons leerde hoe de genen de drijvende elementen zijn, die de lichamen, u en ik dus, als voertuigen gebruiken om zichzelf van de ene generatie naar de andere te kopiëren. Het vertonen van dreiggedrag door dieren, waardoor ze elkaar zelden kwetsen of doden, is dus niet te verklaren door het belang van de soort. Ziedaar de probleemstelling waardoor Maynard Smith een mooie techniek, de speltheorie, is gaan stelen bij de economische wetenschap. We volgen even zijn redenering, die even eenvoudig als verhelderend is.

De evolutie van gedrag is natuurlijk een bijzonder complex fenomeen. Om duidelijk te maken hoe sociaal gedrag kan worden beïnvloed door de evolutie, moeten we het even terugbrengen tot een zeer simpel niveau. We stellen ons de evolutie voor als een spel. De spelers hebben de keuze tussen twee strategieën, die van de havik of die van de duif. De *havik* vecht om te verwonden en de tegenstander te doden, hij riskeert daarbij zelf ook verwondingen op te lopen. De *duif* wil het niet tot een bloederig gevecht laten komen, maar wil een conflict beslechten door te dreigen, desnoods langdurig. Wanneer de spelers hun keuze hebben gemaakt, kunnen zij bij elke ontmoeting die leidt tot een gevecht punten krijgen of verliezen. We spreken eerst af hoeveel punten gewonnen of verloren kunnen worden. We geven +50 punten aan de winnaar van een gevecht, 0 punten aan de verliezer, -100 punten voor een ernstige verwonding en -10 punten voor het verlies van de tijd die nodig is om te dreigen. Natuurlijk zijn deze punten arbitrair gekozen, en kunnen we er even goed andere afspreken. Het spel dat hier gespeeld wordt, staat dus voor de evolutie. De punten, dus de baten en kosten, moeten in deze evolutie vertaald worden in fitness, dus voortplantingssucces (zie hoofdstuk 1). Hoe meer punten een speler krijgt, hoe meer fitness hij heeft.

Er kunnen zich 4 ontmoetingen voordoen van een aanvaller met een aangevallene: a. havik-havik, b. havik-duif, c. duif-havik, d. duif-duif.

a. havik-havik. Als een havik een havik aanvalt, zal hij gemiddeld genomen in de helft van de gevallen winnen, wat hem 50 punten oplevert, en in de helft van de gevallen verliezen, wat hem 100 punten kost. Zijn gemiddelde puntenaantal is dus 1/2 (+50) + 1/2 (-100) = -25.

b. havik-duif. Als een havik een duif aanvalt, wint hij altijd, want er vindt zelfs geen gevecht plaats, dus is zijn score +50.

c. duif-havik. Een duif zal zich voor een havik altijd onmiddellijk terugtrekken, en scoort 0 punten, want er is geen winst of verlies, maar ook geen tijdverlies door dreigen.

d. duif-duif. Bij een aanval van een duif door een duif, zal het dreigen gemiddeld in de helft van de gevallen voor de aanvaller op een overwinning uitdraaien (+50) maar moet deze steeds de kostprijs van het dreigen (-10) betalen. In de helft van de gevallen zal hij verliezen en betaalt de kostprijs van het dreigen (-10). De score is hier dus gemiddeld 1/2 (50-10) + 1/2 (-10) = +15.

Dit spel wordt nu gespeeld binnen een populatie. De spelers, zowel haviken als duiven, ontmoeten elkaar geregeld in conflicten en tellen hun punten op. Om de kracht van dit voorbeeld in te zien, beschouwen we twee uiterste, tegengestelde situaties. Veronderstellen we eerst dat de populatie uitsluitend uit duiven zou bestaan. Elke ontmoeting is van het duif-duif type en levert dus voor iedereen gemiddeld +15 punten op. Dit zou een goede samenleving zijn, want iedereen wint erbij. Stel nu dat er één speler van strategie zou veranderen en dus voor havik zou kiezen, in de evolutie zeggen we dan dat er een *mutant* zou ontstaan. Deze havik zal veel punten scoren aangezien elke ontmoeting hem +50 punten oplevert, hij zou immers uitsluitend duiven tegenkomen. Evolutionair gesproken zeggen we dat hij een grote fitness zal kennen. Ook al was de duivensamenleving een idyllische wereld waarin iedereen blij was, toch zal de keuze om van strategie te veranderen en dus het idyllische te verstoren, voor dat ene individu meer opbrengen. Dat gebeurt uiteraard ten koste van de anderen. De nieuwe strategie is beter voor het individu (niet voor de groep) en zal dus meer en meer door andere duiven worden overgenomen. Andere individuen zullen immers ook willen profiteren van het alternatief. De evolutie zegt dan: de mutante vorm wordt positief geselecteerd en zal zich zeer snel verspreiden over de populatie.

Deze verspreiding is echter beperkt. Stellen we ons even voor dat deze gang van zaken evolueert tot het andere uiterste en dat alle leden van de populatie de havikstrategie zouden hebben aangenomen. In dat extreme geval zou iedereen gemiddeld -25 punten scoren, omdat er alleen havik-havikontmoetingen mogelijk zijn. Dit is verre van een idyllische situatie. Iedereen is weliswaar hetzelfde lot beschoren, maar dat lot is steeds negatief, en houdt alleen verlies in. Als er nu één speler van strategie zou veranderen en dus voor duif zou kiezen, zal deze weer beter scoren. De nieuwe duif zou niet meer dan 0 punten halen, maar dat is nog altijd beter dan -25. In deze helse wereld is een nuloptie beter. Dus nu zou de duifstrategie zich gemakkelijk kunnen verspreiden, meer en meer spelers zouden naar de alternatieve strategie overschakelen. Zonder beperking zou deze evolutie terug naar het eerste uiterste gaan, alleen duiven. Ook nu zou het optreden van een nieuwe keuze of mutant deze gang van zaken verhinderen. En zo kunnen we nog een tijdje doorgaan.

De twee uitersten zijn niet stabiel, een verstoring is onvermijdelijk. De op- en neergang van de havik- en duifkeuze zou een slingerbeweging worden. De slinger zou steeds minder hoog gaan en uiteindelijk een stabiel evenwicht bereiken, hij zou op een evenwichtspunt blijven stilstaan. Dat evenwichtspunt bevindt zich tussen de twee uitersten, dus is het een stabiele mengeling van haviken en duiven. Deze toestand kan niet meer verstoord worden door een verandering in een keuze, door een mutatie dus. Hoe moeten we ons dat evenwicht voorstellen? Dat is vrij eenvoudig: het wordt bereikt als er evenveel te verdienen of te verliezen is voor de havik als voor de duif. Met andere woorden, het stabiel evenwicht wordt bereikt wanneer de gemiddelde scores voor de havikspelers gelijk zijn aan de scores van de duifspelers. Als van dit evenwicht toch zou worden afgeweken en een van de strategieën toch zou toenemen, zou – volgens de redenering die we hierboven volgden – het weer voordeliger zijn om de andere strategie te spelen. Het evenwicht wordt dan automatisch hersteld. Dit evenwicht in de evolutie van gedragsstrategieën noemde Maynard Smith een *evolutionair stabiele strategie* (ESS): elke verandering van een dergelijke strategie wordt weer tenietgedaan, dus een mutant kan zich niet uitbreiden in de groep, of er is geen alternatief mogelijk met een hogere fitness.

Deze op het eerste gezicht eenvoudige wijze van denken, verklaart waardoor dieren doorgaans niet tot de dood vechten, maar eerder overschakelen op geritualiseerde gevechten: het loont voor een dier de 'zachtere' strategie te kiezen. Het is ook duidelijk dat dieren niet uitsluitend liefelijk dreigen zonder verwondingen, maar nu en dan wel degelijk tot bloedens toe doorgaan: het kan voor een dier lonend zijn voor de 'hardere' strategie te kiezen. Met het oog op de mengeling zullen beide strategieën voorkomen. Maar hoe vaak moet voor de ene strategie en hoe vaak voor de andere worden gekozen? Met andere woorden: wanneer is de gemengde strategie evolutionair stabiel?

We kunnen hier met een simpele berekening achter komen. Daarvoor werken we nog steeds met de puntenverdeling (fitness!) die we aan het begin van het spel hebben vastgelegd. Het uitgangspunt is dat we pas een evenwicht krijgen wanneer de gemiddelde score van de spelers met de havikstrategie gelijk is aan de gemiddelde score van de spelers met de duifstrategie, dus als voor beide keuzes op termijn evenveel punten worden gewonnen. Wie niet van rekenen houdt, kan zonder de draad te verliezen de volgende alinea overslaan.

We noemen h het gedeelte haviken in de populatie, en dus (1-h) het gedeelte duiven. De gemiddelde puntenscore voor een havik noemen we H, en deze is gelijk aan de kostprijs voor elk type gevecht (havik-havik en havik-duif) vermenigvuldigd met de kans dat dit type plaatsgrijpt. Met andere woorden $H = -25h + 50(1-h)$; herinner u dat -25 en +50 de punten waren voor de twee typen van gevechten met haviken. De gemiddelde puntenscore voor een duif noemen we D en wordt op dezelfde manier berekend. D is gelijk aan de kostprijs voor elk type van gevecht (duif-havik en duif-duif) vermenigvuldigd met de kans op het plaatsgrijpen van dit type. Dus $D = 0h + 15(1-h)$ aangezien 0 en +15 de punten waren voor de twee typen van gevechten met duiven. Aangezien voor een stabiele mengeling (dus voor een evolutionair stabiele strategie) H gelijk moet zijn aan D, is $-25h + 50(1-h) = 15(1-h)$ of dus $h = 7/12$ en $(1-h) = 5/12$.

Wat kunnen we afleiden uit deze berekening? De stabiliteit van de strategie wordt bereikt wanneer de mengeling bestaat uit 7 haviken tegen 5 duiven op 12 spelers. Laten we onmiddellijk opmerken dat het hier om gemiddelde waarden gaat, dus bijvoorbeeld in een populatie van 1200 deelnemers, moeten we ongeveer 700 haviken en ongeveer 500 duiven hebben. Bovendien kenden we bij het begin van dit spel punten toe op totaal arbitraire basis. We hadden evengoed meer of minder punten kunnen afspreken. In dat geval zouden we natuurlijk een ander mengeling dan 7/5 krijgen voordat stabiliteit is bereikt. Het gaat hier alleen om het duidelijk maken van het principe.

De stabiele mengeling is op nog een andere manier te bereiken. Het is immers niet nodig dat alle spelers één strategie kiezen. Waarom zouden ze niet een gemengde strategie kunnen volgen? Dat wil zeggen dat elke speler per gevecht kan kiezen uit 'havik' of 'duif'. Als ze in het totaal voor 7/12 de havikstrategie aannemen en voor 5/12 de duifstrategie, krijgen we dezelfde stabiele toestand. Beide mogelijkheden leveren stabiliteit in het spel. Zowel voor de eerste mogelijkheid als voor de tweede zal een verandering van dit evenwicht tijdelijk in het voordeel van ofwel de havikstrategie ofwel de duifstrategie spelen, zodat die strategie uitbreidt tot opnieuw het evenwicht is bereikt.

Ik heb er al op gewezen dat dit spel van havik en duif zeer kunstmatig is, al was het maar vanwege de willekeurig gekozen punten. Maar het spel kan ook veranderd worden door meerdere strategieën te voorzien. Zo zei Maynard Smith dat we ook aan een bourgeoisstrategie kunnen denken, waarbij het individu havik speelt wanneer hij zijn bezittingen verdedigt en duif wanneer hij het op het bezit van een ander gemunt heeft. Hoeveel strategieën en puntenverdelingen we ook bedenken, deze toepassing van de speltheorie blijft een zeer simplistische analyse om agressief gedrag in de natuur te verklaren. En toch, ondanks de eenvoud ervan, geeft deze manier van denken ons een idee van de richting waarin we moeten zoeken om complexe gedragingen te begrijpen. Er is steeds een evolutionair evenwicht tussen verschillende strategieën, een afwijking doet de slinger terug naar zijn evenwicht gaan. We kunnen dit bijvoorbeeld toepassen op het agressief gedrag in onze samenleving.

De mens kent een gemiddeld niveau van agressiviteit. Wij zijn niet superagressief met een constante moorddrift die dood en terreur zaait, maar ook geen dociele, onderworpen doetjes die over zich heen laten lopen en gedwee alle slagen incasseren. Binnen bepaalde grenzen weten we wat de menselijke agressie ongeveer is. Het gaat om meer dan een duifhouding en minder dan een havikgedrag. Na veel generaties stabiliseerde het niveau van onze agressie zich rond een peil dat werkzaam bleek in het Moederland: niet te veel, niet te weinig. Het blijft echter wel een gemiddeld peil met de nodige fluctuatie, ups en downs. Sommige mensen vertonen meer agressie dan anderen en een en dezelfde persoon kan zich de ene keer erg agressief gedragen en de andere keer juist vreselijk aardig. Wat niet wil zeggen dat dit identiek hetzelfde is als bij het havik-duifspel, maar toch kunnen we een duidelijke parallel herkennen. Als de mens wel één enkel, vast niveau van agressie zou kennen dat het gedrag van iedereen op elk ogenblik bepaalt – te vergelijken met ons normaal menselijk niveau van lichaamstemperatuur – dan zou iedereen steeds dezelfde agressie vertonen. We zouden er dan niet over spreken! Iets dat niet verandert, vraagt onze aandacht niet. Er wordt zeer weinig over ons aantal vingers of tenen gesproken. Het komt slechts nu en dan ter sprake doordat er zeer sporadisch kinderen met meer of minder vingers of tenen geboren worden, of doordat een ongeluk tot een vermindering kan leiden. En zouden we over onze lichaamstemperatuur spreken als er geen koorts bestond?

De fluctuaties in agressiviteit zijn onvermijdelijk. Stel dat er slechts één agressieniveau – waarover we dan niet zouden spreken – zou bestaan. Wie hiervan afwijkt, haalt voordeel. Als slechts één iemand zich agressiever gedraagt dan alle anderen, krijgt hij of zij flink wat meer gedaan. En omgekeerd: wie zich meer dan anderen onderwerpt, loopt minder kans op fysieke of psychische schade. De fluctuatie is de gemengde strategie die een evenwicht heeft bereikt. Zoals bij de duif en de havik kan de verdeling gebeuren over de 'spelers' – de leden van onze samenleving – of over de schommelende gemoedsgesteldheid van één individu.

Het is meteen duidelijk dat ons voorbeeld uit de speltheorie hier alleen als richtinggevend moet worden bekeken om ons sociaal gedrag te begrijpen. Onze agressie is immers niet alleen 'duif' of 'havik', er zijn flink wat meer mogelijkheden te bedenken. Wat Maynard Smith de bourgeoisstrategie noemde (meer agressie bij het verdedigen van de eigen bezittingen dan bij het begeren van die van een ander) is in onze samenleving nog niet zo gek bedacht. Voelt u ook de enorme toename van agressie als uw eigen bezittingen worden bedreigd? Men hoort vaak, zelfs uit de mond van de braafste burgers, dat men een inbreker zonder pardon zou neerschieten als de kans zich zou voordoen. Het stabiele evenwicht kan dus flink worden verstoord door situaties die in het oorspronkelijke spel niet waren voorzien.

Ons eenvoudig voorbeeld uit de speltheorie loopt op nog een ander terrein mis. De stabiliteit is niet alleen afhankelijk van de verdeling van de te kiezen strategieën, maar kan worden verstoord door verschillende uitwendige factoren. We kunnen deze niet allemaal benoemen – wellicht zijn ze zelfs nog niet alle bekend – maar we kunnen aan de hand van voorbeelden wel een idee geven van een dergelijke storing van de 'normale', stabiele toestand. Meestal hebben we hier te doen met wat ik in het volgende hoofdstuk zal uitleggen als *proximale factoren*, dat zijn zaken die de directe veroorzaking of beïnvloeding van gedrag kunnen regelen, prikkels waarop hier en nu wordt gereageerd, terwijl de ESS onder de *ultieme factoren* valt, dat zijn zaken die de indirecte veroorzaking van een gedrag regelen, het zijn de functies die gemaakt zijn door de evolutie. Na het volgende hoofdstuk wordt dit wel duidelijk, maar nu kunnen we al onthouden dat beide systemen ons helpen gedrag te begrijpen.

Eén factor die de stabiliteit kan verstoren is zo belangrijk in ons sociale leven dat het goed is er even bij stil te staan: het ontbreken van signalen voor agressieremming. Ik leg eerst uit wat agressieremming is en dan wat de gevolgen zijn als het daarmee misloopt.

In de loop van de evolutie van het gedrag heeft niet alleen de agressie een steeds complexere structuur gekregen, met diverse functies. Er ontwikkelden zich ook beschermingsstrategieën tegen agressieve dreigingen. Individuen vertonen soms gedragingen die de functie hebben de agressie van anderen te remmen, dat betekent te verminderen of weg te werken. Dit onderwerpingsgebaar – vroeger sprak men van een *deemoedsgedrag* – wordt agressieremming (of agressie-inhibitie) genoemd. In de praktijk houdt dit in dat wanneer een dominant dier dreigt, een ondergeschikte meteen een agressieremmend signaal toont, waardoor de dreiging verdwijnt of in elk geval niet escaleert in een aanval. Heel vaak is een agressieremming niet meer of minder dan het aannemen van een houding waardoor men kleiner lijkt (bij een agressieve dreiging gebeurt juist het tegengestelde: het dier maakt zich zo groot mogelijk). Dat kan gebeuren door bijvoorbeeld door de poten te zakken, de kop naar beneden te duwen of de lichaamsharen plat te houden. Maar er bestaan ook veel verfijndere mechanismen om agressie te remmen. Zo kan bijvoorbeeld het gedrag van een jong dier worden nagebootst. Hebt u al eens gezien hoe een hond zich overgeeft in een gevecht? Hij gaat dan op de rug liggen en keert zijn weke buik en keel naar de overwinnaar. Er werd wel eens gesteld dat de hond dit doet om – bij wijze van capitulatie – zijn keel aan te bieden, zoals de Japanse krijger die na zijn verlies gedood wil worden. Deze overgave, die een bereidheid tot zelfdoding inhoudt, zou dan omgevormd zijn tot een ritueel dat de agressie moet remmen. In de trant: 'Dood mij maar, ik ben niets meer!' Dat is dus kletskoek. Zelfdoding is een begrip dat honden niet kennen en kan dus ook niet het signaal duiden. Dit gedrag is gewoon een nabootsing van een pup die zijn moeder vraagt schoongelikt te worden, door zich op de rug te draaien. Wanneer jonge honden of wolven zich door het urineren bevuild hebben, zal de moeder de vacht van de buik wassen. Een zich onderwerpende hond bootst dit na, en versterkt vaak het effect nog door een beetje te plassen. Dit gedrag wordt onmiddellijk beantwoord door de tegenstander, die zijn verdere aanvallen staakt en zelfs overgaat tot het likken van de onderworpene.

Zo vinden we veel voorbeelden van een afremming van agressie door een beroep te doen op de zeer wijdverspreide aangeboren factor die zegt: 'Toon geen agressie tegenover jonge soortgenoten, maar bescherm ze'. We hebben niet veel woorden nodig om het bestaan van dit aangeboren gedrag te begrijpen. Jonge wezens zijn kwetsbaar en kunnen bij één enkele uitbarsting van agressie in de familie of de groep al gedood worden. Bij veel soorten bestaat zoiets als het doorgeven van agressie: wanneer één dier op zijn kop heeft gekregen, zal hij dat doorgeven aan de pechvogel die niets met het conflict te maken had, maar wel lager in de rangorde staat. Dat domino-effect zou kunnen eindigen bij de zwaksten, de jongen. Zulke agressieremming voor jonge wezens kon gemakkelijk ontstaan in de evolutie: vermits een groep veel verwanten telt, zal een gen dat codeert voor een onvoorwaardelijke remming van de agressie tegenover de jongen, positief geselecteerd worden. Het zal zich verspreiden. Ook wij kennen die drang tot bescherming van het kind. Kindermishandeling of kindermoord worden als een veel zwaarder vergrijp beschouwd dan agressie tegenover volwassenen.

Ook bij onze voorouders werd in het Moederland veel gebruikgemaakt van agressieremmende signalen, al dan niet met nabootsing van juveniel gedrag. Wie een aanval van een opponent wil voorkomen, zal een beschermende houding aannemen, bijvoorbeeld door de armen voor het hoofd te houden. Het zien van deze afwerende beweging, kan een daadwerkelijke uithaal van de aanvaller voorkomen. Men kan zich kleiner maken om de onderwerping duidelijk te laten overkomen, zoals door de knieën zakken, de schouders laten hangen, het hoofd laten zakken enzovoort. Juveniel gedrag vinden we bijvoorbeeld terug in de stemintonatie. Wanneer men vergeving vraagt, zal dat met een hoge dus kinderlijke toon gebeuren. Als men roept: 'Alsjeblieft, niet doen, niet slaan, niet schieten!' dan zal de toon van de stem veel hoger zijn dan bij 'Stop of ik schiet! Ik maak je kapot! Smeerlap, ik zal...' In het algemeen remt een mens de agressie van een tegenstander door zijn onderwerping duidelijk te maken via een mix van signalen die onmacht uitdrukken. We mogen niet onderschatten hoe sterk deze signalen en hun uitwerking zijn. Dat was al zo in het Moederland. Gedurende vele duizenden jaren heeft dat mechanisme gewerkt, waardoor veel schade door agressie kon worden afgewend.

Het kan echter ook mislopen met deze remming. In het Moederland waren de agressieremmende signalen visueel of akoestisch van aard en werden voor de korte afstand gemaakt en waargenomen. Een agressieve interactie was immers een aangelegenheid van man tot man (of vrouw). Onze culturele evolutie van de laatste paar duizend jaar heeft echter situaties gecreëerd waarbij die korte afstand niet meer telt. Men kan met een geweer iemand op vele tientallen meters afstand treffen, met een kanon nog verder. En met een bommenwerper weet men zelfs niet of er überhaupt wel tegenstanders zijn. Dus de agressieremmende mechanismen die zo lang hun diensten hadden bewezen, werken vaak niet meer. De signalen worden nog wel geproduceerd; wie aan de telefoon wordt uitgescholden door zijn baas zal een ineengedoken houding aannemen. Ze worden echter vaak niet meer waargenomen. Wanneer agressie niet meer geremd wordt, houdt ze aan of neemt zelfs toe.

Misschien ligt hierin een stuk van de verklaring van de vaak onbegrijpelijke graad van agressiviteit in het verkeer, waarbij chauffeurs elkaar letterlijk te lijf gaan. In de auto ziet men elkaar onvoldoende om agressieremmende signalen te kunnen onderscheiden. Wanneer de woede na herhaalde inhaalmanoeuvres fors is opgelopen, kan bij het uitstappen een regelrecht lichamelijk conflict volgen. De onverschilligheid bij oorlogvoering is ook hierdoor te verklaren. Welke militair ziet zijn tegenstander nog? Is het toevallig dat bij folteringen het slachtoffer vaak een kap over het hoofd krijgt waardoor de beul de gezichtsuitdrukkingen niet meer ziet?

Een andere factor die de stabiliteit van de ESS in verband met agressie kan verstoren, is iemands psychologische levensgeschiedenis. Niet iedereen heeft in zijn kinderjaren dezelfde opvoeding en leefomstandigheden als de doorsneeburger gekend. Daar kan veel mislopen, zoals elke pedagoog of psychiater ons met tal van voorbeelden kan toelichten. Een goed functioneren in een complex sociaal gedrag vraagt een evenwichtige vorming tijdens de eerste weken, maanden of jaren van het leven, al naargelang de gemiddelde levensduur van de soort. Die eerste, kritische periode is nodig om de hersenen te programmeren, niet alleen om de juiste prikkels uit de omgeving te kunnen waarnemen, maar ook om de gang van zaken in de sociale omgang te leren kennen en er vertrouwd mee te raken. Als een hond gedurende zijn puppyjaren onvoldoende contact heeft gehad met andere honden of mensen, zal hij zich later bang of agressief opstellen. Men zegt dan dat zijn *socialisatie* verkeerd is gelopen. Bij soorten met een nog ingewikkelder sociaal gedrag – zoals apen en zeker mensapen – is die socialisatieperiode nog belangrijker. Bij de soort die de climax bereikte, wij dus, kan het belang van een normale omgang met de moeder, familieleden en andere peuters niet genoeg worden onderstreept. In de kinderpsychiatrie weet men het al lang: als baby's opgroeien in omstandigheden zonder vaste moederfiguur en zonder contact met anderen, dan zullen ze later leerproblemen ondervinden en ook moeilijkheden in de omgang met andere kinderen en volwassenen. Dat gestoorde sociale gedrag kan zich op veel terreinen manifesteren, ook op het gebied van de agressie. We zouden de opzet van dit boek loslaten als we hier zouden stilstaan bij de psychologische gevolgen van kinderverwaarlozing of -mishandeling. We willen hier alleen aanstippen dat een verkeerde invulling van de kritische periode voor het sociaal gedrag van de mens, kan leiden tot excessen in agressief gedrag, tot een destabilisatie van het ESS-fenomeen. Met mogelijk seriemoordenaars, kinderverkrachters, sadisten en andere gestoorden tot gevolg.

Een verkeerde invulling van de kritische periode hoeft niet alleen tot een hyperagressiviteit te leiden, het omgekeerde is ook mogelijk. Een onvoldoende sociale aanpassing van een kind kan aanleiding geven tot een tekort aan weerbaarheid, tot een onvermogen om agressie te beantwoorden met verdediging, om op te komen voor zijn rechten. Dit 'niet terugslaan' past ook niet in de stabiliteit die onze evolutie heeft ontwikkeld. Het is evenzeer een ontregeling van het ESS-fenomeen en zal uitmonden in een bestaan van eeuwige onderdrukte. Het kind wordt een volwassene die altijd slachtoffer zal blijven van geweld en misbruik, tenzij hij hulp krijgt. Assertiviteit kan met de nodige training worden aangeleerd.

Kortom, de stabiele strategie die in ons Moederland zo lang zo veel succes heeft gekend, vereist een normale ontwikkeling van het kind, ook psychologisch.

Deze paragraaf behandelt alleen de stabilisatie van agressie tussen individuen. Daarmee hebben we de oorsprong van agressie en de functie daarvan nog niet belicht. Dat is een van de gedragsmechanismen die ik verder wil uitwerken om het effect van natuurlijke selectie op ons sociale gedrag te begrijpen. Het komt dan ook apart aan bod in hoofdstuk 7. Zo ook de mogelijke biologische wortels van het fenomeen oorlog. Daarbij zal duidelijk worden dat oorlogvoering helemaal niet past in deze stabilisatie. Een ESS werkt binnen bepaalde spelregels, maar die zijn bij groepsagressie verdwenen. Daar wordt een ander 'spel' gespeeld, een spel waarin helaas het evenwicht is verdwenen. Hier bestaat geen agressieremming, zoals we zullen zien in hoofdstuk 7.

5

WAAROM EN WAARDOOR? OVER PROXIMAAL EN ULTIEM

Stel dat ik met mijn auto een verkeerslicht nader dat op rood springt. De kans is groot dat ik dan stop en wacht op groen licht. Dat is zo normaal dat het geen verdere aandacht vraagt. Op het eerste gezicht tenminste, want stel dat ik even later word ondervraagd door een marsmannetje dat hier op aarde onderzoek komt doen naar het doen en laten van voertuigen. Dat mannetje vraagt me waarom ik stop. Wat is mijn eerste reactie? 'Omdat het rood is, en dan moet je stoppen', is een mogelijkheid. En het zou een juist antwoord zijn. Of: 'Als ik doorrijd, is de kans op een botsing groot en ik wil mijn auto niet beschadigen, en al helemaal niet gewond of gedood worden.' Ook dat zou een plausibel antwoord zijn. Het eerste antwoord geeft een directe verklaring, het tweede eerder een indirecte; een antwoord waarbij verder is nagedacht. Welk van de twee mogelijkheden is de beste? Daar hebben we opeens een punt dat helemaal niet zo triviaal is en best een beetje aandacht verdient. Dit type van dubbele vraagstelling en antwoord is eigen aan de moderne gedragsbiologie.

De vergelijking met het verkeerslicht wil alleen het onderscheid duidelijk maken tussen twee benaderingswijzen waarmee je waarom-vragen in de biologie kan behandelen. Om meteen met de technische termen in huis te vallen: we spreken hier van *proximale vraagstelling* en *ultieme vraagstelling*. Kort gezegd komt het erop neer dat een proximale vraag een *waardoor-vraag* is – wat is de directe oorzaak van een gedrag, wat is eraan voorafgegaan dat aanleiding heeft gegeven tot het plaatsgrijpen van het gedrag? In de gedragsbiologie wordt dit oorzaak-gevolgverband omschreven als de *proximale causaliteit*, dus de directe veroorzaking. De ultieme vraag is dan een *waartoe-vraag*: wat is de uiteindelijke functie van gedrag, wat is het biologisch nut, waartoe is dit gedrag door de evolutie gemaakt, hoe kan het de fitness verhogen? We spreken dan van een *ultieme causaliteit*, de uiteindelijke veroorzaking. Deze omschrijving valt volledig samen met de term *selectiedruk* – van de natuurlijke selectie – en ik geef de voorkeur aan deze laatste term. De ultieme verklaring is de evolutionaire verklaring.

In de vergelijking van het rode verkeerslicht wijst de proximale vraag naar het directe verband tussen het rode licht en het stoppen. Het marsmannetje kan noteren dat A (= rood licht) leidt tot B (= stoppen) en dat kan voor hem interessant zijn om andere waarnemingen te begrijpen. Als het echter een slimme onderzoeker is (en dat zijn die van Mars allemaal), dan komt hij vrij snel op de volgende, *ultieme* vraag: wat is het nut van dat stoppen? Waartoe dient het verband A-B? Een grondiger onderzoek zal hem duidelijk maken dat 'als A dan B' het voordeel heeft dat er geen schade wordt aangericht, noch aan auto noch aan bestuurder. Vanuit die gezichtshoek wordt het bestaan van de verkeerslichten en de reacties van chauffeurs veel interessanter. Maar ook al is het een intelligente onderzoeker, de tweede vraagstelling is veel moeilijker. Natuurlijk niet in dit gekke voorbeeld, waarbij een gewone vraag wordt gesteld aan de chauffeur. In de meeste gevallen echter kan die vraag niet worden gesteld (bij diersoorten die onze taal niet meester zijn) of kan de ondervraagde geen antwoord geven omdat hij het zelf niet weet (mijnheer, wat is het ultieme nut van uw overspel?).

Het vinden van de proximale causaliteit, de directe veroorzaking is vaak ook niet eenvoudig. Maar doordat het een meer voor de hand liggende vraag is, heeft de klassieke ethologie zich daar al wel uitvoerig over gebogen. Daarbij ging men na welke factoren een gedrag in gang zetten, bijvoorbeeld externe of inwendige prikkels en hormonen. De buitenaardse onderzoeker die ons verkeer onder de loep neemt, zal na enige waarnemingen vaststellen dat er een regelmaat bestaat: dat auto's steeds stoppen als het licht op rood staat, en doorrijden bij groen. Hij zal zelfs een verband vinden tussen de kleurveranderingen op het kruispunt van twee kruisende straten: die veranderingen zijn tegengesteld aan elkaar. En zo ziet hij nog wel een reeks wetmatigheden. Maar het zal veel meer tijd en veel meer waarnemingen vergen om het ultieme waarom van het stoppen en/of doorrijden in te zien. De waarnemer moet het heel anders aanpakken dan bij zijn allereerste vraag: *waarom stopt u*? Hij zal moeten wachten tot de normale relatie rood = stoppen een paar keer toevallig *niet* wordt gevolgd op straat, totdat een aantal auto's *toch* door het rood rijden. Bij al deze uitzonderlijke gevallen zal hij dan het effect moeten noteren en daaruit een algemene conclusie trekken. Op dezelfde manier moet de bioloog heel nieuwe paden bewandelen om de ultieme vraagstelling van gedrag te kunnen beantwoorden. Deze paden vormen de nieuwe benaderingswijze van het darwinistische paradigma, de sociobiologie en de evolutiepsychologie, die ik aan u voorstelde in hoofdstuk 3 en die ik zal toepassen in de volgende hoofdstukken. Hierbij wordt bij elk gedrag steeds weer de Grote Vraag gesteld: waarom heeft de natuurlijke selectie gekozen voor deze oplossing en niet voor een andere?

Ik leg sterk de nadruk op deze duale benadering van gedragsonderzoek – het proximale en het ultieme. Ook de aandacht die de afgelopen jaren voor de ultieme benadering is gegroeid, moet worden onderstreept. Dankzij deze ultieme vragen zijn we namelijk veel te weten gekomen over onszelf en hebben we een beter inzicht gekregen in menselijk gedrag. Dit boek is vooral gefocust op de moderne benadering die achter de ultieme Grote Vraag schuilgaat. Toch wil ik daarmee zeker niet stellen dat proximale factoren niet van belang zouden zijn. Integendeel, als we een gedragssysteem goed willen begrijpen, moeten beide vragen gesteld worden en zal blijken dat ze elkaar aanvullen. Denk maar aan de agressieremmende kracht van sommige signalen als proximale factoren, naast de stabiliserende krachten als ultieme verklaring in hoofdstuk 4. Ik zal me voor de bespreking van de proximale factoren beperken tot dit hoofdstuk. Verwacht geen encyclopedische opsomming van factoren, noch een alles onthullende proximale verklaring. In de volgende paragraaf leg ik een paar voorbeelden van proximale factoren voor die kunnen bijdragen tot een beter begrip van ons gedrag.

Proximale factoren

In hoofdstuk 3 heb ik verteld dat gedrag in het algemeen is te omschrijven als een proces in fasen. Een prikkel uit de omgeving wordt opgevangen via de zintuigen (fase 1). Daarna wordt die prikkel verwerkt in het centraal zenuwstelsel (hersenen en/of ruggenmerg) om de ontvangen prikkels te beschrijven, te herkennen, te vergelijken met andere binnengekomen informatie en met de inhoud van het geheugen, en op basis daarvan via simulaties de verschillende mogelijke reacties uit te testen om de beste keuze te kunnen maken (fase 2). De uiteindelijke keuze leidt tot een – al dan niet waarneembare – reactie (fase 3).

We spreken in fase 1 van prikkels, dat zijn fysische verschijnselen – zoals licht, druk, en temperatuur – die door de uit- of inwendige omgeving worden gegenereerd. Tegelijk gaat het over informatie, want de prikkels geven een beeld van de uit- of inwendige omgeving en vooral van de veranderingen die zich daarin voordoen. De reactie op prikkels, of als u wilt het verwerken van informatie om adequaat te handelen, behoort tot de proximale factoren.

Het proximale proces omvat echter meer dan alleen de werking van prikkels. Alle fenomenen die zich in het leven van een mens voordoen en die van invloed zijn op ons gedrag, vallen onder deze noemer. De vertaling van de genetische code in een gedrag bijvoorbeeld, of het geheel van de leerprocessen (van de gewenning aan prikkels tot het opvoedingsproces en het onderwijs), de organisatie van het zenuwstelsel dat als een supercomputer alles regelt, de inwerking van hormonen… het zijn alle proximale processen. Ik noem hieronder een paar proximale mechanismen.

Prikkels en signalen

Zoals gezegd is een prikkel een fysisch verschijnsel dat een gedrag in gang zet. Een hond neemt een vreemd iemand in de tuin waar en gromt; de vreemde is de prikkel voor het grommen. Alvorens dieper in te gaan op prikkels wil ik een term verduidelijken die ik al eerder heb gebruikt. Het gaat om een alledaags woord, dat in de gedragsbiologie een speciale betekenis heeft, namelijk *signaal.* Dit woord zal even vaak aan bod komen als 'prikkel'. Een signaal is namelijk een specifieke prikkel: een prikkel die door een soortgenoot wordt gegenereerd. Via signalen wordt dus informatie onder soortgenoten doorgegeven. Het zien van een spin – neem een zwarte weduwe – kan voor de mens een gewone prikkel zijn, die tot een angstreactie leidt, maar voor een andere zwarte weduwe is diezelfde prikkel een signaal dat misschien wel tot voortplanting aanzet. Ook bij mensen is een signaal een prikkel die wijzelf voortbrengen en die de oorzaak is van een gedrag van een ander mens.

We weten al dat prikkels in de context van gedrag zeer verscheiden kunnen zijn: dingen die we zien, horen, voelen, ruiken, proeven. Het gaat om lichtgolven, geluidsgolven, krachten die een druk uitoefenen, temperatuur, eigenschappen van moleculen: allerlei fysische grootheden in onze omgeving. Ze worden door onze zintuigen opgevangen en verwerkt. Elk ogenblik bereiken ons massa's van dergelijke prikkels. In feite zijn het er te veel. Als namelijk alle informatie die ons vanuit de omgeving bereikt, zou worden verwerkt, zou ons zenuwstelsel binnen een fractie van een seconde op tilt springen. Er is een enorm overaanbod aan informatie, veel meer dan onze hersenen aankunnen. Dat probleem is al miljoenen jaren geleden opgelost door de natuurlijke selectie. Het evolutieproces verfijnde niet alleen het zenuwstelsel bij het complexer worden van de dieren, maar gaf het meteen een mechanisme mee dat een selectie kan maken van de nodige informatie. Ons lichaam zorgt voor een economische aanpak van het overaanbod van informatie, door op een slimme manier te selecteren, te *filteren.* Kort gesteld worden alleen die prikkels die van biologisch belang zijn – desnoods op één bepaald moment – uit het overaanbod gefilterd en toegelaten tot de verwerking van ons brein.

Dankzij die economische benadering kunnen de hersenen hun werk naar behoren doen en tot bruikbare beslissingen komen. Om u een idee te geven van de omvang van deze selectie, vermeld ik slechts één getal: wij laten elk ogenblik gemiddeld niet meer dan *1 tien miljoenste* van de totale informatie die wij uit de omgeving opvangen doordringen tot ons bewustzijn.

Wij beschikken over twee mechanismen die deze filtering realiseren: een grove selectie en een fijne. De grove is gewoon de capaciteit van de zintuigen. Onze ogen, oren, huid en neus kunnen alleen die prikkels opvangen en doorsturen naar onze centrale computer die gedurende miljoenen jaren evolutie via verschillende Moederlanden voor de mens van biologisch nut zijn gebleken. Wij kunnen bijvoorbeeld geen ultraviolet of infrarood licht waarnemen. Toch is die energie even goed aanwezig in onze omgeving als rood, oranje, geel, groen, blauw of violet licht dat we wel kunnen zien. Onze voorouders hebben nooit baat gehad bij het waarnemen van ultraviolet of infrarood licht. De informatie die daarmee was te verkrijgen had geen belang, of kon op andere manieren worden vergaard door minder 'dure' zintuigen. Voor andere soorten kan dat anders liggen. De kikker heeft veel baat bij ultraviolet licht; de steekmug en de ratelslang bij infrarood licht. Dus ontwikkelden zij wél de mogelijkheid om deze golven op te vangen. Natuurlijk voelen wij sinds recente tijden wel behoefte aan het zien van infrarood beelden – om 's nachts waarnemingen te kunnen maken of om warmtebronnen te kunnen opsporen. Daarvoor maken we speciale kijkers, maar dat heeft niets te maken met de biologische behoefte uit ons Moederland. Dus alle golven die langer zijn dan rood of korter dan violet worden weggefilterd door het oog. Op dezelfde manier filteren onze oren geluiden met zeer hoge of zeer lage frequenties weg. Vleermuizen daarentegen zijn juist heel blij dat ze geluiden met bijzonder hoge frequenties kunnen waarnemen én produceren. Wij ruiken maar een fractie van de massa geuren rond ons, terwijl onze hond een heel boek zou kunnen schrijven over deze informatiestromen. En zo kunnen we nog veel voorbeelden opsommen waaruit blijkt dat de aard van de bruikbare omgevingsinformatie verschilt per soort. De filtering die op zintuiglijk niveau plaatsgrijpt, wordt in de gedragsbiologie *perifere prikkelfiltering* genoemd.

Belangrijker is de fijne filtering, die ook veel ingewikkelder is. Hierbij gaat het om een selectie van prikkels – informatie-elementen – die op een *bepaald* ogenblik belangrijk zijn. Het is mogelijk dat een prikkel nu relevant is, maar een seconde, een minuut of enkele uren later totaal onbelangrijk. Ons zenuwstelsel schakelt dan ook constant over op andere filters. Ik doe nog eens beroep op ons verkeer om duidelijk te maken wat ik bedoel. Wie autorijdt stelt zijn selectiesysteem in op het verkeer. Dat wil zeggen dat informatie over het wegdek, de te volgen route, de bewegingen van andere auto's en de verkeerslichten tijdelijk *alle* aandacht krijgt en integraal wordt doorgestuurd naar de hersenschors voor verwerking. Andere gegevens daarentegen, zoals de kleur van de hemel en de vorm van de wolken, zijn niet van belang op dat ogenblik en worden tijdelijk weggefilterd. Als men even later de auto geparkeerd heeft en bij het uitstappen moet beslissen of men al dan niet een paraplu zal meenemen, springt onze centrale computer over op een ander selectiecriterium. De informatie die ons van bovenaf bereikt en iets zegt over de kleur van hemel en wolken, is nu wél van belang, want daaruit kunnen we afleiden of het gaat regenen of niet. Op datzelfde ogenblik worden andere prikkels weggefilterd, bijvoorbeeld in verband met het verkeer. Onze computer houdt totaal geen rekening met het oranje licht iets verderop, dat straks op rood springt. En toch was dat drie minuten geleden nog van levensbelang.

Dit systeem is gehuisvest in het centraal zenuwstelsel, meer bepaald in de hersenen. Daarom wordt het in de gedragsbiologie een *centrale prikkelfiltering* genoemd. Het is veel fijner en geavanceerder dan de grove, perifere filtering, omdat het zich snel kan aanpassen aan nieuwe situaties. Bovendien is er een veel complexer mechanisme nodig dan bij de perifere filtering, die tenslotte gewoon werkt door beperkingen van de zintuigen. Dat complexe mechanisme is een ingenieus systeem van de centrale computer dat veel hersenactiviteit vraagt. We moeten namelijk niet denken dat de filtering louter betekent dat er geen rekening wordt gehouden met bepaalde prikkels en dat iets *niet doen* betekent dat er geen activiteit is. Maar nee, filtering is een zeer actief proces. De niet-relevante gegevens uit de omgeving worden immers wel opgevangen door de zintuigen én doorgestuurd naar het centraal zenuwstelsel. Daar worden de gegevens als het ware voorlopig verwerkt, ze worden beschreven en herkend en in een bepaald vakje geplaatst. Die informatie gaat naar de hersenschors, die het moeilijker, complexer computerwerk verricht en beslist of de eerste verwerking van de gegevens tot een conclusie kan leiden en of ze verdere analyse verdienen op dat welbepaalde moment. Is het oordeel 'nee', dan wordt de informatie niet doorgestuurd en ook niet verwerkt. Besluit de hersenschors dat de info belangrijk of bruikbaar is op dat moment, dan wordt dit bericht naar de filter gestuurd. Deze laat de info door voor verdere analyse in de schors. Als men dus geen aandacht heeft voor het oranje verkeerslicht, alleen voor de wolken, dan is daar een verwerkingsproces aan voorafgegaan. Eén seconde later, wanneer het besluit vaststaat dat er toch een paraplu mee moet, wordt weer op een ander selectiecriterium overgeschakeld, bijvoorbeeld met het oog op de plaats op de achterbank waar de paraplu ligt, het sluiten van het autoportier en de parkeermeter.

De voorverwerking grijpt wel degelijk plaats. Dat kunnen we zien wanneer een selectiecriterium opeens wordt afgebroken en een eerder weggefilterde prikkel toch wordt toegelaten tot de centrale verwerking. Een voorbeeld. Stel dat u op een drukke receptie met een groepje mensen staat te praten. Het is een geroezemoes vanjewelste, want er zijn veel groepjes mensen in gesprek. Doordat het ge-rabarber-rabarber vrij luid is, spreekt iedereen luid om zich verstaanbaar te maken (daardoor ontstaat juist het luide geroezemoes, maar dat terzijde). Ook al spreekt iedereen in de zaal zo hard dat u het zou kunnen verstaan als alle anderen zwegen, toch hoort u alleen wat in uw groepje wordt gezegd; alle andere gesprekken worden weggefilterd en inderdaad gereduceerd tot 'geroezemoes'. De hersenen hebben besloten dat het relevant is het gesprek in uw groepje te volgen en dat wordt dus geselecteerd. Nu komt het bewijs dat de selectie na een voorverwerking gebeurt. Stel dat in een naburig groepje uw naam wordt uitgesproken. In negen van de tien gevallen vangt u dat op en wordt uw aandacht onmiddellijk naar dat groepje gericht om te achterhalen wie het over u heeft. Uw aandacht voor uw eigen gesprek valt meteen weg. Hoe kan dat? Voordat uw naam viel, hebben de hersenen een voorverwerking gedaan van de gesprekken rondom u en deze te licht bevonden, ze werden weggefilterd. Maar opeens wordt in de voorverwerking waargenomen dat uw naam wordt genoemd. Alarm! Dit is belangrijk, misschien wel heel belangrijk, want er moet meteen worden nagegaan wat de reden of oorzaak is van dat voorval. Misschien wordt er over u geroddeld en dat betekent mogelijk amper te herstellen schade. Of men spreekt in dat andere groepje juist vol lof over uw werk. Ook dat moet verder worden verwerkt want dat kan bijdragen tot een juistere inschatting van uw sociale plaats in de werksfeer (in hoofdstuk 8 meer over het belang van dergelijke dingen in ons sociaal leven). Kortom: gedurende enkele seconden wordt een andere filter ingeschakeld en verandert uw aandacht van richting. Ziedaar het bewijs: als er geen voorverwerking was geweest, maar alleen een soort perifere filtering, zou u nooit gehoord hebben dat uw naam werd genoemd en zou u er ook niet op reageren.

Wie wat dieper op de fysiologie van dit gebeuren wil ingaan, wil vast weten waar precies die filtering plaatsvindt in het zenuwstelsel. Het spijt me, maar ik moet u het antwoord schuldig blijven. Men weet dat niet precies, hoewel er veel aanwijzingen zijn dat de visuele prikkels worden gefilterd ter hoogte van het onderste punt van de thalamus – in het *corpus geniculatum laterale*.

Ik heb me bij de keuze van de voorbeelden weer eens bezondigd aan simplificaties, maar meen toch de essentie van de centrale filtering te hebben aangegeven. De zaken zitten gecompliceerder in elkaar dan de voorbeelden doen vermoeden. Zo kunnen tegelijkertijd meer filters actief zijn doordat men met meer gedragssystemen tegelijk bezig is. Wie op een receptie in een gesprek is verwikkeld, wacht misschien ook op de komst van iemand en houdt daarom de deur in de gaten. Ook de informatie over die deur en wie er binnenkomt, wordt geselecteerd. Twee filters dus. Wie autorijdt kan tegelijkertijd de nieuwsberichten op de radio volgen. Dat betekent dat de geluidsprikkels van de radio volledig worden uitgefilterd, samen met de verkeerstoestand. Beide informatiestromen worden geanalyseerd. Misschien is de automobilist ook nog in gesprek met een medereiziger, waardoor de gegevens van de conversatie ook nog eens worden geselecteerd. Het is gemakkelijk te begrijpen dat hoe meer filtersystemen er openstaan, hoe moeilijker het wordt voor de hersenschors om alles adequaat te volgen en te analyseren. Misschien worden de nieuwsberichten niet volledig verwerkt, of loopt het gesprek niet al te vlot, of botst de auto op een andere... Het uitschakelen van een filtersysteem houdt gevaar in.

De centrale prikkelfiltering kan zich nog complexer voordoen doordat de filters niet zo strikt te omlijnen zijn, niet beperkt zijn te omschrijven rond slechts enkele prikkels. Wie zich in een bepaald gedragsniveau bevindt (zie hoofdstuk 3) zal ontvankelijker zijn voor prikkels die op dit niveau relevant zijn. Op het niveau van het voortplantingsgedrag zal men de aandacht richten op potentiële prikkels in verband met voortplanting. Binnen de hofmakerij zullen signalen van de partner sterker doorkomen dan andere dingen. In een latere fase, bij de ouderzorg, worden alle prikkels afkomstig van de baby sterker geselecteerd.

Kortom, het moet wel duidelijk zijn dat de proximale verwerking van de broodnodige informatie uit de omgeving pas mogelijk is na een selectie, die meestal plaatsheeft na een voorverwerking van die informatie.

Een prikkel die een reactie uitlokt, kan zowat alles zijn, elke fysische energie die onze zintuigen kunnen ontvangen en verwerken. Bij mensen gaat het vooral om visuele en akoestische prikkels. Al mogen wij de invloed op ons gedrag van de reukzin, smaak en tastzin niet onderschatten, toch nemen wij vooral waar met ogen en oren. Die prikkels kunnen heel eenvoudig zijn – het silhouet van de enge spin die een schrikreactie uitlokte – maar ook zeer complex. Dankzij zeer complexe prikkels kunnen wij nog veel meer informatie opnemen. Een der meest complexe prikkelsystemen – signalen zeg maar – is het menselijk gezicht. Het is onvoorstelbaar hoeveel informatie wij ontlenen aan het gezicht van een medemens. Ik kom hier uitvoerig op terug in hoofdstuk 8 en beperk me hier tot het *herkennen* van gezichten. Er leven op aarde zo'n 6 miljard mensen. Daarvan kennen wij er elk enkele honderden persoonlijk en vele honderden 'van gezicht', via de media bijvoorbeeld. Uit die talloos veel miljoenen herkennen wij een bekend iemand in een fractie van een seconde. We hoeven het gezicht van een familielid, vriend, collega of buurman maar even te zien om te weten met wie we te maken hebben. Het onderscheid zit 'm in ontelbare kleine verschillen. Met die verschillen zou men een gezicht in een soort formule kunnen omschrijven. Het volstaat dan om van iemands gezicht al die kenmerken op een rijtje te zetten om te weten wie het is. Dat duurt voor één gezicht wel enkele dagen meet- en cijferwerk. Op deze manier zouden we dus iemand bij een ontmoeting na enkele dagen pas een naam kunnen geven. Niet erg handig, toch? Onze sociale contacten vragen een onmiddellijke hier-en-nu herkenning, en daarbij kunnen de ontelbare kenmerken niet afzonderlijk worden gebruikt. We zien al die kenmerken als één snel herkenbaar geheel.

Om een gezicht te 'plaatsen' maken wij gebruik van een supersnel systeem waarvoor in de tijd van ons Moederland een programma in onze hersenschors werd geschreven: het verwerken van een *gestalt*. Gestalt is een Duits woord dat zo is ingeburgerd dat het niet meer wordt vertaald. Een gestalt is het geheel, de totaliteit van een waargenomen structuur. De eigenschappen van de waargenomen gestalt overstijgen de som van de samenstellende elementen. Een gezicht is als signaal dus geen som van honderden karakteristieken, maar één geheel dat als dusdanig waargenomen en herkend wordt. Een ander mooi voorbeeld van een gestalt is muziek. Stel dat we naar muziek zouden luisteren door de vele muzieknoten naast elkaar te zetten, en de intervallen tussen de noten en het timbre van het muziekinstrument. Er zou van de muziek niets moois meer overblijven, tenzij misschien voor een zeer ervaren muziekkenner. Nee, alle denkbare elementen die samen van een muziekstuk Mozarts *Kleine Nachtmusik* maken, zijn gebundeld in een gestalt dat veel meer is dan de som van die elementen.

Dankzij de mogelijkheid een gestalt waar te nemen, verrijken wij onze mogelijkheden als sociale wezens aanzienlijk. Niet alleen kunnen wij elkaar, dat wil zeggen tientallen groepsgenoten, herkennen, maar bovendien kunnen we in één oogopslag iets zeggen over de gemoedsgesteldheid van degene die we zien. Onze gezichtsmimiek 'verraadt' immers ons gemoed, dus of we goedgemutst of juist pisnijdig zijn. Ook die signalen zijn zeer belangrijk in de omgang. Weten in wat voor stemming de ander verkeert, kan het verdere contact aanzienlijk vergemakkelijken. Zonder gestaltwaarneming kan dat niet. Meer over dit specifieke punt in hoofdstuk 9.

In feite is gestaltwaarneming een complexere vorm dan de *prikkelsummatie*. Prikkelsummatie is het optellen van prikkels om een groter effect te sorteren. Wie schrikt van het zien van een spin, zal nog meer schrikken van drie spinnen en misschien door een onbedwingbare angstaanval bevangen worden bij het zien van honderden spinnen. Het gaat hier om een toename van angst, dus van reactie door een toename van de prikkelsterkte. Zodra het effect van meerdere prikkels het effect van de som van die prikkels overstijgt, hebben we met een gestaltwaarneming te doen. Ik vind het niet nodig hier uit te wijden over die prikkelsummatie, maar wil toch één speciaal en interessant geval noemen: de supranormale prikkel.

Alle diersoorten kennen een gemiddelde waarde van de prikkels waarop ze reageren. Die prikkels zijn fysische grootheden die in normale omstandigheden doorgaans weinig in grootte en sterkte veranderen. Een kat reageert met aanvalsgedrag op een muis; die muis is een prikkel die zich altijd op dezelfde manier voordoet, even groot, even grijs, even luid gepiep. Er zijn hooguit enkele zeer kleine verschillen (niet alle muizen zijn precies even groot bijvoorbeeld). Alle diersoorten zijn dan ook aan deze normale prikkels aangepast. Ze herkennen de normale prikkels meteen en reageren erop met een welbepaalde reactiesterkte. Gedragsonderzoekers hebben echter vastgesteld dat de sterkte van een prikkel experimenteel is te vergroten door de prikkel zelf te vergroten. Een proef met broedende meeuwen is klassiek geworden. Deze vogels reageren op een ei door erop te gaan zitten. Het ei van de meeuw heeft altijd dezelfde grootte, vorm, kleur en tekening, maar de onderzoeker kan een plastic ei gebruiken en zo een eigenschap veranderen. Het nepei kunnen we wat groter maken, een andere vorm geven, een fellere kleur, een andere tekening... en elke keer kijken we welk ei kennelijk de voorkeur krijgt van de meeuw. Men stelde vast dat een meeuw onder andere een ei kiest dat groter is dan het normale ei. En een zeer groot ei oefende nog meer aantrekkingskracht op de vogel uit. Het is de meeuw kennelijk een zorg dat het nepei onnatuurlijk is. Hoe potsierlijk groot je het ook maakt, zo groot zelfs dat het dier er niet meer op kan zitten en er bij elke poging afdondert! In deze proef was de kunstmatige prikkel sterker dan de normale, en werd daarom *supranormaal* gedoopt.

Het effect van een supranormale prikkel hangt samen met prikkelsummatie: als we een waarde toekennen aan een prikkel, bijvoorbeeld de lengte van het ei van de meeuw, dan is die waarde zuiver mathematisch te vergroten. Bij de normale lengte van het ei wordt een kunstmatige lengte opgeteld, het ei wordt dus groter. Zo kan ook een kleur feller worden gemaakt, een contrast verhoogd en een geluid versterkt. Het optellen van deze kunstmatig toegevoegde prikkelsterkten leidt tot een supranormale prikkel die meer effect sorteert dan de normale.

Het is niet helemaal juist dat supranormale prikkels alleen experimenteel kunnen worden ontworpen, ook de evolutie heeft deze truc gevonden om een sterkere reactie uit te lokken. Het gedrag van de koekoek is typerend in dat opzicht. Deze vogel doet aan broedparasitisme, dat wil zeggen dat mevrouw koekoek haar eieren niet zelf uitbroedt, maar in het nest van een andere, meestal kleinere vogel deponeert. Het parasiterende ei wordt door de adoptieouder samen met het eigen legsel uitgebroed en het koekoeksjong wordt met de andere jongen mee gevoerd. Soms worden de kleine jongen door de grote indringer uit het nest gekieperd, maar als dat niet lukt, worden ze samen grootgebracht. Daar het koekoeksjong groter is, is ook zijn bek groter dan die van de pleegbroers en -zussen; het is dus een sterkere prikkel voor de pleegouders om er voedsel in te stoppen dan in de bekjes van de eigen jongen. Daar komt nog bij dat het koekoeksjong luider piept dan de kleinere jongen en ook dat extra geluid werkt als een supranormale prikkel. Op die manier wordt meer voedsel aan het koekoeksjong gegeven en heeft het meer kans op overleven dan de eigen jongen. Aldus hebben de voorouders van de koekoek in de loop van hun evolutie een systeem ontwikkeld waarbij via een supranormale prikkel de jongen een grotere kans op overleven hadden zonder tijdrovende ouderzorg.

Ook wij hebben de supranormale prikkels ontdekt, misschien niet zozeer in onze lange evolutionaire voorgeschiedenis, maar wel in onze culturele evolutie. Onze cultuur maakt hierbij gebruik van een biologisch systeem. Bij de productie van signalen wordt vaak een groter effect nagestreefd door de prikkel sterker te maken dan zijn natuurlijke vorm. Iets waarin wij zeker meer effect willen scoren, is in de seksuele aantrekkingskracht. Naast de primaire geslachtskenmerken (de voortplantingsorganen) hebben onze voorouders een rits secundaire geslachtskenmerken ontwikkeld die niet zonder meer het verschil tussen mannen en vrouwen duidelijk maken, maar een seksueel signaal betekenen voor de andere kunne. Vrouwenborsten hebben zeker zo'n signaalfunctie gekregen. In hoofdstuk 6 gaan we op zoek naar de oorsprong van dit signaal, hier belichten we de proximale factoren. Borsten zijn groter dan nodig is om alleen kinderen te voeden en ze zijn altijd aanwezig, ook als er geen kinderen moeten worden gezoogd. Bij onze naaste verwanten, de mensapen en apen, zijn de borsten veel bescheidener. Dus hebben onze over-over-over-grootmoeders een tweede functie aan hun borsten toegekend om onze over-over-over-grootvaders aan te zetten tot voortplantingsactiviteit. Dat systeem heeft tienduizenden jaren lang goed gefunctioneerd, maar bleek voor verbetering vatbaar toen de supranormale prikkel ontdekt werd. Borsten worden kunstmatig vergroot om nog meer seksueel effect te oogsten. Door ze op te prangen met push-up-bh's zodat ze alleen groter *lijken* dan normaal, of door ze echt te vergroten met siliconenimplantaten.

Doordat ons gedrag zo complex en uitgebreid is, beschikken we over nog veel meer middelen om de vrouwenborst als supranormaal sterk te vergroten. In veel kunstwerken, cartoons, stripverhalen, seksboekjes, reclamefoto's en dergelijke – bedoeld om een extra sterke erotische prikkel te creëren – worden de borsten groter gemaakt dan we ze om ons heen mogen waarnemen. Dat met het doel om een bestaande, biologisch uitgebalanceerde prikkel kunstmatig te vergroten. Het verhaal van de borsten gaat ook op voor billen – eveneens sterk erotische prikkels – lippen en andere lichaamsdelen waarmee vrouwen een seksueel signaal uitzenden. Waar dient anders lingerie voor die als secundaire functie het opwaarts duwen van de billen kreeg? En de zeer opvallende kleuren lipstick?

Niet alleen vrouwen ontdekten het effect van supranormale prikkels, ook mannen maken er gebruik van. Bijvoorbeeld om hun dominante uitstraling te versterken. Dominantie uitdrukken gaat bij zowat alle hogere zoogdieren gepaard met het lichaam maximaal groot maken. En dat kan onder meer door de schouders zo breed en hoog mogelijk te houden. Zich onderwerpende individuen maken zich klein, teruggetrokken, met afhangende schouders. Gelukkig heeft nog geen man dit dominantiesignaal willen versterken door de schouders te laten inspuiten met siliconen. Maar er zijn andere mechanismen, bijvoorbeeld via de kleding. Overal ter wereld dragen legerofficieren een uniform waarbij de schouders met behulp van schoudervullingen en epauletten worden verbreed. Welke andere signalen zou een officier willen uitstralen dan het uitdrukken van zijn dominantie over anderen? Een nog hogere officier moet nog opvallendere schouders hebben, bijvoorbeeld door de schoudervullingen van franjes te voorzien. Wie zich groter wil maken om het dominante signaal te versterken, kan dat ook via het hoofd. Hij kan dan het hoofddeksel hoger maken. Merkwaardig dat ook dat gebeurt in militaire kringen. Ziet u een kolonel met een petje rondlopen?

Ik had het net over het gebruik van supranormale prikkels in onze artefacten, zoals kunst, tekeningen, enzovoort. Misschien moet ik hier toch even bij blijven stilstaan, want wellicht denkt u dat het hier niet meer om ons biologisch gedrag gaat, maar om kunstmatige cultuurelementen die aan andere wetten en wetmatigheden beantwoorden. Onze cultuur is het resultaat van onze culturele evolutie, die zich na en naast de natuurlijke evolutie heeft voltrokken. Wat wij ook doen en laten, wat wij ook zeggen, schrijven, tekenen, maken, het is gedrag. En het blijft gebonden aan de wetmatigheden die eigen zijn aan gedrag. Dus een grappige of politieke cartoon is een gedragsverschijnsel en leent zich zeer goed tot het gebruik van supranormale prikkels doordat er geen beperkingen zijn. Andere supranormale signalen zoals vergrote borsten, verbrede schouders, verhoogde hoofden zijn zeer beperkt; je kunt niet blijven vergroten zonder de signaalzender immobiel te maken! In een cartoon, een schilderij of een beeld kan dat wel. Een tekening heeft geen beperkingen en kan supranormale signalen blijven opstapelen.

Dat geldt dus ook voor karikaturen. Het woordenboek omschrijft een karikatuur als 'een afbeelding die door overdrijving van de meest kenmerkende vormen, trekken of eigenschappen iets of iemand belachelijk maakt'. Ethologisch zitten hier twee onderwerpen in. Laten we even aannemen dat het om een persoon gaat, dan betekent een karikatuur dat we 'iemand' moeten kunnen herkennen, met andere woorden dat er signalen moeten worden gemaakt die ons zeggen over welke persoon het gaat, en dat deze belachelijk wordt gemaakt. Eerst het herkennen. Hierboven had ik het al over het gezicht als een gestalt, waardoor we in één oogopslag iemand onmiddellijk kunnen herkennen. De verschillen tussen de persoon die we moeten herkennen en alle andere mensen, worden door onze hersenen onwaarschijnlijk snel waargenomen en leiden met medewerking van het geheugen tot een juiste conclusie. Dat alles zonder dat we ons ervan bewust zijn; we weten niet welke verschillen de herkenning mogelijk maakten. Dat is juist de kracht van een goede cartoonist: hij bekijkt een persoon lang genoeg om een selectie te maken van kenmerken die hem of haar van andere mensen doet verschillen. De cartoonist doet hetzelfde als onze hersenschors, alleen veel langzamer. Zodra hij die kenmerkende eigenschappen heeft gevonden, geeft hij deze in overdreven vorm weer zodat de toeschouwer een nieuw en eenvoudig gestalt van het slachtoffer voorgeschoteld krijgt en meteen herkent. Alle andere eigenschappen van het gezicht die met alle andere mensen gedeeld worden, kunnen achterwege gelaten worden.

Het belachelijk maken is een ander verhaal, waarbij we hier niet lang blijven stilstaan. Mensen verschillen van elkaar doordat ze afwijken van het 'modale' gezicht of lichaam. Dat wordt soms als iets negatiefs beschouwd, als een handicap. Een lange neus wijkt af van de modale neus en dat is negatief. De cartoonist zal een lange neus dan ook graag in zijn nieuwe, vereenvoudigde gestalt opnemen, niet alleen om de herkenbaarheid te vergroten, ook om de getekende persoon te kenschetsen met behulp van zijn afwijking en dus een grappig element aan zijn cartoon toe te voegen.

Zo komen we bij de getekende supranormale signalen: zodra de cartoonist de kenmerkende eigenschappen van zijn onderwerp geselecteerd heeft en ook de eigenschappen die belachelijk kunnen overkomen, zal hij deze onnatuurlijk vergroten, supranormaal sterk maken. Het woordenboek spreekt terecht van overdrijving. De signalen die dienen om het individu te herkennen en te karakteriseren, worden supranormaal overdreven.

Het fenomeen van de supranormale prikkels of signalen vinden we ook terug in het remmen van agressie. Er zijn weinig gedragssystemen waarbij wij zoveel agressieremmende factoren kennen als in onze houding tegenover kinderen. Kinderen vinden wij lief. Vooral heel kleine, hoe kleiner het kind, hoe liever. Dat is biologisch zeer goed te begrijpen, hoewel 'lief zijn' geen biologisch begrip is. Het is een cultureel begrip dat wij hebben ingevoerd om agressieremmende signalen aan te wijzen. Wat wij lief vinden, is in wezen een verzameling signalen die agressie afremmen. En zo vinden wij kleine kinderen lief. Dieren die geen agressieremmers zouden hebben ingebouwd om hun jongen te beschermen, zouden zich niet of zeer slecht kunnen voortplanten en dus ernstig gehandicapt zijn bij de natuurlijke selectie. We behandelden dit in hoofdstuk 4.

Wat maakt kinderen lief? Welke signalen remmen onze agressie af? Kort gezegd: geen! Kinderen maken geen specifieke signalen om lief te zijn. Wij hebben een aangeboren beeld van zeer jonge wezens, en dat beeld is op zich een signaal om agressie te remmen. Dat beeld en het effect ervan zijn niet typisch menselijk. Veel hogere dieren kennen dit ook. Het was Lorenz die ons wees op de grote overeenkomsten in de jeugdige kenmerken van vogels en zoogdieren. Zo hebben de jongeren van deze dieren een veel groter schedeldak dan volwassen individuen, waardoor het voorhoofd veel groter is, de onderkaak is veel meer teruggetrokken, de wangen boller en de ogen groter. Lorenz noemde de verzameling van kenmerkende jeugdeigenschappen het 'kindjesschema'. Bij al deze soorten wordt dit schema door de volwassen individuen onmiddellijk herkend. Het remt hun agressie en bevordert de broedzorg.

Deze kenmerken zijn niet specifiek ontworpen als signalen. Ze zijn het gevolg van de embryonale ontwikkeling. Zo hebben pasgeboren dieren een veel groter schedeldak dan volwassen dieren doordat ze geboren worden met alle hersencellen waarmee ze later verder moeten. Zenuwcellen kunnen niet meer delen na de geboorte en dus kan het zenuwstelsel niet groeien, het kan zich alleen maar beter organiseren. Daar waar andere weefsels in de loop van de ontwikkeling van het jonge dier klein kunnen beginnen en later kunnen uitgroeien, moeten de hersenen meteen als grote structuren ter wereld komen. Vandaar dat het babyhoofd relatief heel groot is. Deze functioneel verklaarbare structuur heeft daarnaast een signaalfunctie gekregen.

Doordat dit schema niet alleen binnen de mensensoort universeel is, maar ook ver daarbuiten, kennen mensen dezelfde 'lieve' eigenschappen toe aan kuikens, jonge katten, honden, paarden, noem maar op. Zo komen we weer bij het uitgangspunt, de supranormale signalen. In tekenfilms, strips en tekeningen maakt men jonge dieren of mensen superlief met behulp van het supranormaal versterken van Lorenz' kindjesschema. Baby's krijgen een abnormaal groot hoofd, bolle wangen, grote ogen enz. Ook de speelgoedindustrie heeft dit ontdekt en maakt poppen extra aantrekkelijk als surrogaatbaby's door dezelfde supranormale afwijking van de normale baby's. In de jaren tachtig was de tekenfilmfiguur *Calimero* zeer bekend. Hij is wel het summum van supranormale signalen: om als klein lief kuikentje over te komen is hij amper meer dan een hoofd met grote ogen.

Het was goed even te blijven stilstaan bij dit begrip omdat het toch enkele dingen uit onze cultuur verklaart en een mooie link legt tussen die cultuur en onze wortels uit het Moederland.

Conflictgedrag

Een ander universeel gedragsmechanisme dat ons doen en laten bepaalt zonder dat we ons ervan bewust zijn, is het conflictgedrag. Honderden malen per dag worden we ermee geconfronteerd zonder het te weten. Wisten we het wel, dan zouden we ons wel eens enorm kunnen generen omdat wij constant zo veel prijsgeven van onze bedoelingen. Als u dat een enge gedachte vindt, sla deze paragraaf dan maar over. We gaan namelijk aantonen hoe onze voorouders in het Moederland voortdurend hun intenties kenbaar maakten, zich 'bloot gaven' via vele subtiele signalen. En dat wij dat alles sinds onze culturele evolutie juist het liefste verbergen, maar daar zonder ethologische kennis niet in slagen. Voor we verdergaan moet ik eerst een nieuwe term introduceren: *motivatie*.

In de vorige paragraaf legde ik uit dat uitwendige prikkels een gedrag kunnen veroorzaken, in beweging kunnen zetten. Het gaat daarbij om invloeden vanuit de uitwendige omgeving waarbij het organisme – na integratie van de informatie – reageert. Wij hebben echter nog andere factoren die bepalen wanneer een gedrag zich voordoet, en met welke intentie. Dat zijn interne factoren, dingen die zich in het lichaam zelf voordoen. Het geheel van deze inwendige factoren die mede een gedrag kunnen bepalen – op een tijdelijke en omkeerbare basis – noemen we motivatie. Een oude term die dezelfde lading dekt is *drang*. In het dagelijks taalgebruik horen we deze term ook nog vaak: de drang om te vluchten, te spelen, te vrijen. Wetenschappers vinden het woord 'motivatie' beter en hebben het dus over een motivatie om te vluchten en over een seksuele motivatie.

Er zijn verschillende elementen die de motivatie voor een gedrag kunnen beïnvloeden. Zo kennen we de inwendige prikkels die op een fysiologische verandering kunnen duiden. Als bijvoorbeeld de suikerspiegel in ons bloed te sterk is gedaald, vreest ons lichaam dat er een tekort zal ontstaan aan energieleveranciers, glucose zeg maar. Om dat te voorkomen, wordt op deze inwendige prikkel gereageerd, het lichaam verhoogt de motivatie om te eten. In ons dagelijks taalgebruik zeggen we dat zo niet, maar spreken we van 'honger hebben'. Als het bloed te geconcentreerd is geworden, stelt een specifieke plaats in onze hersenen deze prikkel vast en er ontstaat een motivatie om te drinken, dorst dus.

Hormonen zijn onvoorstelbaar belangrijk om de motivatie te bepalen. Het zijn stoffen die door endocriene klieren worden geproduceerd, in de bloedbaan worden uitgescheiden en door het hele lichaam worden getransporteerd om vervolgens op bepaalde weefsels invloed te gaan uitoefenen. Soms gaat het om zuiver fysiologische invloeden, zoals het groeihormoon, dat de celdeling bij de groeiende weefsels bevordert. Soms zijn het gedragsinvloeden. In dat geval werken hormonen rechtstreeks of onrechtstreeks in op de hersenen en verhogen of verlagen de motivatie voor een bepaald gedrag. We kennen allemaal de sterke invloed van geslachtshormonen op de seksuele motivatie. Maar ook zaken als agressief gedrag, ouderzorg en leervermogen staan onder hormonale invloed.

Een derde factor is het programma van de hersenen om gedrag cyclisch te laten verlopen. Met geregelde intervallen neemt een gedrag toe en vermindert het weer. Dit kennen we in de omgangstaal als de 'biologische klok'. Alle hogere dieren kennen een dag-nachtritme waarbij de algemene activiteit in een etmaal toe- en afneemt. Maar er is ook een maandelijks ritme, de menstruatiecyclus, en bij andere soorten bestaan ritmes op basis van eb en vloed, of van de jaargetijden.

Deze factoren zijn grote richtinggevers van het gedrag, ze verhogen of verlagen de kans op het voorkomen van een gedrag of een gedragselement. Tegen deze achtergrond kunnen ook kleinere factoren op zeer korte termijn het gedrag beïnvloeden. Een seksuele motivatie kan kortstondig worden overschaduwd door een vluchtmotivatie bijvoorbeeld. Dat houdt dan in dat seksuele activiteiten worden stopgezet om te vluchten. Een eetmotivatie kan even opzij worden gezet door een agressieve motivatie om een belager op afstand te houden. Bij het optreden van twee of meer motivaties zal dus de sterkste op één welbepaald ogenblik de overhand krijgen en zijn gedrag doordrukken. Dat betekent dat verschillende motivaties zich na elkaar kunnen manifesteren, en verschillende gedragingen na elkaar kunnen uitlokken. Maar zo ordelijk loopt het lang niet altijd. Het kan gebeuren dat twee motivatietoestanden zich tegelijkertijd voordoen, maar dat de gedragingen die ze in gang willen zetten zuiver fysiek niet samen kunnen voorkomen. Je kunt bijvoorbeeld niet tegelijkertijd aanvallen en vluchten. Het komt toch vaak voor dat een agressieve motivatie samenvalt met een vluchtmotivatie, bijvoorbeeld wanneer de bezitter van een waardevolle bezitting geconfronteerd wordt met een gewapende belager die dat eigendom wil inpikken. Agressie en angst vullen dan samen het gemoed. In de gedragsbiologie zegt men dat er een conflict ontstaat tussen twee motivaties en tussen twee gedragingen, en dat het resultaat daarvan conflictgedrag is. Doorgaans maken we onderscheid tussen drie vormen van conflictgedrag. We zullen de voorbeelden hieronder wel herkennen, maar de gedragsbiologische verklaring zal u vast verbazen. We moeten hierbij voor ogen houden dat motivaties die in conflict zijn, samenvallen met kleine, kortstondige gedragsveranderingen.

Een eerste conflictgedrag dat we onder de loep leggen, kunnen we veelvuldig observeren bij mensen die in het openbaar moeten spreken of op televisie worden geïnterviewd. Dat zijn duidelijk situaties waarin motivaties met elkaar botsen. Enerzijds wil men zijn lezing houden of zo goed mogelijk antwoorden op de vragen van de interviewer. Dat is één motivatie: blijven en ageren. Anderzijds en tegelijkertijd wil men wegvluchten van de situatie, want een grote groep toehoorders of kijkers houdt altijd een zekere bedreiging in. De spreker wordt aangestaard door tientallen ogen. En aanstaren is in ons gedragsrepertorium een agressief signaal, of je dat nu leuk vindt of niet. We gaan hier in hoofdstuk 8 dieper op in. Wie voor de camera moet spreken, ziet geen agressieve blikken maar weet maar al te goed dat het toekijkende publiek vele duizenden malen groter is dan in een zaal. Zelfs bij zeer ervaren sprekers blijft ook dan de vluchtmotivatie bestaan. Het conflict in deze situatie is duidelijk: men kan niet tegelijkertijd blijven staan of zitten om het publiek toe te spreken én vluchten van de situatie. Dit conflict wordt opgelost door *ambivalent* gedrag; de spreker toont kort op elkaar volgende en alternerende intentiebewegingen – de aanzet tot een handeling – van toenadering en vlucht. Het eigenlijke gedrag van naderen of vluchten kan niet worden verwezenlijkt, maar wel de zeer gereduceerde vormen ervan, als intentiebewegingen. Deze reductie gaat zo ver dat het ambivalente gedrag hier bestaat uit een wiegen en wiebelen, staand of zittend, zijwaarts, voor- of achterwaarts. Dat wiegen is een opeenvolging van weglopen en terugkomen, vluchten en naderen. Het zal u ook wel irriteren als een spreker voor een zaal of een nieuwslezer constant heen en weer wiebelt. Maar we mogen het de stakker niet kwalijk nemen, hij verkeert in een conflictsituatie, een spanning, een kortstondig stressmoment. Soms zijn de intentiebewegingen minder extreem gereduceerd: de spreker kan dan heen en weer lopen.

Deze vorm van ambivalent gedrag, bestaande uit intentiebewegingen, kan nog in veel andere situaties worden waargenomen. Zodra men een en ander weet van dit mechanisme, ziet men gauw wie in welke situatie gespannen is of niet. Om dit te illustreren, levert de televisie ons een goed werkterrein; dit medium is overigens een prachtig werkinstrument voor de gedragsbioloog. In de vele praatprogramma's komen mensen met uiteenlopende achtergronden en beroepen aan bod. Ze verschillen ook wat hun ervaring met interviews betreft. We mogen verwachten dat mensen die vaak in het openbaar spreken, of die ervaring hebben met de televisiecamera, minder spanning zullen ondervinden bij een interview dan iemand die voor het eerst voor de camera zit. Dat blijkt ook wel, als je erop let. Bij de aanvang van het vraaggesprek zien we vaak dat de onervaren man of vrouw kleine zijdelingse bewegingen maakt als hij of zij begint aan het antwoord op de eerste vraag. Het lichaam gaat eerst op de ene bil steunen, vervolgens de andere bil, dan eventueel terug de eerste. Deze waggelende beweging is zeer beperkt en duurt hooguit een seconde, maar wie erop let, kan het niet ontgaan. Deze handeling is analoog aan de wiebelende beweging van de spreker hierboven en duidt op conflicterende motivaties. Als de geïnterviewde veel ervaring heeft, een minister bijvoorbeeld, zien we dit ambivalente gedrag niet of veel minder. De minister is veel zelfzekerder in die situatie en kent amper een vluchtmotivatie. Tenzij hij iets te verbergen heeft…

De relatie tussen spanning (dus conflict tussen vlucht en toenadering) en zijdelingse bewegingen van het lichaam of delen van het lichaam, zien we ook buiten onze eigen soort. Het zwiepen of kwispelen van de staart bij kat en hond wijst eveneens op spanning. De kwispelende hond verwacht iets positiefs maar onderwerpt zich tegelijkertijd.

Onze ogen zijn uitstekende signaalproducenten, ook in ambivalent gedrag. Vanaf ongeveer zes maanden tonen mensen een ambivalente houding tegenover vreemde personen. Vreemden roepen twee gevoelens (dus motivaties) op. Enerzijds bestaat er een aangeboren angst, zij het meestal in zeer zwakke mate. Er is dus een ontwijkingsmotivatie. Anderzijds is er de wil om contact te leggen, dus een toenaderingsmotivatie. Deze tegenstrijdigheid zien we al in de ogen bij baby's als er vreemden zijn: aankijken en de blik afwenden. Het gaat hier inderdaad om enige vorm van angst, dat wijst de meting van de polsslag van de baby uit. Bij het aankijken van de vreemde verhoogt de snelheid van de hartslag en de pols daalt meteen bij het sluiten of afwenden van de ogen.

Ook volwassenen zijn zich goed bewust van de kracht van de ogen. Iemand aanstaren is agressie. Staren is overigens al bij vogels, maar zeker bij primaten een dreigend signaal. Een boze moeder die haar kind berispt, een baas die zijn overkokend ongenoegen over een werknemer duidelijk wil maken, een officier die een soldaat al bulderend wil overtuigen van zijn dominante positie… al deze agressievelingen zullen hun dreighouding kracht bijzetten door de ondergeschikte ononderbroken aan te staren. De ondergeschikte wendt uiteraard de blik af. De peuter die een berisping krijgt, kijkt naar de grond; wanneer hij zijn moeder toch recht in de ogen kijkt, weet deze maar al te goed dat de kleine opstandeling protesteert tegen de berisping. Kinderen kunnen ruziemaken doordat de ene de andere te lang had aangekeken. In vroegere tijden kon aanstaren leiden tot heuse duels.

Nu kan oogcontact tot ambivalentie leiden doordat het nog een andere, tegengestelde functie heeft. Het maakt een ander namelijk duidelijk dat men klaar is voor en bereid tot communiceren. Als je met iemand wilt spreken of op zijn vraag antwoorden, kijk je hem aan. Iemand tijdens de communicatie *niet* aankijken, wordt beschouwd als negeren en kan als belediging overkomen. Ziedaar een wapen dat in twee richtingen kan schieten: moet je een ander nu aankijken of niet? Wij stellen ons die vraag voortdurend bij sociaal contact, zij het onbewust. Wanneer wij iemand aanspreken zonder agressie noch angst te willen uitdrukken, zullen wij voortdurend het aankijken en wegkijken laten alterneren, zal het oogcontact ambivalent optreden. Wij zoeken – uiteraard onbewust – een goed evenwicht tussen enerzijds lang genoeg aankijken om voldoende toenadering en interesse te tonen en anderzijds regelmatig wegkijken om niet agressief over te komen. Verkopers kennen die techniek ook, en passen die bewust toe om de potentiële klant maximaal gerust te stellen en zijn sympathie te winnen. Opvallend hierbij is dat de toehoorder in het gesprek meer naar de spreker zal kijken dan omgekeerd; hij moet zijn interesse voor de communicatie nog tonen, terwijl de spreker dat al grotendeels doet door het woord te nemen.

Tot slot van het ambivalente gedrag nog een voorbeeld. Een meisje dat zojuist een compliment van een vreemde kreeg, zullen we 'verlegen' noemen omdat ze de ogen neerslaat of afkeert (vluchten) maar tegelijkertijd lacht (vriendelijkheid). Deze ambivalentie kan nog met andere signalen worden duidelijk gemaakt, zoals het gezicht gedeeltelijk verbergen achter de handen en blozen.

Een tweede conflictgedrag kennen we eveneens uit het dagelijks leven. Het wordt *omgericht* gedrag genoemd, omdat een handeling die niet kan worden uitgevoerd, 'omgericht' wordt op een surrogaatobject. Wie een hevige agressie voelt opwellen doordat er iets gezegd of gedaan is waarmee men het totaal niet eens is, kent tegelijkertijd een remmende factor. Je kan in onze cultuur iemand nu eenmaal niet meteen voor zijn hoofd meppen om je agressie uit te leven – dat is niet netjes. Een conflict dus, dat leidt tot een frustratie. De drang – als ik toch even het woord mag gebruiken – om wel toe te slaan, is even groot als de drang om je in te houden. Onze centrale computer, het brein, kan dit niet aan en richt de onmogelijke agressie om naar een ander lijdend voorwerp. De deur wordt hard dichtgeslagen, men slaat met de vuist op tafel, het potlood wordt gebroken, de gaspedaal van de auto wordt extra diep ingeduwd, enzovoort. Op dezelfde manier wordt door verschillende auteurs het beoefenen van sport uitgelegd: het gaat om het omrichten van agressief gedrag dat men elders niet kwijt kan. Het is interessant hier te vermelden dat het principe van omgericht gedrag dat gedragsbiologen hanteren, al lang geleden is beschreven door Freud. Hij sprak van 'verschuiving' of 'verplaatsing' van driften, maar bedoelde hetzelfde.

In de gedragsbiologie is het soms moeilijk een gedragsfenomeen in een hokje te passen. Zo is omgericht gedrag lang niet altijd evident. Nog even terug naar het voorbeeld van die plotselinge woede die ons overvalt. Een verkoper krijgt van zijn baas een uitbrander omdat zijn omzet over de afgelopen maand onvoldoende is. De verkoper vindt echter dat die omzet best meevalt, zeker onder de gegeven omstandigheden die maand (tweemaal autopech, staking van het openbaar vervoer, veel klanten met vakantie). Dus wordt de vertegenwoordiger kwaad op die baas die er geen bal van snapt. Zijn bijnieren hebben meer dan voldoende adrenaline afgescheiden om flink uit te halen, maar dat zou meteen het einde van zijn baan betekenen. Ook omgerichte agressie (een knal op het bureaublad van de baas) is geen optie en dus wordt de woede voorlopig opgekropt. Maar zodra de verkoper de kamer van de baas verlaten heeft, krijgt zijn secretaresse het te verduren. En als die er niet is, zal 's avonds vrouwlief het moeten ontgelden. Of de hond. Ook al hebben die met geen woord gerept over zijn verkoopresultaten. Dat systeem om agressie af te wenden op andere individuen, noemen we *doorgeven* van agressie. Ook dat is een oud systeem dat al bij vissen wordt gebruikt; de agressie vanwege een dominante groepsgenoot wordt niet beantwoord, maar doorgegeven aan een lager geplaatste groepsgenoot. Een moeilijk onderscheid. Is doorgeven van agressie hetzelfde als het omrichten ervan? Als de echtgenote of de hond van de verkoper niet thuis waren, had wellicht de achterdeur het moeten ontgelden, en zou de verkoper met recht en reden kunnen uitroepen dat dit nu omgericht gedrag is. Laten we ons hoofd niet breken over het juiste etiket dat op deze woede-uitval moet worden gekleefd, het gaat om het principe: bij tegengestelde motivaties kan gedrag worden omgericht.

In het ambivalente en het omgerichte gedrag heeft de uiteindelijke conflicthandeling nog altijd iets te maken met één of beide conflicterende motivaties, bijvoorbeeld agressie. Bij een derde categorie van conflictgedrag is er geen verband meer tussen het eindresultaat en de oorspronkelijke motivaties. Hierbij wordt een handeling vertoond die volledig irrelevant is en losstaat van de situatie die tot de tegengestelde motivaties heeft geleid. De energie om te handelen wordt niet gereduceerd tot intentiebewegingen, noch omgericht, ze springt over op een totaal ander gedragssysteem. Vandaar dat men er in het Nederlands de naam *overspronggedrag* voor bedacht. Weer komt het veelvuldig voor in ons alledaags gedrag, maar om precies en goed geïllustreerd uit te leggen waarover het gaat, kijken we eerst naar een gedrag van de scholekster. Bij die vogel zien we een oversprongbeweging van het zuiverste water en wel in een zeer eenvoudig situatie.

Bij het experiment met de scholekster wordt een spiegel geplaatst nabij een vogel die zijn territorium verdedigt. De vogel ziet in de spiegel een indringer en wil aanvallen om deze uit zijn territorium te verjagen. De opponent in de spiegel haalt even agressief uit, waardoor onze scholekster bang wordt, zijn agressieve motivatie wordt overtroffen door een vluchtmotivatie. Zijn voornemen om zich terug te trekken, wordt beantwoord door de indringer die ook te kennen geeft af te druipen. Dus verdwijnt de angst en neemt de agressieve motivatie weer de overhand: de vogel wil uithalen naar de andere. De andere (het spiegelbeeld nog altijd) wordt dan weer even agressief, de vluchtmotivatie neemt toe, enzovoort. De arme scholekster komt hier nooit uit: hij blijft steeds tussen de twee tegengestelde motivaties hangen en springt 'ten einde raad' over op een geheel ander gedrag. Hij legt namelijk de snavel tussen de veren van zijn vleugel en... gaat slapen! Het slapen heeft helemaal niets te maken met het verjagen van een indringer, noch met het ontvluchten van die figuur. Het vogelbrein zag het niet meer zitten en deed een beroep op een ander systeem, het slapen. Het eindresultaat is in de gegeven situatie totaal irrelevant, maar het conflict is opgelost!

De vele voorbeelden van een overspronggedrag die we bij onszelf kunnen waarnemen, zijn minder spectaculair dan bij de proef met de scholekster, maar daarom niet minder boeiend. Veel kleine overspronghandelingen in ons gedrag kunnen – zoals bij de vorige conflictgedragingen – onze onzekerheid en zenuwachtigheid verraden. Zoals bij het ambivalente gedrag gaat het ook hier om zeer zwakke intensiteiten van motivaties, en dus ook om kleine, amper opvallende handelingen. En ook hier zijn een spreker voor een zaal, een nieuwslezer, een quizmaster of een geïnterviewde op de televisie geschikte waarnemingsobjecten. Overspronghandelingen zijn namelijk ook bij ons het duidelijkst waar te nemen bij conflicterende motivaties van toenadering (zijn werk willen doen) en vlucht (de situatie verlaten). Daarbij kunnen naast de eerder beschreven ambivalente handelingen ook totaal irrelevante overspronghandelingen verschijnen. De spreker is wellicht erg zenuwachtig; hij wil zowel spreken als vluchten. Daardoor zal hij kort achter zijn oor krabben, ondanks het feit dat het er niet jeukt. Of hij zal zijn bril rechtzetten terwijl die helemaal niet scheef staat. Dat het hier niet om functioneel krabben gaat – dat het niet echt jeukt – kunnen we afleiden uit het feit dat oversprongkrabben in het algemeen op dezelfde plaats voorkomt (achter het oor, in de baard, naast de neus) en steeds met dezelfde intensiteit en duur. Elk individu heeft zijn eigen plekje voor oversprongkrabben en wijkt hier amper van af. Als gekrabd zou worden om jeuk te verdrijven, dan zou zowel de plaats, de intensiteit als de duur bepaald worden door de wisselende aard van de jeuk. Je hoeft geen geslepen gedragsbioloog te zijn om zulk oversprongegedrag te constateren. Wie langdurig en vaak dezelfde persoon observeert – probeer de televisie eens uit als proefterrein – zal vlug vaststellen dat die figuur steeds op dezelfde manier en op dezelfde plaats aan oversprongkrabben doet. Men zal ook vrij vlug de context kunnen achterhalen die tot de oversprong heeft geleid. Zo doen zich in het begin van een lezing of interview meer conflicten voor dan aan het einde, wanneer men zich meer op zijn gemak voelt. Ook wanneer een vraag moet worden beantwoord die tot enig ongemak kan leiden – te persoonlijk, te compromitterend enzovoort – zien we overspronghandelingen.

Oversprongkrabben is één voorbeeld van oversprongegedrag, maar er zijn vele andere. De nieuwslezer, zelfs een zeer ervaren man of vrouw, zal soms bij de eerste seconden dat hij of zij moet spreken de papieren schikken, ook al liggen die daar allang van tevoren en ook al leest hij de tekst van een autocue af. Het schikken van de papieren is irrelevant gedrag dat als oversprong een spanning verraadt.

Mensen in een zenuwachtige toestand kennen, zoals de scholekster, een lichte vorm van oversprongslapen, namelijk geeuwen. Ook al is men niet moe, of is slapen het laatste waaraan je denkt in een situatie van spanning, toch kan men opeens aan het geeuwen slaan. Zo zien we studenten voor de aanvang van hun examen vaak geeuwen. Ze verklaren dat meestal met 'het is laat geworden gisterenavond', maar de echte verklaring ligt in de spanning, het conflict tussen doen en vluchten. Zulke spanning kan ook leiden tot andere fysiologische processen, zoals urineren bijvoorbeeld. Men ziet studenten voor het examen dikwijls nog even naar het toilet rennen. Dit is overigens ook niet exclusief menselijk, want ook onze hond of kat plast op momenten van spanning. Als de poes in het nauw is gedreven door de hond, laat ze haar plasje lopen, of als de hond op bezoek wordt genomen in een voor hem onbekend huis, wil hij nog wel eens zijn handtekening achterlaten op het tapijt.

Oversprongeten komt veel voor. Het is al lang bekend bij kippen. Wanneer in een agressief conflict tussen hanen de angst en de vlucht met elkaar wedijveren, stapt een van de opponenten opeens over op het oppikken van graantjes. Van sommigen mensen weten we dat ze in periodes van emotionele moeilijkheden veel eten. Het is niet duidelijk of dit iets met oversprong te maken heeft. Dat is echter wel duidelijk bij gereduceerde vormen van eten, zoals knabbelen op een pen of een bril. Dat zien we bij kortstondige momenten van spanning.

Ik denk dat deze voorbeelden duidelijk hebben gemaakt dat wij enerzijds meer in kleine conflicten van motivaties verkeren dan we beseffen, en anderzijds hierop reageren met irrelevante, absurde oplossingen die ver afstaan van die sterke ratio, waar we zo trots op zijn.

Natuurlijk is dit geen volledige opsomming van mogelijkheden van conflictgedrag, dat is ook niet de bedoeling in een hoofdstuk waarin we alleen een mechanisme van proximaal gedrag willen aanwijzen. Toch moeten we hier nog een belangrijke overweging aan toevoegen, een zoveelste illustratie van de kloof die is gegroeid tussen ons Moederland en de huidige, zo sterk cultureel bepaalde samenleving. En wel: waarom vertonen wij eigenlijk gedrag dat onze spanning, zenuwachtigheid, verlegenheid, kortom onze conflicterende motivaties aan anderen toont? Waarom geven wij ons bloot? Ons rationeel denken gebiedt ons meestal dat juist niet te doen. We willen het niet, maar onze biologische wortels doen het toch. Hoe komt dat?

De evolutie heeft bij de ontwikkeling van gedrag al vanaf de lage dieren het mechanisme van de motivatie ingevoerd als ordenende kracht. Motivatie was en is een motor die het in gang zetten van gedrag regelt. Een gedrag moet zich op het juiste moment of in de juiste periode manifesteren. Het heeft voor een vogel weinig zin eieren te leggen in de winter, wanneer er geen voedsel voor de jongen te vinden is. Dus regelt de fluctuerende motivatietoestand dat de vogel pas 'zin krijgt' in het leggen van eieren in een geschikt seizoen. Het creëren en moduleren van motivatie was dus een belangrijke stap in de evolutie om complex sociaal gedrag mogelijk te maken. Om de sociale interacties evenwel optimaal te laten verlopen, heeft een dier er ook belang bij zijn motivatie aan soortgenoten kenbaar te maken. Een vogel die een nestmotivatie heeft, moet dat niet voor zich houden, integendeel, de potentiële partners moeten dat weten. In het verdere verloop van het complexe voortplantingsgedrag zullen de partners voortdurend aan elkaar laten weten hoe ver ze staan met hun voortplantingsmotivatie, hoe ver hun angsten en agressies zijn weggeëbd. Dit wederzijds informeren over de motivatietoestanden is levensnoodzakelijk voor de synchronisatie van de voortplantingshandelingen. Ook bij een agressieve interactie kan het ontbreken van informatie over motivatie erg gevaarlijk zijn. Een hond die een indringer in zijn territorium (uw tuin) wil verjagen, zal zijn tanden tonen en de bovenlip optrekken als agressief signaal. De indringer zal het hoofd laag houden en zich met de staart tussen de achterpoten uit de voeten maken, hij toont zo zijn angstige vluchtmotivatie. Het conflict tussen de honden is snel beslecht door een paar signalen uit te wisselen – er is niet gebeten, er zijn geen wonden veroorzaakt. Beide dieren hadden er alle belang bij hun agressie of angst onmiddellijk kenbaar te maken en dus een wederzijds risico op verwondingen tot nihil te reduceren.

Dus motivatie is nodig voor sociaal gedrag, het kenbaar maken ervan verhoogt aanzienlijk de overlevingskansen, de fitness dus. Zo is dat honderden miljoenen jaren lang geëvolueerd in ons Moederland. Het was voor ons in het Moederland belangrijk om die biologische mechanismen te gebruiken. Maar toen kwam de culturele evolutie. Mensen gingen nieuwe gedragingen ontwikkelen, los van het gedrag dat had vorm gekregen door natuurlijke selectie. Gedrag dat in onze sociale context een eigen functie ging krijgen. Een van die culturele gedragingen is dat wij onze motivaties niet meer willen etaleren, dat we probeerden onze gedragingen te sturen via rationele overwegingen. In de trant: 'Ook al kook ik nu van woede, ik hou het voor mezelf en zal wel met al mijn verstand uitmaken hoe ik ermee omga.' Dat verstand moet ons helpen bij het manipuleren van anderen. Die anderen hoeven namelijk niet te weten wat er in mij omgaat. Het gaat erom de beste oplossing te bedenken, ook al fluistert onze motivatie ons iets anders in. Daardoor willen we onze motivaties niet zonder meer aan iedereen die het kan zien kenbaar maken. Maar ai, daar rekent onze ratio buiten de waard, de biologische waard die in het Moederland signalen heeft ontwikkeld om die motivatietoestanden *wel* kenbaar te maken. En die signalen zitten ingebakken in ons erfelijk patrimonium, los van onze cultuur. Al willen we onze diepste zielenroerselen niet tonen, we doen het toch en vaak zonder het te weten.

Heeft deze rijkdom aan signalen dan geen nut? Jawel hoor, we coördineren er ons sociaal gedrag mee, als een oeroude kracht die zijn verdiensten al lang bewezen heeft en zich weinig wil aantrekken van heel ons culturele, rationele gedoe. Zonder het te weten, tonen we onze motivatietoestanden, maar nemen we ook die van anderen waar. Deze onbewuste communicatie (zie hoofdstuk 8 voor een grondigere behandeling) regelt een groot gedeelte van ons samenleven met anderen; het is de dirigent van onze contacten tussen mensen. Als daar iets mis mee gaat, verlopen onze contacten stroef, verwrongen. Al met al is dus onbewust interageren blijven bestaan. Heel stilletjes, totdat onderzoekers het fenomeen ontdekten en er boeken over gingen schrijven voor mensen als u!

Ultieme factoren

Ik bleef in dit hoofdstuk doelbewust lang stilstaan bij de proximale factoren, omdat dit boek verder vooral over ultieme factoren gaat. De idee dat gedrag alleen hierdoor valt te verklaren, moest ik even uit de wereld helpen. Het begrijpen van een gedrag betekent het ontrafelen van de verstrengelde ultieme én proximale factoren. Aangezien de volgende hoofdstukken grotendeels handelen over de ultieme factoren, over de Grote Vraag, heeft het geen zin deze factoren hier nog eens onder de loep te leggen. Vooral hoofdstuk 6 en 7, over ons seksueel en over ons agressief gedrag, maken duidelijk hoe de Grote Vraag moet worden gesteld, en hoe antwoorden kunnen worden gezocht. Ik hoop dat ze als voorbeelden voldoende duidelijk zijn.

Het zijn de ultieme factoren die de meeste aandacht krijgen van evolutiepsychologen. Sinds deze psychologische discipline het darwinistische paradigma heeft ontdekt, richten ze hun aandacht op de Grote Vraag. De proximale veroorzaking van gedrag laten ze onaangeroerd. Dat is het grote verschil met de vroege ethologie in de eerste helft van de 20ste eeuw. Want daar lag de nadruk op wat we nu proximale factoren noemen. De ultieme factoren kregen in de ethologie pas serieuze aandacht in de tweede helft van de 20ste eeuw. De slingerbeweging in het natuurwetenschappelijk denken over gedrag komt nu stilaan tot rust en toont nu evenveel belangstelling voor beide vraagstellingen.

6

SEKSUALITEIT, OUDERZORG EN VOORTPLANTINGSSUCCES

Voor een bioloog is praten over seksualiteit en alles wat er direct of zijdelings mee te maken heeft fantastisch. Dat geldt voor mijn mannelijke collega's, maar ook vrouwelijke biologen delen deze passie. Neenee, dit is niet bedoeld als ondeugendheid! Voor ons zijn er weinig systemen en mechanismen zo biologisch van aard als de seksualiteit. Seks is immers vele honderden miljoenen jaar geleden ontstaan als een van de grondvesten van de levende materie: de voortplanting. Er bestaat geen leven zonder voortplanting, en de meeste voortplanting gebeurt seksueel, dus is biologie voor een groot deel de studie van seks. Maar het enthousiasme van de bioloog gaat veel verder. Want wie biologie zegt, zegt evolutie. Het zal voor de lezer die zich hoofdstuk 1 herinnert, wel duidelijk zijn dat evolutie en natuurlijke selectie alleen kunnen ingrijpen op voortplantingsfenomenen. Kortom, biologie is gewoon seks. Sinds enkele miljoenen jaren – een peulenschil in verhouding met het miljardjarige bestaan van seksuele voortplanting – heeft seks nog een andere dimensie gekregen, los van de voortplanting. De bonobo en de mens gaven een nieuwe functie aan de seks, ik zal dat later in dit hoofdstuk belichten. Maar die nieuwe functie maakt het voor een bioloog niet minder boeiend, integendeel, het is juist onvoorstelbaar interessant deze ontwikkeling te volgen.

Seks heeft altijd een zeer belangrijke plaats ingenomen in onze samenleving. Mensen zijn er al eeuwen mee bezig, ook – en vooral – zonder de obligate relatie met voortplanting te willen maken. Prostitutie schijnt het oudste beroep te zijn. Dan is dus de hoerenloper de oudste klant. En ik denk dat maar weinig van die klanten in de rosse buurten met voortplantingsideeën rondlopen. De kunst heeft altijd veel inspiratie gevonden in de seks en de fotografie was nog maar net uitgevonden of de eerste erotische en pornografische opnamen gingen al van hand tot hand. Vandaag is seks een industrie geworden waarmee veel geld wordt verdiend. Pornografie is koopwaar, net als sigaretten, auto's, boter of bouwgrond. Het internet heeft de productgroep nog een aanzienlijke stimulans bezorgd; er staan wellicht evenveel erotische foto's op het wereldwijde web als sterren aan het firmament. De prostitutie is ook al lang geen kleine winkel meer. Per jaar neemt het aantal prostituees wereldwijd toe – helaas gaat het vaak om meisjes en vrouwen die ertoe gedwongen worden. Tijdens de economische crisis in Zuidoost-Azië van 1997-98 bleek dat de werkloosheid tot zo'n grote stijging van de prostitutie had geleid dat het de eerste bron van inkomsten was geworden in deze regio! Kortom, schrap alles wat met seks te maken heeft uit onze mondiale samenleving en we kennen de wereld niet meer terug! Niet verwonderlijk dat een bioloog wil weten waar zoveel interesse voor één biologisch grondbeginsel vandaan komt.

In dit hoofdstuk wil ik samen met u deze evolutie nader bekijken. We gaan kijken hoe man en vrouw zich binnen en buiten het huwelijk gedragen. We zullen zien dat het samenleven van man en vrouw veel meer biologische wetmatigheden kent dan men vroeger dacht. Voordat we met dit verhaal beginnen, wil ik nog één zaak duidelijk stellen. Als ik in de volgende bladzijden over *huwelijk* spreek, gebruik ik dat woord omdat dit de courantste man-vrouwrelatie is geweest in de menselijke geschiedenis. Ik bedoel er echter *elke* langetermijnrelatie tussen man en vrouw mee, met of zonder cultureel bepaald contract dat steunt op wettelijke of religieuze gronden. Het seksueel gedrag tussen mensen in een duurzame relatie heeft duidelijk biologische regels, maar die dateren al van lang voordat de mens het huwelijk als instelling had uitgevonden. Dus ik schrijf huwelijk, maar bedoel daarmee elke biologische langetermijnrelatie.

Ook al weten we zeer goed dat onze seks de zuivere voortplantingsfunctie ontgroeid is, toch moeten we even naar de primaire functie kijken om de huidige verschijning van onze seks te snappen. We moeten dus op bezoek in het Moederland van onze seks.

Vrouwen en mannen

Het mechanisme van de voortplanting dateert van bij het ontstaan van het leven, laten we zeggen 3,5 miljard jaar geleden. Het leven was van begin af aan gekenmerkt door erfelijkheid, dat wil zeggen dat kenmerken van de ene aan de volgende generatie worden doorgegeven. Al vlug bleek dat een rechtlijnige, eendimensionale voortplanting en erfelijkheid, waarbij een individu zich ongeslachtelijk voortplant, verarmend werkt. Slechte eigenschappen stapelden zich op. De natuurlijke selectie bevoordeelde systemen waarbij twee individuen hun erfelijke kenmerken mengden, zodat in elke generatie nieuwe combinaties van erfelijke kenmerken ontstonden. Hoe meer kenmerken met elkaar werden gemengd, hoe meer variatie er kwam en dat was goed voor de natuurlijke selectie. De voortdurende input van 'nieuw bloed' blijkt zo essentieel te zijn dat zelfs bacteriën, die zich ongeslachtelijk voortplanten, nu en dan met een soortgenoot genen uitwisselen. Voor de broodnodige variatie, zeg maar.

In een volgende stap van de evolutie ontstonden twee types individuen die zich in één taak van de versmelting van kenmerken bekwaamden. Eén type individu leverde een cel met erfelijke eigenschappen én voldoende materiaal als voorraad voor het jonge embryo dat zich na de bevruchting zou ontwikkelen. Deze cel was bijzonder groot en log, en dus onbeweeglijk. De eicel en het vrouwelijk geslacht waren geboren. Een ander type individu zorgde voor een cel met erfelijk materiaal én een gespecialiseerd voortbewegingsapparaat om de eicel te kunnen bereiken. Dat was het begin van de zaadcel en het mannelijk geslacht. En meteen is daar de seks: twee types individuen die beiden genetisch materiaal aanbrengen, maar waarvan de ene voor het voedsel zorgt en de andere voor de ontmoeting van beide. Generaties lang zou de voortplanting nu bestaan uit soorten levende wezens die vrouwelijke en mannelijke individuen hadden, die elk hun geslachtscellen produceren en er – soms via zeer ingewikkelde mechanismen – voor zorgen dat deze cellen elkaar vinden en versmelten. Hieruit groeit via een embryonaal stadium een nieuw individu. Dus de geslachten en de seks zijn een uitvinding van het leven om voldoende variatie in de genetische informatie te kunnen brengen. Daardoor konden zeer ingewikkelde biologische systemen zoals u en ik ontstaan.

De creatie van de geslachten en de bevruchting heeft natuurlijk geweldige gevolgen gehad voor dat ander biologisch systeem dat in dezelfde periode het levenslicht zag: het gedrag. De vrouwelijke en mannelijke individuen moesten elkaar immers op geregelde tijdstippen vinden. Meer dan dat: ze moesten elkaar zo ver krijgen dat ze hun geslachtscellen zouden afgeven en wel zo dat die cellen konden versmelten. Zo groeiden we toe naar paarvorming, hofmakerij en paring.

Bij alle zich geslachtelijk voortplantende dieren moeten de vrouwtjes en mannetjes minstens in elkaars nabijheid komen om hun ei- en zaadcellen te kunnen verenigen. Hierbij doet zich een reeks mogelijkheden voor. Het kan een heel 'onpersoonlijke' aangelegenheid zijn, zoals bij de kabeljauw: veel vissen komen op een plaats in de oceaan samen en storten hun geslachtscellen in het water, waardoor er een enorme soep van ei- en zaadcellen ontstaat. Er worden zoveel cellen in het water gedeponeerd – het wordt er troebel van! – dat de kans groot is dat er zich massale bevruchtingen voordoen. Kabeljauwen hoeven alleen maar te 'weten' waar en wanneer de hom&kuit-

party wordt georganiseerd. De voortplantingsmotivatie regelt dit. Verder is er geen ingewikkelde poespas nodig om een partner gunstig te stemmen en zo ver te krijgen dat agressie en angst wijken voor de bevruchting.

Aan het andere uiteinde van dit scala aan mogelijkheden vinden we soorten waarbij partners een groot deel van hun leven samen blijven en verscheidene malen na elkaar voor nageslacht zorgen. We moeten ons hierbij echter geen onvoorwaardelijke trouw voorstellen – overspel is hierbij schering en inslag – maar dat is voor straks. De mens is zo'n soort.

Los van de manier waarop vrouwtjes en mannetjes bij elkaar komen en los van de duur van de paarbinding, gebruiken beide geslachten een gedrag dat de maximale fitness garandeert. We weten uit hoofdstuk 1 en 4 dat genen die instaan voor gedragsmechanismen die maximale overlevings- en voortplantingskansen voor het dier bieden, door natuurlijke selectie maximaal zullen worden verspreid. Daarmee worden dus ook die gedragsmechanismen maximaal verspreid. Een dergelijke evolutie tot optimale gedragingen heeft zich natuurlijk zowel bij vrouwelijke als bij mannelijke individuen voorgedaan. Toch zijn de belangen voor een vrouwtje of mannetje verschillend. Dat leidt tot een waar duel tussen de geslachten, een tweestrijd waarbij allebei het maximum uit de voortplanting proberen te halen. In de gedragsbiologie noemt men deze 'oorlog tussen de seksen' een *seksueel conflict*. We blijven hier even bij stilstaan, omdat dit fundament van de seksuele voortplanting veel van ons seksgedrag verklaart. We beginnen bij het begin.

Het fundamenteel verschil tussen mannelijke en vrouwelijke individuen ligt in de grootte van de geslachtscellen. Zaadcellen zijn klein en overvloedig aanwezig, eicellen zijn in verhouding tot andere cellen ontzettend groot en worden in heel kleine hoeveelheden aangemaakt. Dat heeft te maken met de arbeidsverdeling waar we het al even over hadden: mobiliteit voor de mannelijke cel, voedselvoorraad voor de vrouwelijke cel. Mannetjes kunnen onbeperkt zaadcellen produceren. Wijfjes daarentegen zijn 'schaarse voortplantingsbronnen': er zijn veel minder eicellen op de markt leverbaar. Er wordt dus flink gestreden om die zeldzame eitjes. Als we dit even naar de mens vertalen, krijgen we een idee van de verhouding. Een man kan van zijn puberteit tot op een zeer hoge leeftijd constant zaadcellen aanmaken. Per ejaculatie levert hij keer op keer zo'n 200 à 400 miljoen cellen af. Ik schat dat dit neerkomt op 10 miljoen keer een miljoen (dus 10 biljoen) zaadcellen in het leven van een man. Het kán niet op! Een vrouw daarentegen begint de rijping van haar eerste eicel bij de aanvang van de puberteit en blijft eicellen produceren tot aan de menopauze. Daarbij wordt gemiddeld slechts één eicel per maand ter beschikking gesteld. In heel haar leven zijn dat hooguit 500 eicellen. Dit zeer lage productiecijfer zal haar aanzetten tot grote zuinigheid.

Om deze alinea uiterst bondig samen te vatten: zaadcellen zijn spotgoedkoop, eicellen zijn peperduur. Wat betekenen deze economische verhoudingen voor mannetjes en wijfjes in de praktijk?

Algemeen gesteld kan een mannetje zijn voortplantingssucces verhogen door zo veel mogelijk wijfjes te bevruchten. Hij maakt toch veel meer zaadcellen aan dan hij uiteindelijk nodig heeft voor een bevruchting. Stel dat hij een wijfje met slechte genen heeft bevrucht waardoor minder of niet-levensvatbare nakomelingen ontstaan, of zelfs helemaal geen. Dat betekent dan voor het mannetje hooguit dat zijn vrijpartij verspilde tijd was. Die verloren cellen maken niet uit: hij maakt toch meteen weer nieuwe aan, waarmee hij kwistig kan rondstrooien.

Bij het wijfje is het eigenlijk andersom. Niet alleen maakt zij weinig eicellen aan, ze draait ook op voor het leeuwendeel van de ontwikkeling van de jongen, zeker bij hogere dieren. Of ze moet eieren leggen en uitbroeden, en dan de jongen voeden. Of ze moet de bevruchte eicellen gedurende weken of maanden in de baarmoeder laten ontwikkelen en daarna de jongen zogen. Zij zal dus wel uitkijken voordat ze zich aan een bevruchting waagt. Als ze paart met een mannetje met slechte genen, kan dat een langlopende investering betekenen die niets oplevert in de strijd om een maximale verspreiding van de genen. Een vrouwelijk dier zal haar voortplantingssucces alleen kunnen verhogen door de snelheid van 'eicellen maken en jongen grootbrengen' op te voeren en te zorgen dat het broed maximale kansen krijgt om op te groeien en zich voort te planten. Dat kan ze niet doen door veel te paren en dus moet ze kieskeurig zijn bij de partnerkeuze.

Samenvattend kunnen we stellen: mannetjes hebben door de specialisatie van hun geslachtscellen een maximaal voortplantingsrendement door zo veel mogelijk te paren (graag kwantiteit!), wijfjes hebben door de eigenheid van hun geslachtscellen maximale voortplantingskansen door een zo goed mogelijke partner te kiezen en voor optimale omstandigheden voor de jongen te zorgen (graag kwaliteit!). Ik vermoed dat de lezer hier al meteen een paar basisverschillen in het seksueel gedrag van mannen en vrouwen herkent. Dat is niet onterecht, want dit basisgegeven is een universele wet die een aanzienlijke stempel drukte op de evolutie van voortplantingsgedrag. We zullen dit beginsel veelvuldig terugvinden in dit hoofdstuk.

Balts of verkrachting?

Het *seksueel conflict* komt in eerste aanleg tot uiting bij het besluit van de voortplantingspartners om al dan niet te paren wanneer zich een gelegenheid voordoet. Aangezien mannelijke individuen weinig te verliezen hebben, zeggen ze bij het nemen van zo'n besluit: 'Nu!' Een extreme vorm van deze strategie is de verkrachting: een mannetje dwingt het eerste het beste wijfje dat hij ontmoet tot paring en bevruchting. Dat gebeurt zonder dat zij een keuze kon maken en dus kon zorgen voor goede kansen voor de nakomelingen. En zonder dat hij zelf op een of andere manier nagaat of het wijfje goede genen heeft of een goede moeder zal zijn. Baat het niet, het schaadt ook niet. Wie dacht dat verkrachtingen uitvindingen waren van de mens, zit ernaast. Neem bijvoorbeeld eenden in onze vijvers; zij doen zich geregeld te goed aan groepsverkrachtingen, vaak loopt dit uit de hand met de verdrinkingsdood van wijfjes tot gevolg. Ook insecten, zoals schorpioenvliegen, bezondigen zich aan deze extreme strategie van seksueel conflict.

Het is te kort door de bocht om hiermee het afschuwelijke gedrag van verkrachting bij mensen te verklaren. Mogelijk is de menselijke verkrachting complexer en spelen ook agressieve en pathologisch factoren een rol. We kunnen er echter niet omheen dat de basis van het seksueel conflict deze aberratie heeft mogelijk gemaakt en ook in stand helpt houden. Dat wil zeggen dat de natuurlijke selectie in het Moederland mannen met een zeer sterke paringsmotivatie heeft bevoordeeld en dat hun genen, ook de genen die aanzetten tot verkrachting, zich meer hebben verspreid dan andere. Randy Thornhill en Craig Palmer hebben deze visie omstandig uiteengezet en kregen massa's kritiek te horen. Een mooi voorbeeld van het spanningsveld tussen de klassieke sociale wetenschappen en de evolutiepsychologie en -biologie. Men begreep uit de publicatie van Thornhill en Palmer dat de biologische wortels voor verkrachting alle aspecten van dit gedrag kunnen verklaren en dat men geen beroep meer moet doen op culturele, sociologische verklaringen. Niets is minder waar. Verkrachtingen zijn niet te omschrijven als volwaardige voortplantingsstrategieën. Immers, zoals we hieronder zullen uiteenzetten, wordt een mannelijke voortplantingstactiek zonder vaderinvestering onvoldoende beloond door de natuurlijke selectie om tot een volwaardig voortplantingssysteem te kunnen uitgroeien. De biologische wortels verklaren enkel hoe verkrachtingen konden ontstaan. Een sociologische analyse zal ons kunnen vertellen dat dit gedrag bij de ontwikkeling van onze moderne samenleving in groeiende mate mee door culturele factoren – bijvoorbeeld macht – bepaald is geworden. Zo ook zien we in hoofdstuk 7 hoe de verkrachting kon uitgroeien tot een oorlogswapen. Maar laten we niet op het verhaal vooruitlopen. We beperken ons hier tot het feit dat verkrachting een gedrag is dat door de natuurlijke selectie kon ontstaan, en dus op een genetische basis steunt. Wie het moeilijk heeft met deze gedachtegang nodig ik uit de volgende redenering te bekijken.

Stel, alle mannen van een populatie mensen hebben hetzelfde gen voor hun paringsmotivatie. Dat gen codeert voor een gedrag dat erin bestaat bij de ontmoeting met een wijfje na te gaan of zij goede genen heeft (goede gezondheid enzovoort), zo ja met haar een langdurige hofmakerij aan te gaan, tot een wederzijdse bereidverklaring voor de paring te komen en 'het' dan ten slotte ook te doen. Andere genen zorgen dan weer voor een langdurige paarbinding die de mogelijkheid creëert voor ouderzorg, maar daarover later. Het gaat in deze veronderstelling nu alleen om het gen dat zorgt voor de beslissing wanneer er moet worden gepaard. Voor alle mannen in deze populatie is er een gelijke mogelijkheid om zich voort te planten; ze zullen gemiddeld evenveel nakomelingen hebben. Dat geldt tenminste voor de beslissing tot paring, want er kunnen verschillen ontstaan op basis van andere factoren. Zo hebben lichamelijk onaantrekkelijke mannen misschien minder kans de goedkeuring tot paren van een vrouw te krijgen. Door deze gelijkheid in voortplantingssucces zal het gen waarvan we hier uitgaan, zich gelijkmatig over de volgende generaties verspreiden.

Stel nu dat er bij één man een mutatie in dit gen ontstaat. Die mutatie is van dien aard dat het codeert voor een gedrag dat nog alleen de laatste fase van het gedrag van het normale gen omvat: de paring *tout court*. Deze man zal bij een ontmoeting met een vrouw meteen een paringsmotivatie hebben, zonder de eraan voorafgaande, tijdrovende hofmakerij. Het gedrag dat daaruit voortvloeit – verkrachting zeg maar – heeft het effect dat de man met het gemuteerde gen veel sneller tot voortplanting kan overgaan; een paring kost hem alleen de tijd van de verkrachting, die wellicht zal worden verlengd door de weerstand van het slachtoffer. Uiteraard zal niet elke poging lukken, sommige vrouwen zal hij niet de baas kunnen, maar over langere tijd gerekend zal zijn voortplantingssucces veel hoger liggen dan dat van andere mannen, die telkens één of enkele jaren moeten overhebben voor de productie van één nakomeling. Dat betekent dat hij niet alleen meer nakomelingen zal hebben, maar vooral dat het gemuteerde gen een grotere verspreiding zal hebben dan de oorspronkelijke vorm. Meer kinderen wil zeggen meer kopieën van het gen. Dat houdt in dat in de volgende generatie meer mannen dit gen dragen, zelf weer meer nakomelingen verwekken, het gen nog sterker doorgeven aan de volgende generatie, enzovoort. Kortom, de natuurlijke selectie bevoordeelt het gen dat instaat voor een gedrag dat wij als afschuwelijk bestempelen, maar dat door het mechanisme van de evolutie meer kans van slagen heeft dan de andere. Verkrachting zal zich dus verspreiden.

In hoofdstuk 4 zagen we dat dit geen evolutionair stabiele strategie (ESS) is. Denken we nog even terug aan de duiven en haviken: stel dat dit gedrag zich dermate blijft ontwikkelen in de evolutie dat het de overhand krijgt in de populatie en dat dus *alle* mannen dragers worden van het gen. In die hypothetische toestand zijn alle paringen gelijk aan verkrachtingen. Vrouwen worden zonder eigen inbreng zwanger en brengen hun kind alleen groot. Slechts weinig kinderen zullen dit overleven, aangezien hun moeder op jacht moet gaan én haar kind beschermen. De kunst om zich van zo'n zware taak te kwijten, is slechts weinigen gegeven. Stel nu dat in deze populatie een man verschijnt die na de paring lang genoeg bij de vrouw blijft om haar te helpen bij het grootbrengen van het kind, die voor voedsel zorgt en ook een stuk bescherming op zich neemt. Hij scoort een hoger voortplantingssucces dan de andere mannen, aangezien zijn nakomelingen veel meer kans hebben om te overleven en dus ook om zichzelf voort te planten. Een gemuteerd gen dat voor dit gedrag instaat, kent een hogere fitness en zal dus verhoudingsgewijs meer verspreid worden in de volgende generaties. We spreken over een evolutie van miljoenen jaren, dus er is meer dan voldoende tijd om de kans op dergelijke mutaties reëel te maken.

Stel nu ten slotte dat mannen met dit gedrag van zorg voor de nakomelingen weer een mutatie ondergaan, deze keer in het gen dat voor de verkrachtingen codeert. Hierdoor zou een gedrag kunnen ontstaan waarbij de man in kwestie alvorens tot paring over te gaan eerst de voortplantingskwaliteit van zijn potentiële partner schat, nagaat of zij goede genen heeft en garanties kan bieden voor een goed moederschap. Dit gemuteerde gen kent weer een grotere fitness, doordat de nakomelingen die het resultaat zijn van dit keurend gedrag gezonder en vruchtbaarder zijn en doordat er gemiddeld genomen nog beter voor hen wordt gezorgd. Het gen maakt meer kopieën van zichzelf en verspreidt zich in de populatie ten koste van het 'verkrachtersgen'. De hofmakerij, gevolgd door een paarbinding voor de ouderzorg, heeft de verkrachting overwonnen.

Hoewel, dat laatste is weer niet juist, want we gaan weer terug naar de populatie waarvan we in eerste aanleg uitgingen. In die populatie zal een mutatie die leidt tot verkrachtingen weer succes hebben en het verhaal begint opnieuw. Geen van beide strategieën is in evenwicht, wel een mengeling van beide waarbij mannen meestal slechts overgaan tot paring nadat zij een paar met een vrouw hebben gevormd, maar waarbij in mindere mate het verkrachtingsgedrag de kop opsteekt. Er ontstaat een evolutionair stabiele strategie.

Natuurlijk is dit verhaal veel te simplistisch. Om te beginnen gaat het hier hoogstwaarschijnlijk niet om één gen voor verkrachting of hofmakerij of paarvorming, maar om een stel genen die mutaties ondergaan. Bovendien interfereren al de hier genoemde gedragsstrategieën met andere systemen en motivaties. Ook culturele invloeden hebben hun zeg gehad, zoals ik al zei.

Toch verklaart deze redenering het ontstaan en bestaan van verkrachtingsgedrag. Waarschijnlijk valt u over de vele veronderstellingen van mutaties. Ik heb inderdaad vele malen 'stel dat' gezegd. Welnu, deze evolutionaire manier van redeneren is verantwoord omdat er veel mutaties mogelijk zijn in ons genoom en ik bij elke 'stel dat' alleen de mutatie heb gekozen die een hogere fitness scoort, en zich dus in elk geval zal verspreiden in de populatie. De verspreiding staat buiten kijf en het feit dat een dergelijke mutatie plaatsvindt, zelfs al is dit zeer simplistisch gesteld, is ook aanvaardbaar omdat de evolutie waarover hier sprake is, zich over een enorme tijdsspanne heeft uitgestrekt.

Wil dit nu zeggen dat we verkrachtingen dan maar als natuurlijk moeten aanvaarden? Dat de evolutiebiologie of -psychologie dit gedrag duldt of zelfs goedkeurt? Welnee. Dit verhaal legt alleen de biologische wortels van verkrachting bloot, verklaart hoe het is kunnen ontstaan. Onze cultuur oordeelt anders over verkrachting en moet middelen vinden om die negatieve erfenis uit ons Moederland te overwinnen. Ik kom daar later op terug in verband met agressie en oorlogsgeweld (hoofdstuk 7). We zullen daar zien dat verkrachtingen in de loop van de menselijke geschiedenis ook een zuiver agressieve functie hebben gekregen. Ze worden ingezet als oorlogswapen, een van de meest afschuwelijke verwezenlijkingen van onze soort. Ik zal bij de behandeling van dat punt iets zeggen over de mogelijke oplossing van dit probleem, een oplossing die geënt is op de evolutionaire ontstaansgeschiedenis van dit gedrag. De evolutieleer en de sociologie moeten hier hand in hand gaan, en samen zoeken welke oplossingen kunnen worden uitgedokterd.

Meervoudig paren

Naast het besluit tot paren of niet, zijn er natuurlijk meer uitingen van het seksueel conflict tussen het vrouwelijk en het mannelijk geslacht. Zo is er een strategie die we ook bij mensen veel terugvinden: *meervoudig paren*. Er zijn diersoorten waarbij het mannetje alleen met een wijfje wil paren wanneer zij nog niet is bevrucht door een ander mannetje. Zeker bij soorten waarbij ook het mannetje instaat voor de broedzorg is dit goed te begrijpen: hij 'wil zeker zijn' dat het wijfje zwanger wordt van hém en dat hij dus geen energie hoeft te steken in andermans jong. Maar er zijn andere soorten waarbij mannetjes wel paren met een wijfje dat al gepaard heeft, zelfs al 'weten' ze dat goed. Ook die strategie is goed te begrijpen, want wat heeft het mannetje te verliezen? Alleen de moeite en het tijdverlies van de paring, en een paar honderd miljoen zaadcellen, die toch zo weer zijn bijgemaakt. Een kleine investering dus voor een rendement dat wel eens hoog zou kunnen oplopen. Want, wie zegt dat het sperma van de vorige paring voorrang krijgt om de eicel(len) te bevruchten? Als het sperma van verschillende mannetjes in de vagina of de baarmoeder van het wijfje wordt gemengd tot één soep, dan heb je altijd kans dat een van jouw zaadcellen de eindstreep het eerst bereikt. In elk geval heb je die kans alleen als je hebt meegespeeld, dus het wijfje ook hebt bevrucht. Natuurlijk wordt die kans kleiner naarmate er meer mannetjes meedoen en jouw deel in de spermasoep kleiner wordt. Zo ontwikkelde zich in de loop van de evolutie weer een goed uitgekiende strategie. Er doet zich een competitie voor tussen de zaadcellen om het eerst de eicel de bereiken, de zogenaamde *spermacompetitie*. Omdat deze competitie vérstrekkende gevolgen kan hebben en soms heel agressief van aard is, spreken sommigen zelfs van een *spermaoorlog*.

Wil dat zeggen dat er tussen de zaadcellen zelf een gevecht op leven en dood ontstaat? Dat is inderdaad vaak gezegd en geschreven. Zaadcellen die vreemd zijn aan elkaar zouden proberen elkaar te doden. Sterker nog: sommige zaadcellen zouden zich specialiseren in het vernietigen van vreemde cellen ten voordele van hun gelijken, die dan ongehinderd hun weg naar de eicel zouden kunnen voortzetten. Zulke 'soldaatzaadcellen' zouden zichzelf dus opofferen. Andere zaadcellen zouden zich opofferen door samen te klonteren in de fijne kanaaltjes in het slijm van de vagina, de baarmoederhals, de baarmoeder, de eileider of waar ook om een soort prop te vormen die een barrière vormt voor andere, zich later meldende zaadcellen. Deze hypothesen zijn boeiend en maken een waar oorlogsverhaal van de bevruchting, maar ze zijn vooralsnog niet sluitend bewezen.

We moeten de spermacompetitie eerder zien als een strategie van de producenten van de zaadcellen, de mannetjes dus. Ook hierover is al veel geschreven, het is immers een nieuwe en spannende denkrichting. Maar het laatste woord is er nog niet over gezegd, zeker niet in verband met de mens.

Een regelrechte oorlog om de eicellen vinden we bij de waterjuffers. Het mannetje van deze libellen schraapt eerst met het uiteinde van de penis al het reeds aanwezige zaad uit het wijfje alvorens hij zijn eigen zaadcellen deponeert. Onze trouwe hond kent er ook wat van. De reu laat na de ejaculatie zijn penis zwellen in de vagina van de teef. Daardoor blijven beide honden aan elkaar vastgeklonken en krijgt geen andere reu de kans op een paring gedurende een tijd die lang genoeg is voor de teef om het sperma in de baarmoeder op te nemen, wat de kans op bevruchting aanzienlijk verhoogt. Er wordt wel gesteld dat de vreemde vorm van de eikel van de man, met een ringvormige verdikking aan de basis, verklaard kan worden aan de hand van een soortgelijke functie als bij de waterjuffer. Bij het in- en uitstoten tijdens de geslachtsgemeenschap zou de penis dankzij die vorm als een pomp werken en eventueel zaad van een vorige minnaar (en dus rivaal) uit de vagina van de vrouw wegzuigen. Deze verklaring is verre van onmogelijk, maar zal indien het waar is hooguit een bijkomstigheid zijn in de spermacompetitie. De zaadcellen van die vorige minnaar zijn immers vrij snel in de baarmoederhals opgenomen en beginnen dus onmiddellijk na de penetratie aan hun lange tocht naar de eileider waar ze hopen een eicel te ontmoeten. Het wegpompen van het achtergebleven zaad in de vagina kan dus niet meer zijn dan een beperkt achterhoedegevecht.

Een duidelijke, uitwendig waarneembare vorm van de spermacompetitie is de hoeveelheid zaad die wordt uitgestoten bij een ejaculatie. Als je zaadcellen gemengd worden met die van concurrenten, doe je er goed aan je eigen deel op te voeren, dus zo veel mogelijk zaadcellen in te zetten. Dat houdt weer in dat je zo veel mogelijk zaadcellen moet aanmaken. En daarvoor heb je weer grote teelballen nodig. Ter illustratie bekijken we de teelballen van onze neven: de orang-oetan, de gorilla en de chimpansee. Deze mensapen verschillen in hun gedrag op een punt dat voor ons verhaal interessant is. Orang-oetans leven solitair, een ontmoeting tussen man en vrouw is occasioneel en de kans dat een vrouw meervoudig paart, is dus heel klein. Gorilla's leven in familiegroepen die worden gedomineerd door de zilverrugman: de baas van de groep, die zijn naam dankt aan zijn grijzige rug. Alleen hij paart met de vrouwen, die dus ook weinig kans hebben op meervoudig paren. Chimpansees leven in grotere groepen. Ook hier heerst een dominant dier en als dat een mannetje is, dan eist ook hij alle bevruchtingen voor zich op. Maar daar slaagt hij lang niet altijd in. Ondergeschikte mannen kunnen met een list en/of hulp van andere mannen, ook wel eens een wijfje bevruchten. De chimpanseevrouw ontvangt dus zaad van meerdere mannen. Dit verschil in paargedrag tussen mensapen is uitwendig zichtbaar. De orang-oetan en de gorilla hebben kleine teelballen, de chimpansee heeft in verhouding zeer grote teelballen. Deze grootte is dus niet meer of minder dan een wapen in de oorlog van het zaad. En de mens? Die zit zowat tussen de gorilla en de chimpansee in. Dat betekent dat de mens lichamelijk niet gebouwd is voor monogamie. Zijn lichaam verraadt dat hij al sinds het Moederland rekening houdt met de reële kans dat zijn partner door een of meer mannen is geïnsemineerd, dus dat hij rekening houdt met de kans op meervoudig paren.

Overspel

Er is een dus een duidelijke aanwijzing dat wij mensen in wezen niet zo monogaam zijn als we graag aannemen. Maar wat betekent dat concreet? De meesten van ons hebben één partner en zijn die trouw. Nou ja, af en toe is er wel eens een slippertje, maar dat heeft meestal niets om het lijf. In elk geval is het niet het fundament van ons mens-zijn. Dat dacht u maar! Het zijn helemaal geen ongelukjes: het zijn uitingen van een gedragsstrategie die gedurende honderdduizenden jaren het voortplantingssucces van onze voorouders heeft uitgemaakt en vele generaties lang is doorgegeven. Juist door het feit dat het zoveel succes opleverde! Om dit te begrijpen, gaan wij eens kijken bij sympathieke zangvogeltjes, de mezen.

Het speelt geen rol welke soort we onder de loep nemen, want we zouden het volgende verhaal voor veel soorten kunnen vertellen. We nemen een doorsnee-mezensoort. Het mannetje begint in de lente aan de zware klus van het zoeken, afbakenen en verdedigen van een territorium. Dat is voor hem noodzakelijk om later een wijfje te kunnen lokken, aan zich te binden en nakomelingen te verwekken. Dat territorium moet geschikt zijn om later de jongen voldoende te kunnen voeden. Het gebiedje moet voldoende nestmateriaal en voedsel opleveren zodat er weinig energie hoeft te gaan in het vinden van nestmateriaal en dat ook het foerageergedrag tot een minimum is te beperken. Een mannetje met een goed territorium is rijk. Als echtgenoot zeer in trek voor juffrouw mees, die van het ene territorium naar het andere fladdert om het beste mannetje te vinden. Ze laat zich daarbij niet alleen leiden door zijn rijkdom in de vorm van voedselaanbod, ze let ook op of hij in staat is een goed en groot territorium te verdedigen. Of het mannetje zijn mannetje staat dus. De jongen die ze van hem zal krijgen, hebben veel kans deze kwaliteit van hem te erven: ze zullen wellicht zijn goede genen dragen. Voor haar zonen betekent dit dat ze later ook een groot territorium zullen kunnen bemachtigen en dus voor veel kleinkinderen zullen zorgen. Voor haar dochters betekent dit dat ze later die genen aan hun zonen zullen doorgeven en die zullen dan weer voor veel achterkleinkinderen zorgen. Kortom, de bezitter van een goed territorium is de ideale partner want hij is rijk, waardoor zijn kinderen meer kans hebben op een voorspoedige ontwikkeling, én hij heeft goede genen, wat meteen de volgende generaties van veel nakomelingen voorziet. Deze ideale man zal niet lang hoeven te wachten op zijn vrouw, het huwelijk zal vlug beklonken zijn.

Maarrr! Het aantal mogelijkheden voor goede territoria is beperkt. In een bepaald gebied – bijvoorbeeld een bos – zijn niet alle stukken even geschikt als territorium. Dus is ook het aanbod ideale mannen beperkt. Er is een heel assortiment mezen – van de macho's van daarnet, via de gewone grijzemuizenmezen tot de misèremezen die helemaal geen territorium meer kunnen bemachtigen, of het moest een totaal waardeloos gebied zonder voedsel zijn. Moeten die minderbedeelden dan afzien van voortplanting? Nee, want de wijfjes zijn zelf ook niet allemaal even succesvol in het strikken van een partner. De dieren die het eerst aankomen in het gebied, kunnen beslag leggen op de beste mannetjes. Wie later arriveert, zal tevreden moeten zijn met iets minder goede en zo gaat het verder, tot en met de wijfjes die het laatste hun keuze moeten maken en dus tevreden moeten zijn met de minst succesvolle dieren, die het armst zijn qua voedselaanbod en qua genen. Zo raken ook de zielenpoten aan de vrouw, ook zij gaan een paartje vormen. Zij het een wat armoedig paartje.

Tot zo ver het idyllische beeld dat men tot voor kort had van de vogeltjes in het bos en in onze tuin: rijke, minder rijke en arme paartjes die samen blijven om in eeuwige trouw voor de kinderen te zorgen. We weten nog maar pas dat dit helemaal niet kán en in feite had de theorie van Darwin ons al veel langer moeten doen inzien dat deze gang van zaken niet stabiel kan zijn in de evolutie. De arme paartjes zullen immers een veel lager voortplantingssucces hebben. Dus minder overlevingskansen voor de jongen en ook minder goede genen waardoor de jongen zelf weer minder nakomelingen krijgen. Die slechte genen worden door de selectie afgestraft! Ze verdwijnen en na verloop van tijd zouden alleen succesvolle genen overblijven: genen die wel voor voldoende nakomelingen kunnen zorgen om veel kopieën van zichzelf te maken. Sinds we in staat zijn om met zeer verfijnde technieken het DNA van individuen te vergelijken, kunnen we bij onze vogels precies nagaan wie de vader is van de jongen in een nest. Hebben ze allemaal dezelfde vader? Wel, dat onderzoek vertelt ons een wel heel realistisch verhaal!

De wijfjes die tevreden moesten zijn met de minder goede mannetjes, hebben alvast één troef in handen: ze hebben een echtgenoot kunnen strikken die zich zal inzetten voor zijn nakomelingen, ook hij zal ze beschermen en voeden. Hij zal een goede vader zijn en het tekort aan nestmateriaal en voedselaanbod in zijn mager territorium compenseren door hard te zwoegen. Alleen die minder goede genen blijven een handicap in het huwelijk. Mevrouw Mees legt zich niet neer bij deze armoede, ze wil het tekort in haar huwelijk wegwerken. Dat kan ze doen door goede genen binnen te halen. Ze weet maar al te goed waar die te vinden zijn: bij de machomezen natuurlijk. En terwijl de toegewijde echtgenoot op zoek is naar nestmateriaal, verleidt zijn vrouw de rijke buurman tot een slippertje. Die is daar helemaal niet vies van en zal haar leveren wat ze zoekt, sperma met goede genen. Als een paar dagen later de eieren worden gelegd, zijn ze niet allemaal door dezelfde vader bevrucht. Onder de jongen tellen we één of meer bastaarden – met betere genen dan het wijfje van haar arme man kon bemachtigen. Op die manier vult zij het tekort aan voortplantingssucces aan: een compensatie voor het feit dat ze geen goede echtgenoot kon krijgen.

Wijfjes die de genen dragen voor dit overspelgedrag zullen meer jongen voortbrengen dan wijfjes die hun arme man trouw blijven. De genen voor overspel zullen zich dus verspreiden. Onderzoek van het DNA bij veel diersoorten toont inderdaad aan dat ondanks de paarvorming overspel geen uitzondering vormt.

En de buurman in ons verhaal die de minder goed bedeelde buurvrouw zo ter wille was, waarom speelt hij dit spel, dit overspel mee? Hij is toch rijk genoeg en heeft meer dan voortreffelijke genen om met zijn vrouw voor een kroostrijk gezin te zorgen? Waarom zou hij zijn goed hart laten spreken en de arme dame van wat goede genen voorzien? Wel, daar hebben we het al over gehad: hij heeft er – in termen van voortplantingssucces – alle belang bij zijn aantal bevruchtingen op te voeren. Zijn wijfje kan niet meer dan het maximale aantal eieren leggen, hoe rijk, goed, stoer hijzelf ook is. Ook al geeft hij maximale toekomstkansen aan zijn kroost, hij kan bij dit wijfje nooit boven het maximum gaan. Dus kunnen bijkomende bevruchtingen alleen maar bijkomende jongen betekenen, waarin hij zelf niet hoeft te investeren, daar zorgt die arme buurman wel voor. En als nu blijkt dat de buurvrouw zelf slechte genen draagt of als het paartje de jongen niet kan grootbrengen, wat verliest hij dan? Niks! Wat tijd en een beetje energie. Zijn overspel kost bijna niets, maar geeft uitzicht op extra succes.

Mannelijke mezen die bereid zijn deel te nemen aan overspel, geven de genen die hiervoor instaan een grotere verspreiding dan de genen die zorgen voor eeuwige trouw. En zo zal in de loop van de evolutie van deze mezensoort het overspel ontstaan en blijven bestaan.

Het verhaal is wederom ingewikkelder dan geschetst. Zo hoeft het wijfje niet per se zelf het initiatief te nemen: ze kan gewoon ingaan op avances van de buurman. Bovendien heeft de bedrogen man technieken ontwikkeld om te proberen bedrog te verhinderen. En om te voorkomen dat hij kan opdraaien voor andermans kinderen. Hij kan zijn echtgenote bewaken bijvoorbeeld. Verder is het wijfje heus nog niet zo slecht af met haar minder waardevolle partner, want de ideale man bij wie ze de goede genen is gaan halen, is niet automatisch een goede vader. Alle andere vrouwen willen immers van zijn diensten profiteren en hij zou wel eens te weinig energie kunnen steken in zijn kinderen. Maar de essentie van ons betoog is met deze kleine soapaflevering wel duidelijk gesteld: volledige monogamie houdt niet stand wanneer de kans op overspel zich voordoet.

Hoe zit dat bij de mens? 'Wij zijn toch geen vogels!' zult u zeggen. Wel, we hebben al laten zien dat geen van de basismechanismen die gedrag sturen ons vreemd zijn. Hogere organismen hebben in de loop van hun evolutie veel nieuwe en complexe mechanismen bij de oude gevoegd, maar die oude mechanismen zijn nooit opgeruimd. Dus kunnen we dezelfde of gelijksoortige genen als van de vogels die we onder de loep namen in onszelf terugvinden. Dat betekent dat onze over-over-overgrootmoeders in het Moederland hun voortplantingssucces op dezelfde manier konden vergroten als die mezen. Zij combineerden dezelfde twee strategieën: een man aan zich binden voor de langdurige vaderzorg en – als er enige twijfel bestond over de kwaliteit van zijn genen – zich laten bevruchten door een andere man die wél duidelijk tekenen vertoonde van goede genen. Vrouwen die dus om welke reden ook geen ideale man konden krijgen, wisten hun voortplantingssucces te verzekeren door de jarenlange trouw aan één partner te combineren met goed gekozen slippertjes. De genen die voor deze wijze van handelen instonden, werden beter verspreid dan de genen die voor de eeuwige en onvoorwaardelijke monogame trouw zorgden. Aldus werd deze voortplantingsstrategie door de vele generaties van het Moederland tot op de dag van vandaag doorgegeven.

Betekent dit verhaal dat alle vrouwen hun man bedriegen? Natuurlijk niet. Vrouwen die (onbewust!) overtuigd zijn van de kwaliteiten van hun man, hebben alle baat bij een volledig monogame relatie: ze krijgen alle steun en hulp voor hun kinderen én die kinderen dragen zijn goede genen, waardoor zij weer voor veel kleinkinderen zullen zorgen – statistisch gesproken dan. Voor deze vrouwen heeft het slippertje, hoe goed ook gekozen, geen meerwaarde. Integendeel, ze hebben er veel bij te verliezen. Elk slippertje houdt immers een gevaar in: het gevaar ontdekt te worden en aangezien de jaloezie van de bedrogen man enorm veel groter is dan die van de bedrogen vrouw – komen we ook nog op terug – kan die ontdekking leiden tot een zware straf. Deze kan gaan van fysiek geweld tot de beëindiging van de relatie! Dat betekent het wegvallen van de waardevolle steun en hulp voor haar kinderen en het wegvallen van de kans op latere kinderen met meneers goede genen. Als een vrouw een huwelijk of een relatie heeft waarin ze maximale voortplantingskansen heeft, zal ze dit niet in de waagschaal willen leggen voor een slippertje. Dat geldt zowel voor mevrouw Mees van daarstraks als voor mevrouw Mens vandaag.

En de man in dit verhaal? Net als meneer Mees zal ook meneer Mens graag zijn diensten verlenen aan de vrouw die op zoek is naar goede genen. Sterker nog, hij zal voortdurend op jacht zijn om zijn goede genen op de markt te brengen, ook al heeft hij een pracht van een vrouw die hem de beste, mooiste, gezondste, sterkste kinderen geeft. Want ook al maximaliseert hij zijn voortplantingssucces binnen zijn huwelijk, een extra inseminatie kost bijzonder weinig en kan in het geval van een daadwerkelijke bevruchting een enorme meerwaarde betekenen. Elk kind dat hij bij een andere vrouw verwekt, is grote winst voor zijn voortplantingssucces. De kostprijs is inderdaad zeer klein. De inseminatie zal hem niet veel hebben gekost qua tijd en energie – en verder hooguit een dineetje of een paar oorbellen. Als het slippertje door zijn vrouw wordt ontdekt, zijn de gevolgen ook veel kleiner dan andersom het geval zou zijn. Zijn straf zal wellicht beperkt blijven tot een scène, enkele weken 'nul seks' en in het ergste geval zal de partner hem tijdelijk verlaten. Maar een definitief stopzetten van de relatie zit er hoogstwaarschijnlijk niet in. Jaloezie werkt totaal anders bij de vrouw, zoals we straks dus zullen zien.

Dus de man zal statistisch gesproken zijn voortplantingssucces verhogen door naast een goede partnerbinding het zaad zijn werk te laten doen zonder dat hij daarbij moet opdraaien voor de dure, langdurige vaderzorg. Een andere man, die door de dame van het slippertje voor een 'eeuwige' relatie is gestrikt, zal die zorg op zich nemen, denkende dat hij de trotse vader is. Op die manier zullen de genen van de man die zorgen voor buitenechtelijke inseminaties een grotere verspreiding kennen dan de genen van de man die volledig monogaam trouw blijft aan zijn partner.

Een analoge vraag als drie alinea's terug: betekent dit verhaal dan dat alle mannen hun vrouw bedriegen? Nee, natuurlijk niet. Ze hebben allemaal wel het mechanisme om het te doen en dus ook de drang (of noem het wetenschappelijk de 'motivatie') om achter andere vrouwen te jagen. Maar deze drang botst op hindernissen. Er is de sterke culturele dwang om zich volledig monogaam te gedragen en ook al heeft dat niets te maken met biologische wortels in het Moederland, zulke cultureel bepaalde richtlijnen kunnen een even sterke motivatie tot gevolg hebben als de genetische basis. Bovendien hebben niet alle mannen evenveel succes bij vrouwen. Wanneer ze niet gezegend zijn met een aantrekkelijk lichaam dat vrouwen duidelijk maakt dat ze over goede genen beschikken, of wanneer ze geen materiële rijkdom kunnen voorleggen, kunnen ze jagen wat ze willen, maar veel zullen ze niet vangen. Mannen kunnen heel goed hun eigen kansen op succes bij de vrouwen inschatten – onderzoek heeft dat uitgewezen. Wanneer ze menen geen kans te maken, dan beginnen ze ook niet aan de jacht op slippertjes. Een afwijzing is té onplezierig. Tot slot nog dit: ik heb gesteld dat de kans op ontdekking van een buitenechtelijke betrekking door de eigen partner dan misschien beperkt is, maar er is natuurlijk nog de partner van de vrouw. Deze zal minder begrijpend zijn en de man die hem hoorntjes opzette (of trachtte te zetten) bijzonder hardhandig afstraffen. Er gebeuren in naam van de wraak van de bedrogene zeer veel moorden. In dat opzicht is een slippertje voor de man toch ook een duur grapje, wat nog een hindernis is die de frequentie van buitenechtelijke relaties beperkt.

Tot zover de theorie over de biologische oorsprong van buitenechtelijke betrekkingen en de evolutionaire krachten die dit gedrag hebben gemaakt. Maar klopt deze theorie ook met de werkelijkheid? Of is dit alles vrijblijvend getheoretiseer? We beschikken over een zee van aanwijzingen en bewijzen dat deze gedragsmechanismen vandaag onverminderd hun werk doen. Dat mannen en vrouwen – natuurlijk zonder het te beseffen – op dezelfde manier hun voortplantingssucces proberen te vergroten als onze over-over-overgrootouders in het Moederland. We bekijken een wel heel overtuigend bewijs uit de keiharde statistieken van nabij.

Het overspel van de mezen is aan het licht gekomen dankzij de moderne technieken van de genetica, meer bepaald de analyse van het DNA. Door alle jongen in één nest met elkaar te vergelijken wat de samenstelling van hun DNA betreft, kon men vaststellen dat ze, tegen de algemene opvatting in, niet altijd dezelfde vader hebben. Dat betekent dat de moedervogel zo nu en dan vreemd gaat. Diezelfde technieken nu zijn ook toegepast op menselijke families. In een flatgebouw in Liverpool werden de kinderen uit veel families onder de DNA-loep gelegd. En per gezin werd hun DNA vergeleken. Het resultaat was zo onthutsend dat het de krantenkoppen haalde. Ongeveer één op de vijf kinderen had niet hetzelfde DNA als de officiële vader! Om zeker te zijn dat het hier niet om een bijzonderheid van het liederlijke Liverpool ging, werd hetzelfde onderzoek overgedaan in Zuid-Engeland, met weer dezelfde resultaten. Natuurlijk leven de mensen in een flatgebouw dicht op elkaar en dat is niet zo'n heel natuurlijke situatie. Als we dergelijke analyses echter in minder dicht bevolkte gebieden bekijken, blijven we toch 10 % buitenechtelijke kinderen vinden. Deze analyses liegen niet, overspel komt veel voor. De mens gedraagt zich niet monogaam.

Het zou eentonig worden als we een opsomming van bewijzen in dit verband zouden geven. In plaats daarvan is het goed enkele technieken te bekijken die de evolutie in het leven heeft geroepen om de efficiëntie van het overspel in termen van voortplantingssucces aanzienlijk op te voeren. Het feit dat deze structuren bestaan doordat ze als aanpassing door de evolutie zijn gemaakt, is op zich al een onomstotelijk bewijs dat overspel biologische wortels heeft. Zo is er de zeer verfijnde techniek die de vrouw gebruikt bij het uitkiezen van het zaad – dus de genen – dat ze zal toelaten haar eicel te bevruchten. Deze techniek is zeer geraffineerd, maar gebeurt volledig buiten de bewuste wil van de vrouw om; het zijn haar genen die nog verwijzen naar het Moederland die deze strategie sturen. De techniek heeft te maken met het opnemen in de baarmoeder van het zaad dat tijdens de mannelijke ejaculatie in haar vagina is terechtgekomen. Wanneer een vrouw na de ejaculatie een orgasme heeft, wordt meer zaad in de baarmoederhals opgenomen vanuit de vagina dan wanneer ze geen of een te vroeg orgasme had. Dus met zo'n 'vruchtbaar orgasme' kunnen meer zaadcellen van de man de lange reis door de baarmoeder en de eileiders naar de eicel beginnen. Het is algemeen geweten dat seksuele betrekkingen bij de vrouw lang niet altijd gepaard gaan met een orgasme. Een onderzoek van Robin Baker en Mark Bellis heeft aan het licht gebracht dat bij trouwe vrouwen ongeveer 55% van hun orgasmen van het vruchtbare type is. Bij ontrouwe vrouwen is 40% van hun orgasmen met de vaste partner van het vruchtbare type, maar dat stijgt tot 70% van de orgasmen bij de minnaar! Dat betekent dus dat ze meer zaad opnemen van de minnaar dan van de vaste partner (die later de officiële vader van de kinderen zal worden). Om deze voorkeursbehandeling voor de minnaar nog te vergroten, heeft een vrouw gemiddeld meer seks met hem op de dagen dat ze een ovulatie heeft, dus vruchtbaar is. De onvruchtbare dagen worden eerder voor de vaste partner voorbehouden. Zoals gezegd is dit een bewijs voor de biologische basis van overspel, maar we moeten hier wel voor ogen houden dat een onderzoek waarin orgasmen worden geteld, onderhevig is aan een grote foutenmarge. Niet iedereen is even enthousiast en betrouwbaar om zijn of haar intimiteiten op tafel te gooien. Verder onderzoek zal de bewijskracht van dit materiaal moeten verhogen.

Dat wil uiteraard niet zeggen dat dit doelbewuste en weloverwogen tactieken van een vrouw zijn. Zeker niet, want elke dame die een minnaar opzoekt, zal u verklappen dat ze juist níét zwanger wil worden. Het gebeurt allemaal onbewust, gedirigeerd door genen die deze tactieken al vele generaties lang laten uitvoeren en daarbij meer succes hebben dan genen die dat niet doen. Ook al zijn de overspeligen van vandaag niet dol op deze biologische spitsvondigheden, de kracht van de natuurlijke selectie doet zich volop gelden en het bestaan van zulke technieken is weer een bewijs dat het verhaal van de menselijke monogamie een te mooi verhaal is, en niet overeenkomt met onze erfenis uit het Moederland.

Jaloezie

Een andere techniek die uit het Moederland stamt en verband houdt met het bestaan van de buitenechtelijke voortplanting, is de verdediging tegen bedrog. Het overspel draagt immers bij tot het voortplantingssucces van degenen die eraan deelnemen, niet tot dat van de bedrogenen. Overspel kan baten inhouden, bedrogen worden alleen lasten. Dus zorgt de natuurlijke selectie voor verdedigingsmechanismen tegen bedrog in de relatie. Een van deze mechanismen is seksuele jaloezie, waarbij elk der partners de andere zo veel mogelijk tracht te verhinderen vreemd te gaan. Die jaloezie is verschillend voor man en vrouw, en aangezien het verschil steunt op de kosten van het bedrog, staan we eerst even stil bij de kosten voor de man en die voor de vrouw.

Voor de bedrogen echtgenoot hebben we al vermeld hoe zwaar de kostprijs is qua voortplantingssucces, de sleutel van de evolutie. Doordat zijn vrouw een kind baart van een andere man, zal de hoorndrager gedurende vele jaren hulpbronnen, energie, affectie enzovoort investeren in een kind waarmee hij geen genetische verwantschap heeft. En al die jaren had hij aan zijn eigen voortplantingssucces kunnen werken. Stel dat deze heer wel trouw blijft aan zijn partner en dus nooit via buitenechtelijke kanalen voor nakomelingen zorgt, en dat hij meer dan één keer het slachtoffer wordt van voortplantingsbedrog. En stel dat hij ook een toegewijde vader is, die veel vaderzorg opbrengt voor 'zijn' kinderen, dan is zijn voortplantingssucces misschien wel nul. Voor zijn vrouw is dit een goede strategie, want ze combineert zijn toewijding als vader met de kwaliteiten van de genen van een ander. Voor hem zijn de kosten enorm. Vanuit evolutionair standpunt is dit niet meer of minder dan een ramp voor de man. De selectie straft deze gang van zaken onverbiddelijk af: de genen die dit toelaten worden geëlimineerd, want ze zorgen niet voor nakomelingen die kopieën van deze genen dragen. In plaats daarvan heeft de evolutie de genen bevoordeeld die zich wapenen tegen het overspel van de partner. Dat zijn genen die een gedrag sturen waardoor de man waakt over zijn partner en zorgt dat ze weinig of geen contact kan maken met andere mannen, kortom genen die zorgen voor een psychologisch systeem dat we *jaloezie* noemen. Het zal wel duidelijk zijn dat onze mannelijke voorouders die een sterke seksuele jaloezie ontwikkelden meer nakomelingen kregen dan hun rivalen die dat niet deden. Ziedaar de verklaring voor de sterke gevoelens van jaloezie die het emotionele leven van elke man in hoge mate kunnen bepalen.

Deze verklaring maakt meteen duidelijk waarom een vrouw een andere invulling kent van jaloezie. Een vrouw die bedrogen wordt, kent een totaal ander risico. Zij zal niet – in tegenstelling tot de man – het risico lopen veel tijd, energie of affectie te investeren in een kind dat het hare niet is, want zij weet welk kind ze zelf heeft gebaard en dus haar genen draagt; haar man kan niet stiekem een vreemd embryo in haar inplanten en haar voor de kosten van een vreemd kind laten opdraaien. Het bedrog van haar man schaadt dus haar voortplantingssucces niet rechtstreeks. Een slippertje van meneer kan natuurlijk wel haar zelfbeeld schaden en veel psychologische pijn opleveren, maar daar ligt de evolutie niet van wakker; dat heeft geen invloed op het aantal kopieën van genen. Een slippertje is op zich niet gevaarlijk, het wordt pas gevaarlijk als haar man emotionele gevoelens gaat ontwikkelen voor zijn minnares, verliefd wordt op haar, meer energie en andere dingen gaat investeren in zijn relatie met haar dan in die met zijn vrouw. Want dat kan leiden tot het einde van haar huwelijk. Zij kan dan dus haar man, de vader van haar kind, verliezen. Daardoor dalen de overlevingskansen van het kind aanzienlijk en dat schaadt haar voortplantingssucces even ernstig. Voor de vrouw zit het gevaar niet in zijn zaad, maar in zijn partnerkeuze.

De consequenties van overspel voor de man enerzijds en de vrouw anderzijds, maken dat het gevoel en het gedrag van jaloezie bij man en vrouw zich anders manifesteren. Om het kort en te eenvoudig te stellen: de man is jaloers op de buitenechtelijke seks (met of zonder liefde) van zijn vrouw, de vrouw is jaloers op de buitenechtelijke liefde (met of zonder seks) van haar man. Er zijn mannen die hun huwelijk opzeggen of zelfs een moord begaan omdat hun vrouw één keer seks heeft gehad met een andere man. Vrouwen kunnen bijzonder gekwetst zijn wanneer hun man eens vreemd gaat, maar zullen doorgaans niet zulke extreme reacties hebben als mannen. Zo blazen vrouwen doorgaans hun huwelijk niet op als hun man een prostituee bezoekt; de kans dat het hier alleen om seks en niet om een emotionele binding gaat, is zeer groot. Maar vrouwen zijn wel tot moord in staat wanneer een andere vrouw het hart van hun man steelt. Daarom ook is de jaloezie van oudere tegenover jonge vrouwen zo sterk. De kans is veel groter dat de man voor hun sterkere aantrekkingskracht bezwijkt en langdurig in hen investeert. Zoals we straks zullen zien, heeft de man namelijk meer te winnen met een jonge vrouw.

Dit zijn vaststellingen die afgeleid zijn uit statistische gegevens. Maar de fundamentele verschillen in jaloezie tussen mannen en vrouwen zijn ook natuurwetenschappelijk onderzocht en aangetoond. Wat in de vorige alinea is gezegd, is ook met fysiologische waarnemingen te staven. Zo werd er een onderzoek gedaan onder studenten die gevraagd werden zich twee scenario's intensief in te beelden. Het eerste scenario handelde over hun partner die seks had met een ander (zelfs zonder emotionele binding). In het tweede scenario voelde de partner zich emotioneel aangetrokken tot een ander (zelfs zonder seks). Dit onderzoek leverde zeer significante verschillen in hun emotionele reactie op. De meeste vrouwelijke proefpersonen beoordeelden het tweede scenario als erger dan het eerste, bij de mannelijke proefpersonen was dit net omgekeerd. Dit is natuurlijk een onderzoek waarbij de proefpersonen een verbale beschrijving van hun gevoelens geven, wat niet echt nauwkeurig is te analyseren. Daarom is de studie verfijnd door het meten van een aantal fysiologische parameters, zoals de contractie van de voorhoofdspieren, de geleidbaarheid van de huid, de hartslag. Veranderingen in deze parameters zijn lichamelijke reacties die kunnen wijzen op stress en dus zijn ze een maat voor de ergernis die de ingebeelde situaties oproepen. De reacties werden gemeten op het ogenblik dat de proefpersoon zich scenario nummer 1 of scenario nummer 2 inbeeldde. De studie leverde in vier landen dezelfde resultaten op: de mannen reageerden het hevigst op scenario 1 en de vrouwen op scenario 2. Er kan dus nog moeilijk getwijfeld worden aan de fundamentele seksuele verschillen in de jaloezie.

Er wordt wel gesteld dat jaloezie verkeerd is, dat men verdraagzaam moet zijn. Dat is een juiste stelling die door onze cultuur is geformuleerd, want dankzij meer verdraagzaamheid kan menige relatie tussen twee mensen worden gered. Maar de selectie ziet het anders. De biologische wortels van jaloezie vanuit het Moederland houden een bescherming tegen overspel in. Het is een wapen van de man in zijn conflict om voortplantingsbelangen. Jaloezie maakt de man alert voor situaties die tot overspel van zijn vrouw kunnen leiden. Het zorgt voor daden die de kans op contact met andere mannen door zijn vrouw beperken (haar weghouden van feestjes bijvoorbeeld), het verhoogt zijn eigen inspanningen om in zijn partner te investeren (verwaarloos haar niet!), en het houdt andere mannen op afstand door de dreiging die van zijn jaloezie kan uitgaan. Vrouwen blijken andere jaloeziewapens te gebruiken. Ze zullen eerder hun uiterlijk verbeteren én ze zullen – heel geraffineerd – de rollen omkeren door jaloezie bij de partner op te roepen. Hierdoor maken ze duidelijk dat ze andere partnermogelijkheden hebben, dat ze door andere mannen begeerd worden, waarmee ze hun aantrekkelijkheid onderstrepen.

Aan het einde van deze paragrafen over meervoudig paren, overspel en jaloezie bij de mens, nog twee punten. Ten eerste, de mens is nog veel gecompliceerder dan het hier geschetste beeld; er komen meer factoren kijken bij de voortplantingsmotivatie. Denk maar aan het feit dat de meeste mannen geen spermadonor willen zijn, ondanks het feit dat een spermabank een gemakkelijke manier is om de genen extra te verspreiden. De meeste mannen geven hiervoor als argument dat ze een kind zouden verwekken dat ze nooit zullen zien. Misschien betekent dit dat de motivatie voor de ouderzorg hier sterker is dan de drang tot genenverspreiding.

Ten tweede wil ik nog benadrukken wat eerder in dit boek al is onderstreept. Het verklaren van het bestaan van een menselijk gedrag door de evolutie ervan te analyseren, houdt geen goedkeuring noch enig ander oordeel in onze culturele context in. De biologie analyseert en stelt vast, maar keurt daarmee het onderwerp niet goed of af. Als we kunnen verklaren dat overspel bijvoorbeeld een logisch gevolg is van de evolutie van ons voortplantingssucces, zeggen we daarmee niet dat het algemeen aanvaard moet worden of dat onze samenleving zich er niet druk moet over maken. Integendeel, wanneer onze cultuur heeft uitgemaakt dat onze samenleving gekenmerkt moet zijn door partnertrouw, dan steunt dat op bevindingen die aan de praktijk zijn getoetst. Dan wil dat zeggen dat mensen gedurende lange tijd hebben ondervonden dat monogamie een beter stelsel is om de samenleving ordelijk te laten bestaan. In onze cultuur worden geen kopieën van genen geteld om over succes te spreken, wij hechten meer belang aan het netwerk van onze samenleving waardoor we kunnen samenleven. Dat hebben we ook met democratische instrumenten zo afgesproken. Op basis van die afspraak is die conclusie van monogamie goed. Het is goed binnen één kader, onze cultuur. Het is 'verkeerd' binnen de natuurlijke selectie. En aangezien wij willen leven binnen de spelregels van onze cultuur, nemen we de stelregels ervan als norm. De spelregels van onze biologie zijn geen norm, maar het onderwerp van wetenschappelijk onderzoek.

Is de gedragsbiologie dan energieverspilling? De toekomst zal uitwijzen dat dit niet zo is. Het begrijpen van ons gedrag op basis van de evolutie staat nog in de kinderschoenen, maar binnen twintig of dertig jaar zullen we er de vruchten van plukken die zullen helpen onze samenleving te saneren. Voor wie nu al van deze vruchten wil proeven, een minipreekje. Er zijn veel mannen die er prat op gaan veel vrouwen in hun bed te krijgen, ze hangen de supermacho uit. De evolutiebiologie kan ze duidelijk maken dat ze alleen de speelbal zijn van een paar genen die dateren uit onze oeroude voorgeschiedenis, genen die alleen voortplanting willen, wat onze supermacho juist niet wil. Is men een superheld omdat men gedirigeerd wordt door genen? Dit inzicht, dat kan worden bijgebracht via degelijk biologieonderwijs, kan misschien bijdragen tot een vermindering van gedragingen die anderen veel leed kunnen bezorgen. Hetzelfde geldt voor uitzinnige jaloezie. Als je weet dat jaloezie ontstaat uit vrees voor voortplanting, dan moet je je huwelijk niet opblazen voor één slippertje van de partner. Misschien volstaat een scheldtirade. Dat is de moraal van dit overspelverhaal.

Welke partner kiezen?

Het verhaal over de verschillen in belangen van degenen die zaadcellen maken en degenen die eicellen produceren, heeft nog flink wat meer consequenties dan alleen overspel en seksuele jaloezie. We kunnen uit deze theorie leren op welke basis mannen en vrouwen een partner kiezen voor de lange, maar ook voor de korte termijn en vooral welke verschillen zich dan voordoen tussen mannen en vrouwen. Een biologisch goede partnerkeuze ligt inderdaad niet zo voor de hand. We hebben al onderstreept dat genen die een groot voortplantingssucces opleveren zich meer verspreiden en dus algemeen kunnen worden. Welnu, dat betekent dat elk individu dat zich wil voorplanten een partner moet zoeken die dit succes kan verzekeren, of waarbij de kans op succes groot is – want zekerheid is er nooit, voor mees noch mens. Die keuze, de voorkeur voor een bepaalde partner, verloopt volgens strenge wetten.

Mensen kunnen binnen hun sekse van elkaar verschillen in duizenden factoren. Slechts enkele daarvan zijn relevant voor de bijdrage tot het voortplantingssucces van de andere sekse. Gedurende de evolutie werden de individuen geselecteerd die de juiste keuzen maakten. Dat wil zeggen dat de evolutie mensen bevoordeelde die partners kozen met kenmerken die voordelen bijbrengen, ofwel nu ofwel later, en die mogelijke partners afwezen met kenmerken die alleen kosten inhouden. Elk van deze kenmerken van een mens houdt een waarde-element als partner voor de andere sekse in, een waarde-element dat de voorkeur voor een partner uitmaakt. Partnerkeuze betekent dus waardeoordelen vellen en een balans opmaken van alle positieve en negatieve kenmerken van een mogelijke partner.

We zullen enkele kenmerken belichten die een vrouw of een man in een partner zoekt. We beperken ons daarbij tot kenmerken die wetenschappelijk zijn onderzocht en waarover we dus meer kunnen vertellen dan in een vrijblijvende speculatie. Vooral de evolutiepsycholoog David Buss heeft veel onderzoek op dit terrein verricht. We beginnen met de partnerkeuze door de vrouw, een van de best onderzochte onderwerpen uit de evolutiepsychologie.

... door vrouwen

Een eerste voorkeur voor vrouwen bij hun partnerkeuze is deze voor economische hulpbronnen. De gangbare idee dat vrouwen op rijke mannen vallen, is niet zonder waarheid en niet zonder evolutionaire basis. Ik heb hierboven uiteengezet hoe belangrijk het is voor de mannelijke mees om een groot en goed territorium te hebben als hij wil uitverkoren worden door een wijfje; het is voor het wijfje een zekerheid dat de jongen voldoende middelen zullen krijgen om op te groeien. Dat geldt voor veel soorten, ook voor de mens. Natuurlijk zien we het belang daarvan niet zonder meer in bij de man en de vrouw van vandaag, maar in het Moederland moet de materiële inbreng van de man zeer belangrijk zijn geweest om de kinderen in leven te houden. De kans dat een vrouw zowel voor voedsel kon zorgen als haar kind beschermen en in leven houden, was klein. Vrouwen ontwikkelden de mogelijkheid om de 'rijkdom' van de potentiële partner te taxeren aan de hand van bepaalde signalen. Ze gaven hun voorkeur aan mannen met een voldoende aanbod aan hulpbronnen. Dit gedrag is via veel generaties doorgegeven, via het eenvoudige systeem dat vrouwen die geen eisen stelden op dit gebied, geen of weinig kinderen konden grootbrengen.

Ten tweede is er de voorkeur voor goede financiële vooruitzichten. Het is niet voldoende dat de partner vandaag veel hulpbronnen met haar en haar kinderen kan delen, er moeten garanties bestaan dat er ook in de toekomst voldoende geld is. Vrouwen hebben altijd veel belang gehecht aan het inkomen van een potentiële partner – ook voor korte relaties – wijst onderzoek uit. Deze financiële voorkeur bij vrouwen is in een grootschalig onderzoek bestudeerd bij uiteenlopende culturen. De tendens van de conclusie was universeel dezelfde, onafhankelijk van het land of van de godsdienst, zowel voor ontwikkelde als primitieve culturen, kapitalistische of communistische systemen.

Een volgende voorkeur is hoge sociale status. Bij veel primaten en in alle menselijke culturen is er een of andere hiërarchie, een rangorde, dus zeer waarschijnlijk bestond dat ook bij onze voorouders. Vrouwen blijken een sterke voorkeur te hebben voor mannen die hoog staan in deze hiërarchie, dus een hoge status, veel aanzien en macht hebben. Dat is niet zo verwonderlijk want een hoge status is een aanwijzing voor het feit dat men de controle heeft over veel hulpbronnen. Sinds ons Moederland hebben mannen met hoog aanzien veel voordelen. Ze hebben beter voedsel, een groter en beter territorium, betere kansen op gezondheid. Bovendien dragen ze deze hoge status vaak over op de nakomelingen. Dat is dubbele winst voor de vrouw! Uit onderzoek blijkt dat de sociale status als waarde-element in de vrouwelijke partnerkeuze maar weinig onderdoet voor de financiële eis. Vandaag wordt sociale status ook gemeten aan het gevolgde onderwijs: vrouwen tonen grote voorkeur voor mannen met een hoog diploma. Deze preferentie kan tot problemen leiden bij vrouwen die op hogere leeftijd een partner zoeken. Bij centra voor relatie- en huwelijkscontacten stelt men vast dat goed opgeleide vrouwen van 50+ moeilijk een partner vinden omdat ze hoge eisen stellen aan het ontwikkelingsniveau van een man. Mannen die aan hun eisen beantwoorden, hebben veel keuze uit vrouwen die 10 tot 15 jaar jonger zijn. Deze mannen verdwijnen dus van de 'oudere partnersmarkt'. Ik kom daar straks op terug.

Dan is er de voorkeur voor oudere mannen. Misschien had de lezer dit minder verwacht dan de vorige voorkeuren, maar over de hele wereld geven vrouwen de voorkeur aan mannen die ouder zijn dan zij (gemiddeld 3,5 jaar).

Statistieken geven aan dat deze voorkeur ook in de praktijk doorklinkt. Bij huwelijken zijn de bruidegoms gemiddeld drie jaar ouder dan de bruiden. De verklaring voor deze voorkeur vinden we in de waarneming dat in alle culturen een toename van de leeftijd gepaard gaat met het vergaren van meer hulpbronnen, macht, vaardigheden, enzovoort. Het leeftijdsverschil tussen man en vrouw neemt echter toe naarmate de dame in kwestie zelf ouder wordt. Jonge vrouwen beperken zich tot mannen die enkele jaren ouder zijn. Dat kan verklaard worden door het feit dat bij oudere mannen de kans op overlijden toeneemt en ook door het mogelijke conflict dat kan ontstaan vanwege een te groot leeftijdsverschil (hinderpaal voor een blijvende relatie).

De voorkeur voor ambitie en ijver blijkt uit wereldwijde studies. Ambitie en ijver worden universeel door vrouwen verkozen boven luiheid en ongemotiveerdheid. Merkwaardig is dat dit zowel geldt voor relaties van korte duur (de 'slippertjes') als van lange duur. Bij onze over-overgrootmoeders was deze voorkeur een oplossing om enige zekerheid te hebben voor hulpbronnen in de toekomst.

Ook de voorkeur voor betrouwbaarheid en stabiliteit is universeel. In alle bestudeerde culturen hechten zowel mannen als vrouwen veel belang aan de betrouwbaarheid van de partner, maar in veel culturen is deze voorkeur groter bij vrouwen dan bij mannen. Ook emotionele stabiliteit van de partner wordt bij de partnerkeuze hoger aangeslagen bij vrouwen dan bij mannen. Betrouwbaarheid en emotionele stabiliteit zijn persoonlijke kwaliteiten die wijzen op een grotere kans dat de hulpbronnen in de toekomst blijvend verzekerd zijn, en niet aan anderen zullen worden gespendeerd.

Dan is er de voorkeur voor een atletisch lichaam en dapperheid. Ook dat is gemakkelijk te begrijpen wanneer we teruggaan naar het Moederland. Vrouwen, zowel bij onze voorouders, bij diverse primaten als in onze samenleving nu, worden vaak geconfronteerd met mannelijke dominantie, ook op seksueel gebied. Verkrachtingen en ontvoeringen zijn niet denkbeeldig. De vrouwen zoeken hiertegen bescherming bij de man met wie ze een band aangaan. Hij moet kracht en dapperheid uitstralen als garantie voor bescherming wanneer dat nodig is. Vrouwen verkiezen altijd grotere mannen boven kleinere, zowel voor relaties van korte als van lange duur. Ook dat is universeel. Een onderzoek in Polen toonde aan dat kinderloze mannen gemiddeld drie centimeter korter zijn dan vaders. Bovendien bleken vrijgezellen kleiner te zijn dan mannen met een partner. Grotere mannen hebben dus meer kans op voortplanting. Een gezond, atletisch en groot lichaam is niet alleen een betere waarborg voor bescherming van de partner en haar kinderen, het is meteen ook een teken dat de man in kwestie goede genen draagt, die dan weer op de kinderen worden overgedragen. Deze voorkeur is dus niet verwonderlijk.

Een belangrijk punt bij de vrouwelijke partnerkeuze is de voorkeur voor een goede gezondheid. Voortplanting met een zieke of ongezonde partner moet voor onze voorouders een groot risico hebben betekend: de partner zal misschien onvoldoende zorg kunnen dragen voor de nakomelingen, hij sterft misschien vroegtijdig waardoor de vrouw voor de opgave staat een nieuwe partner te vinden, de ziektekiemen worden misschien op de partner overgedragen, of op de nakomelingen, het gebrek aan gezondheid is misschien erfelijk en kan dus op de nakomelingen worden overgedragen waardoor hun voortplantingskansen dalen, enzovoort. In alle culturen zijn blijken van gezondheid zowel voor vrouwen als voor mannen zeer belangrijk bij de partnerkeuze, maar we weten uit het begin van dit hoofdstuk dat vooral vrouwen geen risico willen lopen bij de partnerkeuze. De eerste reactie van de lezer is wellicht dat gezondheid toch moeilijk is af te lezen. Je hoeft toch geen geneeskundig keuringsbewijs bij je te hebben als je op de versiertoer bent? Nee hoor, want in plaats daarvan kunnen we terugvallen op een uitgesproken signaal van lichamelijke gezondheid: de symmetrie van het gezicht en het lichaam. Wanneer een lichaam tijdens zijn ontwikkeling onderhevig is aan stressoren – zoals ziekteverwekkers – kan de stabiliteit van de ontwikkeling verstoord worden. Die verstoring uit zich in een vermindering van de symmetrie. In een onderzoek ging men de voorkeur van vrouwen voor verschillende mannengezichten na. Hieruit bleek dat mannen met een symmetrisch gezicht hoger scoren dan mannen met een asymmetrie in het gezicht.

Zeker mijn vrouwelijke lezers wachten nu op de voorkeur voor liefde. En inderdaad, het was tijdens de evolutie voor vrouwen niet alleen belangrijk dat ze een partner vonden die over voldoende hulpbronnen zou beschikken, hij moest deze ook nog ter beschikking willen stellen van haar en haar kinderen en wel op permanente basis. Liefde kon hierbij een goede indicator zijn. Het komt in alle culturen voor. Liefde moet een duurzame verbintenis inhouden waarbij tijd, energie en inspanning naar de behoeften van de partner worden geleid ten koste van de eigen doelstellingen. Daardoor stellen vrouwen meestal hoge eisen wat liefde betreft, voordat ze een huwelijk aangaan. Ze willen zich ook niet langdurig binden aan een man waarop ze niet verliefd zijn, ook al beschikt hij verder over alle andere belangrijke kenmerken.

En tot slot is er de voorkeur voor de bereidheid tot 'vaderinvestering'. Dit ligt natuurlijk voor de hand. Vrouwen moeten de bereidheid tot vaderinvestering juist inschatten, omdat hiervoor geen automatische zekerheid bestaat. Ten eerste zijn mannen soms alleen uit op seksuele afwisseling en zullen dus hun hulpbronnen naar andere kinderen leiden. Ten tweede gaan mannen na of ze wel degelijk de vader zijn van het kind waarin ze moeten investeren, ze zullen dus niet hals over kop aan een vaderinvestering beginnen. Door deze onzekerheden moet de vrouw voor een langetermijnrelatie de voorkeur geven aan een man die aangeeft een grote bereidheid tot investering te hebben. Mannen die interesse en bezorgdheid tonen voor kinderen hebben de voorkeur van vrouwen boven onverschilligen terzake. Merkwaardig is dat uit proeven blijkt dat het omgekeerde – dus mannelijke voorkeur voor vrouwen met signalen van bereidheid tot moederinvestering – niet opgaat.

... en door mannen

Tot zover de partnervoorkeur bij vrouwen. Maar hoe zit het met de man? Hij heeft een andere voortplantingsstrategie dan de vrouw, dus verwachten we dat een man andere eisen zal stellen aan een toekomstige partner. Dat is slechts ten dele waar. Mannen eisen grotendeels dezelfde eigenschappen van hun partner als vrouwen. Ook zij zoeken intelligentie, genegenheid, gezondheid, de bereidheid tot het delen van hun eigendom, enzovoort. Maar ze erfden van de voorvaders in het Moederland ook andere voorkeuren die steunden op andere aanpassingen dan bij vrouwen. We zetten de onderzochte eigenschappen op een rijtje.

Een eerste voorkeur – daar zullen velen meteen aan denken – is de voorkeur voor jeugd. Er is hierover uitgebreid onderzoek gedaan over lange perioden. Daaruit blijkt dat mannen een voorkeur hebben voor vrouwen die gemiddeld 2,5 jaar jonger zijn dan zij. Deze voorkeur komt in alle onderzochte culturen voor. Misschien is men verbaasd over dit kleine leeftijdsverschil, maar het gaat hier om een gemiddelde. Zo is het verschil afhankelijk van de leeftijd van de man: hoe ouder de mannen, hoe jonger de vrouwen die ze verkiezen. Het verschil loopt op tot 15 jaar wanneer de man de vijftig bereikt. Statistieken die zijn opgemaakt aan de hand van fiches van centra voor relatie- en huwelijkscontacten geven dit zeer goed weer, zoals enkele alinea's terug is opgemerkt: vrouwen boven de vijftig vinden veel moeilijker een partner doordat hun mannelijke leeftijdgenoten vaak kiezen voor een vrouw die 10 tot 15 jaar jonger is. In systemen waarbij polygamie ingeburgerd is, zoals in Nigeria of Zambia, wordt het leeftijdsverschil ook groter, doordat mannen pas op latere leeftijd voldoende rijkdom hebben vergaard om meerdere vrouwen te kunnen onderhouden.

Dit is dus het verhaal van de oude bok en het groene blaadje. Het is geen machogedoe van de man in midlifecrisis, het is een logisch gevolg van de genetisch bepaalde drang om de fitness te vergroten. Jonge vrouwen zijn vruchtbaarder, hebben minder problemen bij de bevalling, zijn waarschijnlijk gezonder, hebben minder kans op kinderen met afwijkingen in het chromosomenaantal, kunnen meer energie opbrengen voor kinderen en hebben nog een langer leven voor zich, waardoor ze nog voldoende capaciteit voor de toekomst hebben. Dit vrij economisch getinte lijstje zit natuurlijk niet in de ratio van de man, maar in zijn oeroude genen.

Dat het inderdaad niet gaat om de jeugd op zich, maar om een maximale vruchtbaarheid blijkt uit een onderzoek bij teenagers van 12 tot 18 jaar. In tegenstelling tot volwassen mannen vertonen jongens een voorkeur voor meisjes die iets ouder zijn dan zij en dus vruchtbaarder, ook al worden ze door die meisjes afgewezen omdat ze te jong zijn. Vrouwen blijven in alle leeftijden een voorkeur houden voor een oudere partner.

Een tweede voorkeur bij de man voor een partner zal ook intuïtief snel begrepen worden, namelijk lichamelijke schoonheid. Als mannen een voorkeur hebben voor jeugd en gezondheid, dus hoge vruchtbaarheid, dan moeten ze die ook kunnen herkennen aan de hand van een aantal lichamelijke criteria. Wij noemen die normen doorgaans 'schoonheid'. Onze voorouders konden door twee groepen uitwendig waarneembare aanwijzingen de voortplantingswaarde van een vrouw afwegen. Zo zijn er ten eerste de kenmerken van het uiterlijk zoals volle lippen, een gave en zachte huid, heldere ogen, glanzend haar, een goede spiertonus, een evenwichtige verdeling van het lichaamsvet. Ten tweede zijn er de kenmerken van gedrag, een lichte, jeugdige tred, een levendige gezichtsmimiek, een hoog energieniveau. Het zou kunnen dat deze uitwendige kenmerken van jeugd en gezondheid, en dus vruchtbaarheid, mannelijke basisnormen zijn voor vrouwelijke schoonheid en dus aantrekkingskracht. Het zijn inderdaad normen die over de hele wereld bestaan, bij alle culturen. Ze moeten niet worden aangeleerd, dat weten we uit proeven met baby's van drie maanden oud. Zij kijken namelijk langer naar foto's die aan normen van schoonheid beantwoorden dan naar andere foto's, en niemand zal beweren dat de baby dit alles mooi geleerd heeft; hij is ermee geboren.

Schoonheid is een moeilijk te vatten begrip en het is moeilijk wetenschappelijk vast te stellen waaruit schoonheid bestaat. Recent onderzoek ernaar is wel het vermelden waard. Met behulp van computerprogramma's werden gezichten kunstmatig samengesteld en voorgelegd aan proefpersonen met de vraag ze te rangschikken op basis van schoonheid. Uit zulke proeven blijkt dat mooie gezichten beantwoorden aan twee basisprincipes: het zijn *gemiddelde* gezichten, dus samengesteld met de componenten van veel andere gezichten, en ze zijn *symmetrisch.* Oudere gezichten wijken meer af van het gemiddelde en worden asymmetrisch. Dus symmetrie wijst niet alleen op gezondheid, zoals we hierboven hebben vermeld, maar ook op jeugd.

Een derde voorkeur komt wat minder romantisch over, het gaat om lichaamsvet, meer bepaald de taille-heupenverhouding. Lichaamsvet is een onderwerp waarover wij niet snel praten als we het over de schoonheid van een vrouw hebben. Toch houdt dit punt verband met het vorige. Naast het gezicht geeft immers het hele lichaam aanwijzingen die relevant kunnen zijn voor de partnerkeuze. Zo is het lichaamsgewicht belangrijk, maar dat is afhankelijk van omgevingsfactoren. Bij volkeren die vaak kampen met voedselschaarste, is dik zijn een teken van rijkdom. Wanneer voedsel overvloedig aanwezig is, kan een rank silhouet wijzen op rijkdom. Het gewicht is dus geen universeel kenmerk wat de voorkeur in de partnerkeuze betreft. De verhouding van de taille tot de heupen waarschijnlijk wel. Waarom denken we dat?

Voor de puberteit is de taille-heupenverhouding bij beide seksen gelijk, tussen 0,85 en 0,95. Dat wil zeggen dat de omvang van de taille slechts 0,85 tot 0,95 van die van de heupen is. Tijdens de puberteit verliezen jongens vet ter hoogte van de billen en de dijen terwijl bij meisjes door de invloed van oestrogeen juist meer vet wordt afgezet ter hoogte van de heupen en de dijen: in verhouding wordt de taille smaller. Daardoor komt deze verhouding aanzienlijk lager te liggen dan bij mannen. Bij gezonde, vruchtbare vrouwen ligt de verhouding tussen 0,67 en 0,80; bij gezonde mannen nog steeds tussen 0,85 en 0,95. Dit verschil heeft een biologische betekenis. Onderzoek onder zeer veel vrouwen heeft uitgewezen dat er een verband bestaat tussen de taille-heupenverhouding enerzijds en vruchtbaarheid en gezondheid anderzijds. Vrouwen met een lagere verhouding (smallere taille) starten de hormonale activiteit in de puberteit vroeger, ze worden gemakkelijker en op vroegere leeftijd zwanger dan vrouwen met een hogere verhouding. Bovendien zijn vrouwen met een smallere taille minder vatbaar voor suikerziekte, hoge bloeddruk, hartaanval, hersenbloeding, galblaasproblemen, enzovoort. Dus ook al hadden we dat intuïtief niet verwacht, de taille-heupenverhouding is een goed waarneembare indicator voor vruchtbaarheid en gezondheid bij de vrouw.

Deze indicator wordt dan ook gebruikt. Proeven met mannen hebben aangetoond dat ze de meeste voorkeur geven aan vrouwen met een taille-heupenverhouding van 0,70. Bovendien werkt deze eigenschap sterker in hun keuze dan de hele hoeveelheid lichaamsvet. Er zijn enkele schaarse onderzoeken bij andere culturen die erop wijzen dat die voorkeur universeel zou kunnen zijn, maar het vraagt nog verdere studie om hierover zekerheid te bieden.

Tot zover het antwoord op de vaak gestelde vraag 'Waarom besteden mannen aandacht aan de schoonheid van vrouwen en gebeurt dit omgekeerd veel minder?'. De kern van het antwoord ligt in het feit dat schoonheid ogenblikkelijk kan worden vastgesteld, het criterium levert onmiddellijk beschikbare informatie op.

De vraag is samenvattend als volgt te beantwoorden. Ten eerste streven mannen snelle bevruchtingen na waarbij ze snel moeten kunnen oordelen over de genen van de vrouw. Haar schoonheid is een vrij betrouwbare aanwijzing van haar goede genen. Ten tweede, vrouwen willen pas een bevruchting als ze weten dat de toekomstige vader goede genen heeft én goed voor het kind kan zorgen (rijkdom, intelligentie, affectie) en zoiets kan niet direct worden gemeten, het vereist een langere 'testperiode'. Dit is een universeel fenomeen, wat blijkt uit veel studies bij zeer veel culturen. Toch hebben zich wat het belang van de lichamelijkheid betreft, in de loop van de twintigste eeuw verschuivingen voorgedaan. Een onderzoek over de periode van 1939 tot 1996 toonde aan dat het belang van lichamelijkheid gestadig toeneemt. Wellicht gaat deze evolutie samen met de opkomst en de groei van media zoals televisie, modetijdschriften, en reclame, die aantrekkelijke mensen tonen, vaak zelfs *supranormaal* aantrekkelijk. Het belang van het lichaam nam progressief toe bij mannen én vrouwen, maar toch bleef het verschil tussen beiden onveranderd, wat natuurlijk perfect klopt met de evolutionaire verklaring. Want als het seksuele verschil niet constant bleef, zouden er andere factoren in het spel zijn dan de vruchtbaarheidsindicatoren.

Onzekerheid over het vaderschap

Bij de meeste primaten toont het wijfje uitwendig overduidelijk wanneer ze ovuleert. Haar genitaliën zwellen op – al dan niet samen met het weefsel eromheen – tot een rode, opvallende zwelling. Iedereen in de groep kent haar vruchtbaarheidsstatus. Haar mannetje kan zijn hofmakerij én bewaking tot dit moment beperken. Buiten dit vruchtbare moment is zijn bewaking niet al te belangrijk, aangezien andere mannen haar toch niet zwanger kunnen maken. Bij de mens zit dat anders. Onze vrouwen lopen niet te koop met hun vruchtbare periode, ze ovuleren cryptisch, verborgen dus. Daardoor kennen mannen het tijdstip van de vruchtbaarheid van hun vrouw niet en zijn verplicht al hun tijd bij haar te blijven om haar te bewaken tegen overspel. Zo bindt de vrouw haar man voor lange tijd aan zich en verhindert ze dat hij energie en hulpbronnen aan een andere vrouw spendeert. Dat zou de verklaring zijn van de functie van de verborgen ovulatie. Dit systeem veranderde een boel aan ons voortplantingsgedrag.

De verborgen ovulatie van de mens is positief voor de vrouw, maar zeker niet voor de man. De ononderbroken bewaking van de partner is in de praktijk immers niet mogelijk, aangezien de man nog wel wat anders te doen heeft; hij heeft nog andere biologische functies te vervullen. Onze voorouders hebben oplossingen moeten ontwikkelen voor dit probleem.

De beste oplossing is het aangaan van een blijvende band, een huwelijk zeg maar. Daardoor kunnen meer bevruchtingen worden gerealiseerd. Bovendien weten de groepsgenoten wie aan wie gepaard is en dat vermindert aanzienlijk de competitie voor een partner. Ten slotte kan de man zijn vrouw intiemer leren kennen waardoor hij gemakkelijker signalen kan ontdekken die op ontrouw wijzen.

Opdat het huwelijk een waarborg zou kunnen zijn voor het mannelijk monopolie op de bevruchtingen moet de man bij de partnerkeuze – dus van tevoren – al tekenen van trouwhartigheid bij de vrouw kunnen herkennen. Het heeft niet veel zin een band aan te gaan, misschien wel levenslang, als de partner toch gaat proberen ontrouw te zijn. We zagen hierboven dat die kans reëel is. Wellicht kan de wijdverspreide wens om een maagd te huwen hierdoor verklaard worden. Vrouwelijke kuisheid voor het huwelijk verhoogt de kans dat de vrouw na het huwelijk ook kuis (lees: trouw) zal zijn. De voorkeur voor een maagdelijke bruid is de laatste decennia aanzienlijk gedaald, waarschijnlijk met de opkomst van geboortebeperkende middelen. Er zijn in dit opzicht ook grote culturele verschillen. Maar het blijft duidelijk belangrijker voor mannen dan voor vrouwen bij de keuze van een levenspartner.

Sex-appeal

Dit hoofdstuk behandelt de ultieme vraag over voortplanting. Door welke mechanismen is het voortplantingssucces van de man en de vrouw te maximaliseren? Toch voel ik hier de noodzaak om een zijsprongetje te maken en even stil te staan bij de proximale mechanismen die een vrouw gebruikt om de man aan te trekken. Dit is immers een goede gelegenheid om expliciet duidelijk te maken wat ik in hoofdstuk 5 stelde, namelijk dat we, om gedrag goed te begrijpen, zowel de proximale als de ultieme vraagstelling moeten beantwoorden. De opsplitsing in verschillende hoofdstukken voor elke vraagstelling werkt verwarrend, dus is dit een goed moment om de verstrengeling van deze vragen te illustreren. Ik probeer kort te belichten hoe de aanpassingen voor een optimale partnerkeuze – die hierboven zijn beschreven – vertaald worden in de praktijk. Na dit zijsprongetje zal ik de draad meteen weer oppakken en verder gaan met de grote, ultieme vraag over voortplanting.

Het grootste deel van de mannen onder ons zal moeten toegeven dat sommige vrouwen op straat, in een vergadering, op een feestje, in de supermarkt of waar dan ook meteen onze aandacht trekken. We richten onze ogen op hen en hebben soms moeite ze weer af te wenden. Sommigen wagen het hun goedkeuring over het figuur van een vrouw kenbaar te maken door te fluiten. De man wordt in zo'n situatie aangetrokken door de verschijning van de vrouw. We noemen haar mooi, sexy of aantrekkelijk. Dit laatste is een gebruikelijk woord in het Nederlands en ook vanuit biologisch standpunt goed gekozen. Het geeft meteen de actie weer die haar uiterlijk realiseert: ze trekt mannen aan. Als dat mechanisme niet zou bestaan, zouden alle mooie evolutionaire aanpassingen die ons voortplantingssucces optimaliseren, geen effect sorteren. Ze zouden niet gerealiseerd worden, omgezet in de nodige handelingen. De partnervoorkeuren die in de vorige paragrafen zijn beschreven, dienen om te beslissen welke partner goed is, voor de lange of de korte termijn. Er zijn echter zeer specifieke mechanismen nodig om de potentiële partners bij elkaar te brengen. Een chemicus zal ons nauwkeurig kunnen uitleggen waarom de ene molecule uitstekend past bij en reageert met een andere molecule, maar als die twee niet bij elkaar worden gebracht, kunnen we die mooie chemische reactie natuurlijk wel vergeten. Bij ons is dat niet anders. De evolutie heeft vastgelegd dat mevrouw A en meneer B bij elkaar passen – een ultieme oplossing – maar mevrouw en meneer moeten dat zelf realiseren, via proximale oplossingen.

De evolutionaire visie over de voortplanting houdt wel een ontnuchtering in. In tijdschriftenquêtes wordt wel eens gepolst naar wat mannen zo aantrekkelijk vinden aan een vrouw. Is het de boezem? Het gezicht? De rode mond? Volle lippen? Heupen? Benen? Kontje? Schaamlippen? Een van deze dingen zal het antwoord van menig man zijn. Nou, wij weten wel beter. Het klinkt ontnuchterend, maar wat de man echt aantrekt in een vrouw, is de buitenste schors van haar eierstokken. Die bevatten namelijk de cellen die later bevrucht kunnen worden. Die eierstokken zijn echter niet te zien, afgezien van een enkele onderzoeker en chirurg heeft nooit iemand levende eierstokken gezien. En toch zijn het die dingen in de vrouw die de genen van de man aantrekken. Daar hebben we een probleem: de genen van de man willen dat hun eigenaar jaagt op eierstokken, maar die man ziet zijn doel nooit. De oplossing? De mannelijke genen sturen de man op pad met de boodschap 'jongen, als je de eierstokken zelf niet kunt vinden, ga dan af op secundaire kenmerken die verwijzen naar het bezit van die kostbare dingen'. Die secundaire kenmerken zijn wel uitwendig waarneembaar, ook al zijn ze slechts secundair, ze hebben niets te maken met voortplanting zelf. Het gaat dan om borsten, billen, lippen en al die elementen die we samen vrouwelijke schoonheid noemen.

De aantrekkelijke vrouwelijke kenmerken zijn zo prikkels geworden die een reactie van de man uitlokken. Die kenmerken zijn niet willekeurig gekozen. Om te beginnen zijn het elementen die verband houden met het verschil tussen man en vrouw, het zijn typisch vrouwelijke kenmerken, denken we maar aan de borsten. Bovendien zijn ze indicatoren voor jeugd en gezondheid, zoals we gezien hebben. Ook al zijn sommige mannen verzot op de voeten van de vrouw, de meeste onder ons zien er geen structuren in die bijdragen tot de vrouwelijke sex-appeal: ze verschillen niet wezenlijk genoeg van de voeten van de man en ze zeggen weinig over de voortplantingseigenschappen van de eigenares van de voeten. Vandaar. En toch is die verklaring niet toereikend. Dat vrouwelijke borsten de sex-appeal verhogen, is gemakkelijk te verklaren met deze visie (we komen er zo op terug), maar waarom vinden we bijvoorbeeld ook de billen aantrekkelijk? Het zou een indicator kunnen zijn voor de verdeling van het lichaamsvet, maar daar speelt de taille/heupen-verhouding de hoofdrol. We moeten een andere verklaring zoeken en gaan daarvoor weer naar het Moederland.

Bijna alle zoogdieren paren met dezelfde lichaamshoudingen: het mannetje bestijgt het wijfje van achteren en penetreert haar terwijl hij op zijn achterpoten staat. Het mannetje moet de vagina vinden door zich te oriënteren met behulp van het achterste gedeelte van het wijfje. Vrouwelijke primaten, zoals bavianen en chimpansees, hebben van dat wetmatige standje gebruikgemaakt. Zij verhogen de aandacht van het mannetje voor hun oriënterende achterkant met behulp van een rode zwelling. Hun schaamlippen en de gebieden daaromheen zwellen tijdens de eisprong op tot een zeer opvallende tomaat. Hoeveel bezoekers van de dierentuin hebben bij het zien van deze tomaten geen lachbui gekregen, of vol medelijden gedacht dat het dier in kwestie ernstig ziek of misvormd was. Niets daarvan: de zwelling is een ideale aanwijzing voor het tijdstip van de vruchtbaarheid én ze heeft een aantrekkingskracht waar een mannelijke baviaan of chimpansee niet aan kan weerstaan. Deze heren zouden alles overhebben om de tomaat in hun bezit te krijgen. Wijfjes die voorheen niet eens werden opgemerkt door de mannen, worden bij hun zwelling zonder meer onweerstaanbaar. Daar gaat het ook om. De mannelijke chimp kan de ovulatie zelf niet zien, kan daarop dus niet verzot worden, maar hij ziet de begeleidende zwelling zeer goed en wordt daar wel gek van.

De zwelling is niet alleen een aanwijzing voor vruchtbaarheid, ze trekt de aandacht van het mannetje meteen naar de plaats waar hij zijn penetratie moet waarmaken. De evolutie verhoogde de aantrekkingskracht van dit signaal door de kleur nog opvallender te maken, door de zwelling nog sterker te maken dan eigenlijk nodig is. Als mevrouw chimp alleen haar vruchtbare periode wil melden, is een huidkleurige zwelling voldoende. Als ze echter een sterk, opvallend signaal wil uitzenden, heeft een felle kleur een sterker effect. Kortom, de evolutie stuurde het gedrag van de man zodanig dat de tomaatrode zwelling van de vrouw pure sex-appeal werd. Het is daardoor dat je vaak mannelijke chimpansees tegen elkaar hoort fluisteren: 'Tjonge, wat een zwelling! Wauw!'

De mens, of een van zijn voorlopers van na de afsplitsing van de chimpansee, is rechtop gaan lopen. Dat heeft veel veranderingen veroorzaakt, zowel in gedrag als in lichaamsbouw. Een van deze veranderingen is het feit dat de opening van de vagina niet meer naar achter was gericht, zoals bij de viervoeters, maar volledig tussen de benen verdween. Een genitale zwelling zou niet alleen weinig zichtbaar zijn, zo'n bobbel zou ook hinderlijk worden (de schaamlippen en de huid daaromheen nemen misschien wel enkele tientallen keer in volume toe). Het leven in het Moederland was al niet te luxueus, maar een dergelijke handicap zou een normaal functioneren onmogelijk maken. Daar komt nog bij dat in de loop van de evolutie van onze soort, de ovulatie cryptisch is geworden. Vrouwen gingen juist het tegengestelde doen van hun seksegenoten bij chimpansees en zorgden ervoor dat je uitwendig *niet* kon zien dat ze ovuleerden. Dat alles betekent dat er geen sterke aantrekkingskracht kon worden gerealiseerd door een zwelling. Onze evolutie werkte een ander mechanisme uit in de vorm van een sterke prikkel die permanent aanwezig bleef, ook buiten de vruchtbare periode, en die duidelijk opviel bij het rechtop lopen. Het gaat daarbij om de lichaamsglooiing die ontstaat door de *gluteus maximus*-spieren: de billen. De billen blijven gedurende de hele voortplantingscyclus onveranderd en zijn duidelijk zichtbaar. Ze trekken de man aan en oriënteren hem voor de paring. De billen zijn in feite ontstaan doordat bij het rechtop lopen de sterke spieren een plaats moesten krijgen om zich te ontwikkelen, zowel bij de man als bij de vrouw. Maar de vrouw maakte van deze bestaande toestand gebruik om er een seksueel signaal van te maken. Alweer een voorbeeld van de ontwikkeling van een signaal uit een al bestaande structuur, zoals we in hoofdstuk 4 hebben besproken. Mevrouw ging daarbij economisch te werk en voegde een nieuwe functie toe aan de spiermassa. Dat kon eenvoudig worden gerealiseerd door wat meer vet af te zetten ter hoogte van de billen. Vrouwelijke billen zijn inderdaad ronder dan mannelijke en dit sekseverschil is van verre waarneembaar. Dat hoort ook zo: de vrouwenbillen moesten de tomaatzwelling vervangen.

Hoe zit het met de borsten? Ze worden wellicht nog eerder genoemd als elementen van de sex-appeal. Ook vrouwen zonder Pamela Anderson-figuur weten de aandacht van mannen te trekken met hun boezem. Borsten hebben natuurlijk een zeer uitgesproken rol in de voortplanting: ze produceren de voeding van de baby. En zonder die melk kan het kind niet overleven, niet in het Moederland tenminste. Goed functionerende melkklieren zijn even belangrijk voor de bijdrage tot het voortplantingssucces als bijvoorbeeld de bescherming van een man. Deze functie heeft echter niets te maken met de grootte van de borsten. Vrouwen met een beperkte borstomvang kunnen even goed voor de babyvoeding instaan als moeders met een superzware boezem. Trouwens, bij andere primaten is de borstontwikkeling – zelfs bij zogende moeders – veel beperkter dan bij de mens. De vrouwelijke borsten zijn dus overbodig groot voor hun directe voortplantingsfunctie. Mannen zullen dus niet worden aangetrokken door deze secundaire sekssignalen doordat ze een goede voeding van de toekomstige baby voorspellen. De verklaring van de grootte van de borsten moeten we elders zoeken.

Een plausibele verklaring komt van Desmond Morris. Velen hechten weinig geloof aan de juistheid van zijn interpretatie, maar vinden geen betere uitleg. Volgens Morris heeft alles te maken met het feit dat ergens in de loop van de menselijke evolutie het paargedrag een drastische verandering onderging. In plaats van een rugwaartse paring (op z'n hondjes) werd de buik-op-buik paring geïntroduceerd. Mensen pasten de coïtus in een frontale houding toe, naar elkaar toegekeerd. Die innovatie is waarschijnlijk al ouder dan de mens, want ook bonobo's – onze nauwst verwante neven in het primatenrijk – doen het zo. Zij paren zowel achterlangs als van voren. Hoe dan ook, de frontale paring nam meteen ook de signaalfunctie van de billen weg. Er moest een prikkelproducent aan de voorkant van de vrouw worden gemaakt. En zo zouden, volgens Morris, de borsten een soort nabootsing van de billen zijn geworden. Ze zijn eveneens opgeblazen en paarsgewijs aanwezig. Een moeilijkheid om deze hypothese te aanvaarden, is dat de billen een aantrekkingsfunctie op afstand hebben. Die prikkel moet de man dichterbij brengen. Dat heeft niets te maken met achter- of voorkant. Elk opvallend vrouwelijk kenmerk kan hiervoor in aanmerking komen. De billen zouden pas onzichtbaar worden wanneer de partners al tegenover elkaar staan, maar dan is de aantrekking kennelijk al een feit. Bovendien hebben bonobo's niet zulke uitgesproken borsten als onze vrouwen. De hypothese van Morris is interessant, maar nog niet echt helder. Ik denk dat de hypothese aannemelijk kan worden gemaakt door de borsten geen aantrekkingsfunctie toe te wijzen maar een prikkelfunctie. In dat opzicht zijn de borsten bij de frontale paring ingeschakeld om extra seksuele prikkels op te wekken, om de man te blijven aanmoedigen in zijn werk. Aangezien de billen deze functie vervulden bij de paring achterlangs, is het aannemelijk dat de borsten zich als nabootsing van de billen ontwikkelden. In deze visie zijn de borsten dus niet zozeer aanlokkers, dan wel opwindende signalen. Dat is mogelijk doordat de seksualiteit bij de mens veel ingewikkelder is geworden dan bij zijn neven. Hij wordt bij het vrijen niet alleen gestuurd door een algemene voortplantingsmotivatie, maar ook door een serie stimulerende prikkels, waaronder lichamelijk contact, geluid, omgevingsinvloeden (romantische sfeer), prikkelende woordjes, liefde. Stof voor verder – niet onaangenaam – onderzoek.

Ouderinvestering

De natuurlijke selectie bevoordeelt genen die zorgen voor lichamen die op hun beurt voor veel nakomelingen zorgen en dus veel kopieën van die genen maken. Dat is ondertussen wel duidelijk. Alle aspecten van de seks die we tot nu zagen, hebben hiermee te maken. Mannen en vrouwen gebruiken elk hun technieken om een maximaal aantal nakomelingen te produceren. Maar seks is niet alles, het volstaat niet veel bevruchtingen te realiseren of veel kinderen te baren. De selectie eist meer, de kinderen moeten worden grootgebracht, ze moeten worden beschermd en gevoed. Kinderen die niet overleven, zijn niet alleen verloren voor de selectie, ze betekenen ook veel verloren tijd en energie van de ouders. Zeker van de moeder, want alle tijd die ze heeft opgeofferd voor de verloren kinderen kan niet meer worden gespendeerd in echt voortplantingssucces. Bovendien moeten de kinderen zelf zo veel mogelijk kinderen voortbrengen. Met andere woorden: de natuurlijke selectie vereist niet alleen dat man en vrouw voor veel kinderen zorgen, maar ook voor veel kleinkinderen. Dus moeten de ouders naast het grootbrengen – en in leven houden – van kinderen ook voor de opvoeding zorgen, ze voldoende kennis bijbrengen om zich in de samenleving te handhaven en om een status te ontwikkelen die de voortplantingskansen zullen verhogen.

De ouders moeten dus voor het succes van hun voortplanting nog veel tijd en energie investeren in hun kinderen. Die investering noemen we de *ouderinvestering*, meer bepaald *moeder-* en *vaderinvestering*. Bij veel dieren met inwendige bevruchting is de moederinvestering groter dan de vaderinvestering. De moeder heeft immers de eieren gelegd of de jongen gebaard en heeft zekerheid over haar moederschap, haar grote investering rendeert dus. De vader twijfelt, zoals al herhaaldelijk gesteld kan hij nooit zeker zijn over zijn verwantschap met de kinderen. Toch is het nodig om voor vaderinvestering te zorgen wanneer de moederinvestering niet meer volstaat. Bij vaders in het Moederland was dat zeker zo. Het rendeert voor mannen niet om zich volledig terug te trekken uit de ouderzorg, hun kinderen hebben te weinig kans om te overleven. Zijn inzet zal echter minder renderen dan de moederzorg, al was het maar omdat hij gemiddeld gezien nu en dan voor een kind van een andere man zorgt.

Het verschil in ouderinvestering leidt tot merkwaardig menselijk gedrag. Doordat een vader onzeker is van zijn vaderschap zal hij aanwijzingen zoeken die erop wijzen dat het kind van zijn partner ook zijn kind is, onder andere door gelijkenissen tussen hem en het kind te zoeken. Hoe meer gelijkenissen hij vindt, hoe groter de kans wordt dat hij de genetische vader is. Dus kan men ook verwachten dat een moeder zal proberen om de waarneming van haar partner in 'gunstige zin' te beïnvloeden. Is dit ver gezocht? Blijkbaar niet, want onderzoek in de Verenigde Staten, Canada en Mexico op moeders van pasgeboren baby's bevestigt deze hypothese: de moeders wijzen kort na de geboorte veel meer op de gelijkenis van de baby met de vermeende vader dan met zichzelf. Dat geldt eveneens voor de familieleden van de moeder: ook zij benadrukken deze gelijkenis meer dan dat de verwanten van de vader dat doen. Dat klopt met de theorie van het totaal voortplantingssucces, die ik dadelijk uit de doeken zal doen: ook de verwanten van de moeder hebben er belang bij dat de vermoedelijke vader maximale vaderzorg geeft.

Er zijn niet alleen verschillen in ouderinvestering wat de twee ouders betreft, ook de gegeven ouderzorg naar afzonderlijke kinderen kan verschillen. Niemand zal willen toegeven meer of minder zorg of affectie te geven aan een van zijn kinderen. En toch gebeurt het. De evolutietheorie heeft het verschil voorspeld, de praktijk wijst uit dat het bestaat. Bekijken we eerst de theorie, daarna de praktijk.

Kinderen zijn de 'voertuigen' waarmee de genen van de ouders worden doorgegeven aan de volgende generaties. Niet alle kinderen zijn hierin even succesvol. Sommigen hebben meer overlevingskansen of kennen zelf een groter voortplantingssucces dan hun broers of zusters. Deze nakomelingen geven een hogere *return* aan voortplanting. Aangezien algemeen gesteld selectie die mechanismen van ouderzorg zal bevoordelen waarbij de fitness van de ouder wordt verhoogd, zal in deze 'beter renderende' nakomelingen meer worden geïnvesteerd dan in anderen. Simpel gesteld: kinderen die voor meer kleinkinderen kunnen zorgen, krijgen meer investering. Dat noemen we *ouderlijk favoritisme*. Dit geldt zowel voor mannen als voor vrouwen. Dat is de theorie. Ze klinkt hard en zal door menig ouder met 'maar niet bij mij' worden beantwoord. Toch wijzen enkele waarnemingen in deze richting.

Stiefouders hebben geen genetische verwantschap met hun stiefkinderen. Dus verwacht de theorie dat stiefouders er minder in investeren. Dat wil niemand toegeven, maar onderzoek dwingt ons die stelling toch te aanvaarden. Uit ondervragingen in een grootschalige studie blijkt dat procentueel gezien meer stiefouders zeggen geen oudergevoelens te hebben voor hun stiefkinderen dan biologische ouders. Bij mannen is dit meer uitgesproken dan bij vrouwen. Bovendien is er veel meer mishandeling en seksueel misbruik van stiefouders tegenover hun stiefkinderen dan binnen 'biologische families'. In veel culturen worden stiefouders in mythen en vertellingen gelijkgesteld met boosdoeners. Dat dit niet alleen in het Moederland voorkomt, zien we in het Van Dale-woordenboek. De tweede betekenis van stiefkind is 'misdeelde persoon of zaak'.

Toch even relativeren. De lagere investering van stiefouders is een statistisch gemiddelde over de hele menselijke populatie. We kunnen even duidelijk wetenschappelijk aantonen dat stiefouders wel dezelfde affectie voor hun stiefkinderen kunnen ontwikkelen als de biologische ouders en dus dezelfde zorgen zullen geven. Gelukkig is dat ook de meest voorkomende situatie. De statistische gegevens van daarjuist, hoe klein de afwijking ook is, geven alleen aan dat het theoretisch voorspelde, ouderlijk favoritisme wel degelijk bestaat.

De ouderzorg kan aanleiding geven tot een conflict tussen de ouders. Bij veel diersoorten zal elk van de seksen proberen de ouderinvestering zo veel mogelijk over te laten aan de andere wanneer het succes van de voortplanting hierbij niet, of niet meer, in het gedrang komt. We gaan even terug naar de mezen die eerder in dit hoofdstuk model hebben gestaan om de evolutietheorie rond de voortplanting te illustreren. Wanneer beide vogelouders de eieren uitbroeden en de jongen voeden, kan het mannetje na enige tijd, de situatie overziend, besluiten dat het wijfje alleen verder kan zonder dat daardoor het leven van de jongen in gevaar komt. Hij kan dan inderdaad vroegtijdig het nest verlaten om een ander wijfje te gaan bevruchten en zijn eerste wijfje alle verdere investeringen te laten doen. Dat eerste wijfje zal het nest niet verlaten om ook nieuw broedsel voort te brengen, aangezien dan alle voorgaande investeringen verloren gaan. Wanneer ze verlaten is en de jongen groot genoeg zijn, heeft ze er alle belang bij de jongen verder groot te brengen. Ook het omgekeerde is in theorie mogelijk, ook een wijfje kan vroegtijdig het nest verlaten en het mannetje verder voor alle zorg laten opdraaien. Er zijn soorten waar dat gebeurt, maar het komt minder voor. Dat is goed te begrijpen, het verlaten van het nest houdt altijd een risico in. Doordat de vader minder zekerheid heeft over zijn vaderschap, zal hij minder verliezen als zijn rekening verkeerd was opgemaakt, dan wanneer de moeder dat doet.

Deze manier van handelen moet ook bij de mens in het Moederland hebben gebaat. Ook bij de mens beslist de man soms vroegtijdig zijn vrouw verder te laten opdraaien voor het grootbrengen van de kinderen en zelf een nieuw gezin te stichten met een andere vrouw. Meestal is dit een jongere vrouw, de reden hiervoor hebben we eerder aangehaald. De praktijk wijst inderdaad uit dat als dit conflict tussen de ouders ontstaat, het meestal de man is die weggaat. Het is gemakkelijk aan te tonen dat dit geen theoretische veronderstelling is, maar een aantoonbaar feit. Bij huwelijksbureaus ziet men dat mannelijke dertigers moeilijker een partner vinden dan jongere of oudere mannen. De verklaring die hiervoor gegeven wordt, is dat in deze leeftijdscategorie de alleenstaande vrouwen vaak gescheiden zijn én kinderen hebben. Die vrouwen willen na hun scheiding eerst voor de kinderen zorgen voordat ze aan een nieuwe relatie gaan denken. In die centra stelt men vast dat gescheiden mannen veel vlugger aan een nieuwe relatie willen beginnen. Dit is weerom het biologisch gegeven dat de voortplantingskansen van een vrouw verhoogd worden door de kwaliteit van de moederinvestering, voor de man door de snelheid van de voortplanting.

Grootouders

In de biologie van de voortplanting zijn niet alleen de ouders en hun investeringen belangrijk. Ook grootouders kunnen een belangrijke rol spelen in dit stuk. Ze verwekken waarschijnlijk geen kinderen meer, maar dat wil niet zeggen dat ze hun voortplantingssucces niet meer kunnen verhogen. Want als men kinderen voortbrengt die zich zelf niet voortplanten, is de uiteindelijke verspreiding van de genen wel uiterst beperkt! Genen willen evenzeer kinderen als kleinkinderen en achterkleinkinderen. Kleinkinderen zijn de vehikels waarmee de genen van de grootouders worden doorgegeven. In het Moederland, en ook later, moet de investering van de grootouders zeer belangrijk zijn geweest. De inzet van de grootouders was een waardevol supplement in de zorg voor de overleving en opvoeding van de kinderen. Vandaag ligt dat anders. Het samenleven in een groter familieverband is grotendeels verdwenen. Mensen verhuizen meer en gaan verder van hun verwanten wonen. Toch blijft de relatie grootouders/kleinkinderen zichtbaar. Velen onder ons zullen dit met voorbeelden uit het eigen leven kunnen invullen en illustreren hoe opa en oma meer interesse vertonen voor hun kleinkinderen dan vroeger voor hun eigen kinderen het geval was. Maar vanuit biologische hoek is hier een ander punt zeer interessant, iets waar we niet zo gauw bij stilstaan in ons dagelijks leven. En dat is het verschil tussen de vier grootouders van een kind. De evolutietheorie voorspelt dat elk van de vier grootouders een andere investering zal doen in een kleinkind. Weer leggen we eerst uit waar deze voorspelling vandaan komt en gaan dan na of het klopt.

Voor de grootvader speelt de onzekerheid van het vaderschap tweemaal:

hij is niet volledig zeker de vader te zijn van zijn kinderen en is evenmin zeker dat zijn zoons vader zijn van hun kinderen. Alleen de grootmoeder heeft volledige zekerheid over haar genetische verwantschap met de kinderen van haar dochters. Men mag dus verwachten dat voor een kleinkind de moeder van de moeder het meest zal investeren en de vader van de vader het minst. De andere lijnen, de moeder van de vader en de vader van de moeder, liggen hier tussenin. Die investering kan concreet vertaald worden in het geven van geld of geschenken, in het aanleren van dingen, in de bereidheid tot adoptie als de ouders niet meer voldoende voor hun kinderen kunnen instaan, in affectie enzovoort. Dit verschil tussen de grootouders noemt men de discriminatoire *grootouderinvestering*.

Een Amerikaans onderzoek bevestigt deze hypothese. Aan studenten werd gevraagd hun vier grootouders te evalueren voor enkele eigenschappen, waaronder de tijd die ze samen hebben doorgebracht, de kennis die ze van hen hebben verworven, de hoeveelheid gekregen geschenken, enzovoort. In de antwoorden scoorde de vader van de vader steeds het laagst en de moeder van de moeder steeds het hoogst. Men zou verwachten dat voor de tussenliggende grootouders de scores gelijk zijn, want beide relaties hebben elk één onzekerheidsniveau, er zit steeds één vaderrelatie tussen. De tests wezen echter uit dat de vader van de moeder steeds hoger scoorde in de investeringen voor de kleinkinderen dan de moeder van de vader. Dit werd door de onderzoekers uitgelegd doordat de onzekerheid van het vaderschap bij de vorige generaties misschien in mindere mate bestond dan vandaag, dus dat er nu meer gelegenheid is tot buitenechtelijke relaties dan enkele decennia geleden. Deze studie wijst erop dat de discriminatoire grootouderinvestering inderdaad bestaat en de biologie legt uit waaruit deze ontstaan is.

Over neven, nichten en totaal voortplantingssucces

We spreken hier steeds over de zorg die kinderen krijgen van ouders en grootouders, maar u zult terecht opmerken dat ook ooms en tantes willen inspringen voor een kind, ook al is dit kind het hunne niet. Klopt die hele theorie over ouderzorg dan nog wel? Of komen oom en tante nu roet in het eten gooien? Zeker niet, maar om dat te begrijpen wordt het tijd onze visie over voortplanting uit te breiden met een interessante ontdekking in de sociobiologie. Het gaat om het *totale voortplantingssucces*, een begrip waarvan men in de biologie pas in de jaren zestig enige notie kreeg. Dankzij deze innovatie in de biologie konden meer systemen in het gedrag worden verklaard dan voorheen. We danken deze visie aan de geniale denker William D.

Hamilton. Om duidelijk te maken wat het begrip totaal voortplantingssucces inhoudt, even een stukje theorie. Een heel boeiend stukje, al zeg ik het zelf.

Door de bevruchting krijgt een nakomeling de helft van zijn genen van elk van de ouders. Daarom zeggen we dat de genetische verwantschap met zowel de vader als de moeder 1/2 bedraagt. Verwantschap wordt uitgedrukt in de hoeveelheid gemeenschappelijk genetisch materiaal. Herinner u dat de alternatieve vormen waarin genen kunnen voorkomen, *allelen* worden genoemd. Als bijvoorbeeld het gen dat instaat voor de lengte van de vingers bij uw vader voorkomt onder de vorm van het allel 'kortvingerigheid' en bij uw moeder onder de normale vorm, dat wil zeggen dat het instaat voor normale vingers, dan heeft u 50% kans het allel van uw vader over te erven. Anders gesteld, het kenmerk voor kortvingerigheid zal op de helft van de kinderen worden overgedragen. Verschillende nakomelingen van dezelfde ouders hebben onderling een aantal genen gemeen. Gemiddeld de helft van deze genen ontvingen ze van moeder, de andere helft van vader. Uitgaande van de gemeenschappelijkheid van genetisch materiaal, zijn broers en zusters onderling ook voor 1/2 met elkaar verwant. Ze zijn dus even verwant met elkaar als met de ouders. Om het niet te ingewikkeld te maken, laat ik de precieze berekening achterwege. Neemt u maar van mij aan dat het zo is.

Met dezelfde redenering kunnen we zeggen dat de verwantschap met de grootouders of kleinkinderen 1/4 is, de verwantschap met neven en nichten is 1/8. Concreet wil dit zeggen dat we kunnen berekenen wat de kans is dat een bepaald allel voorkomt bij zulke verwanten. Stel dat u drager bent van het allel voor kortvingerigheid. Dat allel is terug te vinden bij de helft van uw ouders, de helft van uw kinderen, de helft van uw broers en zusters. Maar ook bij een kwart van uw grootouders en kleinkinderen, bij één achtste van uw neven en nichten. Wat de kortvingerigheid betreft is dit niet zo wereldschokkend, maar het wordt pas interessant wanneer het allel de informatie draagt voor een gedrag. Stel dat het gaat om een altruïstisch gedrag dat hulp biedt aan de verwanten en wel zodanig dat het de voortplantingskansen van deze verwanten verhoogt. Dat betekent dat u met dat gedrag bijdraagt tot het voortplantingssucces van uw ouders, broers en zusters enzovoort. Het gen voor dat gedrag wordt dan verspreid via de voortplanting van uw verwanten, zelfs als u zichzelf niet voortplant! Het is mogelijk dat uw genen verspreid worden zonder dat u zelf kinderen op de wereld zet. Dat is ook voortplanting, zij het onrechtstreeks, en draagt bij tot uw voortplantingssucces. De fitness wordt dus niet alleen door het eigen voortplantingssucces bepaald, maar ook door dat van de verwanten. We spreken daarom van het *totale voortplantingssucces*. Vergeten we niet dat onze genen autonoom handelen, zij willen kopieën van zichzelf en het maakt hen niet uit of u daarvoor zorgt of uw verwanten.

We gaan een stapje verder. Stel dat u een gen draagt dat instaat voor een altruïstisch gedrag dat dermate ver gaat dat u bereid bent uw leven op te offeren voor uw broers en zusters die zich bijvoorbeeld in een brandend huis bevinden. Als u daarbij één broer of zus redt maar er zelf het loodje bij neerlegt, dan zal uw gen-voor-opoffering 50% kans op overleving hebben. Vergeet niet dat uw verwantschap met broer of zus 1/2 is. Dat is geen goede strategie, het gen zou er beter bij varen als u zelf in leven blijft, want dan heeft het 100% kans. Als u nu twee broers of zussen redt door zelfopoffering, dan heeft dat gen tweemaal 50% kans te overleven, een nul/nul-operatie dus. Maar nu komt het: stel dat u meer dan twee broers of zussen redt, dan heeft het brave gen meer kans te blijven bestaan dan wanneer u in leven zou blijven. Hetzelfde geldt voor meer dan twee kinderen, meer dan vier kleinkinderen, meer dan acht neven of nichten, enzovoort. Hulp aan verwanten kan meer baten dan kosten opleveren voor een gen aangezien een nauwere verwantschap ook een grotere kans op gemeenschappelijke allelen inhoudt. Ondanks het brandende huis is dit een koude optelsom, maar gevoelens zijn vreemd aan onze genen. Op deze manier kunnen genen blijven bestaan zelfs als hun drager zich niet voortplant.

Wanneer genen in de evolutie geselecteerd worden – dat wil zeggen dat ze in de populatie in frequentie toenemen – via de nakomelingen van de eigen drager én de nakomelingen van verwante dragers, spreken we van *verwantenselectie*. Genen voor een altruïstisch gedrag kunnen zich verspreiden door de verwantenselectie. Onze term 'altruïstisch' gedrag is dus een beetje misleidend. In wezen gaat het om het egoïsme van het gen, zoals Dawkins treffend stelde.

Dat is een verklaring voor het feit dat we niet alleen voor onze kinderen in de bres springen en dat we dat eerder doen voor verwanten dan voor vreemden. Maar ik kan begrijpen dat de genetische verklaring vrij bruusk overkomt bij menige lezer. Daarom wil ik deze theorie toetsen aan enkele gedragssystemen die we gemakkelijker kunnen begrijpen en waarbij de werking van de genen minder rauw overkomt, omdat het niet over onszelf gaat. Er zijn dieren waarbij de jongen zich een tijdje niet zelf voortplanten, maar hun ouders bijstaan als helpers. Ze helpen de ouders met het broeden en de zorg voor broertjes en zusjes in het nest. Dat komt voor bij verschillende zoogdieren, vogels en vissen. De genen die instaan voor dit altruïsme kennen een verspreiding doordat er meer broers en zusters bijkomen, die ook dat gen dragen. Later zullen de helpers zelf een nestje bouwen en geholpen worden door hun kinderen. Een broedende steltloper brengt zichzelf in gevaar door een predator weg te lokken van het nest met jongen, maar verhoogt toch haar fitness doordat haar genen in grotere mate verder kunnen leven via de jongen dan via de oudervogel zelf.

De duidelijkste illustratie – en meteen het overtuigendste bewijs dat deze visie juist is – vinden we echter bij de bijen. Bij deze insecten ontwikkelen de mannetjes, de darren, zich uit onbevruchte eicellen. De wijfjes – de koningin en de werksters – zijn ontstaan uit bevruchte eicellen. De koningin en haar dochters hebben dus een verwantschap van 1/2, ze delen 50% van het genetisch materiaal. Maar nu komt het: door de genetisch aberrante situatie van de vader van deze bijen, zijn de werksters onderling meer met elkaar verwant dan met de moeder. We gaan wederom niet rekenen, maar geloof me als ik zeg dat die berekening uitkomt op een verwantschap van 3/4 tussen de zusterbijen! Bij de bijen hebben de wijfjes dus meer genen gemeenschappelijk met hun zusters dan met hun moeder of met hun eventuele eigen nakomelingen. De genen van de werksters hebben er dus meer belang bij om de moeder-koningin te helpen in de voortplanting dan wanneer de werksters zelf nakomelingen krijgen. Dat is geen fictie, want u weet dat de werksters in een bijenkolonie inderdaad zelf geen eieren leggen; dat is het voorrecht van de koningin. De bijen verhogen hun voortplantingssucces door zichzelf *niet* voort te planten! Ziedaar het duidelijkste bewijs dat de evolutietheorie van het totale voortplantingssucces en de verwantenselectie juist is.

Deze brok theorie verklaart waardoor mensen niet alleen zorg besteden aan eigen kinderen en kleinkinderen, maar ook aan neefjes en nichtjes. De verwantenselectie komt niet alleen aan het licht bij zulke drastische situaties als een brandend huis. Elke hulp aan de verwanten kan in dit geheel ondergebracht worden. Er is door het principe van het totale voortplantingssucces ook een 'ouderzorg' voor anderen dan de eigen kinderen ontstaan. Oom en tante zijn ook een beetje onze ouders. De bekommernis voor deze verwanten is natuurlijke minder groot dan voor de eigen kinderen, maar de genetische verwantschap is ook maar half zo groot. Over achterneven en -nichten liggen we al veel minder wakker. Die koude optelsom van daarnet, waarbij de genen uitmaken welke altruïstische hulp wel of niet baat, komt tot uiting in onze bezorgdheid om en genegenheid voor onze naaste en minder naaste familieleden.

Meteen is ook die vaststelling uit het begin van de paragraaf over 'ouderzorg' duidelijk, waarbij bleek dat ook de familieleden van de moeder de gelijkenis tussen vader en baby benadrukken, meer dan de verwanten van de vader. Het totale voortplantingssucces van de verwanten van de moeder kan verhoogd worden wanneer de vader voldoende ouderzorg investeert in zijn baby.

Kindermoord

Praten over voortplanting in een biologische context houdt ook zaken in die we minder triviaal vinden, waarmee we minder worden geconfronteerd in het dagelijks leven dan de dingen die we tot nu toe bekeken hebben. Een biologische analyse wordt pas interessant wanneer de theorie zaken voorspelt die na enig onderzoek daadwerkelijk blijken voor te komen. In ons gedrag wordt het zeker interessant als die zaken veeleer zeldzaam zijn en wij ze beschouwen als abnormaal, dingen die op geen enkele basis verantwoord te noemen zijn, kortom afwijkingen, maar die wel degelijk een biologische basis hebben. Zelfs als wij ze cultureel gezien verwerpen, kan die evolutionaire basis worden onderzocht. Zo'n zaak is kindermoord of *infanticide*.

Het fenomeen van het doden van kinderen van de eigen soort roept bij ieder gezond en weldenkend mens gevoelens van gruwel op. In onze samenleving wordt het streng veroordeeld. De schuldige moet zwaar gestraft worden. Geweld tegenover kinderen is erger dan tegenover volwassenen. Deze remming om agressie te richten op het kind is universeel. Het is niet alleen des mensen, het is een basisgegeven in het sociaal gedrag van alle hoger geëvolueerde soorten. Ik heb dit punt al aangestipt in hoofdstuk 5, toen we de agressieremmende factoren behandelden, maar hier hebben we dit punt in een andere context nodig. Het is te verwachten dat de agressieremming tegenover het kind universeel is, want jonge individuen zijn kwetsbaarder dan volwassen individuen, ze kunnen zich moeilijk of niet verdedigen. Hoe jonger het individu, hoe kwetsbaarder. Als de natuurlijke selectie niet zou hebben gezorgd voor een sterke remming van alle vormen van agressie tegenover deze jonge soortgenoten, zou de kans op grootbrengen van nakomelingen klein zijn. Elk individu wordt nu en dan immers geconfronteerd met omstandigheden die agressie oproepen, maar die agressie kan niet altijd worden uitgeleefd, bijvoorbeeld doordat men tegenover een te machtig iemand staat. Dat leidt dan weer tot frustratie en die noopt tot het omrichten van de agressie (zie hoofdstuk 5) op iets anders of tot iemand anders die minder machtig is. Een weerloos kind zou hiervan gemakkelijk het slachtoffer kunnen zijn. Over langere tijd genomen zou agressie van volwassenen een belangrijke doodsoorzaak kunnen zijn voor de jongsten. Het voortplantingssucces zou enorm dalen en dat duldt de natuurlijke selectie niet. In plaats daarvan wordt de agressie tegenover kinderen sterk afgeremd. Dat loont evolutionair en daardoor komt het ook algemeen voor.

Deze rem op agressie tegenover kinderen is echter niet volledig algemeen. Kinderen zijn vaak het slachtoffer van geweld, ja zelfs van moord, ook bij de mens. De rem blijkt vaak niet te werken. Er is veel onderzoek verricht naar de oorzaken van het ontbreken van zo'n rem; vaak blijft men met alleen vraagtekens zitten. Er is echter één oorzaak van kindermoord die zijn wortels in ons biologisch verleden vindt, namelijk infanticide die verband houdt met het voortplantingssucces. De begrippen voortplantingssucces en kindermoord lijken op het eerste gezicht niet met elkaar te rijmen. Toch bestaat de relatie en ze is voor het eerst onder de loep genomen bij andere soorten.

Wanneer een mannetje een paar vormt met een wijfje dat nog een jong heeft van een ander mannetje, heeft hij er alle belang bij dit jong te doden. Op die manier zal het wijfje alleen in zijn nakomelingen investeren. Dat is uitvoerig bestudeerd bij de leeuw. Leeuwen leven in groepen bestaande uit een dominant mannetje en enkele wijfjes met hun opgroeiende jongen. Wanneer de zonen drie jaar oud zijn, verlaten ze de groep, zwerven enkele jaren als nomaden rond en proberen dan een bestaande groep over te nemen van oude, verzwakte leeuwen. Als een jonge leeuw slaagt in die opzet, doodt hij meestal de jongen die door het vorige mannetje zijn verwekt. Daardoor komen de wijfjes terug in *oestrus*, ze worden weer vruchtbaar en kunnen door de nieuwe baas bevrucht worden. Deze weet nu dat hij zal investeren in zijn eigen kinderen.

Ook hoger op de evolutieladder komt deze strategie voor. Chimpansees kennen dit. En de mens helaas ook. In het huwelijkssysteem van de Yanomamö-indianen in Venezuela vinden we weinig verschil met dat van de leeuwen. Mannen die willen huwen met een vrouw die kinderen heeft, eisen dat deze kinderen gedood worden. Zij moet zich volledig wijden aan de kinderen die hij bij haar zal verwekken. Onze samenleving kent dit systeem natuurlijk niet, maar wie dacht dat de oeroude genen vanuit ons Moederland alleen nog bij de Yanomamö boven water komen, komt bedrogen uit. Ook bij ons worden kinderen gedood door de ouders. Het is zeer uitzonderlijk, maar komt voldoende voor om een biologische regelmaat aan het licht te brengen. De oorzaak of de reden van de moord kan velerlei zijn, maar het gebeurt aanzienlijk meer door de vader dan door de moeder, en vooral – u voelde het al aankomen – door de stiefvader. Een stiefvader staat tegenover de moeder met haar kinderen als de leeuw tegenover zijn nieuwe leeuwin. De evolutie beloont hem niet om te investeren in de kinderen van een ander. De druk om zich van deze kinderen te ontdoen is natuurlijk niet te vergelijken met deze van de leeuw. Maar het verschil, hoe klein ook, tegenover de biologische vader is in statistieken die op grote schaal zijn opgesteld, af te lezen.

In Canada is onderzoek gedaan op 408 kinderen die in een periode van tien jaar werden gedood door de ouders. Hieruit bleek dat stiefkinderen van 0 tot 2 jaar oud 40- tot 103-maal meer kans hebben te worden gedood door een stiefouder dan kinderen met twee natuurlijke ouders. Dat risico daalt snel wanneer het kind ouder wordt. Er is geen wetenschappelijke zekerheid dat dit verschil tussen een stiefvader en een natuurlijke vader universeel is, hoewel veel waarnemingen in die richting wijzen. In diverse culturen worden kinderen gedood wanneer de vader sterke vermoedens krijgt dat hij het kind niet verwekt heeft, zoals bij de Yanomamö-indianen. Stiefouderschap blijkt de belangrijkste risicofactor te zijn voor kindermishandeling en -moord, voor zover we nu weten. Maar laat me nog eens herhalen dat het hier weliswaar over statistisch waarneembare verschillen gaat, die ons verhaal over het Moederland mooi illustreren, maar dat we toch met een uitzonderlijk fenomeen te maken hebben. De gemiddelde stiefvader in onze samenleving beschikt over een arsenaal aan middelen om de kracht van deze genen te overwinnen, in het niets te laten verdwijnen en om de nodige affectie voor zijn stiefkinderen te ontwikkelen. Deze alinea gaat over de trieste uitzonderingen.

Pedofilie

Dat de oude bok wel eens een jong blaadje lust, is een biologische strategie die we zojuist hebben behandeld. De man zoekt een maximaal voortplantingspotentieel bij een jonge vrouw, die meer kans heeft op gezondheid en kracht om gezonde kinderen te baren en nog voldoende jaren voor de boeg heeft om veel kinderen groot te brengen. Doorgaans gaat het hierbij om een leeftijdsverschil van enkele jaren, misschien tien of twintig. Soms echter jagen mannen op zeer jonge vrouwen, meisjes die het stadium van de volwassenheid nog moeten bereiken. Pedofilie is geen uitvinding van deze tijd, het heeft altijd bestaan.

De drang naar seksuele bevrediging met jonge meisjes begint met zeer onschuldige gedachten en fantasieën. Het seksueel verkeer speelt zich volledig virtueel af binnen het brein van de man. De mannelijke blikken die jonge meisjes op straat uitlokken, getuigen van de wijde verspreiding van deze interesse. Een verdere stap is de verkoop van pornografisch materiaal waarbij tieners centraal staan. Binnen de immens grote economie van de pornografie (films, bladen, websites) neemt de sector *teenagers* een voorname plaats in. Veel klanten zijn bereid hiervoor grote sommen te betalen. Als men nog verder gaat in deze seksuele interesse komen we bij het bezoek aan kindhoertjes. Ook deze sector brengt over de hele wereld veel geld op. Hoe jonger de prostituee, hoe meer geld men ervoor moet en wil betalen. Het ergste niveau van pedofilie mondt uit in seksuele relaties met jongeren of zelfs verkrachtingen.

Kan dit alles het onderwerp zijn van een evolutionair gedragsbiologische studie? Kunnen we dit fenomeen verklaren als een resultaat van het mechanisme van de natuurlijke selectie? We proberen het.

Het fenomeen dat het in termen van voortplantingssucces rendeert voor oudere mannen om jongere vrouwen als partner te hebben, geldt zowel voor de korte als de lange termijn. Ook in een kort avontuurtje rendeert deze strategie. Maar wanneer een man een partner zoekt, kan hij de gezondheid en de jeugdige leeftijd van de vrouw niet kennen. Daarom moet hij afgaan op haar uiterlijk. Zoals we gezien hebben, plaatsen wij de ideale tekenen voor deze optimale voortplantingskansen onder de noemer 'schoonheid'. Deze signalen, deze schoonheid, krijgen nog een functie. Zij zijn niet alleen indicators van jeugd en gezondheid, ze worden ook gebruikt door de vrouw om de man aan te trekken. Zij produceert dus prikkels waarop mannen reageren met een toenadering voor de voortplanting, steeds geredeneerd vanuit de mechanismen die honderdduizenden jaren lang ons voortplantingsgedrag hebben gericht in het Moederland. Tegelijkertijd heeft de natuurlijke selectie bij de man strategieën ontwikkeld waardoor hij reageert op deze vrouwelijke aantrekkingskracht, het principe van prikkel-reactie, zoals we in het begin van dit boek hebben gezien. Zonder deze mechanismen heeft het weinig zin dat een vrouw haar voortplantingscapaciteit tentoonspreidt. Hij moet er wel op reageren. Zo werden de uiterlijke tekenen van jeugdige gezondheid ook de prikkels die de man aanzetten tot voortplanting.

Jongere vrouwen hebben deze jeugdige-gezondheid-signalen in nog sterkere mate. Ze produceren dus nog sterkere prikkels voor de man. Het is het principe van de supranormale prikkels: prikkels die in kunstmatige of natuurlijke omstandigheden abnormaal overdreven worden, waardoor ze een sterkere reactie uitlokken dan normaal. Denk aan de uiteenzetting hierover in hoofdstuk 5. Het effect van deze supranormale prikkels is dus dat de man er nog sterker op reageert dan op minder jonge vrouwen.

In het Moederland heeft dit systeem geleid tot een 'jacht' op jonge, zelfs zeer jonge meisjes voor een lange relatie of voor occasionele bevruchtingen. Maar ook in die tijd zal de pedofiele jacht op weerstand zijn gebotst. Het is zeker niet altijd in het voordeel van jonge meisjes om het kind van een oudere man te baren. De kans dat hij nog lang genoeg zal investeren in de kinderen is veel kleiner dan bij een jongere vader. Als het om verkrachting gaat, waarbij de dader zich onttrekt aan elke verantwoordelijkheid qua ouderzorg, is de toestand nog ernstiger; het meisje heeft weinig kans haar kind groot te brengen en is al die tijd uitgeschakeld om een goede relatie aan te gaan. Het voortplantingssucces van het meisje kan ernstig geschaad worden. Ze zal zich dus verzetten tegen een veel oudere partner. Als zij dat zelf niet kan, kunnen we ons voorstellen dat haar verwanten – broers en vader – haar verdediging op zich zullen nemen. Door het principe van het totale voortplantingssucces zijn ook zij niet gebaat met verminderde voortplantingskansen van het zusje of de dochter. Dus pedofilie moet steeds op weerstand zijn gebotst, weerstand van het meisje of haar omgeving.

Buiten de biologische weerstand tegen pedofiel gedrag bestaat er ook een culturele blokkade. Onze cultuur aanvaardt het niet, onder andere omdat men jonge meisjes alle kansen wil geven om volwassen te worden, om een goede voorbereiding op het volwassen leven te krijgen, in de vorm van onderwijs, opvoeding, enzovoort. In een samenleving die almaar ingewikkelder wordt, is zo'n voorbereiding steeds noodzakelijker. Onze cultuur aanvaardt niet dat de ouderdom de jeugd steelt.

Ondanks de biologische en culturele weerstand blijven sommige mannen hun seksuele motivatie volgen die is gericht op jonge meisjes. We zijn dan aanbeland bij hetzelfde fenomeen als bij de verkrachter: de risico's en culturele weerstand worden opzijgezet. Men kan dat abnormaal, pathologisch gedrag noemen, maar het is evenzeer een ultieme poging van de man die zijn voortplantingskansen ziet afnemen of verdwijnen. Hoe ouder een man wordt, hoe meer zijn kansen dalen en hoe meer risico hij neemt. Natuurlijk is de pedofiel niet bewust op voortplanting uit, maar zijn genen wél en die stuwen hun drager in de richting van het pedofiele gedrag. In het Moederland heeft deze strategie nu en dan gewerkt, waardoor die genen bleven bestaan. Vandaag kan de culturele ontwikkeling van de mens iets in de plaats stellen. Een goede wetenschappelijke voorlichting kan de man die geteisterd wordt door een abnormale pedofiele motivatie op de hoogte brengen van de evolutionaire mechanismen die zijn geaardheid hebben doen ontstaan. Misschien kan dat inzicht een andere motivatie tot gevolg hebben en dus louterend werken. Dat is weer een aanwijzing dat de gedragsbiologie of de evolutiepsychologie niets goedpraten, maar alleen verklaringen en zelfs oplossingen aanreiken.

De lezer zal opmerken dat ik niet spreek over pedofilie met jongens of met kleine, nog niet vruchtbare kinderen. De homoseksualiteit bekijken we dadelijk. De seksuele relaties met kleine kinderen zijn volledig pathologisch. Daarvoor kan men geen mechanismen van natuurlijke selectie aanvoeren om een verklaring te zoeken. Dit gedrag verdient niet alleen cultureel strenge afwijzing, ook biologisch wordt het niet beloond. Seks met onvruchtbare mensen kan immers geen positieve selectie in de hand hebben gewerkt.

Homoseksualiteit

Als we de menselijke seksualiteit onder de loep leggen, komen we vroeg of laat een biologisch merkwaardig systeem tegen. Al miljoenen jaren bestaat er een aantrekkingskracht tussen de verschillende seksen, zo heeft de evolutie nu eenmaal altijd gewerkt. Vandaag zien we mensen rondlopen die tegen alle logica in aangetrokken worden door seksegenoten. Homoseksualiteit dus. De seksuele gevoelens, betrekkingen of relaties tussen mensen van hetzelfde geslacht heeft men in onze cultuur lange tijd veroordeeld. Daar is de laatste decennia verandering in gekomen: homoseksualiteit wordt vandaag veelal aanvaard of is in elk geval bespreekbaar geworden. Al blijft deze vorm van seksualiteit voor veel mensen een abnormaliteit. Nu en dan melden de media zelfs dat homokoppels gemolesteerd worden door een knokploeg ('potenrammers'); in onderwijs en openbare diensten worden mensen met een homoseksuele geaardheid nog vaak geweerd; de Kerk sluit de ogen niet voor homoseksuele relaties tussen haar personeel terwijl ze dat wel doet voor heteroseksuele betrekkingen. Kortom, onze maatschappij evolueert snel in de richting van een acceptatie van homoseksualiteit, maar moet nog een lange weg afleggen.

De moeilijkheid om een homoseksuele geaardheid te aanvaarden als even normaal en evenwaardig als een heteroseksuele, wordt gedeeltelijk verklaard doordat men niet weet in hoeverre de seksuele voorkeur in de menselijke natuur zit, dan wel een afwijking is. Laat me terloops opmerken dat het merkwaardig is dat men doorgaans geen weet wil hebben van het bestaan van de invloeden van een menselijke, biologische natuur, dat men zich graag voorhoudt dat al ons doen en laten ingegeven is door de rede – juist daarom vond ik het nodig dit boek te schrijven – maar dat men toch op diezelfde natuur een beroep wil doen om mensen hun geluk al dan niet te gunnen. We zijn inderdaad een eigenaardige soort!

Deze onwetendheid heeft zeer veel discussies losgemaakt. Hierbij zijn de meest uiteenlopende standpunten ingenomen, waarbij homoseksualiteit geplaatst wordt onder allerlei tegengestelde noemers: van een ernstige afwijking tot en met de gewoonste zaak van de wereld. Voor sommigen kan een liefde tussen gelijke seksen nooit normaal zijn, voor anderen is het soms zelfs te verkiezen boven deze tussen verschillende geslachten. Dat het een ziekte zou zijn, steunt onder meer op de biologische bedenking dat seks de voortplanting dient en mensen van hetzelfde geslacht zich niet samen kunnen voorplanten. Ofwel wordt hiervoor een opperwezen aangevoerd dat de mens zo niet heeft geschapen, ofwel verwijst men naar de natuurlijke selectie die niet-voortplanten nooit zal belonen.

De slinger aan de andere kant, die homoseksualiteit naast de heteroseksualiteit plaatst, stelt dat seks niet meer uitsluitend voor de voortplanting dient, maar dat de menselijke cultuur het seksuele beleven los heeft gemaakt van de procreatie. De mens heeft er een cultureel fenomeen van gemaakt dat hem genegenheid kan schenken, mensen aan elkaar kan binden en de mens plezier kan verschaffen op een even zinnenprikkelende manier als, zeg, de gastronomie. Seks voor de voortplanting doet men slechts een paar keer in een heel leven; al die andere keren voor de band binnen een paar of voor het plezier. Sterker nog: voortplanting wordt vandaag eerder als een risico van seks gezien dan als het doel ervan. We hebben technieken ontwikkeld om dat gevaar te omzeilen.

Naast deze overwegingen probeert men de homoseksuele geaardheid te begrijpen door de werking van de hersenen onder de loep te nemen en bijvoorbeeld overeenkomsten te vinden tussen de hersenen van een homoseksueel en van iemand van het andere geslacht. Of men analyseert de vroege levensjaren van de homoseksueel om na te gaan of er geen verkeerde invloeden een rol hebben gespeeld. Maar één ding kunnen we stellen: duidelijkheid is er nog lang niet. Het zal nog enige tijd duren voordat de biologie, de geneeskunde, de psychologie en andere disciplines die hier interesse voor hebben, een duidelijk antwoord zullen geven. Toch kunnen we vanuit de biologie een kleine bijdrage leveren tot het debat. We kunnen een beroep doen op onze huidige kennis die zekerheid verschaft, daaruit conclusies trekken en de speculatieve argumenten opzijzetten.

Recente studies op onze meest verwante neef, de bonobo – ook wel dwergchimpansee genoemd – kunnen ons inzicht in deze materie geweldig verrijken. Ik ben er zelf van overtuigd dat het gedrag van deze dieren ons veel zal leren over de mens, zijn complexe seksualiteit inbegrepen. Zoals ik eerder heb gesteld, is seks vele honderden miljoenen jaren geleden ontstaan om betere voortplantingskansen te creëren dan bij ongeslachtelijke voortplanting. Honderden miljoenen jaren lang hebben de meest uiteenlopende organismen zich van hun seksuele taak gekweten om betere nakomelingen te hebben via het mengen van de genetische kenmerken van twee individuen. Dat systeem heeft altijd goed gewerkt, maar heeft enorme nadelen. Het vraagt namelijk veel energie, veel tijd en het is gevaarlijk – je weet maar nooit wat een partner tijdens de bevruchting zoal kan beginnen (vraag het maar aan de mannelijke bidsprinkhaan, die na of zelfs tijdens de paring door het wijfje opgepeuzeld wordt). Seks mag dan al positief zijn, je begint niet zomaar aan die zware klus. Daarom heeft de natuurlijke selectie mechanismen ontworpen waardoor organismen een bevrediging ondervinden van de seksuele daad. De zware klus is in de loop van de evolutie beloond geworden met een lekker gevoel. Seks werd een aangename bezigheid. Zo kon het systeem in stand worden gehouden. Maar nu komt het.

In de evolutie van het gedrag gebeurt het vaak dat gedragssystemen een andere functie krijgen. We hebben daar al verschillende voorbeelden van gezien. Denk bijvoorbeeld aan het schudden van de hand uit hoofdstuk 4. Mensen die de afwezigheid van agressie wilden uitdrukken, lang geleden in het Moederland, raakten de andere aan. Dat gedrag is van functie veranderd en werd een groet in de vorm van een handdruk. Welnu, dergelijke veranderingen kunnen zich ook voordoen met gedragssystemen op hoger niveau. Zo wordt de seks bij onze naaste neef, de bonobo, nog wel voor de voortplanting gebruikt maar ze kreeg een belangrijk neveneffect. Seks kalmeert namelijk. Opgewonden dieren, die bijvoorbeeld een handgemeen met een ander hebben gehad, ervaren ontspanning als ze seks bedrijven. Zelfs een beetje seks helpt al. Dit systeem – seks is niet alleen lekker maar ook ontspannend – wordt ingeschakeld in andere systemen. De biologische natuur is immers bijzonder economisch: alles wat gebruikt kan worden, wordt ook gebruikt. Spanningen zijn biologisch niet te vermijden, maar ze mogen niet te lang aanhouden om lichamelijke problemen te voorkomen. Dus als de bonobo een gemakkelijk middel heeft gevonden om die spanning weg te werken, waarom zou hij dat dan niet gebruiken? Dacht u soms dat meneer en mevrouw bonobo zich afvroegen of ze hun seksuele activiteiten niet beter zouden reserveren voor het maken van kleine bonobo'tjes? Welnee, de opbrengst van seks als kalmeermiddel is groter dan de 'kostprijs' van het bedrijven van die seks. Vooral doen dus!

De vrouwelijke bonobo ontdekte nog iets. Seks is niet alleen goed voor de voortplanting en als kalmeermiddel, je kunt het als economische waar gebruiken. Seksuele diensten worden aan mannen aangeboden in ruil voor iets anders, bijvoorbeeld voedsel. Hé, dat hebben we eerder gehoord!

De reeks bevindingen gaat verder. Onze neef vond ook dat seks een geweldig bindmiddel kon zijn tussen individuen. Niet alleen binnen een koppeltje, maar ook tussen vrienden en vriendinnen. Gewone seks, orale seks, wederzijds masturberen, noem maar op, de bonobo heeft het allemaal op zijn repertorium staan om gemakkelijk vriendjes of vriendinnetjes te maken. Iedereen doet het met iedereen en volgens Frans De Waal, de Nederlandse Amerikaan die dit alles voor het eerst uitvoerig beschreef, gebeurt het op grote schaal.

Hier zijn we dan aanbeland bij een belangrijke stap in de evolutie van de seks. Een zeer hoog ontwikkelde soort, de bonobo, heeft de seks losgekoppeld van de voortplanting en gebruikt ze voor totaal andere doeleinden: genegenheid, kalmeren, vriendschap, plezier, kicks. De kans dat alleen deze soort deze bevindingen deed, is wel erg klein. Er is veel meer kans dat de voorouder die wij met de bonobo delen, deze ontwikkelingen al doormaakte en dat wij dat dus geërfd hebben uit ons Moederland. Naast de bonobo gebruikt ook de mens seks voor andere dingen dan voortplanting. Het is zelfs sterker, de voortplanting is een klein neveneffect geworden. De farmaceutische industrie verdient bakken geld met producten die ons in staat stellen aan seks te doen zonder iedere keer weer een geboorteaangifte te moeten doen.

Als duidelijk is geworden dat seks nog maar weinig te maken heeft met de oorspronkelijke biologische 'bedoelingen', dan is er ook geen enkele reden meer om te verwachten dat het beperkt moet blijven tot mensen met verschillend geslacht. Kortom, homoseksualiteit is ook biologisch niet abnormaal. Waarom bedrijven wij dan nog veel meer seks met het andere geslacht? Ik hoop dat de bovenstaande bladzijden dat hebben duidelijk gemaakt: de evolutie heeft zo lang gekneed aan een maximaal rendement voor onze voortplanting, dat de invloed ervan op ons gedrag zeer groot blijft. Bij sommige mensen, homo's en lesbiennes, werken die invloeden niet meer. Waardoor bij de ene wel en de andere niet? Dat is nog het onderwerp van discussie en onderzoek waarover ik het daarjuist had. Eén vorm van mannelijke homoseksualiteit zou bepaald worden door een gen op het X-chromosoom, een andere door een invloed vanuit de baarmoeder. We weten nog onvoldoende waardoor deze geaardheid ontstaat, maar de biologie heeft toch duidelijk gemaakt dat de homoseksuele geaardheid niet tegen de natuur van de mens is. En die tegennatuurlijkheid was voor velen toch het beginpunt. Als we de nieuwe functie van seksualiteit voor ogen houden, wijst homoseksualiteit eerder op een verruiming, een verrijking in onze evolutie.

7

AGRESSIE, OORLOG, DOMINANTIE

Iemand de duivel aandoen, iemand pesten, geweld plegen, mensen dwingen tot iets waar ze zelf niet voor hebben gekozen, zijn medemens kwetsen, folteren, doden, genocide. Agressie is een gedragssysteem met erg veel gezichten, dat zich manifesteert op veel niveaus. Agressie is de verzamelnaam voor een geheel van daden die tegen anderen zijn gericht, en dus in schril contrast met de positieve relaties die we in het vorige hoofdstuk hebben ontmoet en waarbij we ons goed voelen. Wanneer we ons binden aan andere mensen – zij het onder de noemer van de liefde, de vriendschap, een bondgenootschap, vrede – geeft dat ons een vorm van genot. We genieten er letterlijk van. Agressie daarentegen betekent lijden, minstens voor een van de partijen, vaak voor beide. Waarom bezondigen we er ons dan aan, waarom kwellen we elkaar? Ondanks het feit dat mensen – pathologische uitzonderingen niet te na gesproken – in vrede willen leven met elkaar, is de menselijke geschiedenis er een van geweld, agressie en oorlog. Hoe kan deze gesel blijven bestaan? Deze negatieve kant van de menselijke geschiedenis impliceert niet alleen enorm veel leed, hij vraagt ook een hoge kost aan mensenlevens en materiaal. En toch is hij een feit. De bioloog vraagt zich niet alleen af waarom we dit alles doen – een vraag die bij ieder weldenkend mens leeft – hij gaat nog een stapje verder, door zich af te vragen hoe de evolutie zoiets negatiefs tot gevolg kan hebben gehad. Hoe kan de natuurlijke selectie, die toch steeds beloont wat opbouwend werkt en wat leven voortbrengt, een destructief gedragssysteem onder soortgenoten belonen?

We hebben instituten die geleerden inzetten en die kapitaal spenderen aan het zoeken naar middelen om het geweld en de agressie, ook internationale agressie, aan banden te leggen. Oorlogvoering is een fenomeen dat grondig wordt bestudeerd en toch ziet men de frequentie, de gruwelen, de materiële en financiële investering in de oorlog nooit afnemen. Integendeel, alle inspanningen ten spijt neemt de oorlogvoering toe. Het stimuleert de evolutionist om na te denken over de bestaansredenen van agressie, van het kleinste individuele niveau tot en met het niveau van de wereldconflicten. De interesse van de bioloog voor oorlogvoering wordt vaak argwanend gadegeslagen door de menswetenschappers. Dat een bioloog zich buigt over kleine vormen van agressie, tot daar aan toe. Maar laat hem toch alsjeblieft zijn handen afhouden van zulke grote, diepmenselijke problemen. Is deze argwaan geen verspilling van krachten? Als na zo veel jaren van menswetenschappelijk onderzoek de kern van de zaak nog steeds niet is benaderd, is dan niet alle hulp welkom, uit welke hoek die ook komt? Overigens, de evolutionist die zich hierover buigt, heeft niet de pretentie te stellen dat hij dé oplossing voor agressie zal brengen. Hij wil alleen bijdragen tot het zoeken naar een oplossing. Hij wil hierbij op zijn terrein blijven en de functies van het agressieve gedragssysteem zoeken, de doelstellingen waarvoor het ontwikkeld is, en, wanneer die bekend zijn, wil hij nagaan hoe dezelfde doelstellingen op een positieve manier kunnen worden bereikt. Zo ver zijn we nog niet, maar er kan wel begonnen worden met zoeken. Een eerste stap is nagaan in hoeverre agressie een biologisch concept is.

Eerst even voor alle duidelijkheid: de bioloog maakt een fundamenteel onderscheid tussen twee vormen van agressie. Ten eerste is er de interspecifieke agressie. Dat is agressie tussen individuen van verschillende soorten, bijvoorbeeld in de relatie predator/prooi. Hierbij wordt gevochten op leven en dood. Er is geen mechanisme werkbaar dat de agressie van de ene tot de andere kan afremmen, er is geen medelijden. Dat is natuurlijk de logica zelve, anders zou de predator omkomen van de honger. Daarnaast is er ook intraspecifieke agressie, agressie tussen individuen van dezelfde soort. Het kan hier gaan om de verdediging van zichzelf, de bescherming van anderen, het strijden om een hulpbron, om een dominante plaats of om een voortplantingspartner. Dergelijke conflicten worden meestal op een geritualiseerde wijze afgehandeld, dus meer in de vorm van rituelen, dreighandelingen, bluffen en dergelijke. Dat alles volgens soms erg complexe wetten. De soortgenoten proberen elkaar te overmeesteren, maar als het kan, doen ze dat zonder elkaar te doden of zelfs ook maar te kwetsen. We zagen in hoofdstuk 4 dat dit niets te maken heeft met 'zoiets is goed voor de soort' of 'het is goed voor de groep', maar dat geritualiseerde gevechten gunstig zijn voor de individuen afzonderlijk. We hebben dit systeem verklaard aan de hand van de evolutionair stabiele strategie. Het is deze intraspecifieke vorm van agressie waarover dit hoofdstuk gaat. Onze speciale interesse gaat uit naar de agressie waarbij geen rituelen of agressieremmingen worden gebruikt. We stellen ons vragen als: hoe komt het dat de mens een agressief niveau heeft bereikt dat we elders in de levende wereld niet vinden? Deze vraag noopt ons tot een kleine nevenvraag: is het verantwoord dat wanneer mensen zich overgeven aan excessief geweld, mishandeling, foltering, massamoord, we dan zeggen dat ze 'tekeer gaan als beesten', terwijl buiten de mens iedere diersoort tijdig op de agressierem duwt en nooit excessen kent? Wie een inzicht heeft in het agressief gedrag in de niet-menselijke wereld, zal bij deze excessen zeggen dat deze gewelddadige individuen 'tekeer gaan als mensen'.

Voor de bioloog is agressie algemeen te omschrijven als 'elk gedrag dat een onderwerping afdwingt van een individu – meestal tegen zijn weerstand – door een ander individu, dat zijn eigen belang nastreeft, vaak met het toebrengen van schade of met de dreiging daartoe'. Het tegengestelde is dan: wegvluchten, zich onderwerpen, proberen de agressie van een ander te remmen. Het geheel van deze twee systemen, agressie en onderwerping, noemt de bioloog *agonistisch gedrag*. Het is niet de bedoeling van dit boek om met definities te goochelen, maar het is wel nodig dat we een onderscheid maken tussen de termen 'agressief' en 'agonistisch gedrag', aangezien de begrippen die erachter schuilgaan al te vaak door elkaar worden gehaald.

In psychologische denkbeelden en in ons sociaal systeem heeft agressie een negatieve functie. Het is iets wat zo snel mogelijk moet worden weggewerkt. Dat is maar goed ook. In onze culturele evolutie hebben wij – zowel geschreven als ongeschreven – immers met elkaar afgesproken dat onze samenleving moet kunnen functioneren zonder agressieve conflicten. In plaats daarvan moeten samenwerking, vriendschap en liefde primeren. Dat is de afspraak. Toch lukt dat ons niet. Daarom is het goed dat de term 'agressie' in ons dagelijkse gebruik negatief geladen blijft. Als we die afspraak hard willen maken, moeten we een fundamentele kennis opdoen over het fenomeen agressie.

De gedragsbiologie plaatst agressie in een ruimer kader. Zij beschouwt agressie als een evolutionaire aanpassing. Agressie is ontstaan bij veel soorten, en steeds als een aanpassing. Dat wil zeggen dat agressie een functie kreeg. Agressie liet een individu immers toe goed te functioneren binnen zijn gemeenschap. Zij bestaat uit aangeboren mechanismen die worden bijgeschaafd door leerprocessen, bijvoorbeeld onder de vorm van persoonlijke ervaring. Agressie is dus voor een groot stuk erfelijk, en kon daardoor door de natuurlijke selectie worden gekneed, aangepast aan de omgeving, en voor een stuk aangeleerd, waardoor soortgenoten variatie konden aanbrengen in dit thema. Daarom noemen we agressie zowel een gesloten als een open fenomeen.

Om deze abstracte woorden wat concreter te maken, nemen we enkele problemen op het vlak van ons sociaal gedrag onder de loep waarvoor agressie een oplossing kan brengen. We hebben het niet over cultureel bepaalde oplossingen, wel over oplossingen die door de natuurlijke selectie zijn aangereikt, ergens in het verre Moederland.

Ruilhandel of diefstal?

Vorm één: ruilhandel of diefstal? Een eerste probleem waarvoor we in het Moederland een oplossing moeten zoeken met de hulp van het fenomeen van de agressie, is dat van de diefstal. In het Moederland bestonden twee manieren om aan de nodige hulpbronnen te komen. Enerzijds konden mensen voedsel bemachtigen door te jagen of te plukken en konden ze kleding, gebruiksvoorwerpen en sieraden zelf maken. Anderzijds konden ze de hulpbronnen verkrijgen via de anderen, die deze zelf hadden gejaagd, geplukt, gemaakt. Bij deze tweede manier waren weer twee strategieën mogelijk. Zo was er de eerlijke manier: de ruilhandel. Een goede jager kon vlees inruilen voor kledij van een goede kleermaker. En er is de oneerlijke manier: bedrog, diefstal of geweld, agressieve strategieën dus.

Deze strategieën kunnen spelen op individueel niveau. Met behulp van lichamelijk geweld wordt iemands bezit afgenomen. Dat zoiets niet aan een leerproces is gebonden, blijkt al uit het feit dat dit de meest voorkomende vorm van agressie is bij kleine kinderen, en dat hij al optreedt nog voor ze sociale vaardigheden hebben geleerd. De oneerlijke strategieën kunnen zich ook op een gemeenschappelijk niveau voordoen, wanneer coalities van wapenbroeders worden gevormd om goederen, vrouwen, gronden of om het even welke andere hulpbronnen te veroveren op naburige groepen of gemeenschappen.

In de evolutie kan dit agressieve gedragssysteem zijn ontstaan op het ogenblik dat bleek dat de opbrengst in de vorm van voortplanting groter was dan de kosten. Zo werkt de natuurlijke selectie nu eenmaal, zoals we ondertussen al overvloedig hebben herhaald. Als de oneerlijke strategie tot een grotere verspreiding van de genen leidt, wordt zij vanuit evolutionair oogpunt beloond. Dat gaat dan als volgt.

De eerlijke ruilhandel is interessant voor wie goed is in een welbepaalde vaardigheid (jagen, gereedschap maken, kleren maken,...) maar slecht in een andere. Door zijn talenten tegen betaling ten dienste te stellen van anderen, kan men over hulpbronnen beschikken die men zelf niet kan vinden of maken. Het is een goede manier van werken, maar ook een trage manier. Er moet eerst veel energie en tijd worden geïnvesteerd in de eigen specialiteit, vooraleer die kan renderen in de ruilhandel. Stel dat een gen ontstaat dat zorgt voor een gedrag waarbij dit tijds- en energieverlies wordt weggewerkt, door spullen van anderen af te nemen zonder dat daar ruilmiddelen tegenover worden gesteld. In plaats van tot ruilen over te gaan, kan de lichamelijke kracht worden ingezet om geweld te plegen of te dreigen dit te doen. Het resultaat van dit systeem is dat men veel sneller over hulpbronnen kan beschikken en over veel grotere hoeveelheden dan wanneer men zich eerst zelf moet specialiseren in een vaardigheid. Leren jagen en vervolgens dagenlang op jacht gaan om voldoende voedsel voor de eigen familie én voor de ruilhandel te vinden? Het wordt overbodig door de oneerlijke strategie. De vrijgekomen tijd kan worden gebruikt om nog meer hulpbronnen te bemachtigen, of om zich met voortplantingsstrategieën bezig te houden. We weten uit hoofdstuk 6 dat het bezit van veel hulpbronnen de voortplantingskansen verhoogt. Dus is het duidelijk dat de vlugge manier om spullen te verwerven in de selectie kan worden beloond. Het hypothetische gen dat we zoeven hebben uitgedacht, zal zich verspreiden. Een vorm van agressie is ontstaan.

Betekent deze redenering dat iedereen dan maar de oneerlijke strategie moet gebruiken, aangezien die toch wordt beloond? Nee. Zoiets zou immers een erg onstabiele situatie opleveren. Denken we maar terug aan de redenering van de duif en de havik uit hoofdstuk 4. Als iedereen aan eerlijke ruilhandel doet, zal één dief enorm beloond worden. De strategie van de dief zou zich geweldig snel uitbreiden. Wanneer de hele populatie dief zou zijn geworden, zou het systeem stilvallen. Er zou niets meer te stelen zijn, aangezien niemand meer jaagt, dingen maakt, enzovoort. De dieven zouden verhongeren. In die toestand zou een eerlijke jager bevoordeeld zijn. Hij zou immers wél voedsel hebben. Hij zou alleen zijn bezittingen moeten verbergen voor de vele belagers. De slinger zou doorslaan in de andere richting. Het gaat zo voort tot een evenwicht is bereikt, bestaande uit veel eerlijke ruilhandelaars en enkele dieven.

Waarom zeg ik dat er maar enkele dieven in dit evenwicht zitten? Omdat er een tweede hindernis is die ervoor zorgt dat de oneerlijke strategie niet ongebreideld kan woekeren. Dat is de tegenstand van anderen. De agressieveling die op zijn lichamelijke kracht rekent om met behulp van geweld rijk te worden, verhoogt aanzienlijk de kans op verdediging van de geviseerde. In een later stadium riskeert hij ook wraak, een punt waar we dadelijk op terugkomen. Als een populatie alleen nog uit dieven bestaat, wordt deze samenleving dermate sterk gekenmerkt door agressie (aanval plus verdediging) dat ze niet meer leefbaar is. De baten die voortvloeien uit deze snelle manier van goederen verwerven, zijn dan niet zo groot als we zopas gemakshalve hebben verondersteld. Met zijn manier van werken riskeert de dief gewond te raken of om te komen. Deze hoge kostprijs drukt op de verhouding van dieven tot ruilhandelaars. Dus zijn er niet te veel mensen die de oneerlijke manier volgen.

De verdediging tegen rovers

Vorm twee: de verdediging tegen rovers. Wanneer een eerste vorm van agressie ontstaat doordat er wordt gestolen, houdt dat meteen ook een tweede vorm in: de verdediging van degene die wordt bestolen. Zoals we zopas nog stelden, zal de dief op veel weerstand stoten. Ook dat vindt een verklaring in de mechanismen van de natuurlijke selectie.

Individuen die zich niet verzetten tegen rovers, verliezen spoedig al hun bezittingen. Zij vallen zonder hulpbronnen zoals voedsel, kledij, werktuigen, enzovoort en verlagen zo hun voortplantingskansen. De selectie straft dit af. Bovendien verwerven zij een reputatie van onverdedigbare zwakkeling. We mogen niet uit het oog verliezen dat in het Moederland, ook al bestonden daar geen kranten, het nieuws over het doen en laten van anderen vlug de ronde deed. We behandelen dat in hoofdstuk 8. Wie zichzelf een reputatie van onverdedigbaarheid aanmeet, trekt nog meer rovers aan. Hij of zij maakt zich in de toekomst extra kwetsbaar en passeert een tweede maal langs de kassa van de natuurlijke selectie.

Individuen daarentegen die zich wel verdedigen, die de rovers te lijf gaan en hun bezittingen verdedigen, kunnen veel meer hulpbronnen behouden. Bovendien kan er later wraak worden genomen wanneer de eerste verdediging geen succes heeft gehad. Deze wraak heeft zeker een biologische functie gehad: zij schrok potentiële rovers af. Wraak zorgt ervoor dat wie de oneerlijke strategie toepast, liever andere slachtoffers uitkiest. Een gen dat zorgt voor de verdediging van zijn bezittingen wordt beloond door de natuurlijke selectie en breidt zich uit in de populatie. Een tweede vorm van agressie is zo ontstaan.

Het afzwakken van seksuele rivalen

Vorm drie: het afzwakken van seksuele rivalen. Aangezien een goede voortplantingspartner onvoorstelbaar belangrijk is voor het voortplantingssucces, ontstaat er binnen de seksen competitie die zich richt op het winnen van partners van de andere sekse. Voor man en vrouw is het een regel dat hoe minder kansen de rivalen van dezelfde sekse hebben, hoe meer kans hij of zij bij de partnerkeuze heeft. Een rivaal met afgezwakte kansen, bijvoorbeeld doordat hij of zij gewond is, doordat hem of haar alle hulpbronnen zijn afgenomen of doordat hij of zij op sociaal vlak een slechte reputatie heeft, is op het gebied van seksuele competitie minder te vrezen. Waarom zou meneer of mevrouw wachten op zo'n afzwakking van de kansen van een rivaal? Kan het noodlot niet een handje worden geholpen? Dat is inderdaad wat gebeurd is in het Moederland. Man en vrouw hebben er agressieve strategieën ontwikkeld om hun seksuele rivalen af te zwakken. Dat werd door de natuurlijke selectie beloond. En zo ontstond weer een vorm van agressie.

Misschien herkent u deze agressieve vorm niet uit het dagelijks leven. Wij zullen een rivaal niet zo gauw de ogen uitkrabben. Dat niet, nee. Maar het sociaal kwetsen van rivalen komt wel veel voor. Grootschalige onderzoekingen hebben uitgewezen dat mannen, maar vooral vrouwen, hier flink wat energie in steken. Via roddels probeert men het imago van een ander af te zwakken. Dat is geen lichamelijke agressie, maar verbale, sociale agressie. De kritiek die men uit de mond van een vrouw verneemt op de schoonheid van andere vrouwen, is een prachtig voorbeeld hiervan. Wellicht beseffen de dames in kwestie niet dat ze een – weliswaar milde – vorm van agressie plegen, met als doel hun voortplantingspotentieel op te drijven.

Het verhogen van de status

Vorm vier: het verhogen van de eigen status. Aangezien mannen met een hoge status meer voortplantingskansen hebben en een hoge status onder meer kan worden verkregen door te winnen bij agressieve conflicten of interacties, is de link tussen agressie en voortplantingskansen snel gelegd. In het Moederland zijn genen die agressie in de richting van het verhogen van de sociale status hebben gestuurd, beloond door de natuurlijke selectie. We gaan hier nu niet dieper op in aangezien er verder in dit hoofdstuk nog een lange paragraaf over dominantie en status wacht.

Afschrikken

Vorm vijf: afschrikken. Mensen, vooral mannen, die een agressieve reputatie hebben opgebouwd, kunnen potentiële belagers op een afstand houden. Wie haalt het nu in zijn hoofd om een agressieveling lastig te vallen? Mensen die op hun werk het hardst brullen, krijgen de minste weerstand te verduren. Op een ander niveau werkt dit even goed; welke rover haalt het in zijn hoofd om een zwaar bewapend winkelier te overvallen? Het effect van deze reputatie kan ook werken wanneer het erom gaat potentiële rivalen die uit zijn op de eigen partner, van verdere plannen te weerhouden. Een agressieve reputatie, en dat was zeker zo in het Moederland, biedt dus verhoogde voortplantingskansen, met de bekende beloning door de selectie. Ook dat kan dus het evolutionaire ontstaan van agressie als een oplossing voor problemen verklaren.

Afschrikken van de partner voor ontrouw

Vorm zes: het afschrikken van de partner voor ontrouw. Man en vrouw kunnen grote voortplantingsschade oplopen wanneer ze verlaten worden door de partner of wanneer die hen bedriegt. Ontrouw kan – vooral de man – bijzonder veel kosten. Mannen en vrouwen hebben daarom mechanismen ontwikkeld die erop gericht zijn hun partner te behouden en zijn of haar voortplantingsbijdrage te monopoliseren. Een van deze mechanismen is weinig elegant: geweld. Vooral de man kan via agressie of dreigen met agressie zijn vrouw weerhouden van ontrouw. Statistieken die men kan opvragen bij de politie wijzen inderdaad uit hoe vaak mannen geweld plegen op hun vrouw omwille van haar ontrouw, of haar vermeende ontrouw, of zelfs haar gevreesde ontrouw. Meer dan één vrouw die haar huwelijk niet meer ziet zitten en haar geluk graag elders wil proberen, blijft trouw aan haar man omwille van de angst op gewelddadige represailles. Weerom een evolutionair mechanisme dat hier verklarend werkt.

Tot zover de opsomming van de mechanismen die kunnen verklaren hoe agressie evolutionair is ontstaan als een vorm van aanpassing, gestuurd door het streven om de eigen voortplantingskansen te verhogen. Ik wil er nogmaals op wijzen dat deze mechanismen nu niet meer dezelfde functie moeten hebben. Het is niet omdat ze in het Moederland werden beloond dat ze vandaag nog moeten werken. Wij willen in onze cultuur de selectiedruk wegwerken door een oceaan van afspraken te creëren. Natuurlijk blijven sommige van deze functies nu nog hun waarde behouden; zo krijgt iemand die zich nooit verdedigt ook vandaag nog een negatieve reputatie. Maar de meeste van deze functies hoeven niet meer. We hebben ze vervangen door regels en wetten, en door ordehandhavers (hoewel die ook wel eens geweld moeten gebruiken om die orde daadwerkelijk volgens de afspraken te kunnen handhaven). We proberen in heel dit verhaal dus alleen maar de biologische wortels te zoeken om ons gedrag te begrijpen, niet om dat goed te praten. Wie die biologische wortels begrepen heeft, zal misschien minder snel geneigd zijn zich aan agressieve daden over te geven.

Waarom zijn mannen agressiever dan vrouwen?

Vraag aan honderd mensen op straat wie volgens hen doorgaans het agressiefst is: mannen of vrouwen. Zij zullen u wellicht eenparig en volmondig antwoorden dat mannen die reputatie hebben. Dat is inderdaad de algemene opvatting. En wetenschappelijke studies bevestigen dit ook. Uit een uitgebreide reeks onderzoeken in veel uiteenlopende culturen over de hele wereld blijkt dat de man wel degelijk veel meer agressief gedrag vertoont dan de vrouw.

Cross-cultureel onderzoek heeft bestudeerd wie het vaakst moorden pleegt en wie hiervan meestal het slachtoffer is. Het wees uit dat ongeveer 80% van de moorden gepleegd wordt door mannen en dat ongeveer 80% van de slachtoffers mannen zijn. Dat dader en slachtoffer bij erge vormen van agressie in het grootste deel van de gevallen een man is, is dus een universeel verschijnsel. Die universaliteit geeft dus in sterke mate aan dat we de verklaring moeten zoeken in de evolutie van de mens, in het Moederland. De evolutionaire verklaring steunt op principes die in hoofdstuk 6 aan bod zijn gekomen, te weten ouderinvestering en seksuele selectie. De biologische verklaring voor dit fenomeen is vrij ingewikkeld, aangezien ze gebruikmaakt van wiskundige technieken waarmee de meesten onder ons niet dagelijks bezig zijn. Toch probeer ik de verklaring zo eenvoudig mogelijk samen te vatten, op het gevaar af dat ik simplificeer.

We hebben bij het begin van hoofdstuk 6 uitvoerig aangetoond dat een man veel meer nakomelingen kan voortbrengen dan een vrouw. Er zijn mannen met honderden kinderen, vrouwen moeten het bij hooguit twintig houden (met de nodige uitzonderingen). Dat heeft te maken met de grote verschillen tussen zaad- en eicel. De spreiding in het voortplantingssucces is bij mannen dus enorm veel groter dan bij vrouwen. De spreiding gaat bij mannen van nul tot honderden, bij vrouwen van nul tot twintig. De natuurlijke selectie speelt haar spel nu op die manier dat bij een grotere spreiding ook de risicovolle strategieën om het voortplantingssucces te verhogen, beloond worden. Bij grote risico's loopt het vaak verkeerd, maar de weinige keren dat het goed afloopt, is de winst groot. Statistisch is dit voor de natuurlijke selectie voldoende om het nemen van zulke grote risico's te belonen. Met andere woorden: bij een grote spreiding rendeert het in verhouding meer om zich op de curve aan het uiteinde met de hoogste waarde te bevinden, dan wanneer de spreiding veel beperkter is, zoals bij vrouwen. Hoe groter de mogelijke winst, hoe meer risico men kan nemen. Als iemand honderd nakomelingen heeft door het nemen van een groot risico, wordt de bereidheid tot het nemen van zulke risico's geërfd door tientallen nakomelingen. Dat vormt een compensatie voor de vele anderen die niet zijn geslaagd in hun opzet, ondanks de grote risico's. Vergelijk het even met een loterij – ook al loopt deze vergelijking erg mank en pleeg ik nu zelf agressie op de evolutionaire verklaring. Spelers in een loterij nemen meer risico naarmate de som die ze kunnen winnen groter is. Wanneer er vele miljoenen kunnen worden gewonnen – ook al is de kans klein – willen sommigen elke week een deel van hun loon hiervoor inzetten. Bij een kleinere winst worden veel kleinere risico's genomen. Nu en dan wint iemand enkele miljoenen, en dat is genoeg om de spelers hun gokgedrag te doen voortzetten. Als we enkele bladzijden verder de vraag stellen naar de oorsprong van oorlogvoering, zal ik een voorbeeld geven van het nemen van grote risico's om het voortplantingssucces op te drijven.

Zo'n systeem leidt tot gewelddadige competitie binnen de sekse met de hoge spreiding, de mannelijke dus. Selectie bevoordeelt gewelddadige competitie tussen mannen, doordat er zoveel te winnen is. Daardoor zullen mannen met elkaar in competitie gaan om elkaar het voortplantingssucces af te snoepen. Hiertoe gebruiken ze geweld, agressie dus. Mannen worden op die manier belangrijke rivalen, ook wanneer dit een hoog risico inhoudt om de hulpbronnen te verwerven die nodig zijn om vrouwen aan te trekken.

Dit alles gaat gepaard met een merkwaardig fenomeen. Geweld kan zowel aan de top als aan de basis van de mannelijke hiërarchie voorkomen. Dominante en seksueel succesvolle mannen streven bijvoorbeeld het maximum aan voortplanting na. Zij zijn niet vies van het gebruik van geweld. Laag geplaatste en succesloze mannen gebruiken dan weer risicovol geweld in een ultieme poging om hun voortplantingskansen te verhogen. Zij hebben niets te verliezen en alles is goed om het voortplantingssucces boven de score van nul te kunnen brengen. Dat dit geen hersenspinsel van een evolutionist is, blijkt uit een onderzoek dat heeft uitgewezen dat arme, ongehuwde mannen veel meer kans lopen om een moord te plegen dan meer welstellende, gehuwde mannen.

Ook het zogenaamde 'jongemannensyndroom' is merkwaardig. Zo noemt men het verschijnsel dat jonge mannen zich veel meer aan risicovolle vormen van agressie wagen dan oudere mannen. Mannen zijn het meest betrokken bij geweld rond hun vijfentwintigste. Daarna daalt de betrokkenheid progressief. Volgens de evolutiepsychologen Margo Wilson en Martin Daly moet de verklaring van dit syndroom gezocht worden in het leven in het Moederland. Een jonge man die op zoek was naar een vrouw, moest veel moed aan de dag leggen op het vlak van de jacht, de stammenoorlogen, de zelfverdediging. Deze vaardigheden waren niet alleen nodig om potentiële partners te imponeren, maar ook om een reputatie op te bouwen, bijvoorbeeld bij rivalen. Wellicht is het opbouwen van een goede reputatie bijzonder belangrijk geweest voor het bepalen van de toekomstige kansen: succes in de jeugd leidt tot succes op latere leeftijd, en het omgekeerde geldt voor mislukking. Zoals we al stelden, houdt het tonen van moed in gevaarlijke omstandigheden rivalen en dieven op afstand. Dat zou de verklaring kunnen zijn voor het feit dat veel 'moedig' gedrag in het openbaar, dus met publiek erbij, wordt vertoond. Deze noodzaak van deelname aan risicovolle agressie door jongemannen in het Moederland, hebben we overgeërfd. Vandaag manifesteert het jongemannensyndroom zich in hooliganisme of in betrokkenheid bij misdaden. Inderdaad, de politiestatistieken geven aan dat vooral jonge mannen zich als hooligans gedragen of betrokken zijn bij misdaden. We vinden dit fenomeen ook terug wanneer het gaat om minder destructieve uitingen, zoals het opdoen van een kick door overdreven snel door de straten te razen, met een opvallende auto die veel kabaal maakt. Of bij luidruchtige jongerenbendes die de straten afschuimen en die zich Supermen wanen wanneer ze een hoed kunnen bemachtigen van een wandelaar, of zich met ander kattenkwaad ledig kunnen houden.

Mannen hebben dus psychologische mechanismen geërfd, waarbij agressie een oplossing kon bieden voor een bepaald evolutionair probleem. De vraag namelijk hoe iemand zoveel mogelijk winst kan halen uit die grootse loterij met als inzet het voortplantingssucces. Deze redenering en verklaring houden natuurlijk niet in dat agressie niet voorkomt bij vrouwen en tussen vrouwen. Natuurlijk is onze wereld niet vrij van vrouwelijke agressie en agressieve competitie tussen vrouwen met het oog op voortplantingssucces, maar het gaat hier normaal gezien om minder ernstige vormen van agressie. Denken we maar aan het meer verbaal gerichte geweld, waarbij vrouwelijke rivalen via kwaadsprekerij elkaar in hun voortplantingswaarde proberen te schaden. Mogelijke rivalen worden daarbij geminacht via uitingen over hun lichamelijke aantrekkelijkheid en hun al dan niet vermeende promiscuïteit. Vrouwen worden vaker voor hoer uitgemaakt door vrouwen dan door mannen. Vrouwen blijken ook uitstekende waarnemers van lichamelijke onvolkomenheden te zijn. Een kilootje meer of een lichte haaruitval? Het ontsnapt niet aan de aandacht van – rivaliserende! – vrouwen, terwijl mannen zoiets vaak niet eens opmerken. Let op, dames, het feit dat ook uw vriendin deze onvolkomenheden meteen opmerkt, ontslaat haar niet van het stempel 'rivale'. Deze vrouwelijke agressie is wel een stuk minder gewelddadig en dus minder risicovol dan bij mannen.

Misschien kunnen we hier een klein zijsprongetje maken en moeten we nog iets meer vertellen over de vaststelling dat vrouwen meer verbale agressie plegen. Dat doet zich met name al voor bij heel kleine vrouwtjes, de meisjes. We vinden de seksuele verschillen in agressie inderdaad al bij kinderen. In Amerika is uitgebreid onderzoek gedaan naar pesterijen bij kinderen tussen acht en elf en bij scholieren tussen elf en zestien. Hieruit is gebleken dat in beide categorieën de jongens meer betrokken waren bij pesterijen dan meisjes, als dader en als slachtoffer, maar ook dat de meisjes veel minder aan pesterij met lichamelijk geweld deden dan jongens. Ze beperkten zich veeleer tot zuiver verbale conflicten, zoals beledigen, geruchten verspreiden, enzovoort. Ook al kunnen we hier van een aangeboren gedragsmechanisme spreken met biologische wortels in het Moederland, toch is dit kinderlijke gedrag ook een kwestie van 'jong geleerd, oud gedaan'. De gedragselementen moeten immers geoefend worden. De genen mogen het gedrag dat zich zal voordoen dan wel al in zich hebben, de verfijning van dit gedrag wordt toch pas gerealiseerd door ervaring. Dit is een algemeen fenomeen in het gedrag: genetisch vastgelegde systemen worden door de omgeving gekneed en aangepast.

Politiestatistieken

De massa's gegevens in statistieken over criminaliteit vormen een mooie illustratie voor de theoretische uiteenzetting van hierboven. Zij geven ook aan dat onze erfenis uit het Moederland niet is verdwenen, maar dat wij in ons gedrag nog steeds gedreven en gestuurd worden door dezelfde mechanismen als onze voorouders. De criminoloog en de evolutiebioloog of -psycholoog kunnen dus een heel eind samen op weg gaan. Wij beperken ons tot enkele duidelijke voorbeelden. Een eerste reeks voorbeelden handelt over de omstandigheden die aanleiding kunnen geven tot agressie tussen mannen.

Zo hebben we de invloed van de status van het huwelijk en het werk. Statistisch onderzoek heeft namelijk uitgewezen dat bij moorden op mannen het percentage van zowel de daders als de slachtoffers hoger ligt bij ongehuwden en bij werklozen dan bij gehuwden en werkenden. De evolutionaire verklaring stelt dan dat wanneer iemand uitgesloten dreigt te worden van voortplantingskansen, hij grotere risico's zal nemen. Een van de belangrijkste motieven voor moord is de verdediging van zijn status, reputatie, eer binnen de groep. Hierdoor kunnen betekenisloze meningsverschillen escaleren tot de hoogste vorm van agressie, zoals menig politieagent of vrederechter zal kunnen beamen. We stelden al hoe belangrijk het hoog houden van zijn reputatie is voor een man. Seksuele jaloezie en rivaliteit vormen vooral bij mannen een motief voor moord. Het kan ook minder gewelddadig. In een studie waarbij werd nagegaan hoe mannen hun rivalen proberen te kleineren, is duidelijk aangetoond dat hiervoor veel meer lichamelijke dominantie wordt gebruikt dan bij vrouwen. Kleineren draait bij mannen meer om lichamelijke kenmerken. Het effect hiervan blijkt ook groter te zijn op mannen dan op vrouwen.

Een tweede reeks voorbeelden draait om de omstandigheden die aanleiding kunnen geven tot agressie van de man tegenover de vrouw. Uit de analyse van politiestatistieken blijkt dat veel van de niet-seksuele agressie (dus niet de verkrachtingen) van mannen tegenover vrouwen gericht is op hun eigen partner en dat seksuele jaloezie een hoofdoorzaak is. De man tracht daarbij de seksualiteit van zijn partner te controleren. Het is ook de belangrijkste context voor moorden, over alle culturen heen. Moorden worden gepleegd onder twee omstandigheden. In de eerste plaats is er het vermoeden van ontrouw. De man vermijdt met zijn geweld het risico te moeten investeren in nakomelingen van een ander. We hebben al aangetoond hoe belangrijk deze factor is. Daarnaast is er ook de beëindiging van een relatie. De man verhindert de voortplantingskansen van een rivaal met een vrouw in wie hij al veel heeft geïnvesteerd. In beide omstandigheden speelt de leeftijd van de vrouw een grote rol. Jonge vrouwen zijn veel vaker het slachtoffer dan oudere, vertellen ons de statistieken. De verklaring kennen we uit hoofdstuk 6: jonge vrouwen hebben een hogere voortplantingswaarde. Zij zijn aantrekkelijker, en veroorzaken dus meer jaloezie dan minder jonge vrouwen. Dat versterkt het agressiemechanisme van de man.

Ten derde lezen we uit de statistieken ook de agressie af van de vrouw tegen de man. Deze vorm is doorgaans minder gewelddadig. Vaak gaat het alleen om verbale agressie. Als er toch moorden door vrouwen op mannen worden gepleegd, blijken deze bijna steeds verband te houden met de verdediging tegen aanvallen van de man. De vrouw verdedigt zich tegen haar man die dreigt met geweld vanuit een gevoel van jaloezie. Of zij besluit tot de ultieme verdediging nadat ze langdurig mishandeld is. Ook hier dus weer vormt de mannelijke jaloezie een belangrijke factor.

Ten slotte nog iets over de vrouw-vrouwagressie. Deze draait bijna uitsluitend om seksuele rivaliteit en competitie. Deze agressie is veel meer verbaal van vorm en inhoud dan bij mannen het geval is. We hebben dat hierboven al aangehaald.

Deze voorbeelden zijn hier ook opgesomd om aan te tonen dat een gedragsbioloog zijn objecten niet noodzakelijk met een verrekijker moet zitten observeren om tot conclusies te komen. Droge statistieken kunnen een even rijke bron van informatie zijn. We merken inderdaad een toename van studies op het vlak van het menselijke gedrag die zich concentreren op cijfers van de politie, rechtbanken, ziekenhuizen, relatiebureaus, en noem maar op.

Oorlogvoering

Dit hoofdstuk begon met de vraag hoe het mogelijk is dat, ondanks een universele en sterke hunkering naar een vredelievend samenleven, de agressie, met inbegrip van de oorlog, niet afneemt. We hebben ook gesteld dat de bioloog via het paradigma van het darwinistische denken mee wil zoeken naar een verklaring hiervoor. Hij wil de ultieme Grote Vraag naar het ontstaan van de oorlog in het Moederland stellen. Hij zoekt de doelstellingen die de natuurlijke selectie daarbij voor ogen had. Zodra die bekend zijn, kan misschien gezocht worden naar andere wegen die naar dezelfde doelstellingen leiden en die oorlog overbodig kunnen maken. Dit is het pijnlijke wrijvingspunt tussen de bioloog en de menswetenschapper waarover ik het al had. De menswetenschapper is vaak niet erg dol op die hulp vanuit biologische hoek. Vanuit de culturele wetenschappen wordt zonder meer en dogmatisch gesteld dat oorlog een cultureel verschijnsel is, dat het niet 'in onze genen zit'. Er is gewoon iets misgelopen in onze culturele ontwikkeling, waardoor we oorlog zijn gaan voeren. Die fout moet worden gevonden en hersteld. Als de bioloog dan komt aandraven met de visie dat oorlogvoering geen cultureel verschijnsel is, geen artefact, maar een gedragsmechanisme dat door de evolutie is gemaakt en gemoduleerd, gooit dat die culturele redenering grondig overhoop. De kritiek op de biologie is dan te verwachten: als oorlog toch 'in onze genen zit', is er niets aan te doen. Laten we dan maar lijdzaam toezien hoe mensen elkaar op de afschuwelijkste wijze en op grote schaal afmaken. Het zou ook betekenen dat de mens het kwade in zich draagt, dat hij in wezen slecht is. Weg dus met de evolutionaire benadering.

Het is een van de grote misvattingen over het gebruik van het evolutionaire paradigma voor menselijke systemen. Ik heb er in hoofdstuk 3 speciaal en sterk de nadruk op gelegd dat het ontdekken van evolutionaire wortels in ons gedrag geen vergoelijking mag inhouden. Het mag niet betekenen dat we onze verantwoordelijkheid gaan ontlopen. Dit mag geen basis zijn voor ons doen en laten. Bovendien heeft het niet veel zin om een wetenschappelijke conclusie of visie te verwerpen, alleen omdat zij ons toevallig opzadelt met een onprettig gevoel. Als die wortels voor oorlogvoering bestaan, moeten we die gaan zoeken en moeten we die kennis aanwenden om een oplossing te formuleren. Vergelijk het met de vele nieuwe bevindingen over de verantwoordelijkheid van bepaalde genen voor diverse ziektes: dankzij deze bevindingen kunnen we medische therapieën ontwikkelen om de werking van die genen te manipuleren, in plaats van alleen maar de symptomen van de ziektes te bestrijden. Deze vergelijking betekent niet dat we ooit de genen die ons aanzetten tot agressie zullen kunnen manipuleren – zo ver in de toekomst kan ik niet kijken – het wil wel zeggen dat we hun uitwerking overbodig kunnen maken. Een bacterie in onze darmen draagt een gen dat een chemisch mechanisme in gang zet om lactose (een suiker dat in melk zit) af te breken. Dat gen blijft inactief zolang er geen lactose aanwezig is. De vergelijking tussen de genetische basis van oorlogvoering en de genen die lactose afbreken, gaat mank. Behalve op één punt: neem de omstandigheden weg en de genen blijven inactief. Het zal niet eenvoudig zijn, maar het mag ons er niet van weerhouden onze zoektocht naar de biologische wortels van de oorlogvoering aan te vatten.

De vaak gehoorde stelling dat als de bioloog gelijk heeft, de mens het kwade in zich draagt, is verkeerd. De biologische wortels van de oorlog en andere gedragingen die wij afkeuren en als uiterst negatief bestempelen, zijn miljoenen jaren oud. In de loop van die miljoenen jaren heeft alleen de natuurlijke selectie met het sturende criterium van het voortplantingssucces gewerkt. Goed en kwaad, juist en verkeerd, mooi en lelijk? Het bestond niet. Wat gold, was of iets efficiënt of inefficiënt was. Pas recent hebben wij waardeoordelen ingevoerd, nadat wij in onze cultuur waarden zijn gaan toekennen aan dingen en gedragingen. We hebben afspraken gemaakt die ons leven moesten vergemakkelijken. Zoals daar zijn: het is verkeerd dat we elkaar doden, het is goed om elkaar vriendelijk te behandelen, het is mooi om elkaar te helpen, stelen is niet zo fraai. Een oeroud mechanisme kan bijgevolg zelf niet goed of kwaad zijn. De toepassing ervan vandaag kan dat wel. Oorlog is een oud fenomeen, de toepassing ervan is slecht. Het kwade zit dus niet in de mens, zeker niet wanneer hij of zij afspraken over goed en kwaad nakomt.

Laten we beginnen met de vraag waarom de evolutiebioloog en -psycholoog aannemen dat oorlogvoering geen cultureel verschijnsel is. Deze bedenking steunt op hetzelfde argument als dat van de menswetenschapper. Deze stelt dat oorlog alleen voorkomt bij mensen en dat de agressie bij dieren wordt geremd en niet hoeft te leiden tot doden. Bovendien hebben dieren geen georganiseerde agressie, die toch kenmerkend is voor oorlog. Aan de basis van dit argument van de menswetenschapper – dat we moeten nagaan of het systeem ook bij andere soorten voorkomt – ligt hetzelfde uitgangspunt als bij de bioloog. We moeten de redenering echter omkeren! Laten we het eerst hebben over het feit dat dieren hun agressie remmen. Agressie wordt inderdaad vaak in zijn uitvoering beperkt doordat er agressieremmers optreden, signalen die van de onderworpene uitgaan en die bedoeld zijn om een eind te maken aan de agressie van de winnaar. Maar die agressieremmers werken lang niet altijd. In hoofdstuk 4 hebben we de mooie verklaring voor het evenwicht tussen de dreigende en dodende agressie aan de hand van het duif/havikspelmodel behandeld. Bij veel dieren eindigt agressie wel degelijk met het doden van de soortgenoot, alleen gaat het dan doorgaans over soortgenoten met wie de doder niet genetisch verwant is, of met wie hij niet in een samenlevingsverband leeft. Dat geldt zelfs voor jonge soortgenoten, kinderen die juist supersterke signalen van agressieremming produceren. Ook zij worden door soortgenoten afgemaakt als dat de voortplantingskansen van de dader kan verhogen, denk maar aan het voorbeeld van de kindermoord bij leeuwen.

Het tweede argument uit de redenering van de menswetenschappen – dieren kennen geen georganiseerde agressie – gaat ook niet op. Naast individuele dieren worden ook soortgenoten vaak op grotere schaal gedood. Ik wil hier niet blijven stilstaan bij de massale verdedigingsstrategieën bij termieten die hun nest beschermen tegen binnendringende vreemdelingen van andere kolonies. Ik wil veeleer het beste voorbeeld van georganiseerde agressie voorleggen: de grootschalige agressie bij de chimpansee. Het is overigens door de waarnemingen bij deze dichte neef van de mens dat de idee van de biologische wortels van oorlogvoering is gaan rijpen. Vooral de observaties van Jane Goodall en Richard Wrangham hebben ons veel geleerd over de 'menselijke' trekken van de chimpansee.

Wrangham en zijn medewerkers volgden de opsplitsing van een populatie chimpansees in Gombe, Tanzania in het begin van de jaren zeventig. Er was namelijk tweedracht ontstaan tussen twee subgroepen: een noordelijke groep, de Kasekala, en een zuidelijke groep, de Kahama. De dominante mannen waren vroeger dikke vrienden geweest, maar na niet meer dan een paar jaar waren deze gemeenschappen echte vijanden voor elkaar geworden. Wrangham en Peterson beschrijven in hun boek *Agressieve mannetjes* (uitg. Nieuwezijds, 1996) hoe de mannen van de ene gemeenschap raids gingen uitvoeren op de andere gemeenschap. Hun beschrijving is zo helder, boeiend en accuraat dat ik er de voorkeur aan geef deze auteurs letterlijk te citeren, in plaats van de schoonheid van hun verhaal aan te tasten door het na te vertellen (p. 20 e.v., vertaling Fieke Lakmaker):

> Een overval kan diep in het thuisgebied al beginnen, waarbij verscheidene kleine groepjes en individuen uit de gemeenschap naar elkaar roepen. Soms vertoont het dominantste mannetje – de alfaman – imponeergedrag, sleept takken aan en is duidelijk opgewonden. De andere kijken toe, nemen al gauw zijn stemming over en gaan na een paar minuten met hem mee. Het alfamannetje hoeft alleen maar een paar keer over zijn schouder te kijken. De groep volgt energiek.
>
> Het beeld is als volgt. Een grote club bestaande uit vrijwel volwassen man-

netjes begint aan de tocht, stopt af en toe om te luisteren en te kijken of uit te rusten. Na een klim van twintig minuten bereiken ze een kam, een grenszone vanwaar ze zowel in hun eigen vallei kunnen kijken als in het verspreidingsgebied van de buren. Ze rusten uit, sommige klimmen in een boom, maar ze zijn allemaal stil. Iedereen kijkt in de richting van het buurgebied. Naar het westen glinstert het Tanganyikameer door de kale bomen.

Na tien minuten gaan ze verder, nu langzamer, oplettend, zelfs op hun hoede bij gewone geluiden zoals knappende takjes. Ze laten het vertrouwde gebied achter zich, pauzeren, luisteren, maar ze horen geen kreten van de buren. Zijn de buren ergens vlakbij, domweg even stil als wij? Of zitten ze vanwege de droogte boven in de vallei vruchten van de parinariboom te eten? De groep gaat voort.

Ze zijn nu diep in het gebied van de buren en rusten net onder een heuveltop. Plotseling horen ze een paar meter verder voetstappen op knisperende droge bladeren, maar de wandelaar gaat schuil achter de bergkam zodat hij niet herkend kan worden. De overvallers staan aan de grond genageld. De voetstappen zijn niet meer te horen. Ons alfamannetje staart verstijfd naar de plek waar hij de voetstappen hoorde. De wandelaar kan maar een paar meter verder zijn, buiten zicht. Aan het uitrusten? Heeft hij ons in de gaten? Is het een chimpansee? Zo ja, dan moet hij een vijand zijn. Dan is het hier gevaarlijk, want als er één aap is, dan kunnen er meer zijn. Maar hoe moet het als het er eentje is? Of als het een moeder met een kind is?

...

Het is een baviaan! De spanning neemt af, en hij gaat zitten zonder moeite te doen om stil te zijn. Het is geen vijand. Het is alleen maar een baviaan...

Uit dit soort uitstapjes is gebleken dat het territoriuminstinct van chimpansees meer dan alleen verdedigend is. Zo'n inval in een naburig gebied is geen gewone tegenaanval; evenmin zijn ze op zoek naar voedsel. In tegendeel, de aanvallers laten onderweg juist kansen schieten om te eten en stillen hun honger pas bij thuiskomst. We begonnen door deze overvallen enig inzicht in andere problemen te krijgen. Ze verklaarden bijvoorbeeld waarom chimpansees het liefst bij elkaar blijven wanneer er voldoende voedsel is. Grote aantallen zorgen immers voor macht en veiligheid. Maar wat was de reden voor zo'n overval? Dat werd niet duidelijk.

Toen kwam het doden van Gobi. En zeven weken later vond er weer een aanval plaats. Ook in dit geval was het slachtoffer een afgezonderd Kahamamannetje – Dé geheten – en kwamen de vier aanvallers uit de

Kasekelagemeenschap: drie volwassen mannetjes en een volwassen vrouwtje. Vanaf een kleine afstand keken een volwassen mannetje, een halfwassen mannetje en een jonger vrouwtje uit Kahama toe; deze werden, volkomen overstuur, regelmatig dreigend weggejaagd door een of meer agressors. Toen ze Dé in de gaten kregen, renden de Kasekela-aanvallers naar voren, zichtbaar opgewonden, schreeuwend, blaffend en loeiend, en omsingelden hun slachtoffer. Terwijl Gigi, het vrouwtje van de aanvallende partij, dreigend krijste, kwamen de drie Kasekelamannetjes dichterbij. Dé was machteloos. Volgens de menselijke waarnemers 'gaf hij het tegenspartelen al snel op en zat hij piepend voorovergebogen.' Maar uiteindelijk probeerde hij te ontsnappen door in een boom te klimmen en vandaar in een andere boom te springen. Toen hij ook daar werd bedreigd, vluchtte hij naar een tak die onder zijn gewicht brak, zodat hij veel lager bleef bungelen. Vanaf de grond lukte het een van de Kasekelamannetjes een been te pakken en hem naar beneden te trekken, waarna de drie schreeuwend hun aanval voortzetten. Ook Gigi ging meedoen, zodat ze nu met z'n vieren het alleenstaande mannetje sloegen en stompten. Ze sleepten hem over de grond, beten en scheurden de huid van zijn benen, en beëindigden hun aanval pas na twintig minuten – waarbij ze intussen de andere twee Kahamamannetjes hadden verjaagd en, onder bedreiging, het jonge Kahamavrouwtje hadden gedwongen zich bij hun groep te voegen. Dé werd twee maanden later nog één keer gezien, kreupel en nog steeds zwaar gewond; daarna nooit meer. Vermist, vermoedelijk dood.

Een jaar later vond een groepje uit Kasekela hun derde slachtoffer. Deze keer was het doelwit Goliath, die al op leeftijd was met een kaal hoofd, afgesleten tanden, uitstekende ribben en ruggengraat. Hij zal een eind in de vijftig zijn geweest, en het was jaren geleden dat hij om de dominante positie had gestreden. Tot vijf jaar geleden maakte hij actief deel uit van de Kasekelagemeenschap, maar nu was hij (hoewel hij sinds die tijd bij de Kahamagroep hoorde) voor niemand meer een gevaar. Maar dat deerde de agressors niet.

Het begon als een grenspatrouille. Op een zeker moment zaten ze stil op een bergkam en keken meer dan drie kwartier over de Kahamavallei, totdat ze Goliath ontdekten die zich kennelijk had verstopt, een meter of vijfentwintig verderop. De aanvallers renden als bezetenen van de helling op hun doel af. Terwijl Goliath schreeuwde en de patrouille loeide en imponeerde, werd hij vastgepakt, geslagen en geschopt, opgetild en neergegooid, gebeten en besprongen. In het begin probeerde hij zijn hoofd te beschermen, maar al gauw gaf hij zich gewonnen en bleef hij uitgestrekt en stil liggen. De agressors toonden hun opwinding door voortdurend te loeien en te roffelen, aan te vallen, met takken te zwaaien en te schreeuwen. Ze hielden het achttien minuten vol en gingen toen, nog steeds geactiveerd, rennend en schreeuwend en op boomwortels bonkend, terug naar huis. Terwijl het bloed overal uit zijn hoofd stroomde en uit een jaap in zijn rug, probeerde Goliath rechtop te gaan zitten maar viel trillend weer om. Ook hij werd nooit meer gezien.

Zo ging het door. Een voor een verdwenen de zes volwassen mannetjes van de Kahamagemeenschap, tot er midden 1977 nog maar één enkele verdediger over was, een halfwassen zeventienjarig mannetje, Sniff geheten. Sniff, die in de jaren zestig als jong dier nog met de Kasekelamannetjes had gespeeld, werd laat in de middag van 11 november gepakt. Zes Kasekelamannetjes schreeuwden en blaften van opwinding terwijl ze hun slachtoffer sloegen, vastgrepen en gemeen beten – hij had verwondingen in zijn mond en neus, op zijn voorhoofd en rug, en een gebroken been. Goblin stak hem herhaalde malen in zijn neus. Sherry, een adolescent die maar een jaar of twee jonger was dan Sniff, stompte hem met zijn vuisten. En Satan greep Sniff bij de nek en dronk het bloed op dat van zijn gezicht stroomde. Toen kreeg Satan hulp van Sherry, en de twee schreeuwende mannetjes duwden de jonge Sniff van de helling af. Een dag later hebben we hem nog gezien, kreupel, bijna niet meer in staat zich te bewegen. Daarna heeft niemand hem meer gezien en namen we aan dat hij dood was.

Drie volwassen vrouwtjes, Madam Bee, Mandy en Wanda, zaten tegelijk in de Kahamagroep, samen met hun nakomelingen. Maar Mandy en Wanda waren op een gegeven moment met hun jongen verdwenen, nadat Madam Bee en haar twee dochters, Little Bee en Honey Bee, verscheidene keren door Kasekelamannetjes waren geslagen. Ergens in september 1975 vielen vier volwassen mannetjes het oude vrouwtje aan, sleurden haar mee, sloegen en stompten haar, pakten haar op en smeten haar op de grond, waarna ze op haar inbeukten tot ze bewusteloos was en bewegingloos bleef liggen. Het lukte haar nog die dag om weg te kruipen, maar alleen om vijf dagen later te sterven. De aanval op Madam Bee werd toevallig gezien door de halfwassen Goblin en vier Kasekelavrouwtjes, waaronder Little Bee, die zich rond die tijd had aangesloten bij de Kasekelagemeenschap. Vier maanden na de dood van Madam Bee ging ook haar jongste dochter Honey Bee over naar Kasekela. Tegen het einde van 1977 bestond Kahama niet meer.

Tot zover Wranghams waarnemingen, die weinig aan de verbeelding overlaten. Het beeld van de vredelievende chimpansee wordt aanzienlijk bijgesteld.

Wat we in eerste instantie leren uit dit verhaal, is dat de georganiseerde oorlogvoering door groepen van mannelijke bondgenoten ook bij dieren voorkomt.

Het is voorwaar een sterk argument om oude, biologische wortels voor oorlogvoering te veronderstellen. Een tweede argument is het universele karakter van dit fenomeen binnen de mensensoort. De vele historische en antropologische documenten wijzen uit dat oorlog via mannelijke coalities, waarbij mensen hun soortgenoten doden, een universeel fenomeen is. Het komt voor in alle culturen. Even terzijde: decennialang kon men in antropologische boeken verslagen lezen over idyllische leefgemeenschappen, waar geen agressie, laat staan oorlog bestond. Men had blijkbaar de ideale gemeenschap gevonden! Al deze verslagen zijn na grondig onderzoek naar het rijk van de fictie verbannen: er zijn geen mensengemeenschappen zonder oorlog.

Universaliteit binnen onze soort, plus gelijkenissen over de soortengrens heen, het zijn twee sterke aanwijzingen om van een evolutionair ontstaan en een ontwikkeld gedragsmechanisme te spreken. Laten we dus het dispuut tussen de cultuurgerichte menswetenschappen en de evolutiegerichte biologie of psychologie terzijde schuiven en ons concentreren op de krachten die de oorlog hebben gecreëerd.

Oorlogvoering onderscheidt zich op twee punten fundamenteel van de individuele vormen van agressie waar we het eerder in dit hoofdstuk al over hadden. Ten eerste gaat het om een gedragsstrategie die een veel complexere structuur vraagt. Men voert geen oorlog als individu, maar in een groep van bondgenoten, in een georganiseerd verband. Deze groep is gestructureerd, met een hiërarchie en een verbondenheid tussen de groepsgenoten. Deze verbondenheid uit zich bijvoorbeeld in de grote loyaliteit tegenover de groep. Er wordt appel geslagen en een beroep gedaan op de bereidheid tot massale agressie wanneer de groep wordt bedreigd. De gezamenlijke agressieve motivatie houdt de vernietiging van de tegenstrever in. Zo'n motivatie groeit meestal niet automatisch. De groepsleden worden gemotiveerd, opgezweept door een leider, de hiërarchisch hogergeplaatste, de generaal, de politieke leider, de alfaman van de chimpansees.

Ten tweede verschilt oorlog fundamenteel van de individuele vorm van agressie door de afwezigheid van agressieremmers. Zoals hierboven vermeld, wordt in het hele dierenrijk agressie vaak gekoppeld aan agressieremmende signalen. Wanneer de tegenstander zich gewonnen geeft, maakt hij dat duidelijk door middel van onderwerpingssignalen. De agressor 'weet' dat hij het pleit gewonnen heeft en dat hij geen verdere aanslag moet plegen op de lichamelijke integriteit van de overwonnene. Dit is trouwens ook voor de agressor een betere oplossing. Verdere agressie is immers niet zonder risico.

Hij zou tenslotte ook zelf nog verwond kunnen worden. Bij de oorlog verdwijnt deze agressieremming volledig. Het doden van de vijand wordt aanvaard als een natuurlijk element van het conflict. Het is vaak ook de inzet ervan. Om dat niveau van geweld te kunnen bereiken, worden biologische agressieremmers geïnactiveerd. De vechters reageren niet op signalen van onderwerping. In mensentaal: oorlog wordt meedogenloos gemaakt. Deze inactivatie van de agressieremmers gebeurt door de vijand te ontmenselijken, door hem af te schilderen als een dermate erge vijand dat hij geen mededogen verdient, dat alleen zijn uitroeiing voor de eigen veiligheid kan zorgen. Deze negatieve afschildering gaat gepaard met opzwepende oproepen van de leider. Dat heeft natuurlijk consequenties. Zo kan de motivatie om oorlog te voeren wegvallen wanneer de strijders elkaar persoonlijk leren kennen en de ontmenselijking een verkeerde voorstelling van zaken blijkt te zijn. Ik zeg wel doelbewust 'kan wegvallen'. Ook het omgekeerde komt immers voor: mensen die elkaar goed kennen als buren, kunnen gewelddadige vijanden worden wanneer ze tegen elkaar worden opgezet, bijvoorbeeld omdat ze tot verschillende rassen behoren. Vele getuigenissen over de burgeroorlog in Bosnië in de jaren negentig hebben dit duidelijk gemaakt: oude buren staken elkaars huis in brand, en moordden elkaar uit nadat ze hoorden dat ze niet tot hetzelfde 'ras' behoorden.

Het wegvallen van de agressieremmers wordt nog in de hand gewerkt door een algemeen verschijnsel bij groepsagressie. Mensen vertonen in groepsverband sneller een motivatie tot agressie. Deze motivatie is ook veel sterker dan in een individuele toestand. Samen gaan mensen sneller over tot de aanval dan alleen. Wanneer we agressie zouden kunnen uitdrukken in een grootheid, zouden we kunnen stellen dat drie mensen die elk 5 kg agressie dragen, samen 25 kg torsen. Men zegt dat mensen 'elkaar opjutten' en dat is een juiste vaststelling. Dat kun je goed zien in een vergadering: een agendapunt of een tegenpartij krijgt veel zwaardere kritiek te verduren van de groep dan van elk lid van de vergadering afzonderlijk. Vakbonden maken vaak gebruik van dat verschijnsel. Een vergadering van militanten is gemakkelijker op te zwepen tegen de raad van bestuur dan individuele militanten. Misschien ligt hier ook wel de kracht van de strategie van het lobbywerk. Achter de coulissen kunnen tegenstanders individueel gemakkelijker worden overtuigd een ander standpunt in te nemen dan in een volle vergadering. Maar laten we terugkeren naar het punt over oorlogvoering.

De invoering van wapens, die het mogelijk maken van op grotere afstand te doden, heeft de agressieremming nog meer weggewerkt. De vijand is door dematerialisatie een voorwerp geworden. Natuurlijk is oorlog niet alleen biologisch vastgelegd, de invulling ervan is ook sterk cultureel bepaald. Daardoor kunnen conventies op papier worden gezet. Men verbiedt bijvoorbeeld het doden van burgers, vrouwen en kinderen. Maar dat zijn niet de agressieremmers die biologisch functioneren.

Bij het zoeken naar de mechanismen die gewerkt kunnen hebben bij het ontstaan van oorlog als een evolutionaire aanpassing in het leven, worden we een heel eind op weg geholpen door de evolutiepsychologen John Tooby en Leda Cosmides. In verscheidene publicaties hebben zij de eerste duidelijke synthese van de evolutiepsychologie als nieuwe discipline geformuleerd. Zij wijzen er bijvoorbeeld op dat oorlog hoge eisen stelt aan de natuurlijke selectie. Zo hoog dat het ons kan verwonderen dat de natuurlijke selectie de oorlog überhaupt mogelijk heeft gemaakt. In de eerste plaats is oorlog een uitgesproken coöperatieve onderneming met samenwerkende allianties tussen mannen uit beide kampen. Oorlog veronderstelt dus een hoog evolutionair ontwikkelingsniveau. Het fenomeen van de oorlog is dan ook niet algemeen verspreid in de dierenwereld. Oorlog komt bij niet meer dan twee hoogontwikkelde soorten voor – althans voor zover we nu weten. Een tweede voorwaarde om de evolutie haar werk te laten doen, is het creëren van een juiste voortplantingsbalans: de baten moeten groter zijn dan de hoge kosten. Denk maar aan het grote risico om te worden gedood. Het geheel van deze voorwaarden, noemen Tooby en Cosmides een 'risicocontract voor de oorlog'.

Een belangrijke voorwaarde zegt dus dat over een lange tijdsspanne beschouwd (evolutie vraagt nu eenmaal veel tijd) bij oorlogen de opbrengst in termen van nakomelingen groter moet zijn dan het verlies aan mensen. Oorlog moet dus gepaard gaan met veel bevruchtingen! Bij zo'n massale ontplooiing van geweld wordt inderdaad altijd veel verkracht. Iedere getuigenis van oorlogsdaden gaat altijd gepaard met meldingen van verkrachtingen op grote schaal. Als deze gewelddadige bevruchtingen tot nakomelingen leiden, verhoogt de verkrachter zijn voortplantingssucces zonder de zware, tijdrovende investering van de vaderzorg. In hoofdstuk 6 hebben we gezien hoe natuurlijke selectie dit fenomeen kan belonen. Natuurlijk is deze voortplantingswinst vandaag lang niet groot genoeg om de grootschalige ontwikkeling van oorlog biologisch te honoreren. We spreken hier echter steeds over ontwikkelingen in het Moederland, waarbij de schaal aanzienlijk kleiner was. Maar ook al heeft de voortplanting nu geen functie meer bij oorlogvoering, de strategie van de verkrachtingen komt steeds weer bovendrijven.

Dat oorlog het voortplantingssucces verhoogt, zien we ook wanneer we de oorlogvoering van de chimpansee bekijken. Bij oorlogen worden vaak vrouwen uit andere gemeenschappen ingepikt. Wij kunnen ons goed voorstellen dat de dodelijke conflicten tussen naburige gemeenschappen in het Moederland gepaard gingen met het doden van de mannen en het ontvoeren van de vrouwen. We zien dat dus al bij onze verre neef, de chimpansee. Het is ook de voornaamste functie van de conflicten bij sommige jagers/verzamelaars die nu leven. We hebben hierover goede informatie gekregen van de antropoloog Napoleon Chagnon. Chagnon deed veel onderzoek bij de Yanomamö-indianen in het Amazonegebied. Hij ondervroeg veel indianen, vooral dan de hogergeplaatsten en de ouderen, die met voldoende historische kennis over hun stammen konden spreken. Zij maakten Chagnon duidelijk dat conflicten tussen stammen altijd beginnen omwille van vrouwen, die bij naburige stammen worden geroofd. De beschrijvingen die deze indianen geven van hun oorlogen gelijken sterk op het verhaal van de chimpansees dat we van Wrangham en Peterson hebben gekregen. Een naburige stam wordt beslopen, overvallen, de mannen worden gedood en men neemt zoveel mogelijk vrouwen mee naar huis. Die vrouwen dienen natuurlijk in de eerste plaats om kinderen te baren en de genen van de mannelijke stamleden te verspreiden. We vinden bij de Yanomamö nog een tweede voortplantingsfunctie van de oorlog: mannen die al een andere man hebben gedood, beschikken over meer vrouwen. Zij hebben ook meer buitenechtelijke relaties dan mannen die nog nooit iemand hebben gedood. Doden betekent dus ook meer kinderen hebben! Een duidelijker link tussen oorlog en voortplanting is moeilijk te vinden.

Men gebruikt de oorlog dus als middel om het aantal vruchtbare vrouwen uit te breiden. Voor dit fenomeen kunnen we nog een diepere verklaring vinden dan alleen maar de drang om het aantal bevruchtingen op te voeren. Het heeft ook te maken met het verminderen of wegwerken van inteelt. We moeten immers voor ogen houden dat de samenlevingen in het Moederland anders waren dan vandaag. Uit fossielenonderzoek, uit antropologische gegevens en uit vergelijkende studies met andere hogere primaten weten we dat de eerste mensen (evenals hun voorouders) in geïsoleerde groepen hebben geleefd. Deze groepen kunnen beperkt zijn gebleven tot een familie of zij kunnen de vorm hebben aangenomen van stammen. Deze groepen werden waarschijnlijk nooit groter dan enkele tientallen individuen. We zullen in hoofdstuk 8 zien dat berekeningen aan de hand van de grootte van onze hersenen uitwijzen dat deze groepen ongeveer 150 leden telden. De gemeenschappen in het Moederland waren gekenmerkt door een grote individuele herkenning. Iedereen kende er iedereen. Wanneer de voortplanting beperkt bleef binnen zo'n groep was er natuurlijk sprake van veel inteelt. Er bestond immers een grote kans dat huwelijken werden gesloten tussen individuen met een nauwe, familiale verwantschap. Ook voor 'gestolen' bevruchtingen, zoals bij overspel of verkrachting, was de kans groot dat de dame in kwestie verwant was aan de dader.

Bij groepen waar te veel inteelt was, traden problemen op met de erfelijke constellatie. Voor wie niet vertrouwd is met de gevaren van inteelt verduidelijken we dit even. De eigenschappen in een lichaam komen tot stand door de samenwerking van twee stellen van chromosomen, de homologe chromosomen. Een mens heeft 23 verschillende chromosomen, elk chromosoom komt tweemaal voor, in het totaal zijn het er dus 46. Eén stel is afkomstig van de moeder, het andere van de vader. Wanneer een van de twee homologe chromosomen een 'slechte' eigenschap draagt (bijvoorbeeld een bloedziekte), moet deze eigenschap niet noodzakelijk tot uiting komen: het andere chromosoom kan de 'goede' eigenschap dragen (dus geen bloedziekte) en soms is die dominant over de slechte eigenschap. Wanneer de ene eigenschap dominant is, zeggen we dat de andere eigenschap *recessief* overerft. Men draagt dan de ziekte wel in de chromosomen en geeft ze ook door aan de volgende generaties, maar men wordt zelf niet ziek. Het is mogelijk dat u en ik drager zijn van een recessief overervende ziekte zonder dat we dat ook maar weten. Genetisch verwanten hebben meer kans dat ze dezelfde eigenschappen dragen. Als zij zich onderling voortplanten – bij inteelt dus – brengen ze de chromosomen met die eigenschappen samen. Een broer en een zus kunnen beiden bijvoorbeeld het slechte kenmerk van een van de ouders hebben geërfd. Wanneer zij nu samen een kind verwekken, is de kans groot dat het slechte kenmerk zich voordoet op de beide homologe chromosomen. Dan is hun kind daadwerkelijk ziek, terwijl zij zelf slechts dragers zijn van de ziekte. Dit fenomeen kan zich voordoen voor alle genetische ziektes of andere negatieve eigenschappen die op een recessieve manier overerven. In een gewoon voortplantingspatroon worden de slechte genen voldoende 'verdund' in de totale populatie, waardoor de kans op de ziekte klein blijft. Inteelt werkt deze verdunning tegen. Er zijn nog andere problemen verbonden aan inteelt. Een lagere weerstand tegen parasieten bijvoorbeeld, doordat er onvoldoende variatie optreedt in het genenbestand. Maar we beperken ons hier tot de vaststelling dat die groepen die veel inteelt kenden, onderhevig waren aan toenemende genetische degeneratie.

We weten zeker dat inteelt niet kenmerkend was voor de leefgemeenschappen van onze voorouders. Hoe weten we dat zo zeker? Omdat wij er zijn natuurlijk, wij die normaal zijn en gezond! Door ons bestaan weten we dat onze voorouders systemen hebben gevonden om de genetische degeneratie te omzeilen. Hoe ze dat hebben gedaan, is minder makkelijk te beantwoorden. Dit historische gegeven is immers nergens genoteerd. Onze voorouders hielden geen dagboek bij en we kunnen deze evolutie niet experimenteel nabootsten. Dat is het probleem met heel de evolutiebiologie en -psychologie. We kunnen wel hypotheses opstellen en deze toetsen aan beschikbare gegevens. Ik wil me hier wagen aan een hypothese die aanvaardbaar is, en waarvoor aanwijzingen bestaan dat ze juist zou kunnen zijn. Het verhaal dat ik u vertel, speelt zich uiteraard af in het Moederland. Het zou geen mooi verhaal zijn wanneer onze huidige samenleving ervan het decor was. Maar zoals al gezegd: de evolutie waarover we spreken dateert uit een tijd waarin mooi en lelijk niet bestonden. Er was alleen de verspreiding van genen. Het verhaal is overigens ook minder lelijk dan de oorlogsverhalen die wij over het heden moeten vertellen. Het wordt een lang en gedetailleerd verhaal, maar dat is nodig om duidelijk te maken dat het geen verzinsel is en dat we onze veronderstellingen hard kunnen maken met betrouwbare vergelijkingen.

Inteelt en oorlog

De kleine leefgemeenschappen van de eerste mensen konden zich wapenen tegen inteelt door het optreden van twee welbepaalde genen. De kans dat deze genen door mutatie zijn ontstaan, is klein, maar de evolutie van de hogere primaten, de mens inbegrepen, heeft miljoenen jaren geduurd. Die kleine kans kan dus toch een mogelijkheid zijn geworden. Zodra deze genen waren ontstaan, moeten ze door de natuurlijke selectie beloond zijn geweest.

Een eerste gen waarvan we het ontstaan veronderstellen, moet verantwoordelijk zijn geweest voor de aversie tegen seksuele betrekkingen met individuen met wie men is opgegroeid. Doorgaans zijn dat broers en zussen. Het bestaan van dit 'seksuele-aversie-gen' is niet mijn uitvinding. In 1891 sprak Edward Westermarck al over zo'n vorm van seksuele aversie. Vandaag acht men een gen verantwoordelijk voor het tegengaan van incest. In de meeste dierengemeenschappen, waartoe we ook die van de mens rekenen, is er in normale omstandigheden geen seksuele aantrekkingskracht tussen broers en zussen (behalve dan wat onschuldige spelletjes). Hoe komt dat? En hoe weten de meeste dieren wie hun broers en zussen zijn? De meest voor de hand liggende verklaring hebben we al gegeven: er is de aangeboren, dus erfelijk vastgelegde neiging om een seksuele afkeer te hebben voor die wezens met wie men is opgegroeid. Ook wanneer men een adoptiekind is, zullen dezelfde aversieregels werken. Dit gen kan al veel hebben bijgedragen tot het tegenwerken van inteelt. Maar het volstaat niet als verklaring. In die kleine leefgemeenschappen van onze voorouders kwamen veel meer verwantschappen voor van lagere graad dan broers en zussen, zonder dat men weet had van de verwantschap, zonder dat men die individuen zelfs als zodanig kende (wie kent zijn verre achterneven en -nichten?) en zonder dat men met die personen is opgegroeid. Daarom moet er een tweede gen worden verondersteld.

Zo'n gen zou er dan voor moeten zorgen dat men seksueel aangetrokken wordt door vreemde individuen. Misschien gaat het wel om een reeks van genen die als één systeem werken. Dat verandert echter niets aan dit betoog. Het gaat erom dat men seksueel aangetrokken wordt door individuen die niet in de eigen groep, de eigen leefgemeenschap voorkomen. Dat is dus een dimensie verder dan het vorige gen. Dit nieuwe gen voor 'xenofiele aantrekkingskracht' zal verder in dit verhaal nog vaak opduiken. Daarom noem ik het voor de eenvoud 'XEN'. Een erfelijke mutatie die een XEN tot gevolg heeft, lijkt niet onwaarschijnlijk. De redenering is eenvoudig. Ten eerste hebben mensen een gen (of een reeks genen) die zorgt voor de seksuele aantrekkingskracht op basis van het uiterlijk van een ander individu. Eenvoudiger gezegd: mensen hebben genen die bepalen dat men verliefd wordt op het uiterlijk van iemand. Ten tweede hebben wij een genetisch bepaalde capaciteit om groepsvreemde individuen van vertrouwde individuen te onderscheiden. In de loop van de evolutie gebeurt het nu vaak dat genen aan elkaar worden gekoppeld, waardoor nieuwe genen of genencomplexen kunnen ontstaan. Dat zou ook hier gebeurd kunnen zijn. Deze combinatie van beide erfelijke eigenschappen in één erfelijke factor, kan plaatsgrijpen als er voldoende tijd voor bestaat. De menselijke evolutie heeft lang genoeg geduurd om hiervoor garant te staan.

Als deze genetische dispositie leidt tot bevruchtingen buiten de eigen groep, bevruchtingen dus die uit een andere groep worden 'gestolen', kan voldoende vers genetisch materiaal in de groep worden opgenomen om inteelt tegen te gaan. Het eerste mechanisme, het 'seksuele-aversie-gen', kan zonder probleem werken binnen elke geïsoleerde groep en daar effect hebben. Het tweede mechanisme, het XEN, echter niet. Het heeft alleen kracht wanneer er contact mogelijk is met individuen van andere geïsoleerde groepen. En daar zit dan de oorsprong van de conflicten met naburige gemeenschappen.

Een dergelijk contact is immers niet vanzelfsprekend. Niet alleen moeten twee groepen dicht genoeg in elkaars nabijheid vertoeven, desnoods tijdelijk, er moet ook nog een rechtstreeks lichamelijk contact ontstaan tussen mannen van de ene groep en vrouwen van de andere. Aan de eerste voorwaarde kan gemakkelijk worden voldaan in het geval van een nomadenbestaan waarbij groepen elkaar nu en dan ontmoeten. Het contact zelf kan op minstens twee manieren ontstaan.

Mannen en vrouwen kunnen de eigen groep verlaten en emigreren naar een vreemde groep. Daar moeten ze zich integreren. Ze beginnen er onder aan de ladder van de dominantiehiërarchie. Wanneer ze enige status hebben verworven, zoeken ze een seksuele partner. Dergelijke migraties zorgen voor 'nieuw bloed', voor genetische vernieuwing. Dit mechanisme komt nog steeds courant voor bij makaken, bavianen en mensapen. Per soort verlaten ofwel de mannetjes ofwel de wijfjes de geboortegroep. Het ligt niet zo voor de hand: wie de groep verlaat, moet veel tijd investeren om als een seksuele partner aanvaard te worden in de nieuwe groep. Dit is zeker voor mannen niet zo vanzelfsprekend. Zij worden in een nieuwe groep niet snel aanvaard, aangezien ze seksuele concurrenten zijn voor de autochtone mannen. Bij vrouwen speelt het veel minder.

De tweede methode werkt veel sneller. Om contact te maken met vreemde groepsleden kunnen individuen van de ene groep seksuele partners van een andere groep ontvoeren en aan de eigen groep toevoegen. De kans op ontvoeringen van mannen door vrouwen is klein, wellicht onbestaande. De vrouwen zijn fysiek immers steeds kleiner en minder sterk geweest dan de mannen. Dat weten we uit onderzoek op fossiel materiaal. Ontvoeringen van vrouwen door mannen zijn ook niet zo vanzelfsprekend. De mannen in de geviseerde groep zullen hun vrouwen wel bijzonder intens hebben bewaakt en verdedigd tegen dergelijke agressies. De vrouwen binnen de eigen groep blijven immers een grote rijkdom vormen voor de eigen voortplanting. Bij de huidige primaten zijn wijfjes gebonden aan een mannetje. Zij worden door hem inderdaad verdedigd. En dus moeten de mannen er iets op gevonden hebben om zulke ontvoeringen toch mogelijk te maken.

Uit het gedrag van onze neef, de chimpansee, weten we hoe ze dat gedaan hebben. In plaats van als enkelingen op te treden, hebben mannen coalities gevormd met andere mannen. De kleine groepjes van mannen konden raids, veldtochten uitvoeren op vreemde, naburige groepen om daar één of meer vrouwen te stelen. Op die manier konden de verdedigende mannen worden overwonnen. Er mag verondersteld worden dat deze vrouwen door de raiders werden meegenomen en niet ter plaatse werden bevrucht. Bij de raid had men immers af te rekenen met flink wat tegenstand van de mannen van de aangevallen groep. Binnen deze waarschijnlijk bloedige gevechten hadden de strijders dan ook wel wat anders te doen dan te denken aan deze bevruchtingen. Bovendien hadden de aanvallende mannen er alle belang bij dat de vrouwen in de eigen groep zouden worden opgenomen. Dat is immers de enige manier om het voortplantingspotentieel van de gemeenschap aan te vullen. Zo kon ook voor de productie van meer dan één nakomeling worden gezorgd. Als er geen ontvoeringen hadden plaatsgegrepen, zou een XEN niet hebben kunnen bijdragen tot een uitbreiding van de genetische rijkdom in de eigen groep. Wel in de aangevallen groep, maar dat was nu net niet de bedoeling. Het kan dus niet anders dan dat de raids met ontvoeringen gepaard zijn gegaan.

Natuurlijk waren er meer mannen die deelnamen aan de veldtochten dan dat er vrouwen konden worden meegenomen. Dus waren er raiders die zonder 'buit' naar huis kwamen. Zij hebben alleen maar bijgedragen tot de verrijking van enkele van hun bondgenoten. We kunnen ons afvragen waarom deze mannen bereid zouden zijn geweest zich in dienst van een andere te stellen voor zo'n gevaarlijke onderneming. Hier zijn twee verklaringen voor, die beide steunen op de veronderstelling dat alle aan de raid deelnemende mannen drager waren van XEN. Waarschijnlijk gaat het hier om mannen die genetisch verwant waren, wat binnen de geïsoleerde groep niet zo verwonderlijk is: hoe groter de inteelt – hoe groter dus de noodzaak om nieuw genetisch materiaal binnen te halen – hoe meer kans dat meerdere individuen XEN gemeenschappelijk hadden.

Er waren dus meer deelnemers aan de raid dan zij die een persoonlijke beloning voor hun risico kregen. De verklaring hiervoor is de volgende. Het gaat niet om steun aan één man die een vrouw wil ontvoeren. Alle raiders hebben dezelfde motivatie om een vreemde vrouw te veroveren. XEN manifesteert dus in elke drager hetzelfde gedragspatroon. Allen worden door hun genen aangezet tot de raid. Daarbij weten ze natuurlijk niet van tevoren of hun inzet vruchten voor henzelf zal afwerpen, maar wie niet waagt, niet wint. Het is een voorbeeld van wat ik enkele paragrafen geleden – toen we het hadden over de vraag waarom mannen agressiever zijn dan vrouwen – al aanhaalde: hoe meer er te winnen is op het vlak van het voortplantingssucces, hoe meer risico men wil nemen. Anders gezegd: hoe meer de natuurlijke selectie dergelijke risico's beloont.

Een andere verklaring voor de handeling van deze mannen in groepsverband en niet individueel, is het gevolg van twee systemen, een proximaal en een ultiem (zie hoofdstuk 5). De proximale factor, die dus instaat voor de onmiddellijke veroorzaking van het gedrag, is het rationele inzicht dat een individuele aanpak weinig uithaalt. Alleen groepswerk kan tot resultaten leiden. We hebben immers met ver geëvolueerde wezens te doen, en kunnen dus een rationeel inzicht verwachten. Het is ook mogelijk dat het hele opzet niet zo rationeel was, maar dat het om een toevallige ontdekking ging waarbij men snel het voordeel inzag en men deze efficiëntie dus leerde. Dit soort groepswerk kan op dezelfde manier tot stand zijn gekomen als de jacht op groot wild, die ook in groepsverband gebeurde en die ook door deze eerste mensen werd beoefend. Dit is dus een proximale factor, die de samenwerking kan verklaren. De ultieme factor voor de raids in groepsverband vinden we echter in de verwantenselectie (die steunt op het totale voortplantingssucces, en dus de winst in termen van de fitness die men verwerft via de voortplanting van de verwanten, zie hoofdstuk 6). Alle raiders zijn immers drager van XEN. Als een man een individu met XEN helpt in zijn opzet, verhoogt hij de kans op de verspreiding van het gen in nieuwe verwante individuen. Het is een mooi voorbeeld van het fenomeen van het totale voortplantingssucces. Zowel de proximale als de ultieme verklaring maakt duidelijk dat mannen deelnamen aan de veldtochten, ook zonder de zekerheid dat hun eigen voortplantingssucces zou toenemen.

Even een zijsprongetje. Ook al mogen we redelijkerwijs veronderstellen dat vrouwen ontvoerd werden, het is zeker niet uitgesloten dat – wanneer de kans zich voordeed – zij ter plaatse werden bevrucht, verkracht zeg maar. De dader (en later de vader) zou zijn kind niet te zien krijgen, maar zoals we in hoofdstuk 6 uitvoerig hebben aangetoond, wordt deze strategie door de selectie toch beloond. Het is een goedkope manier om snel de kans op meer voortplantingssucces op te drijven. Toch kan dit niet meer dan een neveneffect van de veldtochten zijn geweest. De risico's verbonden aan de raids waren te groot om één enkele bevruchting te rechtvaardigen.

Tot zover de hypothese die een link legt tussen het uitvoeren van raids enerzijds en het ontvoeren van vrouwen om het voortplantingspotentieel van de eigen gemeenschap op te voeren anderzijds. Natuurlijk volstaat het niet te weten dat iets biologisch gekund heeft om er zeker van te zijn dat het zich ook daadwerkelijk heeft voorgedaan. Aanvullende gegevens zijn nodig. Die vinden we in veel waarnemingen die deze hypothese ondersteunen.

Zo zijn er weer de chimpansees. Zij vertellen ons dat onze gemeenschappelijke voorouders al gewelddadige veldtochten ondernamen tegen mannen van een andere stam. Daarbij werden oude vrouwen gedood en jonge vrouwen meegenomen. Denken we maar aan de waarnemingen van Wrangham van enkele bladzijden geleden. En verder is er ook Chagnon, die beschreven heeft hoe de Yanomamö-indianen oorlog voeren met naburige stammen om vrouwen te veroveren. Ook voor andere volkeren is dit beschreven. Ten derde lezen we in historische rapporten dat in veel culturen het aantal vrouwelijke oorlogsgevangenen groter was dan men zou verwachten op basis van zuiver militaire overwegingen. De kans dat deze hypothese juist is, wordt dus wel bijzonder groot.

Dat de drager van XEN minder kans maakte op inteelt, op zwakke nakomelingen, zorgde ervoor dat hij gemiddeld gezien een groter nageslacht had dan wie het gen moest ontberen. Dat nageslacht erfde XEN en het gen verspreidde zich. Aanvankelijk bleef deze verspreiding beperkt tot de eigen gemeenschap. Later kon het zich voordoen in andere groepen die zich van de oorspronkelijke gemeenschap afsplitsten. Voor de verspreiding via afgesplitste groepen was een rechtstreekse overerving niet voldoende. Het volstond ook niet dat die werd aangevuld met de verwantenselectie. Er speelt immers nog een ander mechanisme mee, met name een vorm van culturele transmissie. Daarmee bedoelen we het doorgeven van aangeleerde strategieën aan anderen (zie hoofdstuk 4). Het mechanisme van de coalitievorming tussen verschillende mannen met het oog op de uitvoering van een raid op een vreemde groep is zo cultureel doorgegeven, en was dus niet genetisch bepaald. De zonen leerden het gedrag van hun vaders, ooms of andere mannen en voerden het zelf uit op volwassen leeftijd.

Het gedrag, dat ervoor zorgde dat de groepen overleefden, kon zich zo verspreiden onder de mensen. We moeten hierbij goed voor ogen houden dat hier geen sprake is van groepsselectie. Wel van een combinatie van de natuurlijke selectie van één gen, of genencomplex, namelijk XEN, dat staat voor xenofiele aantrekking, met de culturele transmissie van het ontvoeringsgedrag. XEN kan zich alleen verspreiden wanneer daarvoor de juiste omstandigheden zijn gecreëerd: het door een groep zelf ontwikkelde en later overgeleverde ontvoeringsgedrag. Dit is een voorbeeld van wat biologen het Baldwin-effect noemen, maar dit terzijde.

Wanneer een groep gedurende lange tijd zich te ver van andere groepen zou bevinden, en het raid-gedrag niet meer kon worden uitgevoerd, zou het ook niet meer aangeleerd kunnen worden van vader op zoon. Toch betekent dat niet dat het raid-gedrag zou verdwijnen. Latere generaties konden het gemakkelijk opnieuw ontdekken en het selectievoordeel kon het versterken. Ten tweede bleef de overerving van XEN onverminderd bestaan. Het gedrag was dus evolutionair stabiel.

Er is een algemeen voorkomend verschijnsel in de evolutie dat we *wapenwedloop* noemen. Wanneer organisme A betere wapens ontwikkelt tegen organisme B, zal B in een volgende fase weer betere wapens verwerven. Dat geldt ook voor de veldtochten op naburige gemeenschappen. Hoe meer XEN verspreid raakte via de selectiemechanismen, hoe meer ontvoeringen van vrouwen plaatsgrepen. Je kan verwachten dat deze evolutie een andere selectiedruk in het leven zou roepen, die ervoor zou zorgen dat de agressie van een gemeenschap tegen vreemde gemeenschappen toenam. Die vreemde groepen vormden immers een bedreiging voor het eigen voortplantingspotentieel en dat moest worden verdedigd. Groepen die zich onvoldoende of niet verzetten tegen raids van vreemde mannen, kregen snel een tekort aan vrouwen en dus aan voortplantingscapaciteit. Zij waren gedoemd te verdwijnen.

Groepen die mechanismen ontwikkelden om weerstand te bieden, bleven daarentegen bestaan. Zij konden zich splitsen en verspreiden. Hoe moeten we ons dat voorstellen? Hoe kan deze wapenwedloop zich in de evolutie hebben voorgedaan? De verklaring hiervoor is niet ver te zoeken. We kunnen ons best voorstellen dat een mutatie aanleiding heeft gegeven tot de vorming van een gen dat instaat voor een *xenofobe* reactie op vreemde indringers. Men werd afkerig van vreemden die de gemeenschap binnendrongen. Net zoals XEN kon dit gen voor xenofobie zich alleen verspreiden wanneer het tot uiting kwam bij veel mannen én vrouwen die door groepsvorming samen de verdediging opnamen. Deze groepsverdediging werd eveneens ontwikkeld door inzicht en via culturele transmissie overgedragen op latere generaties. Ook hier is dus geen sprake van groepsselectie, maar van natuurlijke selectie van een xenofobie-gen en de culturele transmissie van een gezamenlijk verdedigingsgedrag.

In de wapenwedloop is een tweede systeem ontstaan om de vijandige veldtochten af te weren. Dat zijn de wraakraids, tegenaanvallen van de getroffen groep op de vijandige groep. Zelfs al zouden deze wraakoefeningen niet gepaard gaan met de ontvoering van vrouwen, toch kunnen zij het voortplantingssucces verhogen. Dat kan doordat wraak leidt tot de reputatie van weerbaarheid. Zoals we hierboven gezien hebben, is zo'n reputatie belangrijk voor een individu. Waarom dan niet voor een groep? Een groepje raiders zal wel tweemaal nadenken vooraleer zij een gemeenschap aanvallen waarvan de mannen een stevige wraakreputatie hebben. Ook dat zien we vandaag in de praktijk gebeuren. Kijken we nog eens even naar de Yanomamö-indianen. Zij vertelden Chagnon dat ze niet alleen op oorlogspad gingen om vrouwen te roven, maar ook om weerwraak te nemen op een vijandige groep waarvan zij eerder het slachtoffer waren geweest.

Het gedrag dat het resultaat was van een dergelijk gen voor xenofobie, kwam tot uiting in bijzonder agressieve gevechten. We hebben al aangetoond dat binnen een samenleving agressie doorgaans gevolgd wordt door agressieremmende factoren. Daardoor hoeft agressie binnen een groep niet uit te monden in een ramp. Voordat de harmonie van de samenleving geschaad wordt, dient de agressie te worden gestopt. Een dergelijke schade zou voor niemand goed zijn. Zoals we al zeiden, komen agressieremmers niet voor bij agressie tussen groepen. De vijandige groep is niets anders dan de pure vijand. En er is geen biologische noodzaak om die vijand te ontzien. De harmonie moet niet worden bewaard. Op die manier ontstonden de kiemen van een nietsontziende oorlog en agressie. Deze kiemen kwamen dus voort uit de regel: 'andere groepen zijn gevaarlijk voor ons voortplantingspotentieel + andere groepen zijn een bron van vreemd genetisch materiaal'.

In latere, recentere fasen van de menselijke evolutie zijn de geïsoleerde groepen dan geëvolueerd tot grotere samenlevingsverbanden. Dat moet ongeveer tienduizend jaar geleden zijn geweest, misschien nog eerder.

Mensen begonnen hun nomadenleven en hun bestaan als jager en verzamelaar in te ruilen voor een meer agrarisch en sedentair bestaan. Er ontstonden vestigingen op plaatsen die door hun natuurlijke rijkdom geschikt waren om voldoende voedsel te leveren en te blijven leveren. Zulke goede plaatsen trokken natuurlijk ook weer andere groepen aan, zodat naburige, grote nederzettingen ontstonden. Grotere samenlevingsverbanden betekenen grotere groepen en een groeiende omvang van de agressie. De oorlogvoering gebeurde op steeds grotere schaal. Natuurlijk speelde het gevaar voor inteelt veel minder, de gemeenschappen waren daarvoor te groot geworden. Bovendien is heel dit verhaal over de raids verre geschiedenis. Het dateert uit het Moederland en daar kon de natuurlijke selectie nog volop spelen. Maar met de opkomst van de landbouw, de permanente vestigingen en de menselijke cultuur werd onze geschiedenis gekenmerkt door een geleidelijke vermindering van het belang van de natuurlijke selectie. De biologische evolutie werd op die manier hoe langer hoe meer vervangen door de culturele evolutie. Maar ondanks die geweldige omwenteling, en in weerwil van het wegvallen van het gevaar voor inteelt, is de werking van XEN en de eraan gekoppelde vrouwendiefstal niet verdwenen.

XEN wordt vandaag nog steeds overgeërfd, ook al is de selectiedruk waardoor het meer dan een miljoen jaar geleden ontstond, verdwenen. Er zijn in onze maatschappij geen geïsoleerde groepen meer. De samenlevingen zijn veel groter geworden en overlappen elkaar zodanig dat ze in feite niet meer te onderscheiden zijn. Er wordt ook veel gemigreerd. Het risico van genetische verarming is zo goed als verdwenen. Toch verdwijnt een gen dat na een lange evolutie is ontstaan en dat verspreid is geraakt niet gemakkelijk. Er is geen selectiedruk om het gen weg te werken. Wij hebben overigens nog meer genen die nu geen functie meer hebben, maar verdwijnen doen ze niet. Het is een beetje als met onze oude boeken – herinnert u zich dat ik in hoofdstuk 1 genen vergeleken heb met boeken? We hebben die oude boeken ooit gekocht, ooit gelezen, en nu staan ze in een vergeten hoekje van onze boekenkast. Vergeten? Nu en dan nemen we ze nog eens in de hand, misschien uit nieuwsgierigheid. Dan merken we dat het oude boeken zijn, maar dat ze nog steeds een inhoud hebben. We zouden ze vandaag niet meer kopen, maar ze worden ook niet weggedaan. Zo ook met XEN. Dat XEN nog steeds binnen onze genen huist, zien we in de uitwerking ervan, in de aantrekkingskracht namelijk die vreemde vrouwen uitoefenen op mannen. Vandaag gaat het daarbij niet meer om vrouwen van naburige, geïsoleerde groepen, maar om vrouwen die als vreemden worden herkend door raciale verschillen in hun uiterlijk. Door de media en doordat wij meer zijn gaan reizen, kunnen er geen groepen meer worden afgebakend. Wij kunnen dus geen vreemde 'buren' meer herkennen. De grenzen van het 'vreemd zijn' worden verlegd naar raciale verschillen. Aziatische vrouwen bijvoorbeeld oefenen doorgaans een grote aantrekkingskracht uit op blanke mannen. De vrouwenhandel vanuit Azië is hier een pijnlijke exponent van. Wellicht zijn de vele avontuurtjes tijdens buitenlandse vakanties een minder dramatisch gevolg van XEN.

Ook al bestaat XEN nog steeds, de raids en de ontvoeringen van vrouwen zijn onder de oorspronkelijke vorm gelukkig wel verdwenen. Dergelijk gedrag wordt ook afgewezen en veroordeeld als negatief door de menselijke rede. De rede is eveneens voortgebracht door de natuurlijke selectie. Zij is nu de motor van de culturele evolutie.

De oorlogvoering die voortkwam uit XEN is niet verdwenen. Door de culturele overlevering is ze blijven bestaan. Waarom? Eenvoudigweg doordat er andere voordelen werden ontdekt in de oorlog. We hebben ingezien dat de buit buiten de genetische rijkdom om ook kon bestaan uit materiële goederen, land, kennis, en wat een andere samenleving nog meer kon worden ontstolen. De oorlog werd een economisch fenomeen. Bovendien bood oorlogsvoering het xenofobe gen een unieke kans zich te uiten. De oorlog werd dus ook een etnisch fenomeen.

In de evolutie blijven vaak restanten over van structuren die geen functie meer hebben. Dat zijn de zogenaamde *rudimentaire* structuren. Zo ook wat de buiten de groep gestolen bevruchtingen betreft. Er gaat geen oorlog voorbij zonder verkrachtingen. Deze zijn als anti-inteeltmechanisme totaal overbodig en non-functioneel, maar ze verwijzen nog naar de begindagen van de oorlog. Een van de afschuwelijkste elementen van onze culturele evolutie is dat de oorlogsverkrachtingen een nieuwe functie hebben gekregen. Doordat ze gemakkelijk konden worden opgeroepen via XEN, werden ze omgevormd tot een oorlogswapen. Verkrachten werd dus een wapen zoals een landmijn of een kogel er een was. De vijand wordt getroffen door zijn vrouwen te verkrachten.

We hebben het hier voortdurend gehad over mannelijke mechanismen. Het zijn mannen die de raids uitvoeren, het zijn vrouwen die er het slachtoffer van zijn. Zuiver genetisch gesproken is er echter ook een voordeel voor de vrouw. Over lange evolutionaire tijden heen profiteren ook de vrouwen van het wegwerken van inteelt. Maar de mechanismen die ertoe hebben geleid, zijn zuiver mannelijk, ze zijn tegen de vrouw gericht, zetten haar vrije wil en haar welzijn opzij. Wellicht is dit de basis van het feit dat vrouwen niet oorlogszuchtig zijn of minstens veel minder dan mannen.

Wil dit alles zeggen dat we – omwille van de biologische basis – niets kunnen doen aan deze afschuwelijkheden? Zeker niet. Wellicht kan dit rudimentaire gedrag worden weggewerkt door de sterke motivatie die het gevolg is van XEN te neutraliseren met een andere kracht die via onze verfijnde culturele overlevering snel en wijd verspreid moet kunnen worden. Die kracht kan dan de grondige voorlichting zijn van alle mannen over de verpletterende emotionele en levensverwoestende psychologische gevolgen van dit oorlogswapen. We mogen niet alles verwachten van een dergelijke voorlichting, maar het kan een begin zijn, een eerste steentje.

Ook voor seksuele geweldplegingen in het gewone leven is een dergelijke vorm van voorlichting op zijn plaats. Ik bedenk de ernst van deze noodzaak niet zelf, hij wordt ingegeven door een onderzoek naar het besef van mannen en vrouwen over de ernst van ongewenste seksualiteit en seksueel geweld. In dat onderzoek werd zowel mannen als vrouwen gevraagd een evaluatie te geven van de aanvaardbaarheid van diverse vormen van ongewenste seksualiteit op een schaal van 0 tot 7. Daarbij stond 7 voor de uiterste grens van onaanvaardbaarheid. Voor de verschillende vormen scoorden mannen gemiddeld 5,8. Vrouwen gaven het cijfer 6,5. Dat betekent dat mannen de psychologische pijn die ze kunnen veroorzaken bij een vrouw door seksueel geweld onderschatten. Daar ligt een van de oorzaken van het tekort aan medeleven van veel mannen voor de slachtoffers van verkrachtingen. Terloops kan ook vermeld worden dat in hetzelfde onderzoek vrouwen het gewicht van (de schaarse) seksuele agressie van vrouwen op mannen overschatten. Zij geven een gemiddelde van 5,13 op 7. Bij de mannen zelf lag dit niet hoger dan 3,02. Beide seksen zijn te weinig op de hoogte van de onderlinge verschillen. Vooral bij mannen is goede voorlichting dus noodzakelijk.

Ziedaar het relaas van het biologisch ontstaan van oorlog. Het is geen fraai verhaal, gemeten naar onze huidige culturele waarden, maar het is een aanvaardbare hypothese van hoe de efficiëntie van de natuurlijke selectie te werk gaat. Deze reconstructie doorstaat de test met gegevens uit wetenschappelijke waarnemingen. Zo is het waarschijnlijk dus gegaan. Het is een lang verhaal geweest, maar dat was nodig om geen al te grote sprongen te maken, waardoor de lezer het idee zou kunnen krijgen dat hier alleen gespeculeerd wordt. Bovendien is dit alles een mooi voorbeeld van de kracht die uitgaat van de theorie die stelt dat natuurlijke selectie werkt via afzonderlijke genen. Er bestaan ook verklaringen voor de evolutie van de mens op basis van wat biologen 'groepsselectie' noemen. Achter die term gaat de oude idee schuil dat iets ontstaat omdat het 'goed is voor de soort'. Zoals in hoofdstuk 1 is uitgelegd, is de moderne visie, namelijk dat de selectie op genen werkt, veel krachtiger. Ook in deze context.

Dominantie en status

Agressie kan voorkomen in heel extreme vormen. De meest extreme, meest desastreuze en meest gevreesde vorm is die van de oorlogvoering. Anderzijds manifesteert agressie zich ook in de vorm van een continue – soms nauwelijks merkbare – reeks van handelingen die iemands status vastleggen en kenbaar maken. Deze laatste vorm is niet alleen onschadelijk, hij is zelfs nuttig om orde te scheppen in onze samenleving. Hij staat voor het mechanisme dat bepaalt wie dominant is over wie. Het geheel van al deze dominantierelaties samen in een groep vormt de dominantiehiërarchie.

Een dominantiehiërarchie komt bij veel diersoorten voor. Een *dominantiehiërarchie* kunnen we omschrijven als die rangorde van individuen die bepaalt wie voorrang heeft om het schaarse voedsel te nemen, of om een nestplaats uit te kiezen, of een partner. Doorgaans maar lang niet altijd zien we een mooi rechtlijnige rangorde. Eén individu is het dominantst en heeft een fysiek overwicht over alle andere groepsleden. Hij is de alfa. Hij wordt gevolgd door het tweede dominantste dier – de bèta – vervolgens door een derde – de gamma – enzovoort. De meest ondergeschikte die door iedereen wordt gedomineerd, is de omega. De plaats in deze hiërarchie noemen we de dominantiestatus van het dier. We zullen verder kortweg van *status* spreken. De status wordt meestal bepaald door agressieve handelingen. Wie het sterkst is en het meeste uithoudingsvermogen heeft, zal alle andere groepsleden in een gevecht de baas kunnen. Hij wordt de alfa op basis van zijn fysieke kenmerken. Op diezelfde basis worden alle andere groepsleden gerangschikt. Bij hoger geëvolueerde dieren, zoals de apen, wordt dit systeem ingewikkelder. Kracht blijft een nuttige eigenschap om op te klimmen op de hiërarchische ladder, maar ook intelligentie, inzicht en ervaring worden aangewend om een hogere status te verwerven.

Met behulp van deze vaardigheden worden de groepsleden gemanipuleerd. Een andere factor die bij apen een grote rol speelt, is de mogelijkheid om coalities aan te gaan met bondgenoten. Met twee kan men gemakkelijker een dominant dier van zijn plaats verdrijven dan alleen. Sociale vaardigheden doen hier hun intrede als bepalende factor voor de dominantiehiërarchie.

De rangorde wordt stabiel gehouden doordat iedereen voortdurend zijn plaats bevestigt aan de hand van signalen. De dominanten kunnen geregeld dreigsignalen sturen naar de ondergeschikten. Zij zeggen zoiets als: 'Vergeet niet wie ik ben!' De ondergeschikten vertonen dan weer onderwerpingsgedragingen die op de hogergeplaatsten worden gericht. Bij hen klinkt het van: 'Sorry, ik ben het maar.' Het kan hier bijvoorbeeld om een eenvoudige groet gaan. Wie veel gegroet wordt, heeft een hoge status. Bij chimpansees wordt dominantie vooral uitgedrukt door het aantal van de ontvangen groeten. Het niet vertonen van dit onderdanige gedrag kan tot een pak rammel leiden. Ontwaar ik hier enige gelijkenis met een leger, waar een soldaat steeds moet salueren voor zijn superieuren?

Soms is een hiërarchie niet zo mooi rechtlijnig en zijn er meerdere individuen op één statusniveau terug te vinden. Soms is er een despoot die alle andere groepsleden domineert zonder dat er onder hen verschillen in status zijn waar te nemen. Maar de meest voorkomende vorm van rangorde is toch de zuiver rechtlijnige. Natuurlijk is de rangschikking van groepsleden volgens hun dominantie geen constante, onveranderlijke toestand. Er kunnen steeds veranderingen optreden. Dieren verliezen hun status doordat ze verzwakken in hun dominantiebepalende factoren, of doordat bijvoorbeeld een jonger dier voldoende capaciteiten heeft opgebouwd om wie boven hem staat op de ladder te verslaan. Ik schreef dat dominantiehiërarchieën stabiel worden gehouden door het uitsturen van signalen, maar dat gaat veeleer op voor de korte termijn. Op langere termijn ziet men geregeld verschuivingen, zeker bij de coalitievormende apen. Zij doen echt aan politiek. Vandaag vinden ze een bepaalde coalitie interessanter dan het verbond dat ze gisteren waren aangegaan. Wanneer een rangorde mooi rechtlijnig en stabiel is, heeft zij een 'transitief' karakter. Daarmee bedoelen we dat wanneer Karel Peter domineert, en Peter Jos, Karel meteen ook dominant is over Jos. Dieren onthouden dat ook, ze 'weten' dat ze de ondergeschikten van hun ondergeschikten domineren. Ze houden vooral de groepsleden in het oog die onmiddellijk onder hen staan. Als die niets ondernemen, is alles in orde.

Wat is het nut van een rangorde? Zoals ik al heb vermeld, bepaalt de rangorde de volgorde waarin de groepsleden het voedsel – dat vaak vrij schaars is – kunnen bemachtigen. Hetzelfde geldt voor andere hulpbronnen, zoals een schuilplaats bij slecht weer of wanneer een roofdier nadert (ik mag eerst in de boom vluchten!). Of zoals een nestplaats (dit mooie plekje eis ik op!) of alle andere dingen die niet in overvloed aanwezig zijn. Het belangrijkste voordeel van een hoge status is echter de mogelijkheid om een partner voor de voortplanting te krijgen. Meestal heeft de hogergeplaatste sneller een wijfje, of eist hij zelfs alle wijfjes van de groep voor zich op. In een kolonie chimpansees neemt het dominante mannetje 50 tot 75% van de copulaties voor zijn rekening. Dit claimen van de bevruchtingen doet zich nog meer uitgesproken voor tijdens de vruchtbare periode van de vrouwtjes. Ook bij andere soorten, waaronder de bavianen, is dit verband tussen dominantie en voortplantingssucces aangetoond. Een hoge plaats in de hiërarchie heeft dus zeker zijn nut. Het houdt veel voordelen in die door de natuurlijke selectie beloond worden.

Betekent dit alles dat lagergeplaatsten alleen met nadelen van het systeem zitten opgescheept? Dat ze zich bijvoorbeeld niet kunnen voortplanten? Zeker niet, van vissen tot apen ziet men dat de ondergeschikten voortdurend op de loer blijven liggen om, wanneer ze de kans schoon zien, een bevruchting te stelen. Ze kunnen dat doen doordat ze dankzij hun voortdurende onderwerpingsgedrag in de buurt blijven van de dominante dieren, en dus meer kans hebben om nu en dan iets van hen te stelen. Uiteraard niet zonder risico's. Er zijn nog voordelen verbonden aan de lage status binnen de groep. Denken we maar aan het voordeel van het lidmaatschap van een beschermende groep. De groep bestaat uit meer ogen dan er leden zijn. Een groep ziet vlugger een roofdier dan een enkeling dat kan. Bovendien wordt een groep niet zo snel aangevallen als een eenzaat. Zelfs al heeft men een lage status binnen een groep, men heeft er toch nog altijd de bescherming van. En ten slotte is er het grote voordeel dat het lidmaatschap van de groep steeds de mogelijkheid openlaat om op te klimmen. Ook al sta je als omega onderaan, ooit komt er iemand onder jou en wie weet klim je zelfs op tot de hoogste rangen om er ten volle te kunnen profiteren van alle voordelen die daaraan verbonden zijn. Hoop doet leven.

We kunnen een dominantiehiërarchie dus zien als een systeem dat orde brengt in een samenleving. Zonder deze rangorde zou er chaos heersen, zeker bij het bemachtigen van de schaarse hulpbronnen. Zonder een vaste verhouding tussen de leden van de groep die de voorrang bepaalt, zou er telkens wanneer voedsel wordt gevonden een gevecht kunnen uitbreken om te bepalen wie het mag hebben. Wanneer een nestplaats wordt gevonden, zou er eerst een slagveld ontstaan voordat er kan worden geslapen. Wijfjes zouden een bron van agressie zijn, enzovoort. Een dergelijke chaos zou een enorm energieverlies betekenen, tot onnodige vechtpartijen of schermutselingen leiden en dus tot een verhoogd risico op wonden. Dat is voor niemand goed. Iedereen heeft dus belang bij de hiërarchische orde. Dat vond de natuurlijke selectie ook.

Er zijn verscheidene factoren die kunnen bepalen welke dominantiestatus een individu toegewezen krijgt. Hoe hoger de diersoort geëvolueerd is – dus hoe meer de hersenomvang en de flexibiliteit van het gedrag ontwikkeld zijn – hoe meer factoren hierbij een rol kunnen spelen. Zoals al gezegd, vormt bij apen de mogelijkheid om coalities aan te gaan een belangrijke factor. Andere factoren spelen ook bij minder hoog ontwikkelde dieren een rol. Zo bijvoorbeeld het geslacht. Mannetjes zijn meestal (maar niet altijd!) dominant over wijfjes. Of de leeftijd. Volwassen dieren domineren jonge dieren. De lichaamsgrootte is vaak een bepalende factor. Hoe groter het dier, hoe hoger in de rangorde. De lichaamsgrootte bepaalt vaak ook de lichaamskracht en we hebben eerder gezegd dat deze kracht meestal het eerst wordt gebruikt om de status vast te leggen. Ook de afstamming van een dier kan bepalend zijn, zoals de apen ons ook weer leren. Kinderen van dominante moeders nemen meteen een hoge plaats in. Voorafgaande ervaringen in gevechten zijn eveneens een belangrijke factor. Wie veel gevechten gewonnen heeft, zal alleen al door die ervaring sneller een nieuw gevecht kunnen winnen en daardoor een hogere status krijgen. Het omgekeerde geldt voor wie veel gevechten verloren heeft. En zo zijn er nog wel factoren beschreven, maar vaak zijn er meer vraagtekens dan zekerheden. Zo bijvoorbeeld de hoeveelheid van bepaalde hormonen in het bloed. Dominante mannetjes hebben meer testosteron in het bloed dan ondergeschikte, maar het is nog niet duidelijk of dat de oorzaak dan wel een gevolg is van de dominantie. Ik kom hier dadelijk op terug.

De evolutie heeft het systeem van de dominantiehiërarchie ontworpen als een ordenende kracht binnen een samenleving. Het is een goed systeem dat zijn verdiensten bij zo veel soorten al had bewezen, dat ook de menselijke er gebruik van mocht maken. De gehechtheid aan status en sociale dominantie is een universeel kenmerk van de mens. Ook het streven naar een hogere status kan worden beschouwd als een universele vorm van motivatie. Iedereen wil boven een ander staan en almaar hoger klimmen. In een onderzoek werden groepjes van drie mensen die elkaar niet kenden, geobserveerd. Hieruit bleek dat zich in de helft van de gevallen binnen één minuut een hiërarchie vormde en in de andere helft binnen de vijf minuten. Het is een aangeboren sociaal gedragssysteem, het zit in onze genen ingebakken sinds onze voorgeschiedenis in het Moederland. Niet alleen willen we snel een rangorde installeren, we hebben er ook een goede neus voor. Mensen kunnen hun toekomstige status in een groep die ze niet kennen goed inschatten, alleen al door de groepsleden te bekijken.

In hoofdstuk 6 hebben we het uitvoerig gehad over de gevolgen van het feit dat de man veel meer verschillen kent in zijn voortplantingssucces dan de vrouw. Een vrouw kan hooguit 20 à 25 kinderen op de wereld zetten tijdens haar leven, terwijl een man in dezelfde periode letterlijk honderden kinderen kan verwekken. Dat leidt in de evolutie tot het bevoordelen van mechanismen die een grote toegang tot seksuele contacten in de hand werken. Het is voor mannen veel lonender om het aantal seksuele contacten te verhogen dan voor vrouwen, althans wat de werking van de natuurlijke selectie betreft. We stelden hierboven dat bij veel diersoorten een hogere status meer voortplantingssucces tot gevolg heeft. Bij de mens is het niet anders. Een hoge dominantiestatus kan de voortplantingsmogelijkheden van een man vergroten. Allereerst verkiezen vrouwen dominante mannen boven ondergeschikte.

Een dominante man biedt meer waarborgen ter bescherming voor de vrouw en haar kinderen. Bovendien krijgt zij gemakkelijker toegang tot zijn hulpbronnen. Een dominante man is ook rijker dan een ondergeschikte. We mogen in deze context niet vergeten dat we ons gedrag moeten blijven zien in een scenario dat in ons Moederland is geschreven. Vervolgens kan een hoge status ook tot meer voortplantingsmogelijkheden leiden door de dominantieverhoudingen tussen mannen zelf. Dominante mannen staan sterker in de competitie, ze veroveren gemakkelijker vrouwen van de ondergeschikte mannen, zonder meer.

Dat is de theorie. Deze toestanden kunnen we ons best voorstellen in het Moederland, onder andere doordat we de vergelijking maken met veel andere soorten. Maar spelen deze regels nu nog? Zijn er nu nog aanwijzingen dat er een verband bestaat tussen de status van een man en zijn seksuele kansen? Hier kan de historicus ons veel leren. Studies tonen aan dat in de loop van onze geschiedenis mannen met een hoge status (keizers, koningen, despoten en zo meer) steeds veel vrouwen hebben gehad. Meestal werden harems samengesteld, die bestonden uit jonge, vruchtbare, aantrekkelijke vrouwen, die op ieder moment van de dag ter beschikking stonden van hun heer en meester. De grootte van de harem was vaak recht evenredig met de hiërarchische plaats van de man: hoe belangrijker hij was, hoe meer vrouwen hij had. De Marokkaanse keizer Moulay Ismail de Bloeddorstige had 500 vrouwen, die hem samen 888 kinderen schonken. Dat is nog klein bier in vergelijking met de Chinese keizer Fei-ti, die tienduizend vrouwen gehuisvest hield in zes paleizen. De prinsen mochten er 'slechts' enkele honderden vrouwen hebben, generaals moesten tevreden zijn met enkele tientallen, burgers van de hogere klasse met hooguit tien, die van de lagere klasse met niet meer dan drie of vier vrouwen. U en ik hebben niet meer dan één partner. Hoewel, wanneer – zoals in onze samenleving – polygynie bij wet verboden is, blijkt dat dominante mannen hun seksuele kansen verhogen door hun buitenechtelijke betrekkingen. Deze betrekkingen noemen wij in het dagelijks leven 'slippertjes', alsof het kleine foutjes zijn, men is even uitgegleden. Deze slippertjes zijn evenwel geen *accidents de parcours*, maar biologisch geëvolueerde strategieën. Dat leerde hoofdstuk 6 ons al. Deze strategieën worden ook weer vaker toegepast door mannen met een hogere dominantie. De baas van het bedrijf heeft meer avonturen tussen de lakens beleefd dan de portier. Het is geweten dat staatshoofden hun zaad kwistig rondstrooien. Sla er maar eens de biografieën op na van – laten we zeggen – de Amerikaanse presidenten.

Even helemaal terzijde. Dit laatste fenomeen, het feit dat presidenten buiten veel macht ook veel minnaressen hadden en hebben, heeft geleid tot een eigen, geijkte term in de gedragsbiologie: het 'Coolidge-effect'. Dat is het effect van nieuwe prikkels op de seksuele activiteit, op de libido van mannetjes. Wanneer een mannetje veelvuldig gepaard heeft met een wijfje, daalt zijn seksuele interesse in haar. Wordt zij vervangen door een ander wijfje, dan herleven de seksuele interesse en activiteit van het mannetje. Een proximale verklaring hiervoor is het nieuw zijn van de prikkel. Een ultieme verklaring vinden we in het voortplantingssucces. Dat wordt immers verhoogd door een nieuw wijfje te bevruchten. De term verwijst naar de Amerikaanse president Calvin Coolidge. Een verhaal wil dat de president samen met zijn vrouw een bezoek bracht aan een boerderij. Toen de vrouw een haan gadesloeg, werd haar verteld dat het dier vele malen per dag seks had. 'Gelieve dat aan de president te vertellen,' zei de dame. Toen de president dat te horen kreeg, vroeg hij: 'Altijd met dezelfde hen?' 'Oh nee, meneer de president, telkens met een andere,' luidde het antwoord. Waarop de president verder ging: 'Vertel dat eens aan mevrouw Coolidge!'

De invloed van de status op het voortplantingssucces gaat alleen op voor de man. Een vrouw kan maar één keer zwanger zijn op een bepaald moment, of zij nu seks heeft met één man dan wel met duizend. Het aantal kinderen dat zij op de wereld kan zetten, is voor haar dus onafhankelijk van haar dominantiestatus. Hieruit kunnen we concluderen dat mannen veel meer dan vrouwen zullen streven naar een hogere status, dat mannen een sterkere drijfveer hebben om op te klimmen op de hiërarchische ladder dan vrouwen. De natuurlijke selectie beloont zoiets nu eenmaal. Zeker bij onze verre voorouders moet dat verschil tussen man en vrouw duidelijk zijn geweest. Geldt het nu nog?

Er is weinig onderzoek gedaan naar dit seksueel onderscheid, maar er zijn wel een paar aanwijzingen in die richting. Men weet uit studies dat kinderen al vanaf een leeftijd van drie jaar denken in termen van dominantie, zelfs met het transitieve karakter daaraan eigen. Dus als de ukkepuk weet dat Jantje hem de baas is en dat Kareltje Jantjes baas is, moet hij ook uitkijken voor Kareltje. In zes verschillende culturen is specifiek onderzoek gevoerd naar de spelletjes die kinderen spelen. Uit deze studie blijkt dat jongens veel meer dan meisjes spelletjes bedenken waarin via agressie een rangorde wordt opgebouwd. De onderzoekers stelden vast dat de jongens hun verbale vaardigheden vooral gebruiken om zichzelf naar het voorplan te werken, terwijl het verbale element bij meisjes veeleer een sociale bindingsfunctie heeft. Ook bij volwassenen blijkt de mannelijke tendens om op te klimmen een universeel gegeven. In alle bestudeerde culturen, zelfs de culturen die bekendstaan als zeer egalitair, hebben mannen een veel sterkere voorkeur voor het bestaan van hiërarchieën dan vrouwen. Zelfs wanneer opklimmen ten koste moet gaan van een ander. Mannen aanvaarden meer dat de ene mens of groep van mensen een andere mens of groep domineert. Er zijn dus seksuele verschillen in het streven naar dominantie en die beginnen al op jonge leeftijd.

Er is aangetoond dat mannen en vrouwen ook van elkaar verschillen in de wijze waarop ze dominantiegedrag beoordelen. Vrouwen verkiezen meer sociale dominantiehandelingen, bijvoorbeeld actief zijn in veel verenigingen. Ze hechten ook meer belang aan het bereiken van een doel door de groep, terwijl mannen egoïstische dominantiehandelingen verkiezen en bijvoorbeeld meer hun mening doordrukken. Vrouwen houden bij het toekennen van een dominantiestatus hoofdzakelijk rekening met elkaars maturiteit en wederzijdse bezorgdheid. Bij mannen spelen lichamelijke kenmerken – kracht, lichaamsbouw enzovoort – een grotere rol. Dat is zeker zo bij jonge mannen. Vrouwen aanvaarden ook sneller de hogere status van een ander dan mannen. Jammer voor de heren onder ons, maar de vrouwen steunen bij het opstellen van een sociale rangorde meer op maturiteit, mannen meer op primaire lichaamskenmerken.

Ik kom nog even terug op die dominantieverhoudingen bij kinderen. Hier doet zich immers iets interessants voor. Kinderen van 3 à 4 jaar kennen een tijdelijke rangorde op basis van lichaamskracht. Wanneer ze 5 à 6 jaar zijn, steunen ze hiervoor meer op hun leiderskwaliteiten. Naarmate ze ouder worden, ontwikkelen kinderen meer vaardigheden en verschijnen er verschillende vormen van dominantie, afhankelijk van de situatie. Bij het voetballen is Jantje dominant, wat de schoolresultaten betreft, is Kareltje dat. En Piet is dan weer een verdienstelijke leidersfiguur bij de padvindertjes. Die ontwikkeling bij kinderen wordt doorgetrokken naar de volwassenheid. Mensen zoeken een vaardigheid, een terrein waarin ze kunnen uitblinken – techniek, sport, kunst, een hobby, noem maar op. Die vaardigheid moet hun een hogere status bezorgen. Waarom besteedt een volwassen man al zijn vrije tijd aan het bouwen van een kathedraal van lucifershoutjes? Omdat niemand anders dat doet en hij straks de allergrootste luciferkathedraal ter wereld zal hebben gemaakt. Hij is de alfa.

Sociale aandacht

Bij de meeste diersoorten worden de dominantieverhoudingen omschreven al naargelang de mogelijkheid om over hulpbronnen te beschikken, dat schreven we al. Naarmate de soorten evolutionair verder ontwikkeld zijn, worden deze hulpbronnen complexer. De mens staat aan de top, en dus moeten onze hulpbronnen ook wel de ingewikkeldste zijn. Zo stelt de evolutiepsycholoog Paul Gilbert dat iemands sociale status bepaald wordt door de mogelijkheid om de sociale aandacht van anderen op zich te vestigen en die daarop gevestigd te houden. De kwaliteit en de kwantiteit van de aandacht die men krijgt, bepalen dus de sociale status. Wie genegeerd wordt, heeft een lage status. Vandaar het bekende gegeven dat elk politicus in zijn diepste binnenste blijft herhalen: 'Schrijf en spreek over mij, desnoods in negatieve termen, maar zwijg me in godsnaam niet dood.' Wie geen sociale aandacht krijgt, verdwijnt in de massa. Hij of zij wordt een nummer.

Volgens deze visie kennen mensen een hoge status toe aan wie hun gewaardeerde diensten verleent. Een arts verlost een zieke van zijn pijn en ongemak, of werkt daar toch aan. In ruil daarvoor krijgt hij niet alleen een ereloon, maar ook veel sociale aandacht. Hij wordt op een hoger niveau geplaatst dan mensen die dezelfde capaciteiten, dezelfde rijkdom, hetzelfde uiterlijk enzovoort hebben, maar die niet dezelfde hoog gewaardeerde diensten leveren, althans voor zover zoiets direct waarneembaar is. Vaak wordt de hoge status van een arts toegeschreven aan de duur van zijn opleiding. Mensen met een even lange opleiding, die bijvoorbeeld gewerkt hebben aan een doctoraal proefschrift en die wellicht een belangrijke bijdrage hebben geleverd tot de wetenschap en/of de geneeskunde zelf, krijgen die sociale aandacht niet. De diensten die zij het individu bewijzen, zijn niet meteen waar te nemen. Zij lenigen niet meteen een directe nood. Zo zitten mensen in elkaar. Ook de advocaat kan – om dezelfde redenen – op veel aanzien rekenen. Hij staat ons immers bij wanneer ons onrecht wordt aangedaan. De juridisch deskundige van een verzekeringsinstelling, die hetzelfde diploma heeft en over dezelfde kennis beschikt, moet die aandacht ontberen. Zijn bijdrage wordt niet onmiddellijk gemeten. En zo kunnen we nog wel een paar jobs bedenken.

Het effect van deze sociale aandacht leidt ertoe dat mensen in competitie gaan met elkaar om dergelijke gewaardeerde diensten te kunnen verlenen. Nogal wat studenten die aan onze universiteiten medicijnen of rechten gaan studeren, maken hun keuze op basis van de sociale aandacht die zij in de toekomst hopen te kunnen krijgen. Er spelen natuurlijk ook financiële overwegingen, maar die zijn nauw verbonden met de eerste factor. Wij zijn bereid meer te betalen aan iemand die onze onmiddellijke noden lenigt. Flink wat minder studenten zouden zich inschrijven voor een studie medicijnen als zij hun vak later anoniem zouden moeten uitoefenen. Dat verhoogt het respect dat anonieme artsen in de derde wereld verdienen van ons. Zij werken veel meer uit idealisme dan uit winstbejag, waarbij 'winst' in termen van sociale aandacht en dus van status moet worden gedefinieerd.

In deze visie – de status houdt verband met het krijgen van sociale aandacht – krijgt de emotie die gepaard gaat met een verandering in dominantiestatus een belangrijke plaats. Mensen nemen niet zonder meer akte van een verhoging of een verlaging van hun sociale status. Ze beleven zoiets sterk emotioneel.

Een statusverhoging leidt tot twee emoties. Ten eerste is er een euforie, een uitgelaten houding, men is uit op een nieuwe uitdaging. Deze euforie heeft dezelfde wortels als de verhoogde strijdbaarheid van een dier dat zojuist een gevecht gewonnen heeft. Een verliezer kent die motivatie niet om nog eens een gevecht aan te gaan.

Ten tweede groeit de bereidheid anderen te helpen. Het bieden van hulp kan een teken zijn dat men een hogere status heeft. Sommige mensen willen inderdaad geen hulp zoeken doordat ze vrezen daardoor aan status in te zullen boeten. In het dagelijkse leven kunnen we dit vaak waarnemen. Een kleine vorm van hulp vragen, is als het stellen van een vraag waarop men zelf het antwoord niet kent, maar waarvan verondersteld wordt dat de andere dat antwoord wel zal weten. Bijvoorbeeld: 'Wat is nu weer de hoofdstad van Roemenië?' Of: 'Weet u waarom meneer Janssens ontslag heeft genomen?' Deze vragen geven aan dat de vraagsteller een lagere status heeft, althans voor dit kleine probleem. Hij heeft de gevraagde informatie immers niet. De andere staat dan even iets hoger, hij is iets 'rijker'. Hij heeft de informatie immers wel. Ga zelf maar eens na wie u zulke vragen stelt. Mensen van wie u weet dat ze zich een hogere status toemeten dan u, al was het maar een ietsje meer, of mensen die vrezen dat ze zich zullen moeten verlagen, zullen u geen of minder dergelijke vragen stellen. Mensen die geen probleem hebben met de statusverhouding die ze tegenover u hebben, zullen u meer vragen stellen. Bijvoorbeeld omdat ze toch veel lager staan of denken te staan dan u, of omdat ze een intieme band hebben met u. Dat geldt natuurlijk niet voor een vraag als 'Hoe gaat het met u?'. De informatie die deze vraag oplevert, heeft geen effect op de status. Klinkt dit u ongeloofwaardig in de oren? Let er dan eens op, niet alleen vandaag of morgen, maar over een lange periode en u zult daar veel uit leren.

Niet alleen een statusverhoging leidt tot emoties. De emoties die gepaard gaan met een statusverlaging nemen al een aanvang nog voor men afdaalt op de sociale ladder, met de 'sociale bekommernis' met name. Dat is de zorg die men besteedt aan het behouden van de eigen status. Mensen zijn als de dood voor een statusverlaging en zij werken hier dan ook constant aan. Hoe hoger de status, hoe groter de bekommernis. Aan onze universiteiten vinden we genoeg professoren die geen problemen hebben met het lesgeven aan studenten. Ze zijn ten opzichte van hen toch ongenaakbaar. Maar een lezing houden voor collega's? Men is vaak bang de mist te zullen ingaan. Een emotie die kan vrijkomen bij statusverlaging is schaamte. Schaamte kan het gevolg zijn van publieke hoon en minachting. Beide wijzen op een lage waardering. Slachtoffers van zo'n statusvermindering uiten hun schaamte via signalen die wijzen op onderwerping, en die tegengesteld zijn aan de signalen die gepaard gaan met dominantie. We zullen hier voorbeelden van zien in hoofdstuk 8. Een andere emotie die de kop kan opsteken is woede. Men zint op weerwraak op degene die verantwoordelijk is geweest voor de statusverlaging. Hier zit een dieperliggende verklaring voor de superagressieve reactie die men soms ziet volgen op een eenvoudige verbale belediging. 'Jij bent een hoer!' houdt een grote, zij het virtuele verlaging van de status in, en kan – ondanks het feit dat het maar om woorden gaat, die de lichamelijke integriteit niet in gevaar brengen – beantwoord worden met nagelkrassen in het gezicht van de belediger.

Nog zo'n emotie is afgunst ten opzichte van wie meer heeft en daardoor ook meer aanzien geniet. Dat kan leiden tot het nabootsen van de persoon in kwestie, of tot het zwartmaken ervan. We kunnen onze jaloezie tegenover mensen met een hogere status uiten door hun persoontje te omgeven met de nodige roddels. Roddels hebben een sterk sociaal effect op medemensen. Zij zijn ontstaan als mechanismen om bedriegers in de samenleving te ontmaskeren (zie hoofdstuk 8), maar ze kunnen ook zelf een bron van bedrog zijn, bijvoorbeeld om iemands hogere status aan te vallen. Let op uw collega's wanneer u een bevordering kreeg en zij niet. De roddels zullen losbarsten.

Een laatste emotionele reactie op statusverlies is depressie. Mensen die door een afdaling van de sociale ladder een depressie ontwikkelen, vertonen veelvuldig onderwerpingsgedrag. Zij geven uiting aan de vele signalen die de functie hebben agressie te remmen. Daardoor beogen ze onbewust verdere agressie te voorkomen, die hen nog lager zou kunnen duwen. Deze vorm van depressie verdwijnt snel wanneer de betrokkene zijn of haar sociale aandacht heeft herwonnen. Als er geen verbetering optreedt, kan dit soms nefast aflopen. Kranten leren ons dat mensen die op hun werk een graadvermindering ondergingen zo ver kunnen gaan dat ze zelfmoord plegen.

Deze korte opsomming maakt duidelijk hoe sterk de dominantieverhoudingen, de sociale status en alles wat daarbij hoort, inwerken op ons gemoedsleven. Emoties sturen ons gedrag, ze leiden tot motivaties die voor gedragingen zorgen die op het gegeven moment gewenst zijn. De natuurlijke selectie heeft zo voor de emoties gezorgd en die hebben zich in de loop van de evolutie aangepast en verder ontwikkeld. Diezelfde evolutie heeft het belang van ons dominantiegedrag onderstreept door het gepaard te laten gaan met emoties. Bij de emoties die wij voelen in verband met onze status gaat het dus niet zomaar om prettige of vervelende neveneffecten. Deze emoties zijn daarentegen ware aanpassingen, die zeker in ons Moederland hun nut hebben gehad. Emoties hebben een belangrijke biologische functie. Aan de ene kant sturen ze ons gedrag zodanig dat er nog meer winst wordt gehaald uit een statusverhoging. Alles is goed om de winst nog op te drijven. Aan de andere kant zorgen ze ervoor dat verdere aftakeling bij een statusverlaging wordt tegengegaan. De schade moet immers beperkt blijven.

Welke factoren bepalen de dominantie?

Een paragraaf in een boek over menselijk gedrag met deze titel, krijgt zeker veel aandacht. Wie dit boek opensloeg op deze bladzijde, zou deze paragraaf meteen verslinden. Bij mannen zou dat zeker het geval zijn. Doen ze dat in dit geval uit wetenschappelijke interesse? Niet echt, lijkt mij. Veeleer uit persoonlijke interesse. De lezer hoopt te kunnen leren hoe hij zijn eigen dominantiestatus kan opkrikken. Misschien bestaan er wel eenvoudige handelingen waardoor men meer aanzien krijgt. Wie een boek schrijft *Hoe verhoog ik mijn dominantie in vijf lessen?* mag op een bestseller rekenen. De drang om een hogere status te verwerven is immers groot, vooral dan bij mannen. En toch moet ik de lezer hier enigszins teleurstellen. Het is immers meestal niet duidelijk of iets de oorzaak dan wel het gevolg is van dominantie. Wanneer dominante mensen een bepaald gedrag laten zien of een fysiologische verandering vertonen die men bij ondergeschikten niet ziet, weet men vaak niet of dat gedrag of die verandering de dominantie in de hand heeft gewerkt. Misschien is het omgekeerde het geval. De bestseller zou dus best wel eens kunnen ontgoochelen. Wat wel interessant is om weten, is dat zulke gedragingen of fysiologische veranderingen een teken van dominantie kunnen zijn. Mensen kunnen gemakkelijker hun dominantiestatus kenbaar maken dan deze doelbewust veranderen. Laten we een paar tekenen van dominantie bekijken.

Mensen sturen verscheidene signalen uit die op dominantie wijzen. In het volgende hoofdstuk gaan we dieper in op zulke non-verbale communicatie, maar we vermelden hier al dat wij in het Moederland, nog voor de taal was geboren, geleerd hebben onze motivaties en gemoedsgesteldheden via signalen kenbaar te maken. We zijn dat blijven doen. Dominante mensen lopen met gestrekte gestalte en zetten een brede borst op. Ondergeschikten lopen lichtjes gebogen, met neerhangende schouders. Dominante mannen blijken bij het wandelen een hogere snelheid te ontwikkelen dan minder dominanten, zo wees een Weense studie uit. Bij vrouwen bestaat er geen verband tussen dominantie en wandelsnelheid. In een gesprek kijkt de dominante gesprekspartner de andere minder aan dan omgekeerd, hij kijkt meer van hem of haar weg. Bovendien spreekt hij luid en op een lage toon. Hij onderbreekt anderen veel. Dit kunt u makkelijk zelf observeren. Let de volgende dagen eens op de gesprekken waarbij u betrokken bent. Noteer in gedachten wie meestal het woord afneemt van wie – overigens een onhebbelijkheid waar veel mensen zich aan bezondigen en evenveel anderen zich aan storen. U zult merken dat mensen die zich hoger achten dan de gesprekspartner deze regelmatig in de rede vallen. Aangezien observeren in een situatie waarin u zelf betrokken bent niet zo makkelijk is, kunt u uw observaties ook uitvoeren voor het televisietoestel. Ook politici nemen in debatten regelmatig het woord van de andere af. Als u dat even nagaat, blijkt dat vooral de hogergeplaatsten dat doen. De eerste minister onderbreekt een ander voortdurend, maar wordt zelf minder onderbroken. Journalisten die mensen ondervragen, ervaren zichzelf vaak als sterker dan de ondervraagde, ze voelen dat ze hem in een bepaalde richting kunnen duwen. Die journalisten laten hun slachtoffer zijn antwoord niet beëindigen, ze onderbreken hem of haar halverwege en dwingen het slachtoffer met een nieuwe vraag in de gewenste richting. Een ervaren politicus laat zich daar niet door vangen. Men kan ook meermaals vaststellen dat een interviewer door de ervaren ondervraagde op zijn plaats wordt gezet ('Meneer, bent u niet geïnteresseerd in mijn antwoord? Waarom stelt u me dan een vraag?'). Meestal ziet de interviewer in dat geval meteen af van het dominante signaal. Hij onderbreekt verder niet meer.

Er kan een verband bestaan tussen zuiver lichamelijke kenmerken en dominantie. Mooie mensen bereiken meer in onze samenleving. Zij hebben door hun lichaam een voorsprong in het verwerven van status. Studies over het gedrag van jongeren in vakantiekampen wezen uit dat jongens al na een uur een rangorde hadden opgesteld. Dit gebeurde op basis van een goed, atletisch uiterlijk en een fysieke maturiteit. Bij meisjes duurde de vorming van de rangorde veel langer en werd de dominantie uitgemaakt door sociale maturiteit en bezorgdheid om elkaar. We kwamen deze verschillen al eerder in dit hoofdstuk tegen. Een dominant gezicht blijkt in het leger een effect te hebben: jongens met een dominant gezicht behalen hogere graden in de militaire hiërarchie. Maar vooral de lichaamsgrootte is van belang. Dominante mensen zijn vaak groot, grote mensen zijn vaak dominant. Het is een fenomeen dat we gemeenschappelijk hebben met de meeste diersoorten, waar het bijna steeds zo is dat de grootste van de groep de dominantste is. Lichaamsgrootte blijkt in alle menselijke culturen een dominantiefactor. In de Verenigde Staten heeft een onderzoek uitgewezen dat grote mensen meer succes hebben in hun loopbaan. Sterker nog, er bestaat zelfs een correlatie tussen hun lichaamslengte en hun inkomen. Men vindt dat in de meeste talen ook terug in de betekenis van het woord 'groot', dat vaak verwijst naar dominant: 'Hij is een groot man!' We treffen het ook aan in ons dagelijks leven. Als grote mensen vaak dominant zijn, verwacht men – geheel onbewust – vaak dat dominante mensen ook groot zijn en daar vergist men zich wel eens in. We zijn soms verrast over de lengte van bekende televisiepersonen. We behandelen deze materie verder in hoofdstuk 8.

Natuurlijk speelt ook leeftijd een primaire rol. Vermoedelijk heeft in ons Moederland de ouderdom een zekerheid op dominantie gegeven. We kunnen dat vermoeden omdat nu nog in veel samenlevingen de beslissingen voor de groep door de ouderen worden genomen. Zij beschikken over de ervaring en dus over de kennis. In de hedendaagse technologische wereld wordt kennis snel verspreid en neemt het belang van de toenemende leeftijd en ervaring af. In de samenlevingen waar de ouderen nog een dominante plaats genieten, moet tijdens een mensenleven eerst ervaring worden bijeengesprokkeld om vervolgens goede beslissingen te kunnen nemen voor de gemeenschap. Vandaag kunnen jongeren op enkele jaren tijd voldoende kennis hebben vergaard om een belangrijke functie in te nemen en geld en/of macht te verwerven. Misschien ligt daar de verklaring voor het feit dat het respect voor de oudere in onze moderne, economische, technologische samenleving met rasse schreden afneemt. Door de actuele groei van het internet raakt de oudere in zijn kennis zelfs achterop.

Een factor die veel in verband wordt gebracht met dominantie is de hormoonspiegel. Met 'spiegel' verwijzen we in deze context naar het gehalte aan een bepaald hormoon in het bloed. Men weet al lang dat hanen, stieren, honden enzovoort met een hoge testosteronspiegel agressiever en dominanter zijn. Testosteron is een hormoon dat hoofdzakelijk door de teelballen wordt aangemaakt en dat dus vooral bij mannen voorkomt. Volwassen mannen hebben een zevenmaal hogere testosteronspiegel dan vrouwen. Dit hormoon speelt een belangrijke rol bij de ontwikkeling van de secundaire geslachtskenmerken. Men noemt het soms ook het 'mannelijke hormoon'. Gecastreerde hanen, stieren en honden hebben een veel lagere agressiviteit. Door kunstmatig testosteron toe te dienen, kan men de dominantiestatus van proefdieren verhogen. Er is dus een verband tussen testosteron enerzijds en agressie en dominantie anderzijds. Maar hoe zit dat dan met de dominantie bij de mens? We kunnen onze soortgenoten niet aan proeven onderwerpen, en dus moeten we op statistische gegevens van onderzoeken steunen. Deze statistieken hebben altijd consequent een verband blootgelegd tussen het gehalte aan testosteron in het bloed en agressief gedrag. Een groot probleem bij de interpretatie is echter dat we niet met zekerheid kunnen zeggen dat de concentratie van dit hormoon de oorzaak is voor het agressieve gedrag en de daaraan verbonden verhoogde dominantie. Het kan er evengoed een gevolg van zijn. We hebben aanwijzingen dat dit inderdaad mogelijk is.

Er zijn metingen gedaan van het gehalte aan testosteron in het bloed van sportlui voor en na een wedstrijd. De resultaten zijn merkwaardig. Voor de wedstrijd stijgt de testosteronspiegel. Dat kunnen we gemakkelijk verklaren: de strijder maakt zich klaar voor het gevecht. Maar na het winnen van de wedstrijd, wanneer geen verdere strijd meer nodig is, blijft de concentratie hoog. Wanneer de sportman de wedstrijd echter verloren heeft, daalt de testosteronspiegel. Dat is een sterke aanwijzing voor het feit dat het verwerven of het verliezen van dominantie, de hoeveelheid testosteron in het bloed verhoogt, respectievelijk verlaagt. Sterker nog, dezelfde toe- of afname van dit hormoon is vastgesteld bij de supporters van de sportlui. Ook zij hadden meer testosteron in het bloed na het winnen van de wedstrijd door hun ploeg en minder testosteron na een verlies. Toch namen zij niet zelf deel aan de strijd. Andere onderzoeken bevestigen deze resultaten. Als we deze bevindingen koppelen aan het gegeven dat men bij proefdieren de dominantiestatus kunstmatig kan verhogen door testosteron toe te dienen, kunnen we tot een besluit komen. Hoge testosterongehaltes leiden tot dominant gedrag, waardoor de status verhoogt. Deze verhoging heeft dan weer een toename van het testosterongehalte tot gevolg. De relatie testosteron/dominantie zou dus in twee richtingen kunnen werken. Het hormoon volgt dezelfde weg als de emoties die aan een statusverandering gekoppeld zijn. Bij verhoging van de status zorgen zowel emoties als hormonen voor een voorbereiding op nog meer statuswinst. Bij verlaging werken ze beide in de richting van terugtrekking. Dit is niet verwonderlijk aangezien emoties mee bepaald kunnen worden door hormonen.

De relatie tussen testosteron en dominantie bij vrouwen is nog niet grondig bestudeerd. Eén onderzoek vond – merkwaardig genoeg – een hoge hormoonspiegel bij vrouwen met een lage status. Deze vrouwen zouden hun eigen status kunnen overschatten, wat de hogere concentratie aan testosteron verklaart, maar zouden tegelijk lager worden geëvalueerd door de groepsgenoten, wat de lagere status verklaart. Wij hebben nu eenmaal de status die anderen ons toekennen, niet de status die wij onszelf aanmeten.

Een andere stof die een rol zou kunnen spelen bij dominantie is serotonine. Serotonine is een neurotransmitter, een chemische substantie die van de ene zenuwcel naar de andere wordt doorgegeven om de prikkel over te dragen op dat andere neuron. Binnen een zenuwcel wordt de prikkel vervoerd in de vorm van een elektrische golf, tussen de zenuwcellen gebeurt dat chemisch. Het wegvallen van een neurotransmitter betekent dat prikkels niet meer vervoerd kunnen worden. Een grotere concentratie houdt in dat de prikkel gemakkelijker getransporteerd wordt. Serotonine is een neurotransmitter die een rol speelt in veel systemen, waaronder het systeem van onze slaap en onze depressies. Depressieve mensen hebben een tekort aan serotonine. Recent onderzoek heeft aangetoond dat serotonine ook een relatie heeft met de dominantiestatus. Bij experimenten met groene meerkatten, dat zijn Afrikaanse apen, bleek dat dominante dieren tweemaal zoveel serotonine in hun bloed hadden dan laaggeplaatste groepsgenoten. Het verlies van de dominantiestatus zorgde ook voor een terugval van de serotoninespiegel. Bij mensen vond men eveneens een kwart tot de helft meer serotonine bij individuen met een dominante positie. Zoals bij testosteron moet er dus een verband zijn. Maar ook hier blijft de vraag of deze stof de oorzaak dan wel het gevolg is van dominantie. De kans is groot dat het hier veeleer om een oorzaak gaat. Immers, een tekort aan serotonine kan tot een depressieve stemming leiden en depressie kan een onderdanig gedrag tot gevolg hebben – zoals we hierboven hebben gezien.

De lezer die in deze paragraaf een handleiding *Hoe word ik dominant?* had verwacht, komt dus bedrogen uit. Men heeft nog geen algemene theorie kunnen opstellen over de mechanismen die tot dominantie leiden. We kunnen een aantal factoren omschrijven, maar hun invloed is lang niet altijd dwingend voor het bepalen van dominantie. Neem de lichaamsgrootte. Zijn alle grote mensen dominant? Zijn alle dominante mensen groot? Verre daarvan. Bij de dominanten op deze wereldbol vindt men naast figuren als De Gaule en Kohl ook Napoleon en Hitler. Factoren zoals lichaamsgrootte zijn zeker van meer belang geweest in ons Moederland, maar zij spelen vandaag nog slechts een bijrol. Ze zijn voor een groot deel overschaduwd door sociale kenmerken, factoren die de sociale aandacht op iemand richten. Vooral de onduidelijkheid over de vraag naar oorzaak en gevolg is misschien frustrerend. Wellicht moeten we het zo stellen dat factoren die toenemen met de dominantie door die dominantie nog eens worden versterkt, zoals blijkt uit ons voorbeeld van de testosteronspiegel. Wie opklimt op de dominantieladder, al was het maar een beetje, of zelfs maar een heel klein beetje, is nog beter voorbereid om nog verder te klimmen. Dat verklaart waarom vissen die een gevecht hebben gewonnen, de volgende gevechten doorgaans ook winnen en omgekeerd. Een winnende voetbalploeg blijft winnen en lijkt zelfs onoverwinnelijk. Eén goed schoolrapport kan het begin betekenen van een succesvol schooljaar. Enzovoort.

8

COMMUNICATIE EN TAAL

Enig idee hoeveel tijd u besteedt aan spreken? Hoeveel woorden u per dag gebruikt? Voeg bij die massa nog eens de oceaan aan woorden die u gebruikt bij het denken, bij het spreken met uzelf. En de haast ontelbare reeks woorden die u verslindt bij het lezen, zoals nu, dus het aanhoren van wat de schrijver u vertelt zonder dat hij erbij is. Het zal duidelijk worden dat de taal een grote portie van ons alledaags gedrag voor zijn rekening neemt. Wij schijnen verslaafd te zijn aan spreken, 'talig' denken en lezen. Die verslaving is zo erg dat we tegen onszelf praten als we alleen zijn. Zeg 'ns eerlijk, hebt u nooit een gesprek gevoerd met een vriend of familielid, met uw baas, met de premier, met uw opperwezen, terwijl u toch alleen was? Tjonge, u durfde alles te zeggen! Taal is belangrijk voor ons, het is een omvangrijke component van ons gedrag. We moeten er in het grote verhaal van ons Moederland zeker aandacht aan besteden.

Ik hoor uw opmerking dat er iets niet klopt. Dit boek gaat over de wortels van het menselijk gedrag die door de evolutie in het Moederland, vele duizenden en miljoenen jaren geleden, werden gemaakt en zijn gestuurd in een richting die zorgde voor maximale spreiding van de genen die dat gedrag bepalen. Binnen dat kader hebben we twee bijzonder ingewikkelde gedragssystemen ontleed – voortplanting en agressie. We konden in die systemen namelijk veel genetische wortels terugvinden. Dit boek gaat dus over de erfelijke basis van ons gedrag. En nu begint die Nelissen over taal! We hebben er jaren over gedaan om te leren spreken, lezen en schrijven, en het heeft wellicht geduurd tot onze puberteit voordat we echt tevreden waren over de kwaliteit van ons talige gedrag. Het duurt dan nog eens vele jaren om een vreemde taal te leren. Taal is dan toch duidelijk *aangeleerd* gedrag? Een cultureel, niet erfelijk fenomeen? Wat heeft dat dan met ons Moederland te maken? Hoe past taal in dit grote verhaal? Ik hoor het u al roepen...

Nou, voor een groot deel hebt u gelijk. Maar voor een even groot deel zit u toch fout! Natuurlijk moeten we de enorme woordenschat van onze taal echt leren, die is niet aangeboren. We stoppen daar trouwens nooit mee, we leren er steeds nieuwe woorden bij en maken ze ook zelf. Ook de grammatica of morfosyntaxis, die soms bijzonder ingewikkeld en onlogisch kan overkomen, moeten we in ons brein pompen. De manier van spreken, intonaties, stijl, persoonlijke karakteristieken, de 'kleur' van de taal, noem maar op. Het zijn allemaal dingen die we in de loop van ons leven aanleren, op school en door andere na te doen. Kortom, we moeten elkaar er niet van overtuigen dat onze taal een uitermate belangrijke leercomponent heeft. Maar er zitten ook veel aangeboren componenten in. Daar wil ik iets over zeggen, omdat die componenten *wel* passen in ons grote verhaal, omdat ze wel in de greep van de evolutie zitten, lang voordat de culturele evolutie onze woordenschat, grammatica, taalstijl, enzovoort begon te kneden.

We beginnen dit verhaal met de oeroude basis waarop onze taal tijdens de menswording kon ontstaan. Die basis is inderdaad oeroud, want ze situeert zich in het verre verleden van het dierlijke leven, honderden miljoenen jaren geleden. Het is het verschijnsel *communicatie*. Taal is communiceren, maar communiceren hoeft niet gelijk te staan met taal. Reeds laag ontwikkelde dieren kennen dit complexe systeem waarbij informatie van het ene individu op het andere wordt overgedragen. Vaak spreekt men van 'de taal van de dieren'. Ik heb moeite met die omschrijving omdat hier termen met elkaar worden verward. Als we taal gelijk stellen aan communicatie, dan mag men van de taal van dieren spreken, maar wij gebruiken de term 'taal' anders. Wij kunnen taal definiëren als een systeem van spraakklanken door middel waarvan mensen met elkaar communiceren en de schriftelijke vastlegging hiervan. Taal in die zin verwijst dus naar onze gestructureerde, gesproken en geschreven taal. Het zijn de woorden waarnaar u nu kijkt. Dit is slechts één middel om te communiceren. Vanuit deze gezichtshoek is taal menselijk en komt het niet voor bij andere soorten. Van Dale geeft als zesde betekenis van *taal*: 'tekens, geluiden (...) waarmee dieren met elkaar communiceren'. Dit is een andere betekenis van het woord dan we in het dagelijks gebruik gebruiken, maar die in de biologische context verwarring oproept. Die tweede definitie omvat een immens veel groter gedragsfenomeen dan de menselijke gesproken en geschreven taal. Het gaat om veel meer uiteenlopende systemen, gaande van bewegingen, houdingen, geuren tot geluiden, die soms te vergelijken zijn met eenvoudige woorden, maar nog geen gesproken taal inhouden (ik leg dit later uit). Het gaat bovendien om vele duizenden diersoorten. Het is een veelheid aan middelen om te communiceren en slechts één daarvan is in de loop van de evolutie uitgegroeid tot onze taal. Daarom is het beter het woord 'taal' in een biologische context te beperken tot de menselijke taal. Een alternatief zou zijn om de zesde omschrijving van Van

Dale toe te wijzen aan de term 'taal in brede zin' en de eerste omschrijving als 'taal in enge zin' maar dat is te omslachtig. Dus voor de duidelijkheid noemen we die omvangrijke reeks van communicatiemiddelen bij dieren, mens inbegrepen, kortweg 'communicatie', waarbinnen we ons gesproken en geschreven middel 'taal' noemen. Duidelijkheid en orde vormen een noodzakelijk vertrekpunt voor intellectueel denken.

Het is misschien goed de relatie tussen de communicatie en onze taal even aanschouwelijk voor te stellen. Stelt u zich een weids landschap voor, langs alle kanten begrensd door de horizon. Dat landschap is vlak met hier en daar wat lichte verhevenheden, de ene wat hoger dan de andere. Ergens in deze uitgestrekte vlakte staat één smalle, hoge berg. Hij steekt ver uit boven de lichte heuveltjes. De vlakte staat voor de onmeetbare massa communicatievormen die in de dierenwereld sinds honderden miljoenen jaren zijn ontwikkeld. De lichte verhevenheden zijn sterkere specialisaties van communicatiesystemen bij bepaalde soorten. Denk aan de ingewikkelde dans van de bijen, waardoor complexe informatie van de dansende bij aan de collega's wordt doorgegeven zodat deze precies weten waar ze voedsel kunnen vinden. Of bijvoorbeeld ook de 'taal' van de walvissen, die we nog lang niet begrijpen, maar waarvan we wel weten dat ze complex is en dus waarschijnlijk veel informatie kan bevatten. Die vlakte omvat dus alle diersoorten die informatie kunnen overdragen van het ene individu naar het andere, en ook alle middelen die hiervoor zijn te gebruiken. De uitstekende berg is een van deze middelen, de menselijke taal, die een sterke specialisatie heeft ondergaan waardoor informatie wordt uitgewisseld die vele malen ingewikkelder kan zijn dan die van bijvoorbeeld de bij. Daarom is het een hoge berg. Hij is smal omdat het om slechts één soort gaat. Het voordeel van deze beeldspraak is dat we beter kunnen zien hoe onze taal wortelt in de oeroude communicatie, en dat ze hieruit is opgegroeid. Zo is ook duidelijk dat wanneer we die berg willen beklimmen, we eerst door de vlakte moeten wandelen. We moeten eerst naar de communicatie kijken om de ontwikkeling van onze taal te begrijpen.

Voordat ik dit verhaal begin nog een opmerking. We hebben in hoofdstuk 5 onderscheid gemaakt tussen proximale en ultieme factoren. Proximale factoren zijn zaken die het gedrag hier en nu in gang zetten: ze geven een onmiddellijke verklaring voor het optreden van gedrag. Een prikkel heeft gedrag veroorzaakt, dat is de proximale factor, de 'waardoor-vraag'. Ultieme factoren zijn evolutionaire aanpassingen die het gedrag zoals we het nu kennen, hebben gemaakt. Ze geven een verklaring voor gedrag op het niveau van de uiteindelijke functie van dat gedrag, de 'waartoe-vraag'. Proximale en ultieme factoren zijn bij elk gedrag nauw verweven. In de hoofdstukken over seks en agressie legden we vooral de nadruk op de ultieme vraagstelling. In dit hoofdstuk besteden we eerst aandacht aan de proximale vraag. We zullen zien dat communicatie een onmiddellijke verklaring voor gedrag kan geven. Individu A reageert op een signaal van individu B. Daarna en daarnaast komen vele ultieme factoren aan bod.

Om de draad van dit hoofdstuk niet te verliezen, geef ik even de gevolgde weg aan. Eerst omschrijf ik de communicatie in het dierenrijk, mens inbegrepen, met de noodzaak en de functie ervan, dus met een evolutionair accent. Daarna bekijken we hoe dit systeem bij de mens een uiterst sterke specialisatie heeft gekregen, de taal, waar die specialisatie vandaan komt, hoe ze ontstaan is. Ten slotte leggen we een link naar de biologische kenmerken en structuren van onze gesproken en geschreven taal. Dat wordt in het volgende hoofdstuk verder uit de doeken gedaan.

Communicatie, informatie overdragen

Een van de boeiendste bezigheden van de gedragsbioloog is de zoösemiotiek, de studie van de communicatiesystemen in het dierenrijk. Een eerste omschrijving van communicatie die hierbij wordt gebruikt is: 'communicatie is een gedragssysteem waarbij een individueel organisme de kans verhoogt op het vertoon van bepaald gedrag bij een ander organisme'. Het ene organisme manipuleert het andere – 'ik doe iets waardoor jij ook iets doet'. Ziedaar de proximale factor van communicatie. Hiermee kunnen we praktisch alle communicatie omschrijven, zij het dat deze omschrijving pas juist is wanneer aan vier voorwaarden is voldaan. Want om van communicatie te kunnen spreken moet er ten eerste een signaal worden geproduceerd door een zender. Ten tweede moet dit signaal worden opgevangen door de zintuigen van een ontvanger. Ten derde moet deze ontvanger met een reactie reageren, of anders gezegd, het signaal moet een invloed hebben op het gedrag van de ontvanger. En ten vierde moet deze reactie biologisch betekenisvol zijn voor zowel de zender als de ontvanger, er moet een wederzijds nut zijn. Dat nut omvat bijvoorbeeld het instandhouden van het individu of de mogelijkheid genen in nakomelingen over te dragen. Als de producent van het signaal geen voordeel heeft bij de reactie van de ontvanger – bijvoorbeeld een muis wordt waargenomen door een valk, die de muis oppeuzelt – dan spreken we uiteraard niet van communicatie. Dus de vereenvoudigde omschrijving van communicatie 'ik doe iets waardoor jij ook iets doet...' moet worden uitgebreid met '... dat goed is voor ons beiden'.

Communicatie is dus geen passief proces. Om duidelijk te maken dat we hier met een actief proces te maken hebben, wordt de zender van het signaal in de gedragsbiologie ook aangeduid als *actor* en de ontvanger van het signaal als *reactor*.

Soms wordt communicatie anders omschreven: het is het mechanisme waarbij informatie wordt overgedragen. Ik geef informatie aan jou. Deze definitie is sterk geïnspireerd door de menselijke communicatie. Wij zeggen inderdaad dat we met elkaar spreken om informatie uit te wisselen. Wij schrijven om informatie te geven en wij lezen om deze informatie op te doen. Tussen haakjes: dank voor het opdoen van voorliggende informatie, zonder uw leesgedrag was mijn schrijfgedrag overbodig en geen communicatie, want er zou geen reactor zijn. Deze tweede omschrijving is even goed als de eerste en spreekt deze niet tegen. Ik heb ze niet als eerste genoemd omdat ik in de biologische gedachtegang liever niet het menselijk element als uitgangspunt neem, het is eerder een (voorlopig) eindpunt. Bovendien kan men bij de communicatie van lagere diersoorten moeilijkheden hebben om deze informatie terug te vinden, of ze überhaupt als informatie aan te voelen. Sommige slakken duwen tijdens de paring een kalkpijl in het lichaam van de andere om deze aan te zetten tot de paring. Dat is communicatie (er is een signaal gemaakt, het is opgevangen, het resulteert in bevruchting en het zorgt voor de voortplanting van beide slakken) maar het is moeilijk de informatie in dit spel terug te vinden. Er is informatie omdat de actor aan de reactor duidelijk maakt dat hij voortplanting wil, toch zal dit bij velen overkomen als te antropomorf. Bij hogere diersoorten is er echter geen probleem om communicatie te omschrijven als informatieoverdracht.

De zoösemiotiek gaat na hoe signalen worden geproduceerd door de actor, hoe ze worden verspreid, hoe ze worden opgevangen door de reactor, welke reactie ze oproepen, wat hun biologische betekenis is, enzovoort. Het zal wel duidelijk zijn dat dit inderdaad een boeiende discipline is voor de gedragsbioloog. De studie van communicatie is inherent verbonden aan de studie van sociaal gedrag. Het ene kan niet bestaan zonder het andere. Zelfs bij dieren die in grote groepen voorkomen maar anoniem naast elkaar leven, zoals haringen in een school, is primitief sociaal gedrag niet vrij van communicatie. Elke haring zendt signalen uit over zijn plaats in de school, zijn zwemrichting, zijn snelheid enzovoort, waardoor elke andere haring de school naar behoren kan volgen.

Nog een laatste punt in verband met de omschrijving van communicatie. Men zegt wel dat communicatie zich alleen voordoet tussen soortgenoten. Dat is niet juist. De vier voorwaarden die hierboven zijn opgesomd, kunnen zich ook voordoen tussen dieren van verschillende soorten. Waarom ook niet? De evolutie ligt niet altijd wakker van soorten. Wanneer een gedragsmechanisme ontstaat dat goed is voor de voortplantingskansen van zijn uitvoerder, en wanneer dat gedrag in gang is gezet door een signaal van een dier van een andere soort, dan wordt dat gedrag beloond door de natuurlijke selectie, soortgenoot of niet. Dat noemen we *interspecifieke communicatie*, over de soortengrenzen heen. Neem bijvoorbeeld de alarmroep bij zangvogels. Veel zangvogels laten een alarmroep horen wanneer ze een roofdier ontdekken. De functie van deze roep ligt voor de hand: de andere vogels worden gewaarschuwd voor het gevaar en zullen zich daardoor gedeisd kunnen houden zolang het gevaar bestaat. Meestal wordt zo'n alarmroep ook begrepen door andere soorten die in dezelfde biotoop leven en dezelfde vijanden hebben. In de loop van de evolutie leerden deze vogels de alarmroepen van de andere soorten begrijpen. Sterker nog, verschillende soorten zangvogels ontwikkelden alarmroepen die sterk op elkaar lijken. Zo heeft iedereen er profijt van. Even terzijde: brengt de alarmroeper zichzelf niet in gevaar door de aandacht op zich te vestigen? Nee, want de natuurkundige eigenschappen van de roep zijn zodanig verfijnd dat de rover deze niet kan lokaliseren. Vergelijk dat met de sirene van de ambulance in het verkeer. We horen het lawaai goed, maar weten pas uit welke richting de auto komt wanneer we hem ook zien. Ook de rover hoort de roep, maar weet niet precies waar die vandaan komt. Als hij een beetje gedragsbiologie kent, weet hij dat er hier niet veel meer te rapen valt, want zijn komst is aangekondigd. Voor de andere zangvogels is dit geen nadeel want ze hoeven niet te weten waar de alarmroep vandaan komt, ze willen alleen gealarmeerd worden.

De gedragsbiologie heeft aan het licht gebracht dat dieren veel verschillende kanalen hebben benut om te communiceren, zeg maar om informatie van de ene naar de andere over te dragen. Het signaal van de actor wordt door de reactor ontvangen via minstens een van zijn zintuigen en deze zintuigen reageren steeds op een of andere natuurkundige energie. Die energie kan uiteenlopend zijn, gaande van licht via drukveranderingen en chemische eigenschappen tot warmte en elektriciteit. Het is dan ook niet verwonderlijk dat de evolutie in de dierenwereld al deze energievormen heeft benut om communicatie mogelijk te maken. Hoewel 'al' hier wat overdreven is. Er zijn energievormen die niet interessant bleken, radiogolven bijvoorbeeld (en toch hebben ooit biologen beweerd dat vissen via radiogolven informatie kunnen overdragen). Het is niet de bedoeling in ons verhaal over het Moederland al deze communicatiekanalen grondig te behandelen. We zijn vooral geïnteresseerd in die ene berg in het midden van dat uitgestrekte landschap uit onze beeldspraak van daarnet. Toch moeten we de bekende kanalen even opsommen, al was het maar omdat veel ervan ook door de mens worden gebruikt, buiten de gesproken taal.

Geur en communicatie

We beginnen met een oude vorm van communicatie, namelijk de chemische signalen. Hieronder verstaan we het produceren van stoffen die verspreid worden door de zender en het opvangen ervan door de reuk of smaakorganen van de ontvanger die hierop reageert. Flink wat dieren vinden veel nut in dat systeem doordat de stoffen gemakkelijk kunnen worden verspreid over grote afstanden en doordat ze als ze eenmaal geproduceerd zijn, enige tijd hun effect behouden. Sommige nachtvlinders kunnen met chemische communicatie een wijfje lokken dat kilometers ver verwijderd is. Chemische stoffen die speciaal voor de communicatie worden aangemaakt en afgescheiden, noemen we *feromonen* (naar analogie van hormonen, de stoffen die binnen een lichaam een communicatie tussen cellen of weefsels realiseren). Sociale insecten gebruiken feromonen om bijvoorbeeld hun kastenverdeling te regelen: wie wordt soldaat, wie koningin, wie werkster? Chemische communicatie is ook mogelijk via stoffen die oorspronkelijk een andere functie hebben, zoals urine. Honden en katten kunnen flink wat van elkaar leren via hun 'urinevlaggen'. Maar ook wij doen aan chemische communicatie, hoewel we dat niet beseffen, niet bewust beleven.

Mensen hebben maar een fractie van het reukvermogen van bijvoorbeeld honden, katten en ratten, maar toch speelt geur een belangrijke rol in onze chemische communicatie. Natuurlijk hebben we het niet over de kunstmatige geuren waarmee we ons besprenkelen – erotische parfums en viriele aftershaves – hoe doelbewust we deze ook mogen gebruiken om onze geur in een of andere richting te sturen. Het gaat hier om reuk, om chemische stoffen die ons lichaam produceert en die al van in het Moederland een biologische functie vervullen. Feromonen, zoals androstenol, die we onder andere in okseltranspiratie aantreffen, zet mannen en vrouwen aan tot het nemen van contact. Androstenol kan onder de invloed van lucht en bacteriën worden omgevormd tot androstenon, slechts één letter verschil in de naam en een klein verschil in de molecule, maar een groot verschil in de uitwerking op het menselijk gedrag. Dit feromoon stimuleert alleen vrouwen, ze worden sterker aangetrokken door mannen die een extra hoeveelheid androstenon op hun lichaam hebben. Een mooie proef toont aan dat dit geen verzinsel is. In een wachtkamer werd een stoel besprenkeld met androstenon, terwijl de andere stoelen onbehandeld bleven. De met androstenon verrijkte stoel bleek veel meer en vlugger uitgekozen te worden door vrouwen dan de onbehandelde stoelen. De vrouwen hadden geen idee waarom die stoel de eer kreeg hen te mogen dragen. Dit is niet alleen een interessante bevinding vanuit wetenschappelijke hoek, ze kan ook lucratief zijn. De industrie maakt namelijk met plezier gebruik van dit fenomeen door preparaten met androstenon te verkopen. Aan mannen natuurlijk.

De zweetklieren in onze oksels zijn anders dan de meeste zweetklieren op ons lichaam. Ze worden *apocrien* genoemd en scheiden een eiwitrijk vocht af. Na inwerking van de bacteriënflora – die eigen is aan elk individu – op die eiwitten ontstaat een individuele geur. Hierdoor kunnen individuen elkaar herkennen. Vooral vrouwen zijn daar sterk in. Een moeder kan alleen via deze geur haar baby herkennen uit honderden andere kinderen. Zelfs de kleding van de baby volstaat. Ook volwassen partners herkennen elkaar aan de hand van de geursporen in de kleding. Nogmaals, het gaat hier niet om de geuren die we bewust van elkaar kennen, bijvoorbeeld door restanten van parfums die op de kleding zijn achtergebleven. Bij proeven die de werking van de lichaamseigen geuren nagaan, laat men bijvoorbeeld een vrouw een reeks T-shirts van verschillende mannen ruiken met de vraag die van haar partner eruit te halen. Ook al zegt ze geen verschil te ruiken, toch wijst ze de juiste aan.

We kennen het algemeen voorkomend verschijnsel waarbij vrouwen die enige tijd met elkaar samenleven hun menstruele cyclus synchroniseren, ze ovuleren allen op hetzelfde moment. Ook dat zou geregeld worden door feromonen uit de oksels. Maar de details hierover moeten nog ontrafeld worden. Hoe dan ook, deze voorbeelden tonen aan dat de mens ook chemisch communiceert. Het is meteen een mooie aanwijzing dat niet-talige communicatie buiten de controle van onze wil staat. Het gebeurt op basis van mechanismen die in de loop van een lange evolutie beloond werden. Zo hadden mannen die geen androstenol en androstenon produceerden minder kans een partner te bemachtigen en dus meer kans om kinderloos te blijven. Het zweet dat wij zo graag dagelijks wegwassen met deosticks en -sprays moet een belangrijke functie hebben gehad in het Moederland. De communicatie die erdoor ontstond, kunnen we nu niet meer waarderen. Er zijn echter nog culturen waarbij men bij rituelen het okselzweet met de handen opvangt en over het lichaam van een ander smeert, rituelen die wellicht zeer oud zijn.

Communicatie door aanraken

Informatie kan ook worden overgedragen van een dier op een ander door rechtstreeks lichamelijk contact, door elkaar aan te raken. In de gedragsbiologie wordt dit *tactiele communicatie* genoemd. Aanrakingen kunnen veel effect sorteren, maar hebben ook een nadeel. De medespelers moeten in elkaars onmiddellijke nabijheid vertoeven en dat gebeurt alleen bij groepsgenoten die elkaar goed kennen. Voor veel gedragssystemen is tactiele communicatie dus niet aangewezen. Bij lagere diersoorten komt het niet veel voor, bij vogels en zoogdieren echter wel. Vooral bij primaten is deze vorm van communicatie belangrijk in het sociale leven. Zo reinigen apen elkaars vacht ('vlooien'), al moeten we dat reinigen niet al te letterlijk nemen. Er worden inderdaad ongedierte, huidschilfers en andere ongewenste dingen uit de vacht verwijderd, maar vlooien heeft een tweede, belangrijkere functie gekregen. Het verstevigt de band tussen vlooier en gevlooide. Hoe meer twee apen elkaar vlooien, hoe dichter ze bij elkaar staan, hoe dikkere vrienden ze zijn, hoe meer ze op elkaar kunnen rekenen. Het kan ook onderwerping van de actor ten opzichte van de reactor betekenen, waardoor agressie overbodig wordt of waardoor de onderworpene de hulp en steun van de andere kan inroepen. Deze sociale functies zijn veel belangrijker geworden dan het reinigen. Het gaat immers niet alleen over twee individuen die een band smeden of onderhouden, alle groepsleden zullen via het vlooien met andere groepsleden een relatie aangaan. Zo ontstaat een netwerk van relaties – wie is vriend van wie? – en wordt de groepsstructuur verstevigd. Het is ook niet uitzonderlijk dat apen elkaar in groepsverband vlooien. Mensen doen ook aan vlooien, in bepaalde culturen gebeurt het meer dan in andere. Toch doen wij het minder dan makaken, bavianen of mensapen. Ik kom hier zo op terug.

Apen hebben in hun repertorium nog meer tactiele communicatiesignalen, handen geven bijvoorbeeld. Een onderdanige chimpansee die toenadering zoekt tot een dominante groepsgenoot, steekt zijn hand uit. Als de dominante de uitgestoken hand aanraakt, dan is alles oké en heeft de ondergeschikte niks te vrezen. Het aanvaarden van de uitgestoken hand betekent afwezigheid van agressie. Is dat vreemd aan de mens? Wij geven elkaar ook de hand als teken van vriendschap, om aan te tonen dat er geen agressie is. Het schudden van de hand is een cultureel ritueel dat steunt op biologisch ontwikkeld gedrag. Vijanden krijgen het niet voor elkaar om elkaar de hand te schudden, bijvoorbeeld na het ondertekenen van een politiek afgesproken vredesverdrag voor de camera's. Het is voor hen gemakkelijker verbaal te zeggen dat de strijdbijl begraven is of een verdrag te tekenen, dan de hand van de andere te aanvaarden. Culturele rituelen kunnen we forceren, bij biologische signalen is dat moeilijk.

Zoenen is een vorm van communicatie via aanraken die we bijzonder goed kennen. Ook dit signaal verstevigt de band tussen mensen. Dat het weer om een oud gedrag gaat, blijkt uit het feit dat ook chimpansees het doen. Volgens Irenäus Eibl-Eibesfeldt, de gedragsbioloog die veel menselijke culturen heeft bestudeerd, is zoenen ontstaan uit het mond-tot-mond voeden. In sommige culturen ziet men dat moeders – nadat de periode van de borstvoeding is afgelopen – hun kind voeden door het voedsel voor te kauwen en te mengen met speeksel voordat het van mond-tot-mond aan het kind door te geven. Dit gedrag verstevigt de affectieve band tussen moeder en kind, en zo zou de basis zijn gelegd voor een affectief signaal, de zoen. Dat signaal is losgerukt uit zijn oorspronkelijke context, de moeder-kindbinding, en is ingevoerd in andere situaties zoals vriendschappelijke relaties en seksueel contact. Dit is overigens niet zo vreemd, in de loop van de evolutie van gedragingen gebeurt het vaak dat signalen in een nieuwe context worden gebruikt met een nieuwe functie. Ik heb daarvan al voorbeelden aangehaald.

Algemeen heeft het maken van lichamelijk contact een sterk kalmerend effect bij mensen en andere primaten: het stemt ze vriendelijk. Ook dat zou zijn ontstaan uit het moeder-kindcontact. De moeder knuffelt en beschermt de baby waardoor deze kalmeert. Evenzeer tussen volwassenen geeft een stevige knuffel een goed gevoel. Aanraken ervaren we dus als positief, maar als we dit nauwkeuriger analyseren, blijkt het om een bijzonder complex systeem te gaan, onderhevig aan wetten waaraan iedereen zich moet houden. Zo is er een sterk seksueel verschil. Lichamelijk contact tussen mensen van verschillende kunne die elkaar als goede vrienden kennen, wordt als aangenaam ervaren. Als het om vreemden gaat, wordt dit alleen door mannen gewaardeerd, vrouwen ervaren lichamelijke aanraking van een vreemde als opdringerig. Voor mannen is dus de sekse van belang, bij vrouwen het bekend zijn. Met hoofdstuk 6 over de grondslag van ons seksleven in het achterhoofd is dit verschil meteen te begrijpen: lichamelijke aanraking van een man door een vrouw kan een seksuele prikkel inhouden en het is nooit goed voor een man die te negeren – ultieme factor! – terwijl de aanraking van een vrouw door een man tot niets positief leidt voor haar – seksuele prikkels worden voor haar pas interessant wanneer ze de man in kwestie kent. Bovendien zijn er taboezones te herkennen op het lichaam, en dit in verschillende gradaties. Sommige zones mogen in de dagelijkse omgang niet worden aangeraakt, de geslachtszone bijvoorbeeld of bij vrouwen de borst. Andere zones zijn ook taboe, maar minder streng: de buik en de mond bijvoorbeeld. En dan zijn er zones die geen taboe kennen zoals de armen. De taboezones zijn niet alleen afhankelijk van de sekse, ook de leeftijd speelt een rol, de context waarin aanrakingen gebeuren (een kind wassen is anders dan ermee spelen) en de cultuur van de mens. Er zijn culturen met een merkwaardige groet: oudere vrouwen begroeten jongere mannen door hun balzak te strelen!

Communicatie via de ogen

Een andere vorm van communiceren waaraan we sneller zullen denken dan de twee vorige, is het geheel van signalen die we kunnen *zien*. Signalen die opgevangen worden door het oog, noemen we *visuele signalen*. Visuele communicatie biedt veel mogelijkheden. Ten eerste verdwijnen de signalen onmiddellijk nadat ze gemaakt zijn, waardoor meerdere signalen elkaar snel kunnen opvolgen. Ten tweede, ze bieden veel mogelijkheid tot variatie. Inderdaad, visuele signalen bezitten steeds een of andere ruimtelijke structuur en die biedt veel variatiemogelijkheden, zodat er veel informatie wordt overgedragen. Een nadeel van visuele communicatie is de beperking ervan: niet alleen is er licht nodig, de signalen moeten gericht zijn op de ogen van de ontvanger. Dat maakt dat de communicatie gemakkelijk wordt verstoord door obstakels tussen zender en ontvanger.

Zodra deze obstakels overwonnen zijn, dus zodra zender en ontvanger in elkaars gezichtsveld vertoeven, is het oog een wonderbaarlijk fijn en gespecialiseerd zintuig voor communicatieve doeleinden. Er zijn weinig structuren in de natuur die zo complex en geraffineerd zijn als het oog. Het is een sterk staaltje van optische natuurkunde, van elektronische schakelingen en van biochemische reacties die samen in staat zijn de energie van een foton – zeg maar een 'lichtpartikeltje' – om te zetten in een zenuwimpuls. De evolutie heeft lang gewerkt om dit 'wonder van de natuur' te maken en te verfijnen. Het is dan ook uitgegroeid tot een sterk kanaal om informatie uit de omgeving op te vangen en, zoals we in hoofdstuk 3 schreven, dat is een eerste vereiste voor elk gedrag. Aangezien we in dit hoofdstuk stellen dat die informatie een essentieel onderdeel is voor communicatie, is het niet verwonderlijk dat het oog door de evolutie is ingeschakeld als communicatiekanaal.

In de visuele communicatie kunnen we werken met verschillende mechanismen, die ook vaak gecombineerd worden aangewend. Zo kennen we kleursignalen, houdingen, handelingen en wat ik straks 'sematectonische' signalen zal noemen. De lezer moet goed voor ogen houden dat het niet mijn bedoeling is een volledig overzicht te geven van de visuele communicatie bij de mens. In plaats van een encyclopedisch overzicht wil ik eerder aangeven van welke aard onze visuele signalen zijn, waar ze vandaan komen en hoe functioneel ze zijn, ook al zijn we ons er helemaal niet van bewust.

Onder kleursignalen verstaan we het overbrengen van informatie door het vertonen van één of meer kleuren of tekeningen. Denken we maar aan de kleurenpracht die een pauw via zijn staartveren gebruikt om een wijfje te overtuigen voor hem te kiezen. Verscheidene vissen kunnen de tekeningen op hun lichaam veranderen om angst, agressie, seksuele motivatie en dergelijke kenbaar te maken. Ze hebben daarvoor pigmentrijke cellen in hun huid die kunnen uitzetten of inkrimpen. Mensen hebben geen gekleurde veren, noch pigmentcellen die tekeningen kunnen maken. Ze hebben wel een naakte huid met een goede doorbloeding, die de kleur van die huid kan doen veranderen. Bij het uitzetten van de bloedvaten in de huid ontstaat een rodere kleur, bij samentrekken een blekere kleur. Blozen en verbleken kunnen als kleursignalen worden beschouwd, als communicatiesignalen.

Verbleken is het gevolg van een plotselinge toename van adrenaline in het bloed. Dit hormoon wordt door de bijnieren aangemaakt en in de bloedbaan gestort om het lichaam snel voor te bereiden op een hevige reactie, zoals opeens wegvluchten voor een gevaar of aanvallen bij hevige woede. Zulke acties vragen veel energie en concentratievermogen, en dus moet er onder andere meer bloed dan normaal gepompt worden naar de spieren en de hersenen. Dat is mogelijk door het hart sneller te doen pompen en de bloedvaten in de ingewanden en de huid – waar nu even minder bloed nodig is – te doen samentrekken. Deze en nog veel andere fysiologische processen worden in gang gezet door de adrenaline. Er wordt dus bloed onttrokken aan de huid en afgevoerd naar plaatsen waar het meer nodig is gedurende de vlucht of aanval. Daardoor verbleken we. Dat is natuurlijk een zuiver fysiologische reactie, maar dat neemt niet weg dat het geen functioneel signaal zou kunnen zijn. Iemand die verbleekt, pompt niet alleen meer bloed naar spieren en hersenen, hij maakt zijn motivatie om te vluchten of aan te vallen kenbaar aan al wie het kan zien. De juiste interpretatie van het signaal – betekent het vluchten of aanvallen? – gebeurt dankzij de combinatie met andere signalen. Deze kunnen erop wijzen dat de signaalzender zich terugtrekt en onderwerpt, dus een intentie tot vluchten heeft, of dat hij agressieve signalen toont, zoals opgetrokken schouders of gebalde vuisten en dus een intentie tot aanval duidelijk maakt.

Dat dit verbleken wel degelijk een communicatieve functie heeft, weten we uit twee aanwijzingen. Ten eerste spreken wij steeds over iemands gezicht wanneer we zeggen dat hij bleek wordt. Het bleek worden van de buik, de kuiten, de handpalmen merken we niet op. Dat komt doordat het gezicht de belangrijkste zone is om visuele signalen te produceren, ik kom daar straks op terug, en de kleurverandering bij de adrenalineopstoot in het gezicht veel opvallender is gemaakt in de loop van de evolutie dan elders op het lichaam. De evolutie heeft dus handig gebruikgemaakt van een fysiologisch proces om een communicatief signaal te maken, alsof de evolutie gezegd heeft: 'Als ik toch bloed aan de huid moet onttrekken voor een goed functioneren van spieren en hersenen, laat ik dat dan meteen opvallend maken in het gezicht, dat uitermate geschikt is voor communicatie.' Een tweede aanwijzing voor de communicatieve functie van het verbleken is het grote voordeel dat eraan verbonden is. Anderen weten meteen dat de zender van het signaal ofwel angstig is en hij dus niet gevreesd moet worden, waardoor hij geen verdere agressie moet verwachten, ofwel agressief is en dus beter vermeden wordt om verwondingen te voorkomen, ook dan hoeft de zender geen agressie van anderen te verwachten. Het signaal heeft zich in de plaats gesteld van de agressie die zich zou moeten voordoen. Wie in het Moederland dit signaal produceerde en het juist kon interpreteren, had minder kans op agressie en dus meer overlevingskansen. De natuurlijke selectie heeft dat beloond.

Blozen is het tegengestelde van verbleken. Wanneer de adrenalineopstoot het lichaam had klaargemaakt voor een hevige actie, en deze actie blijft uit (het opduikende gevaar waarvan men schrok is verdwenen of de geplande aanval wordt onderdrukt) zullen de fysiologische reacties van daarnet snel omkeren, waardoor terug veel bloed naar de huid vloeit. Men kan bij het plotselinge terugtrekken van het bloed uit de hersenen zelfs duizelig worden. De huid wordt zo sterk doorbloed dat men rood wordt. Dat is dus weer een fysiologische reactie, maar ook weer een communicatief signaal. Het duidt aan dat men angstig of agressief gestemd is, maar dat de vlucht of de aanval is afgeblazen. Woedende mensen met een vuurrode kop komen dreigend over maar zijn minder gevaarlijk dan deze met een bleek gezicht, die nog wel de intentie hebben aan te vallen. Vergelijk dit met een hond: zolang hij blaft, verkeert de hond zelf in twijfel en zal hij niet bijten, wanneer het blaffen stopt kan een aanval volgen. In het Moederland werd ook het blozen opgenomen in ons rijk repertorium aan signalen en moedigde de selectie het gebruik ervan aan. Hoe beter men de juiste motivatie van een ander kent, hoe beter gedragingen op elkaar zijn af te stemmen, hoe beter mensen met elkaar kunnen omgaan. Algemeen wil de evolutie dat motivaties kenbaar worden gemaakt bij groepsgenoten, het komt het sociale leven ten goede. Het is pas vanaf de hoogst ontwikkelde primaten, de mensapen en de mens, dat de neiging om hierin te bedriegen zich ontwikkelde, dus om motivaties te verbergen of andere motivaties kenbaar te maken dan degene die momenteel actief zijn. Maar de biologische mechanismen met oude wortels zijn nog actief.

Het gebruik van kleursignalen is dus vrij beperkt bij de mens. Een ander systeem van visuele communicatie is het gebruik van houdingen. Door de houding van het lichaam of van lichaamsdelen kan veel informatie worden doorgegeven. Deze signalen hebben het grote voordeel dat ze met verschillende gradaties kunnen voorkomen en dus meer informatie kunnen bevatten.

Communicatieve houdingen vinden we bij veel diersoorten in het dreiggedrag. Een dreigend dier zal zich meestal zo groot mogelijk maken om andere af te schrikken. Vissen doen dit door de vinnen te spreiden, padden gaan hoog op de poten staan, een chimpansee trekt de schouders op en zet de haren overeind. Wanneer het tegengestelde van dreigen wordt beoogd, de onderwerping dus, zal een dier de agressie van de andere remmen door zich juist zo klein mogelijk te maken. Wolven en honden zakken door de poten en trekken de staart tussen de achterpoten. Bij mensen is dat niet anders. Wie zich dominant opstelt, of duidelijk wil maken dat hij dominant is, probeert zich zo groot mogelijk te maken, door het lichaam te rekken, de schouders zo veel mogelijk op te trekken. Er kunnen eventueel kledingstukken worden gebruikt die het lichaam helpen vergroten, gaande van schouderstukken tot hoge hoeden voor rijke mannen, hoge kepies voor generaals, mijters voor bisschoppen en pausen. Wie bang is en zich onderwerpt, maakt zich juist kleiner en geeft letterlijk een gedrongen indruk. Zag u al eens een sergeant bevelen roepen met neerhangende schouders, gebogen hoofd en lichtjes geknikte knieën? Een signaal dat hierbij veel wordt gebruikt, is het geheven hoofd. De baas die zijn werknemer een reprimande geeft, doet dat niet met gebogen hoofd, maar heft het hoofd, de kin wordt naar voren gestoken. Het effect hiervan is dat degene die verondersteld wordt zich te onderwerpen meer van bovenaf wordt bekeken. Wie groter is dan een ander bekijkt deze andere van bovenaf. Wie dominanter wil zijn, dus groter, probeert dan maar van bovenuit te kijken. De uitdrukking 'op iemand neerkijken' is dus niet uit de lucht gegrepen, maar heeft wortels in ons Moederland.

Even terloops, er bestaat een interessant terrein om zulk dominantiegedrag te bestuderen, namelijk de universiteit. Wie daar jaren werkt, heeft veel waarnemingen kunnen doen die het gebruik van dominantiesignalen overvloedig illustreren. De academische wereld is immers hiërarchisch van aard, met academisch personeel naast het technisch en administratief personeel en veel graden – rector, decaan, hoofd vakgroep enzovoort. Die situatie vindt men natuurlijk ook in andere instellingen en bedrijven. Maar het interessante van een universiteit als observatieveld is dat er veel wordt vergaderd en in tegenstelling tot een bedrijf zijn deze vergaderingen niet altijd qua inhoud veelzeggend, soms wordt er vergaderd om het vergaderen zelf. Daardoor worden deze bijeenkomsten volop gebruikt door mensen die dominantie over anderen willen verwerven of hun dominantie willen onderstrepen en instandhouden. Deze vergaderingen hebben dan niet zozeer de functie om zinnige beslissingen te formuleren, ze worden arena's voor dominantietoernooien. Gedurende verschillende haast nutteloze vergaderingen die ik daar heb meegemaakt, heb ik een rijke verzameling aan waarnemingen kunnen samenstellen. Daardoor werden het dan toch interessante bijeenkomsten. Bijvoorbeeld in verband met het lichtjes geheven hoofd als dominantiesignaal. Het is te zien wanneer de spreker een punt voorlegt waarvan de kans groot is dat het op bezwaren zal stuiten. Een voorzitter van hoge rang produceert het signaal om zijn dominante status in de schaal te werpen en aldus eventuele oppositie in de kiem te smoren. Het signaal betekent dan in feite: 'Vergeet niet wie ik ben – slik uw bezwaren maar in'. Na vele waarnemingen is te zien dat er inderdaad weinig bezwaren komen. We zien dit signaal weinig wanneer een ander lid dan de voorzitter zijn dominantie wil bevestigen. Hij gebruikt een andere strategie: bijzonder veel het woord nemen, het lid praat veel, ook al heeft hij in feite niets te zeggen. De strategie is dan niet het formuleren van interessante ideeën, wel het nemen van het woord, de aandacht op zich vestigen. Als je lang genoeg noteert hoe lang iemand spreekt en welke hiërarchische graad hij heeft, dan vind je een mooie correlatie. En zo zou een apart hoofdstuk kunnen worden geschreven over observaties die je kan uitvoeren in deze academische instelling. Observaties die tonen hoe sterk onze erfenis uit het Moederland ons doen en laten stuurt. Ja, de universiteit is een boeiend studiegebied.

Het verband tussen lichaamsgrootte en dominantie heeft een merkwaardig neveneffect in ons hedendaags moderne leven. Zonder het te beseffen, draaien wij dat effect om: mensen die we op een of andere manier als hoogstaand beschouwen, kennen we een grote lichaamslengte toe. (Ik vermeldde dat in hoofdstuk 7 maar beloofde erop terug te komen). Dat geldt vooral wanneer we die mensen nooit in levenden lijve hebben gezien, maar wel op foto's, film of televisie. De meeste politici, zangers, acteurs en andere beroemdheden kennen wij aan de hand van een virtueel beeld, een beeld dat ons niet in staat stelt de ware lichaamsgrootte te zien. Omdat ze beroemd zijn, krijgen ze van ons een hoge status. Krijgen we de gelegenheid een van die bekendheden in het echt te zien, dan blijkt dat de lichaamsgrootte die we in gedachte hadden niet klopt. Een veel gehoorde opmerking van mensen die op straat of in de supermarkt een bekend iemand voor het eerst zien, is dan ook: 'Jeetje, ze is wel klein en tenger zeg!' Of: 'Wat 'n klein ventje eigenlijk, hè?' En dat terwijl diezelfde persoon zonder beroemde status helemaal niet als klein zou zijn bestempeld.

Spiegelgedrag

Wij zenden dus onbewust signalen uit waarmee we onze dominantie of onderwerping te kennen geven. Dat 'willen' we natuurlijk niet altijd. Er zijn veel situaties waarin we ons niet meer of niet minder dominant dan een ander willen opstellen, juist omdat we gelijkheid nastreven. We zijn – onbewust – bang voor welke agressief signaal ook. Bij kameraadschap, verliefdheid, bondgenootschap enzovoort zullen alle signalen die op ongelijkheid wijzen juist zoveel mogelijk worden weggewerkt en dat gebeurt uiteraard even onbewust. Mensen die in gesprek zijn en het met elkaar volledig eens zijn, gaan meer en meer elkaars houding imiteren. Door de houding en de bewegingen van de andere over te nemen, schijnen we te willen zeggen: 'Kijk, ik doe hetzelfde als jij, dus ben ik zeker niet meer of minder dominant, wij zitten op dezelfde golflengte.' Dat gaat zover dat mensen elkaars spiegelbeeld lijken. We kunnen dan ook van *spiegelgedrag* spreken, ook wel 'congruentie' genoemd. Let eens op mensen die met elkaar in gesprek zijn, bijvoorbeeld tijdens een feestje, in een café, bij een vergadering of op een receptie. Wanneer ze het met elkaar eens zijn – wat je merkt aan het jaknikken of expliciete beamingen – dan gaan ze op dezelfde manier staan of zitten. Heeft de ene de benen gekruist, dan de andere ook. Leunt de ene tegen een tafel waarop de zoutjes staan, dan de andere ook. Wanneer het om goede vrienden of geliefden gaat, neemt dat spiegelgedrag toe, zelfs tot in kleine details. Zit het meisje zodanig aan tafel dat de kin op haar linkerhand steunt en de rechter arm uitgestrekt over de tafel ligt, de ogen halfgesloten alsof ze de partner goed wil observeren, dan zit na een paar ogenblikken die partner tegenover haar met de kin op de rechterhand, de linkerarm uitgestrekt door zijn ooghharen te kijken. Dat spiegelgedrag is voor een buitenstaander opvallend: hij weet dat het om een verliefd stelletje gaat. Voor de geliefden is het een onbewust signaal waarmee ze zich volledig gelijk aan de andere willen stellen. Elke andere houding zou misschien een ietsiepietsie op dominantie kunnen wijzen en dat is nu net niet de bedoeling als er naar toenadering wordt gestreefd.

We kunnen spiegelgedrag ook vaak bij onszelf vaststellen. Wanneer u in groepsverband bent en met verschillende mensen na elkaar een gesprek voert, let dan eens op uw eigen houding en die van de andere. Ga tegelijk na of u met die andere goed kunt opschieten of niet, of jullie van mening verschillen of niet. Na enige tijd waarnemen zal het verband tussen jullie spiegelgedrag en deze overeenstemming sterker blijken dan u durfde vermoeden. Doe deze waarneming niet te veel, want het spiegelgedrag kan zo sterk zijn dat het gênant wordt, dat u begint te vrezen dat het opvalt. Voor een ervaren gedragsbioloog is dit soms vervelend, want spiegelgedrag valt hem constant op. Trouwens, als u het spiegelgedrag eenmaal kent, is het ook gericht toe te passen. Je kan iemand gemakkelijk wat meer op zijn gemak stellen, door zijn houding na te bootsen. De andere weet niet wat er gebeurt, maar zal zeggen: 'We zaten op dezelfde golflengte'. Een goede verkoper kent deze truc. Die heeft hij zich aangeleerd of hij doet uit ervaring aan spiegelgedrag. Hij gaat op dezelfde manier als de potentiële klant zitten, staan, nonchalant doen, enzovoort, waardoor die klant op zijn gemak is gesteld. De baas die iets speciaals van zijn werknemer wil gedaan krijgen, doet het ook. Zelfs wanneer we kinderen willen aanhalen of kalmeren, maken we ons kleiner, imiteren hun gezicht, en zo verder.

Het gaat niet alleen om spiegelhoudingen. Ook gebaren, bewegingen kunnen van elkaar worden nagebootst, gespiegeld. In een café ziet men dan mensen op hetzelfde ogenblik van hun glas drinken, aan een sigaret trekken, de bril hoger op de neus duwen, een of ander overspronggedrag vertonen enzovoort. Er zijn filmopnamen geanalyseerd van mensen die in een gesprek duidelijk 'op dezelfde golflengte zaten'. Daaruit bleek dat er ook uiterst kleine bewegingen tot op een fractie van een seconde gesynchroniseerd werden. Knipperen met de ogen, mondbewegingen, wenkbrauwen optrekken, noem maar op, worden als het ware door een en dezelfde dirigent gecommandeerd. Het blijkt zelfs dat er overeenstemmingen ontstaan in de manier van spreken, stemintonaties en dergelijke meer.

Het spiegelen van een houding of handeling gebeurt ook in groepen. Wanneer in een vergadering meerdere mensen in een discussie zijn gewikkeld, is de kans groot dat een buitenstaander als waarnemer ziet welke participanten het met elkaar eens zijn, welke partijen er zijn gevormd. Hij 'ziet' het wel degelijk, dus ook zonder hun woorden te horen of te begrijpen. In de partij die vóór een voorstel is, nemen de leden na enige tijd veel houdingen en handelingen van elkaar over, spiegelen ze zich aan elkaar. De leden van de partij tegen het voorstel 'waken erover' een andere houding aan te nemen, maar wel in overeenstemming met elkaar. Daar komt nog bij dat de groep die over een meerderheid beschikt, en dus dominant is, meer dominante signalen toont (bijvoorbeeld, de leden van de groep leunen achterover op de stoel met de handen in de nek, ze praten luid); de leden van de minderheidsgroep tonen iets meer onderdanige signalen (ze houden de armen gekruist over de borst en spreken zachter). Als de waarnemer dit alles nauwkeurig gadeslaat, kan hij ook merken wanneer een overeenstemming in de maak is. Het spiegelgedrag begint dan te vervagen, de partijen gaan minder van elkaar verschillen. Is er overeenstemming bereikt, het compromis gesloten, dan is er een grote overeenkomst in de algemene houding. Die ene die zich noodgedwongen moet neerleggen bij het algemeen geformuleerde standpunt maar er in wezen niet mee eens kan zijn, zit nog steeds rechtop met de armen gekruist op tafel wanneer iedereen achterover leunt.

Gezichtsuitdrukkingen

We kunnen nog meer voorbeelden van houdingen als communicatieve signalen geven. Het is wellicht beter aandacht te besteden aan een speciale vorm van communicatie die bij de mens een explosieve groei van het repertorium aan signalen heeft gekend, de zogeheten *faciale expressie*, de gezichtsuitdrukkingen. De houding van het gezicht is een van onze belangrijkste kanalen voor visuele communicatie geworden. Het belang van dit kanaal blijkt uit het aantal spieren dat ervoor wordt ingeschakeld, dat zijn er namelijk meer dan tweehonderd!

Voordat we die gezichtsuitdrukkingen onder de loep nemen, moeten we erop wijzen dat het gezicht ook buiten de communicatie van groot belang is voor ons sociaal gedrag. Waarom heeft de evolutie nu juist het gezicht uitgekozen als communicatiecentrum? Ten eerste is het gezicht de eerste sleutel die we gebruiken om elkaar te herkennen. We kunnen daarvoor ook de stem gebruiken, deze kan zoveel verschillende kenmerken bevatten dat ze verschilt van mens tot mens. Ook houding en algemeen bewegingspatroon kenmerken individuen. En toch, wanneer we iemand ontmoeten, kijken we steeds in eerste instantie naar het gezicht. Binnen een fractie van een seconde weten we met wie we te doen hebben. Dat lijkt ons zo vanzelfsprekend dat er weinig bij wordt stilgestaan. Maar is dat voor de evolutionaire geschiedenis ook zo vanzelfsprekend geweest? Ik heb dit punt al aangestipt in hoofdstuk 5, maar ik beloofde er dieper op in te gaan. Gezichten verschillen van elkaar op basis van honderden kenmerken: de afstand tussen ogen en wenkbrauwen; de breedte, lengte en hoogte van de neus; de grootte van de mond; de vorm van de lippen, hun dikte en breedte; de kleur van de wangen en wenkbrauwen; de vorm van het gezicht, breedte, hoogte... en ga zo maar door. Wie de oefening even wil maken, zal vaststellen dat hij afstanden en vormen kan *blijven* opsommen die het ene gezicht van het andere doen verschillen.

Neem twee identiek gelijke gezichten, bijvoorbeeld twee kopieën van een foto en verander één kenmerk, bijvoorbeeld de breedte van de neus. Er bestaat voldoende software om zoiets met de huiscomputer te doen. Dat ene kenmerk maakt al een nieuw gezicht, dus hebben we er nu twee. Verander een tweede kenmerk, de dikte van de wenkbrauwen bijvoorbeeld. Nu kunnen we vier gezichten maken: de originele versie, één met de bredere neus, één met de dikkere wenkbrauwen en één met de bredere neus én de dikkere wenkbrauwen. Verander een derde kenmerk en we kunnen negen gezichten samenstellen, met vier kenmerken zestien gezichten enzovoort. We nemen steeds het aantal kenmerken in het kwadraat om te weten hoeveel nieuwe combinaties er mogelijk zijn. Met 50 kenmerken krijgen we 2500 verschillende gezichten. Als we deze redenering even omdraaien en toepassen op het aantal mensen dat nu op onze aardbol rondloopt, namelijk 6 miljard, dan komen we op iets meer dan 75 000 kenmerken die ervoor zorgen dat al die mensen een ander gezicht hebben. Natuurlijk kunnen we die 6 miljard mensen niet uit elkaar houden, alleen al doordat we ze niet kennen. Maar er is nooit iemand opgedoken die moest vaststellen dat hij twee mensen niet van elkaar kon onderscheiden doordat ze hetzelfde gezicht hadden. Zelfs bij vermeende dubbelgangers kunnen we na enig turen verschillen vinden. Ik geloof niet dat wij 75 000 kenmerken gebruiken om mensen uit elkaar te houden, we hebben die massa aan kenmerken niet nodig aangezien we niet zoveel mensen kennen. Maar bij elk nieuw gezicht dat we leren kennen – en dat zijn er alleen al via de media veel tientallen per jaar – roepen we zonder enig probleem en nadenken nieuwe gezichtskenmerken in om dat gezicht van anderen te onderscheiden. Bovendien slaan we die gezichten gemakkelijk op in ons geheugen, gemakkelijker dan de erbij horende namen.

Nu, als wij iemand ontmoeten op straat en willen weten of we die persoon kennen en zo ja wie het is, dan gaan we met onze ogen dat gezicht *scannen*. We nemen de kenmerken ervan op. Wat doen we daarmee? We zouden in ons geheugen kunnen duiken en de oceaan aan gezichtskenmerken die we ooit opgeslagen hebben doorlopen. Al die kenmerken zouden we dan een voor een kunnen toetsen aan het waargenomen gezicht en door vergelijkingen met in ons geheugen opgeslagen gezichten van bekenden, zouden we dan tot een besluit kunnen komen. Nee, ik ken die persoon niet, of ja, da's mijn buurman. Als we zo'n analyse moeten gebruiken, denk ik dat het een paar uur, misschien wel dagen duurt voordat we weten wie voor ons staat. Niemand hoeft u ervan te overtuigen dat dit verre van handig zou zijn, laat staan dat het inderdaad zo werkt. We herkennen onze buurman in een fractie van een seconde. Die vele duizenden kenmerken die we daarvoor nodig hebben, worden niet geanalyseerd, maar worden in één geheel gezien en herkend, als een geweldig complex *gestalt* (zie hoofdstuk 5). Dit is een straf staaltje van computerwerk, hier komt veel hersenwerk bij kijken.

Om die taak – die even moeilijk als belangrijk is – te kunnen verwezenlijken, hebben we een speciaal gebied op onze hersenschors. Zoals we telkens grote zones hebben om te zien, te horen, woorden uit te spreken, hebben we ook een groot gebied om gezichten te herkennen. Zonder tussenkomst van dat hersengebied zouden we gezichten alleen herkennen door massa's kenmerken op te tellen. Dat zoiets inderdaad niet gaat, weten we van mensen bij wie dat centrum om gezichten te herkennen, beschadigd is, bijvoorbeeld door een beroerte of hersentumor. Zulke patiënten herkennen zelfs hun naaste verwanten niet meer van gezicht. Deze afwijking, *prosopagnosie* genaamd, leert ons hoe belangrijk de evolutie het herkennen van gezichten vond, zo belangrijk dat er veel plaats voor is voorzien op de hersenschors.

Meteen is dit een aanwijzing van het belang van de individuele herkenning in ons sociaal leven. Ons samenleven met anderen is alleen mogelijk door veel interacties, relaties, vriendschappen, samenwerkingen enzovoort. Maar daar komen we straks op terug.

Een tweede belangrijke functie van het gezicht voor het sociale leven vinden we in de ogen. De uitdrukking 'de ogen zijn de spiegel van de ziel' is natuurlijk hooguit een lyrische benadering van deze zintuigen, maar ze geeft wel weer hoeveel informatie in onze ogen kan zetelen. Er is nog niet genoeg onderzoek gedaan naar het gebruik van de ogen als informatiebron voor andere mensen. Toch zijn die ogen zo belangrijk dat wij niet alleen iemands gezicht in het oog houden, maar meer specifiek naar de ogen kijken. Neem nu een gesprek; daarbij gebruiken wij onze mond en oren, zij vormen dus het centrum van het gesprek en toch kijken we vooral naar elkaars ogen. Waarom? Eén verklaring hiervoor vinden we in het feit dat we voortdurend nagaan waarnaar anderen kijken. We moeten steeds weten wat de gesprekspartner in zijn vizier houdt. Twee elementen spelen hierbij een rol.

In hoofdstuk 5 is al de nadruk gelegd op het belang van iemand aan te kijken. Ik blijf hier nu iets uitvoeriger bij stilstaan. Een soortgenoot aankijken kan verschillende functies hebben. Eén functie is agressie. Wanneer een meeuw een andere meeuw duidelijk wil maken dat hij geen agressieve bedoelingen heeft en daarmee ook de agressie van de andere wil wegwerken, zal hij opvallend de kop – en dus de ogen – afwenden. Bij primaten zien we dit ook, aankijken kan agressie betekenen. Wie een uitbrander krijgt van een boze baas of een brullende sergeant, lijdt onder de druk van diens ogen, die onophoudelijk op hem of haar zijn gericht. Als we ons kwaad maken op iemand, kijken we die ook aan. Een tweede functie van aankijken is van een heel andere orde. Het kan gaan om het vragen van hulp of steun. Apen die worden bedreigd door een agressieveling roepen vaak de steun in van een dominant dier door deze aan te kijken. Nadat zijn blik is opgemerkt, richt hij de ogen op de belager zodat de potentiële hulpverlener weet tegen wie hij gevraagd wordt op te treden. Mensen die in een discussie geen uitweg meer zien, kijken degene aan die dezelfde mening verdedigt en wellicht nog wel over de nodige argumenten of overredingskracht beschikt om de verbale strijd verder te zetten. Aankijken kan dus een bedelgedrag voor hulp zijn. Een derde mogelijke functie is het tonen van interesse, bijvoorbeeld seksuele interesse. Waag het niet als baviaan lang te blijven kijken naar het wijfje van een baviaan die sterker is dan jij, want deze seksuele uitnodiging wordt door deze laatste niet gesmaakt en kan op een flink pak slaag eindigen, terwijl dat niet de bedoeling was van je aankijken. Je mag de vorige zin herlezen en het woord 'baviaan' vervangen door 'mens'. In een openbare plaats of op een feestje waar veel mensen samen zijn, valt het onmiddellijk op wanneer iemand je aankijkt. Het is een oude truc om je seksuele belangstelling voor iemand, zelfs een vreemde, op deze manier te tonen. Dat is het lonken. Aankijken is in alle culturen een eerste stap in een toenaderingspoging, niet alleen seksueel, ook zuiver vriendschappelijk of zakelijk en kan bij succes overgaan in een gesprek. Deze functie is dus eerder vriendschappelijk, contact zoekend. Wellicht is deze functie gegroeid uit de moeder-kindrelatie, waarbij het oogcontact een kalmerende, bindende functie heeft.

Bij soorten waarbij de sociale relaties complex zijn doordat er in grote groepen wordt samengeleefd en deze groepen een ingewikkelde structuur hebben, is het aankijken dus van groot belang. Wie kijkt wie aan? Op welke manier, dat wil zeggen, wat is de rest van de houding van de kijker? Gaat het om een agressief signaal, bedelgedrag om steun, vraag om toenadering? Apen die in groepsverband leven, ook de mens, zijn dus voortdurend geïnteresseerd in deze informatie. Aankijken is een soort krant waarin gelezen kan worden welke relaties er bestaan, tussen wie en van welke aard ze zijn. Of welke relaties er in de maak zijn. Het belang van het aankijken als signaal vinden we terug in de kleur van de oogbol. Bij de mens is de oogbol wit, alleen de iris is donker. Die witte kleur zorgt ervoor dat de ogen van ver te zien zijn, ze zijn bijzonder opvallend. De evolutie van signalen zorgt meestal voor een aanzienlijke toename in opvallendheid. Aangezien we geen andere functie voor de witte oogbol kunnen bedenken, is de kans groot dat de evolutie zoveel belang hechtte aan de signaalfunctie van de kijkrichting, dat ze daarvoor de ogen speciaal wit maakte.

Het belang van het aankijken als signaal zien we ook nog in een vermogen van de mens dat heel opzienbarend is en perspectief biedt voor wetenschappelijk onderzoek. Dat vermogen is het inschatten van iemands kijkrichting. Wij kunnen van ver bepalen waarnaar iemand kijkt, ook al kijkt hij niet recht vooruit. Als iemand recht vooruit kijkt, zou het kunnen dat we gewoon de lijn van zijn neus doortrekken om de kijkrichting te bepalen. Maar aangezien dit vermogen ook bestaat wanneer iemand van opzij kijkt, moeten we gebruikmaken van een ander element, namelijk de stand van de ogen. Wie dacht op een receptie stiekem naar een interessante decolleté te kunnen kijken, zou wel eens snel verraden kunnen zijn door de stand van zijn ogen. Zelfs van ver kan men de kijkrichting 'meten'. Dit is een uiterst verfijnd vermogen, want tenslotte betekent een verandering van de kijkrichting niet meer dan de verschuiving van de oogbollen met hooguit een fractie van een millimeter. En toch kunnen we die kleine verschuiving van op grote afstand juist meten. Dat moet zeer verfijnd hersenwerk vragen, ook al zijn we er ons niet van bewust. De evolutie werkt alleen aan zoiets verfijnds en ingewikkelds als het echt belangrijk is, als het echt rendeert.

Onze ogen doen dus niet alleen informatie op, ze leveren ook informatie. Het is dan ook niet verwonderlijk dat wij, als supersociale wezens, voortdurend elkaars ogen 'in de smiezen houden'. Maar ik zei dat er twee elementen een rol spelen bij het fenomeen waarbij we permanent nagaan waarnaar anderen kijken. Dat tweede element is het signaal dat we voortdurend uitsturen tijdens een *tête-à-tête*. De inhoud van een gesprek is één bron van informatie en een heel belangrijke natuurlijk. Maar naast de gesproken woorden geven we nog flink wat informatie door, bijvoorbeeld via het aankijken van de gesprekspartner. We zullen een evenwicht nastreven tussen aan- en wegkijken van de andere, zowel wanneer we aan het woord zijn als wanneer we de ander aanhoren. De partner nooit aankijken is een uiterst duidelijk signaal van desinteresse: we moeten de ander aankijken om de bereidheid tot communiceren kenbaar te maken. Anderzijds mag het oogcontact niet te lang duren want dan wordt het staren, een agressief signaal. Bovendien is er een verschil tussen de spreker en de toehoorder. De spreker moet het oogcontact geregeld onderbreken, anders komt hij te vastberaden over; de toehoorder kan de spreker ononderbroken aankijken, want dat is een teken van interesse. Wij hebben dit signaal overgeërfd vanuit het Moederland, maar het wordt in hoge mate verfijnd door een leerproces, onderhevig aan culturele maatstaven. Elke cultuur vult de balans van aan- en wegkijken zelf in. In de westerse wereld kan men wel eens problemen ondervinden met een Japanse gesprekspartner doordat deze van kindsbeen af geleerd heeft de toehoorder niet te veel aan te kijken.

Ziehier nog een verklaring voor het belang van onze ogen in sociale relaties. En toch zijn we nog niet uitgepraat over het belang dat we aan elkaars ogen hechten. Ze bevatten nog meer informatie. De evolutie heeft weer een bestaand fysiologisch fenomeen gebruikt om een signaal te maken, een heel subtiel signaal. Het gaat om de grootte van de pupillen van onze ogen.

De pupil van een oog is de opening in het midden van de iris waardoor het licht via de lens in het oog kan vallen. Vergelijk deze opening met het diafragma van een camera. Als er veel licht is, verhinderen we overbelichting van de film door het diafragma te verkleinen. Is het te donker, dan laten we meer licht binnenvallen door het diafragma open te draaien. We beseffen het niet, maar we doen elk ogenblik precies hetzelfde met onze pupillen. U kunt dat met een eenvoudig proefje zelf nagaan. Ga voor een spiegel staan, hou de handen gedurende een minuut voor de ogen zodat deze 'denken' dat het donker is, neem dan de handen weg en kijk onmiddellijk in de spiegel naar uw pupillen. U ziet ze verkleinen. Ze waren immers aangepast aan de duisternis en hebben zich maximaal geopend, maar het plotselinge licht is een overbelichting en de pupillen sluiten tot het nieuwe gewenste niveau. Het zijn natuurlijk niet de pupillen zelf die hun grootte regelen. Dat gebeurt in de hersenstam, een evolutionair zeer oud deel van de hersenen. Dit fysiologisch mechanisme zorgt voor een optimale werking van de ogen. De evolutie heeft dat mechanisme gebruikt om er een signaal van te maken en wel als volgt.

Als we iets aankijken dat ons boeit of ons interesseert, doen de hersenen alsof ze dat ding nog beter willen zien, ze willen er nog meer licht van opvangen en zetten de pupillen uit. Het is niet donkerder geworden, maar het boeiende van het onderwerp heeft hetzelfde effect: meer licht! Omgekeerd geldt dit ook, wanneer we het onderwerp negatief ervaren, iets dat vies is of angstaanjagend, worden de pupillen kleiner. De hersenen schijnen niet veel licht van dat slechte ding te willen binnenlaten. Zo kunnen we aan iemands ogen zien of het onderwerp waarnaar hij of zij kijkt hem of haar aanstaat of niet. Een boeiend onderwerp kan lekker eten zijn, een grote som geld, een seksuele prikkel, een persoon waarin men geïnteresseerd is. Als u nog eens oog in oog staat met een vreemd persoon, aan een loket, op de tram, aan de voordeur, dan kan het leerzaam zijn de andere meteen in de ogen te kijken en op veranderingen in de pupillen te letten. Het wordt vooral interessant als die vreemde van het andere geslacht is. Vergroten zijn of haar pupillen, dan valt u in de smaak, verkleinen ze... pak dan maar in. Wij zijn ons niet bewust van dit signaal, laat staan van de kracht ervan. Wanneer we van een ander denken: 'die ziet mij wel zitten', dan is de kans groot dat we dat hebben gelezen in zijn oogpupillen. Het is nu wel duidelijk dat ook dit een belangrijk signaal is in een groepsleven dat zo complex is als dat van de mens: de pupillen geven onmiddellijk aan wat men voor de andere betekent. In een uiterst ingewikkeld netwerk van individuele relaties is dat uiteraard informatie van onschatbare waarde. En tussen haakjes, het is nog maar eens een aanwijzing van hoeveel onbewuste communicatie wij gebruiken, wij, redelijke mensen, die dachten dat we elkaar alleen via onze rationele taal informeerden.

Misschien gelooft u mij niet wanneer ik het effect van de grootte van de oogpupil zo onderstreep. Wel, doe zelf de – ondertussen klassiek geworden – proef. Zoek in een tijdschrift een frontale foto van een gezicht waarop de open ogen goed te zien zijn, een gezicht dat u aankijkt. Neem liefst een mooie vrouw, dat maakt de proef niet alleen aangenamer, ze geeft ook sneller resultaat. Maak twee fotokopieën. Vergroot de pupillen in een van de kopieën een kleine beetje met zwarte inkt. Maak terug een fotokopie van deze bewerkte foto en leg ze naast de onbewerkte kopie. Roep nu de hulp in van een proefpersoon, liefst een man, en vraag welke van de twee vrouwen hij het knapst vindt. Hij zal antwoorden dat het dezelfde vrouwen zijn, maar zal toch de dame met de grotere pupillen aanwijzen. Herhaal de proef met meerdere mannen, maar ook met vrouwen, en u zult verstomd staan van het effect van deze kleine retouche. Dat vrouwen dezelfde reactie zullen geven, wordt niet verklaard door een of andere lesbische aard, wel door het feit dat vrouwen, zoals in hoofdstuk 6 is duidelijk gemaakt, nauwkeurig de waarde van hun seksegenoten als potentiële rivalen kunnen inschatten.

Als deze proef nog niet overtuigend was, kijk dan even naar de toepassing van de kennis aangaande de betekenis van de pupilgrootte. In de geschiedenis van de mens hebben vrouwen vaak extracten van de wolfskers gebruikt. Die stof werkt onder andere in op de pupil, die groter wordt. De vrouw wordt hierdoor aantrekkelijker voor mannen, die in haar een geïnteresseerde partner herkennen. Het is niet voor niets dat de wolfskers *belladonna* wordt genoemd.

Om even de draad terug op te nemen, ik was begonnen met de faciale expressie als communicatiemechanisme. Eerst beklemtoonde ik het belang van het gezicht in ons sociaal gedrag om aan te duiden dat het inderdaad te verwachten is dat er zoveel signalen via faciale expressie kunnen zijn ontstaan. Daarna stelde ik dat binnen het gezicht de ogen een belangrijke plaats innemen. Met het laatste punt dat ik hierin behandelde, namelijk de verandering van de pupilgrootte als signaal, zijn we bij de eigenlijke gezichtsexpressie beland. De pupilgrootte is een eerste voorbeeld van de faciale expressie.

Een element uit het repertoire van gezichtsuitdrukkingen hebben we al aangehaald in hoofdstuk 4, de wenkbrauwgroet. We hebben dat voorbeeld bekeken als een van de aanwijzingen voor een aangeboren component in het menselijk gedrag. De wenkbrauwgroet is – om het kort te herhalen – een snelle begroeting. Eerst wordt een glimlach getoond, waarna de wenkbrauwen worden opgetrokken en gedurende ongeveer één zesde van een seconde omhoog worden gehouden. We hebben deze universele groet een vriendelijke functie toegeschreven, er wordt tot nader contact uitgenodigd. De beschrijving uit hoofdstuk 4 is kort gehouden omdat het ons toen alleen te doen was om het aantonen van een erfelijke grondslag op basis van het universele karakter. Er is echter wel meer over de wenkbrauwgroet te vertellen. Hij kan voorkomen in een snelle en een trage sequentie. We bekijken ze na elkaar.

De snelle wenkbrauwgroet is niet meer dan een flits. Hij drukt in elke cultuur die is bestudeerd de bereidheid tot contact uit. Zoals gezegd, is dit een universeel gedrag, het is gelijk bij alle volkeren. Althans wat de vorm betreft.

De functie ervan kan echter wel kleine verschillen vertonen, culturele verschillen. Zo wordt de wenkbrauwflits bijvoorbeeld ook als groet tegenover vreemden gebruikt door Polynesiërs, Yanomamö-indianen, Papoea's,... In Japan komt het voor wanneer kinderen worden begroet door volwassenen, maar nooit tussen volwassenen die elkaar niet kennen. Volgens Eibl-Eibesfeldt, de gedragsbioloog die dit gedrag over de hele wereld bestudeerde, gaat het waarschijnlijk om een rituele uitdrukking van een vriendschappelijke herkenning van iemand. Het zou zijn ontstaan uit het verder openen van de ogen om een interessant onderwerp beter te kunnen waarnemen, om het waarnemingsveld te vergroten. Als we iets bekijken dat ons boeit, zullen we automatisch de ogen verder opensperren. Dat loopt dus parallel met de vergroting van de pupil. Met andere woorden, als wij iemand herkennen op een vriendschappelijke basis zullen de ogen verder openen om hem beter waar te nemen, als de interesse nog verder gaat, zullen ook de pupillen reageren. Dit automatisme is dan in de loop van de evolutie een signaal geworden, een groet. De wenkbrauwflits grijpt plaats in de context van vriendelijke affectie, zoals bij bedanken, flirten, groeten, beamen, aanmoedigen enzovoort. Hij kan ook onze spraak vergezellen, wanneer we iets meer willen benadrukken, iets bevestigen. Dat positieve karakter van dit signaal vinden we nog sterker terug in enkele culturen waar de wenkbrauwflits gebruikt wordt om 'ja' te zeggen.

Bij het trage optrekken van de wenkbrauwen doen zich geen andere bewegingen voor, dus geen glimlach. Dit signaal wijst op de aandacht die we ontwikkelen bij nieuwsgierigheid, bij een verrassing, wanneer we iets onderzoeken. Het is ook het gevolg van een handeling om het waarnemingsveld te vergroten, maar dan zonder rituele groetfunctie. Het zijn de begeleidende bewegingen die de juiste betekenis aangeven, zoals een open mond bij verbazing. Als men de trage beweging veelvuldig waarneemt en de context waarin ze voorkomt noteert, stelt men vast dat ze ook een betekenis kan hebben van misnoegen, verontwaardiging, arrogantie, sociale rejectie, nee zeggen. Weer wordt de juiste betekenis hierbij duidelijker gemaakt door bijkomende signalen, zoals staren wanneer de wenkbrauwen worden opgetrokken uit ongenoegen, of het sluiten van de ogen bij arrogantie, afwijzing, nee zeggen, of het hoofd naar achter werpen als teken van hooghartigheid.

Een ander eenvoudig en universeel faciaal signaal is de glimlach. Dit gedrag is zo alledaags dat het aan wetenschappelijk onderzoek ontsnapte; het wordt pas sinds het einde van de jaren zeventig onderzocht. De glimlach kan verschillende functies hebben en de juiste functie is pas duidelijk als je de hele context van de glimlach bekijkt. Het zal inmiddels overigens helder zijn dat véél van onze signalen pas hun juiste betekenis krijgen in samenspel met andere elementen. De glimlach kan een uitdrukking van vriendelijkheid zijn

– bijvoorbeeld zodra we iemand zien die ons aanstaat of als we iets aangenaams ontwaren. Het kan ook om kalmeringsgedrag gaan of om een onderwerpingsgebaar, bijvoorbeeld wanneer men met een schuldgevoel zit. Een werknemer die te laat op de zaak komt, zal veel glimlachen als hij zijn baas vertelt over die gekke wekker die het opeens begaf. Niet om vriendelijk over te komen, maar als onbewuste onderwerping. Hij ziet zijn schuld immers volledig in. Ten slotte kan de glimlach ook een signaal zijn om sociaal contact te leggen, vooral bij mensen in een groep. Let maar eens op al die glimlachende mensen op een receptie: ze glimlachen niet uit vriendelijkheid, niet om anderen te kalmeren of om zich te onderwerpen, maar alleen om niet als een geïsoleerd individu te worden beschouwd. De glimlach – die soms wel op iemands gezicht geklééfd lijkt te zijn! – wil zeggen 'hallo allemaal, ik ben niet vies van contact hoor!' Probeer dit signaal trouwens niet uit in situaties die zich minder lenen voor het leggen van contact – in de tram bijvoorbeeld – met die 'receptiegrijns' zullen medepassagiers denken dat u gestoord bent.

We hadden het tot nu vooral over positieve signalen: het gezicht laat zien dat we iets als positief, vriendschappelijk, mooi, boeiend, enzovoort ervaren. Het gaat hierbij vooral om een open gezicht: de wenkbrauwgroet en de glimlach zijn gedragingen die het gezicht opentrekken, vergroten. Dat maakt het interessant om nog eens een algemeen gedragsprincipe in onze communicatie te bekijken, namelijk het *antitheseprincipe*. Dat principe werd al beschreven door Darwin halverwege de 19de eeuw. Hij stelt dat wanneer een motivatie wordt omgekeerd (zeg van agressie naar angst) ook het hiermee gepaard gaande signaal kan worden omgekeerd (een agressieve hond staat hoog op zijn poten, een bange hond zakt door de poten). Wel, ook de faciale expressie kent het antitheseprincipe. Zo wordt bij de verwerping van een negatieve gewaarwording het gezicht 'gesloten' alsof de zintuigen maximaal worden afgesloten. Wie iets vies ruikt, sluit ogen en mond, en perst het gezicht samen alsof we heel even de volledige buitenwereld die de vieze geur produceerde willen buitensluiten. Die uitdrukking gebruiken we ook wanneer we ons sociaal van anderen afsluiten, bijvoorbeeld om een voorstel genadeloos af te wijzen. We doen dat met gesloten ogen. Verwant daarmee is trouwens ons nee schudden. Dit signaal zou ontstaan zijn uit het afwijzen van de moederborst door een baby die voldaan is.

Een ander veel voorkomend faciaal signaal is het opensperren van het oog, waardoor het wit van het oog duidelijk zichtbaar wordt. Het heeft een vermanende functie. Bij kinderen werkt dit signaal bijzonder sterk: het wit van de ogen van de boze moeder is zo sterk dat de deugniet haar niet durft aan te kijken.

De kracht van gezichtssignalen zien we niet alleen in het effect op kinderen. Ook volwassenen reageren sterk op de gezichtsuitdrukking van anderen. Proeven wijzen dat uit. Het waarnemen van iemands emotionele toestand aan de hand van diens gezichtsexpressie zet een paar fysiologische reacties in gang bij de waarnemer: de temperatuur van de huid kan oplopen of afnemen, en hetzelfde geldt voor de hartslag. Neemt men bijvoorbeeld angst waar in het gezicht van een ander, dan stijgt de temperatuur van onze huid en daalt de hartslag. Bij het zien van vreugde, stijgen beide lichtjes, terwijl ze beide sterk stijgen bij het waarnemen van woede en sterk dalen wanneer men afkeer bij iemand anders ontwaart. Dus onze wil heeft niet alleen weinig vat op de *productie* van signalen, ook op onze *reactie* daarop. En die reacties zijn het sterkst bij de communicatie via de gezichtsexpressie. Een zoveelste aanwijzing van het belang van dit communicatiekanaal.

Ik sluit het thema gezichtsexpressie af met de uitgestoken tong. Dat voorbeeld gebruik ik ook meteen om weer een algemeen punt in verband met de evolutie van signalen duidelijk te maken, namelijk de oorsprong van deze signalen. We weten dat gedrag, dus ook een signaal, evolutionair verandert over een lange tijdsspanne, maar iets kan pas veranderen als het al bestaat. Of ontstaat een signaal uit het niets? Zijn dieren ooit opeens begonnen met een handeling die meteen een communicatieve functie kreeg? Nee, signalen zijn voor zover we weten ontstaan uit alledaagse gedragingen die losstaan van communicatie. Dit is een algemeen kenmerk van de evolutie van signalen. De uitgestoken tong is een prima illustratie daarvan.

Het tong uitsteken kent verschillende varianten, die overeenstemmen met verschillende boodschappen. Zo kan de tong uitgestoken worden als een agressief signaal. Men neemt aan dat dit signaal zijn oorsprong vindt in het weigeren van voedsel doòr baby's. Het kind biedt weerstand – een embryonale vorm van agressie – met de tong als fysieke barrière. Dat is stilaan geëvolueerd tot een signaal dat een algemene barrière vormt voor *alles* wat geweerd moet worden. De handeling werd daarbij aangepast: van lieverlede werd de tong verder uitgestoken en neerwaarts gekruld. Een gewone handeling met afweerfunctie is zo een communicatief signaal geworden.

Het uitsteken van de tong is echter ook bekend als vriendelijk signaal. De tong wordt dan omhoog gekruld. Voor een menselijk waarnemer is dit signaal onmiddellijk en duidelijk te onderscheiden van de agressieve tong. Waarschijnlijk is dit signaal ontstaan uit het likken, dat zou de opwaartse houding van de tong verklaren. Likken doen we alleen aan iets dat ons honderd procent aanstaat. Dit is een totaal ander signaal dan het vorige, heeft een totaal andere oorsprong en maakt toch gebruik van dezelfde tong.

Tot slot heeft de uitgestoken tong ook een functie bij het flirten gekregen, een signaal met de strekking van een zekere seksuele uitnodiging. Dit gedrag wordt hoofdzakelijk door vrouwen vertoond. Het heeft een sterke uitwerking op mannen, die het als sterk erotisch ervaren. Vermoedelijk is dit signaal ontstaan uit het vriendelijke tong uitsteken van daarnet, dat op zijn beurt uit het likken zou zijn ontstaan. In deze secundaire ontwikkeling wordt het onderscheid gemaakt door de tong slechts lichtjes uit te steken. Dit is dan meteen een voorbeeld van een verder gaande evolutie van een signaal: een alledaags gedrag (likken) wordt een signaal (vriendelijke tong) waaruit een nieuw signaal groeit (flirten).

Het voorbeeld van de uitgestoken tong illustreert hoe signalen ontstaan uit alledaags gedrag, uit handelingen die oorspronkelijk een andere functie hadden. Ik gebruikte al een paar keer de term 'ritueel' om een verandering in de functie weer te geven. In de gedragsbiologie spreken we inderdaad van *ritualisatie* om deze ontwikkeling van signalen uit andere gedragingen aan te duiden. De evolutie heeft er natuurlijk lang over gedaan om een gewoon gebaar te ritualiseren. Dat proces vraagt immers veel aanpassingen om het signaal opvallend te maken en vooral ondubbelzinnig, om misverstanden te voorkomen. Die aanpassingen houden een vereenvoudiging van de oorspronkelijke bewegingen in, vaak met een overdreven karakter zodat ze nog beter opvallen. Bovendien kan een signaal in verschillende intensiteiten voorkomen, zodat ze meer informatie kunnen verschaffen. Veel dieren maken geritualiseerde handelingen opvallender door speciale structuren te ontwikkelen – neem de sterk gekleurde veren van de pauw. Bij de mens worden signalen opvallender gemaakt met behulp van kleding, juwelen, cosmetica. De hoge hoed om zich groter te maken, lipstick om het signaal van de lippen te versterken...

Tot nu toe hebben we het gehad over houdingen met een signaalfunctie van het hele lichaam of een deel daarvan. Hier en daar hadden we eigenlijk niet alleen met een houding te doen, maar ging deze gepaard met een beweging. Wel, die bewegingen van het lichaam of delen daarvan – gebaren – zijn ook belangrijk voor de communicatie. De meeste gebaren zijn niet biologisch van oorsprong (niet door natuurlijke selectie bepaald) maar door de menselijke cultuur. We zijn zelf signalen gaan maken om die vervolgens van elkaar te imiteren. De militaire groet bijvoorbeeld is een conventie, een afspraak, die iedere nieuwe soldaat wordt aangeleerd. Cultureel bepaalde gebaren vallen buiten het bestek van dit boek. Van de aangeboren, biologische gebaren hebben we er al enkele vermeld – onder meer de overspronghandelingen uit hoofdstuk 5. Deze handelingen zijn het resultaat van een conflict in onze motivaties. Ze tonen anderen dat we met een conflict zitten, spanning ondervinden. In onze huidige samenleving houden we zulke dingen liever voor ons, maar in het Moederland bleek het voordelig te zijn je motivatie te melden aan groepsgenoten.

In hoofdstuk 5 hebben we al veel gebaren besproken, het lijkt me niet nodig deze te herhalen. Veel van deze signalen kunt u gemakkelijk zelf observeren. U moet wel even zelf aan de slag. Let een paar weken lang goed op mensen die op tv worden geïnterviewd. Kijk vooral goed wat er gebeurt in de eerste seconde van het eerste antwoord van de ondervraagde. Zo is het conflictgedrag wel erg vaak waar te nemen. Denk even terug aan de wiebelende beweging van een onervaren persoon bij het beantwoorden van zijn eerste vraag. Het wijst op een spanning. Bij de volgende vragen is de spanning grotendeels weggeëbd en blijft het signaal achterwege. Tenzij er nog een lastige vraag komt: 'Maar hebt u dan echt nog nooit zelf belastingen ontdoken?' Dan zien we dat minimale conflictgedrag weer even terug.

Om het deel over de visuele communicatie af te sluiten, kan ik niet nalaten even terloops te wijzen op een ingenieus communicatiekanaal dat we zelfs bij lager ontwikkelde diersoorten terugvinden. Ik heb eerder al de ronkende term *sematectonische communicatie* laten vallen. Dat is een visueel signaal dat blijvend van aard is en niet verdwijnt zoals een beweging of een houding. Bij sematectonische communicatie maakt het dier een blijvend bouwsel, een structuur die voor soortgenoten een betekenis heeft. Meestal gaat het om het kenbaar maken van de bereidheid tot voortplanting. Enkele cichliden – dat zijn baarsachtige vissen – bouwen een nest in de zandbodem om het wijfje te lokken en aan te zetten tot het leggen van eieren. Bepaalde krabben bouwen zandpiramiden, prieelvogels construeren een prachtig 'prieel' met bloemen. Het gaat om 'kunstwerken' die erfelijk zijn geprogrammeerd bij deze dieren, maar ze kunnen ook een culturele grondslag hebben, zoals bij de mens. In zekere zin zijn onze schilderijen als complexe voorbeelden van sematectonische communicatie te beschouwen. Boeken en films ook. Maar het verschil tussen onze kunstwerken en de constructies van lagere diersoorten is zo groot, dat we onze artefacten misschien beter onderbrengen in onze complexe *verbale* communicatie, die straks aan bod komt.

Communicatie via de oren

Visuele communicatie is dus breed, maar dat geldt ook voor de communicatie die gebruikmaakt van onze oren, de zogeheten *akoestische communicatie.* Geluiden zijn drukveranderingen in de lucht of het water die onze oren kunnen waarnemen en verwerken. Een groot voordeel van dit kanaal is dat akoestische signalen moeilijk worden tegengehouden door hindernissen: je kan ook 'om de hoek' met elkaar communiceren. Bovendien dragen ze soms zeer ver. Zo kennen we vogels met een roep die een paar kilometer ver draagt. En we hebben de 'liederen' van walvissen, waarvan men vermoedt dat ze zich tientallen kilometer ver verspreiden. Akoestische communicatie heeft een voordeel gemeen met visuele communicatie: de signalen verdwijnen onmiddellijk nadat ze gemaakt zijn, waardoor meerdere signalen elkaar snel kunnen opvolgen, dat verhoogt aanzienlijk de capaciteit om informatie te dragen.

We moesten ons in de vorige paragraaf sterk beperken bij het opsommen van voorbeelden over visuele communicatie. Het repertorium aan visuele signalen is immers zo uitgebreid dat het op zich een boek kan vullen. Onze lange evolutie in het Moederland heeft dankbaar gebruikgemaakt van het kanaal voor visuele communicatie. Het bleek een zeer efficiënt kanaal te zijn, bij de mens veel doeltreffender dan geluidssignalen. Ja, als we onze gesproken taal niet meerekenen, is het gebruik van geluidssignalen veel beperkter bij de mens. Onze voorouders hebben zich vast wel bediend van geluiden om elkaar informatie door te spelen. Maar die geluiden zijn wellicht verdrongen door de opkomst van de gesproken taal, die – zoals we straks zullen zien – een zeer succesvol instrument bleek bij de informatieoverdracht. Ons geluidenrepertorium beperkt zich tot signalen die verbonden zijn met primaire gedragssystemen die ons bijvoorbeeld in leven moeten houden. Meestal heeft zo'n signaal iets met alarm te maken.

Baby's kunnen ons nog niets wijs maken, niet met woorden tenminste. Toch zal iedere moeder volhouden dat ze precies weet wat haar kindje wil. Ze begrijpt dat aan de hand van zijn huilen. En ja, huilen is het eerste akoestisch signaal dat we maken. Het is volledig aangeboren, we hoeven er niets voor te leren. We zetten het aan en uit wanneer we willen. Dat *willen*, daar draait het om. Als er iets niet in orde is, als zich een onaangenaam gevoel voordoet – ook al weten we zo onmiddellijk na de geboorte nog niet om welk gevoel het gaat – dan zetten we het signaal aan. Het betekent alleen 'er klopt iets niet, zorg dat het in orde komt!' Het is dan aan de moeder om dat *iets* te zoeken. Is de maag leeg? Billetjes nat? Doet de buik pijn door opgestapeld gas? Is het te koud? De volledige hulpeloosheid van de baby wordt gecompenseerd door de moederzorg, die onder normale omstandigheden sterk is, zoals we al zagen. Naarmate de baby groeit, kan er variatie optreden in het huilen – klank, hevigheid, volume, intervallen enzovoort – en door een onbewust leerproces leert de moeder die variatie in verband te brengen met de precieze behoefte van het kind. Al kan ze die kennis niet aan anderen overdragen, ze wéét gewoon wat er achter de huilbui zit. Het huilen van de baby is dus primitief én primair. Het zorgt voor de synchronisatie van de moederzorg met de behoeften van het wezentje dat volledig aangewezen is op haar hulp om in leven te blijven.

Dit staat niet ver van de alarmroep. Het huilen is een alarm voor de moeder, of de vader, of wie zorg kan dragen voor de baby. Op latere leeftijd blijft dit alarm bestaan. Het opgroeiende kind zal bij pijn zijn ongemak luidkeels kenbaar maken door te huilen. In het Moederland – maar ook vandaag – is deze alarmkreet een signaal dat meldt dat er hulp moet komen. Pijn betekent gevaar, en dat gevaar moet worden weggenomen. Het kind kan de ernst van het onheil nog niet inschatten, dus is onmiddellijke hulp nodig. Zonder dit signaal zijn de overlevingskansen van het kind kleiner. De pijn zelf is niet meer dan een onaangenaam gevoel om de betrokkene op het gevaar te wijzen. De alarmfunctie wordt duidelijk wanneer een kind bijvoorbeeld op straat gevallen is en merkt dat zijn knie geschaafd is. Hij kijkt rond, ontwaart moeder noch vader, misschien wel een vriendelijke dame die te hulp komt snellen, en zet het op een lopen op zoek naar de ouders, de *echte* eerste hulp bij ongevallen. De alarmfunctie wordt pas aangezet zodra een van hen – liefst de moeder – in het vizier verschijnt: het huilen begint. Voor een waarnemer lijkt dit al vlug komedie, want het huilen was niet begonnen bij de valpartij. Die waarnemer weet echter niet dat het kind er goed aan doet eerst de beschermende ouders op te zoeken. Als hij al een keel opzet wanneer hij nog alleen is, kan hij met dat lawaai een boosdoener – neem een roofdier – op ideeën brengen, die dan gebruik kan maken van de verzwakte toestand van het 'jong'. Daarom wordt het alarm pas ingezet als het functioneel is, als de enige echte hulpverstrekker in de buurt is. Dat was in het Moederland al zo. Wie dat weet, zal een kind niet snel meer betichten van aanstellerij: dit huilen is geen remedie tegen pijn, maar een alarmsignaal.

Wanneer we wat ouder worden, verdwijnt het huilen als we vallen, kiespijn hebben of als ander lichamelijk leed ons kwelt. Het blijft echter bestaan in andere pijngevallen: psychologische pijn zoals verdriet, moedeloosheid, frustratie. Ook die pijn roept om hulp. Niet meer van moeder of vader, maar van groepsgenoten, van kameraden, strijdmakkers, vrienden, vriendinnen. Zij worden verondersteld de psychologische pijn te herkennen en troost te bieden. Troost is een onvoorstelbaar belangrijk sociaal contact geworden toen onze voorouders in grote, complexe samenlevingen gingen samenleven. De sociale netwerken waren zeer complex geworden, de intermenselijke relaties waren belangrijk en konden zowel vreugde als verdriet met zich brengen. Als het eens misliep, waren mensen aangewezen op de groepsgenoten waarmee ze nauwe contacten en banden hadden. Om zeker te zijn van die hulp werd een duidelijk signaal gecreëerd: huilen. Het is een sterke roep om sociaal contact geworden, zo sterk dat geen normaal functionerend mens er onberoerd bij blijft. Huilen zet hulpgedrag op gang en dat is zo sterk dat het bijna op een reflex lijkt. Het is ontwapenend. Dat is ook de reden dat mannen zich geen raad weten als ze vrouwen zien huilen: het neemt hun rationeel handelen weg. Vrouwen 'weten' dat natuurlijk en maken er van tijd tot tijd gebruik van.

Misschien volgt u deze redenering over huilen als een roep om sociale hulp niet helemaal, omdat mensen vaak juist in hun eentje huilen bij verdriet. Dat kan verklaard worden door drie dingen. Ten eerste waren mensen in het Moederland waarschijnlijk zelden alleen, men leefde in groepsverband en woonde in groepsverband (vrijgezellenflats bestonden niet). Ten tweede is een signaal aangeboren gedrag: het wordt niet bewust geproduceerd. Dus ook als men alleen is, kan psychologische pijn het signaal in gang zetten. Ten derde kan men ook zichzelf troosten. Makaken die geen troost krijgen van familie of groepsgenoten beginnen zichzelf te vlooien als zelftroost. Het kalmeert ze inderdaad. Misschien dat ook mensen die in eenzaamheid huilen zichzelf daardoor kalmeren – dat het voortbrengen van de roep om sociale hulp op *zich* al enige troost brengt. Dat is dan een voortvloeisel van onze moderne samenleving, waarin de eenzaamheid groeit onder invloed van technologisch geweld en economische druk.

We vinden nog een duidelijke aanwijzing dat huilen een alarmsignaal is in de stemhoogte. Mensen die zich dominant achten, of zich zo willen voordoen, spreken met een lagere stem dan ondergeschikten. Wie een ander dreigend toespreekt, verlaagt zijn stem. De ondergeschikte echter, of degene die zich verongelijkt voelt, verhoogt zijn stem. Zo ook met het roepen om hulp. Dat doe je niet met een lage stem. Natuurlijk is een hoog stemgeluid beter te horen, maar ook als men – zonder te roepen – om hulp smeekt, zal dat met een hogere stem gebeuren. Luister eens naar iemand die al huilend spreekt: een jammerstem is duidelijk verhoogd.

De functie van huilen als alarmroep ging dus van lichamelijke pijn naar emotionele of psychologische pijn, maar we kennen nog een akoestisch signaal, wanneer we in een punaise trappen of ons met een hamer op de duim slaan. Het onvermijdelijke 'au' is wellicht een overblijfsel van de roep om hulp. Dat dit zo is, wordt aannemelijk als men het rauwe, door merg en been gaande krijsen hoort van iemand die erge pijn lijdt. Zulk geroep maakt een sterk gevoel in ons wakker, een motivatie om op te treden, om een strijdmakker te redden. Wie zo'n gehuil hoort, voelt zich warm worden, voelt hoe de adrenaline ons lichaam klaarmaakt voor de aanval. Een reactie die zo sterk is, kan alleen worden opgeroepen door een biologisch signaal dat in het groepsleven in het Moederland vaak zijn nut heeft bewezen.

Pijn die lang aanhoudt en een knagend karakter krijgt, kan leiden tot kreunen. Wederom kan dit een signaal zijn om groepsgenoten blijvend te motiveren hulp te bieden, ook dagenlang. Maar evengoed kan kreunen, net als het eenzaam huilen, zelftroost inhouden. Mensen voelen zich vaak beter wanneer ze hun knagende pijn kunnen 'overstemmen' met geluiden, zoals kreunen. Het is niet onmogelijk dat deze geluiden op een of andere manier helpen bij de productie van *endorfine* in ons lichaam, een natuurlijk opiaat dat pijnstillend werkt. Bij hevige pijn verlossen onze hersenen ons van dat onaangename gevoel door endorfines, pijnstillers die we zelf aanmaken. Wanneer mensen elkaar 'vlooien' komen ook endorfines vrij in het bloed, waardoor men zich goed, zelfs high kan voelen. Het feit dat men zich beter voelt bij kreunen, is misschien op dezelfde manier te verklaren.

En het kreunen bij seksueel genot? Wanneer je een bandopname van gekreun hoort, is het vaak moeilijk te zeggen of we de oorzaak ervan moeten zoeken in pijn of juist genot. In de eerste plaats kun je je afvragen of het functioneel is om te laten horen dat we ons – als een spinnende kat – lekker voelen. Ten tweede rijst de vraag waarom we voor die boodschap hetzelfde geluid gebruiken als bij pijn. De eerste vraag beantwoorden we met een tegenvraag: waarom zouden we ons goede gevoel niet kenbaar maken aan de partner die ons het genot bezorgt, als aanmoediging om verder te gaan? Menige vrijpartij valt stil doordat een van de deelnemers geen signalen geeft dat hij/zij ervan geniet. Bovendien voelen velen zich gefrustreerd wanneer ze hun seksueel genot niet kunnen laten vergezellen van geluiden. Maar waarom een pijngeluid? Dat is niet meteen duidelijk. Hoewel, in de vorige sectie stelden we vast dat we bij pijn kreunen om hulp te krijgen, om iemand in onze omgeving te vragen zich over ons te ontfermen, met ons lichaam bezig te zijn. Eigenlijk is dat niet zo vanzelfsprekend: mensen raken elkaar niet zomaar aan, alleen bij het verlenen van zorg of bij liefkozing (als we geweld en dwang even niet meetellen). Lichamelijke zorg en liefkozing liggen niet zo ver van elkaar: beide vergen ons vertrouwen in degene die ons lichaam behandelt. Het is dan ook niet verwonderlijk dat de evolutie hetzelfde signaal heeft 'gereserveerd' voor twee verwante systemen. Er is immers geen mogelijkheid om het signaal verkeerd te interpreteren. Er zijn voldoende andere aanwijzingen die vertellen of het om pijn gaat of om genot. Ik geloof niet dat ik daar een tekeningetje bij hoef te maken!

Natuurlijk is de belangrijkste vorm van akoestische communicatie bij de mens de gesproken taal. Zoals gezegd is het niet mijn bedoeling om dat fenomeen grondig uit de doeken te doen. De structuur, woordenschat en spraakkunst van een taal zijn culturele elementen die pas recent ontwikkeld zijn. Als we de invloed van het Moederland op ons gedrag bekijken, zijn deze taalelementen ook niet het onderwerp van studie. Niet de structuur van de taal, maar het *ontstaan* ervan is een biologisch proces, een exponent van de natuurlijke selectie. Het ontstaan van de taal heeft een drastische wending gegeven aan de menswording, dus als we de mens biologisch beter willen begrijpen, moet dit punt zeker aan bod komen. Vandaar de aparte paragraaf straks. Eerst sluit ik de opsomming van communicatiekanalen af met een laatste punt: de combinatie van signalen.

Gecombineerde signalen

Vaak bestaat communicatie niet uit het uitzenden en ontvangen van één signaal of een reeks afzonderlijke signalen, maar uit een combinatie van signalen. Zo kan een dreigende chimpansee het optrekken van zijn schouders combineren met geroep en stampen op de grond. Zulke combinaties zetten de over te dragen informatie kracht bij. Vanuit biologisch standpunt is het volgende fenomeen nog interessanter: een signaal kan worden verduidelijkt of een andere betekenis krijgen door een ander signaal dat eraan voorafgaat. In de gedragsbiologie noemen we dat *metacommunicatie*, 'communicatie boven op communicatie'. Een metacommunicatief signaal bevat informatie over de wijze waarop andere signalen moeten worden geïnterpreteerd. Zo kunnen resusaapjes elkaar uitnodigen om te spelen door omgekeerd met het hoofd tussen de poten door naar de andere te staren en te springen. Honden en katten doen dit door de voorpoten plat te leggen. Deze signalen zeggen dat agressieve signalen die zullen volgen niet agressief bedoeld zijn, maar als spelelement moeten worden opgevat. Zodoende kan een signaal een andere betekenis krijgen doordat de verzender het samen met of na een ander signaal produceert.

Zeker in de menselijke communicatie is de over te dragen informatie zo complex dat veel signalen tegelijkertijd worden getoond. Ik gaf het voorbeeld van de betekenissen van de uitgestoken tong: agressie, vriendelijkheid, flirten. Er kan nog een betekenis aan worden toegevoegd die losstaat van deze drie. Men ziet namelijk mensen die geconcentreerd bezig zijn met een taak – een brief schrijven, aan een motor sleutelen, een draad door het oog van een naald halen – de tong uitsteken met een vorm die gelijk is aan de agressieve, vriendelijke of flirtende tong. En toch wordt dit gedrag niet verkeerd begrepen: we zien meteen dat het niet gaat om agressie of flirten. Dat is mogelijk door veel andere handelingen en gedragingen. Wanneer wij een spel beginnen, hebben we natuurlijk niet de metacommunicatieve signalen van makaken, honden en katten nodig; het geheel van de situatie maakt wel duidelijk dat we gaan spelen. Toch hebben wij een signaal dat heus niet hoeft onder te doen voor dat van de hond. Wanneer we iemand een poets gaan bakken –

een vorm van spel – maken we die intentie aan anderen in het gezelschap duidelijk met een knipoog. De toeschouwers weten dan dat de volgende opmerking of vraag niet kwaadaardig bedoeld is. Dat is duidelijk een voorbeeld van metacommunicatie, al betreft het geen aangeboren maar een cultureel gevormd signaal.

Aan het begin van dit hoofdstuk maakte ik duidelijk hoe de termen 'communicatie' en 'taal' zich tot elkaar verhouden. Ik kom hier even op terug. Tot nog toe handelt dit hoofdstuk over kanalen van communicatie die men vaak *non-verbaal* noemt. Ik vind dat een wat ongelukkige term, omdat deze inhoudt dat we menselijke communicatie moeten opsplitsen in verbale (talige) verschijningsvormen en non-verbale (niet-talige). Biologisch heeft dat niet veel zin. Interessanter voor de gedragswetenschapper is de splitsing tussen communicatie met biologische wortels – door natuurlijke selectie gemaakt en via veel generaties overgeërfd – en cultureel ontworpen communicatie op basis van afspraken die van generatie op generatie worden doorgegeven via leerprocessen. De eerste vorm dateert uit ons Moederland, blijft over lange evolutionaire tijdperken onveranderd en is universeel; de tweede vorm is onderhevig aan veranderingen, ook over korte tijdsspannes, en toont daardoor grote variatie tussen menselijke culturen. We hadden het in dit hoofdstuk tot nu over de eerste vorm van communicatie. Cultureel bepaalde communicatie laten we terzijde, niet omdat die niet interessant zou zijn, maar omdat deze niet wordt verklaard door onze wortels in het Moederland, waar het dit boek juist om te doen is. We zullen het over de menselijke taal hebben voor zover we daarin een biologische grondslag kunnen onderscheiden.

De menselijke taal

Voor een bioloog is het leuk de menselijke taal op de laboratoriumtafel te leggen, niet om de exacte structuur ervan te ontleden – dat is voer voor linguïsten – maar om aanwijzingen te zoeken die ons iets vertellen over de herkomst ervan. Dan bedoel ik niet de herkomst van het Nederlands, het Arabisch, een Indianentaal of een Filippijns dialect, maar van de taal als algemeen systeem (De Taal). Zoals ik aan het begin van dit hoofdstuk opperde, zal deze vraagstelling raar klinken uit de mond van een bioloog, aangezien taal alom werd beschouwd als cultureel verschijnsel. Toch heeft de bekende taalkundige Noam Chomsky al in de jaren vijftig aangetoond – tot verbazing van de hele culturele wereld – dat de menselijke taal is aangeboren! De mens bezit vanaf zijn geboorte niet alleen de nodige structuur (*hardware* als u wilt) om te spreken, hij heeft ook al flink wat programmatuur (*software*) om taal te gebruiken. Wij zijn volgens Chomsky geen *tabula rasa*, maar worden geboren met een duidelijke voorkennis van taalstructuren. We komen hier zo op terug.

Een tweede punt dat het verschijnsel taal aantrekkelijk maakt in de biologische context, is het feit dat we met dit onderwerp een spannende discussie kunnen illustreren die wordt gevoerd in de evolutiebiologie en -psychologie. Het gaat om het debat rond de vraag in welke mate men het gegeven van de natuurlijke selectie mag aanvoeren om fenomenen uit te leggen. Er zijn twee groepen in deze discussie. Enerzijds heb je wetenschappers – met Stephen Gould als bekendste vertegenwoordiger – die stellen dat we niet elke structuur en niet elk gedrag dat we waarnemen per se als evolutionaire aanpassing moeten beschouwen. Hun stelling: natuurlijke selectie is niet van invloed op alle dingen die we kennen, hoe complex ook. Gould maakt hiervoor een vergelijking met een bouwkundig verschijnsel dat we zien in kathedralen, meer bepaald bij de bogen waarop het gewelf steunt. Deze bogen zijn functioneel ontworpen door de architect om met een minimum aan materiaal en ruimte een maximum aan steun te verwezenlijken. Welnu, wanneer twee bogen elkaar loodrecht kruisen, ontstaat tussen de twee automatisch een hoekvulling, een driehoekige niet ontworpen oppervlakte. Het geeft de indruk met opzet te zijn gepland omdat die driehoek wonderlijk nauwkeurig tussen de bogen past, maar dat is misleiding. De driehoek is een 'bijproduct' van het ontwerp van de functionele bogen. Niemand heeft die hoekvulling boven de bogen gewild, maar ze ontstaat vanzelf bij de constructie. Je kunt nu eenmaal geen gewelf maken met kruisende bogen *zonder* vulling. In de San Marco in Venetië, waar Gould zijn inspiratie voor deze vergelijking vond, is de booghoekvulling door kunstenaars benut om het gewelf te versieren. Dus om een gewelf te kunnen ondersteunen, zijn er goed berekende en elkaar loodrecht kruisende bogen nodig; die bogen hebben hoekvullingen als neveneffect, de architect heeft ze niet speciaal berekend, en aangezien ze er toch zijn, worden ze door kunstenaars gebruikt als ondergrond voor hun kunstwerk. Wie probeert na te gaan welke berekeningen de architecten hebben gemaakt om de booghoekvulling te bouwen, maakt zich belachelijk.

Hetzelfde geldt voor veel biologische structuren en gedragingen, die volgens Gould niet door natuurlijke selectie zijn gemaakt. Volgens hem gaat het vaak alleen om bijverschijnselen van andere structuren of gedragingen die wel als evolutionaire aanpassing door natuurlijke selectie zijn ontstaan en gewoon niet zijn te 'ontwerpen' zonder bijverschijnselen. Met een karikatuur gezegd: niemand hoeft zich het hoofd te breken over de vraag waarom ik 's morgens tijd spendeer aan het maken van waterdamp; ik besteed alleen tijd aan het bereiden van een kop koffie om wakker te worden en aangezien ik daarvoor kokend water nodig heb, maak ik ook waterdamp, als nevenverschijnsel. Zo ziet Gould – Chomsky ook trouwens – onze taal: als een nevenverschijnsel van onze enorme hersencapaciteit. Natuurlijke selectie heeft ons grote hersenen gegeven, met enorme mogelijkheden waardoor we in onze complexe samenleving beter konden overleven dan met kleinere hersenen, met minder mogelijkheden. Daaruit is – volgens hun visie – de taal gegroeid. Dus niet als een aanpassing die door de natuurlijke selectie is 'gewild'. Taal als hoekvulling dus.

Nu de tweede partij in het debat over het aanvoeren van de natuurlijke selectie om fenomenen uit te leggen. Dat zijn de onderzoekers die stellen dat sommige structuren zo complex zijn qua vorm en werking dat ze onmogelijk als bijverschijnselen, als hoekvulling zijn te beschouwen. Die complexiteit is volgens hen alleen te verklaren op grond van een onderliggende functie en die functie kan alleen een evolutionaire aanpassing zijn, geschapen door de natuurlijke selectie. Het klassieke voorbeeld hier is het oog. Er zijn weinig organen, de hersenen uitgezonderd, die zo ingewikkeld van structuur zijn, zo fijn tot in de microanatomische details en zo geraffineerd in hun werking als het oog. Die enorme complexiteit dient een duidelijke functie, namelijk het opvangen van lichtprikkels in een geordend systeem en deze omzetten in de juiste elektrische pulsen voor verzending naar het centraal zenuwstelsel. De evolutie heeft gedurende miljoenen jaren gebruikgemaakt van de natuurlijke selectie om deze structuur met zijn werking te verfijnen. Er is ooit begonnen met een primitieve voorloper van het oog waarop allerlei verbeteringen zijn uitgeprobeerd. Na veel generaties is de complexiteit bereikt die ons oog nu kenmerkt. Dat is de enige verklaring voor zo'n ingewikkeld ding (tenzij men in de kant-en-klare goddelijke schepping gelooft). Complexiteit die alleen is te verklaren vanuit een gespecificeerde functie, duidt op evolutionaire aanpassing.

Steven Pinker is een evolutiepsycholoog die aantoont dat de menselijke taal niet alleen aangeboren gedrag is, maar ook is terug te voeren op evolutionaire aanpassing, dus ontworpen en gekneed door natuurlijke selectie. Pinker stelt dat taal veel te ingewikkeld is om volledig aangeleerd te kunnen worden. We kunnen wel de woordenschat en ingewikkelde grammaticaregels leren en ook kunnen we ons een stijl eigen maken. We zijn zelfs zo knap dat we al die kennis kunnen toepassen op verschillende talen. Maar de grondbeginselen, de basis van de taal is te ingewikkeld om een klein kind aan te leren. En toch ontwikkelen alle gezonde kinderen snel en zonder probleem een taal. Onze hersenen dragen in zich een aangeboren programma dat de basis van die taal omvat. Daar komt bij dat taal een universeel gegeven is: alle culturen hebben een gesproken taal en steeds vindt men de complexe linguïstische structuur erin terug. Over welke universele taalkenmerken hebben we het?

Pinker somt een reeks kenmerken op die eigen zijn aan De Taal, ze zijn universeel en ingebakken in onze hersenen nog voor we de eerste taallessen krijgen. Zo is elke grammatica gebouwd rond symbolen die in grote categorieën in te delen zijn: zelfstandige naamwoorden, werkwoorden, bijvoeglijke naamwoorden, voorzetsels enzovoort. Die symbolen kunnen worden gecombineerd om bepaalde dingen te omschrijven. Zo is 'mijn hond' veel meer op één bepaalde zaak gericht dan 'hond'. Combinaties van zulke eenheden volgen wetten die de juiste betekenis van de taaluiting verzekeren. De zin 'grote honden eten veel brokken' zegt iets anders dan de zin 'veel honden eten grote brokken'. Werkwoorden kunnen aan de hand van een vervoeging een nauwkeuriger aanduiding krijgen, bijvoorbeeld een verwijzing naar de tijd waarin de actie plaatsheeft; 'de hond at', of 'de hond zal eten'. Kleine woordjes, zoals voornaamwoorden, kunnen omslachtige omschrijvingen omzeilen die bijvoorbeeld op het geslacht moeten wijzen: 'de jongen toonde zijn hond aan het meisje, waarna hij/zij hem/haar/zichzelf streelde'. Enzovoort. Een linguïst zal het lijstje met universele kenmerken van de menselijke taal nog veel langer kunnen maken en nauwkeuriger omschrijven. Duidelijk is wel dat al die dingen bijzonder ingewikkeld zijn om te begrijpen. Hoe zou je een kind dergelijke taalstructuren moeten uitleggen? Dat kan niet, maar het hoeft ook niet: die informatie is voorgeprogrammeerd in onze hersenen als erfelijk overgedragen informatie. Daardoor kunnen kleine kinderen snel beginnen met het invullen van de aangeleerde taalelementen.

Aha! U gelooft niet dat een kind een aangeboren kennis heeft van de basisstructuur van een taal? Toch bewijzen de feiten dat. Stelt u zich een denkbeeldige proef voor. We zonderen een groep heel jonge kinderen af en voeden hen op met een taal die alleen uit woordenschat bestaat, dus zonder grammaticale structuur. We laten die kinderen normaal met elkaar omgaan. Na een paar jaar blijkt er iets geks te gebeuren: we horen de kinderen een volledige taal spreken die steunt op de woordenschat die ze in hun opvoeding meekregen en die gestructureerd is door een zelfgemaakte grammatica. Het gaat niet om een eenvoudige, gebrekkige of speelse spraakkunst, maar om een stelsel van ingewikkelde regels en wetten zoals we die kennen uit onze volwassen taal. Zo'n proef kunnen we natuurlijk niet echt uitvoeren – we zouden pardoes en terecht achter de tralies belanden. We kunnen kinderen zoiets niet aandoen. Toch heeft het fenomeen zich meermaals voorgedaan. Ik verklaar me nader.

In de afgelopen eeuwen werden plantages in Amerika bewerkt door slaven afkomstig uit verschillende landen. Op sommige plantages was sprake van een mix van arbeiders die uiteenlopende talen spraken. Dat leidde steevast tot de ontwikkeling van een sterk vereenvoudigde taal, een *pidgin*. Een pidgin steunde op een woordenschat die was samengesteld uit woorden van de plantage-eigenaar en de slaven zelf, maar kende nauwelijks een spraakkunst. Het pidgin was voldoende om informatie te verspreiden onder de mengelmoes van mensen. De kinderen van de slaven groeiden op met deze taal-met-alleen-woordenschat, maar lieten het daar niet bij. Zij ontwikkelden onder elkaar een complexe spraakkunst die samen met de woordenschat uitgroeide tot een nieuwe taal. Een taal die uit een pidgin groeit, heet een *creooltaal*. Deze kinderen baseerden zich niet op een bestaande spraakkunst, want die was er niet, en kregen geen onderwijs: ze borduurden dus voort op aangeboren structuren. Het aangeboren karakter van deze structuur blijkt niet alleen uit deze waarneming. Onderzoek naar verschillende en van elkaar onafhankelijke creooltalen in de meest uiteenlopende delen van de wereld toont aan dat deze talen in grammaticaal opzicht veel met elkaar gemeen hebben. En we hebben het al vaak gezien: universaliteit moet het gevolg zijn van aangeboren kenmerken.

Aanwijzingen voor de aangeboren grammaticale kennis vinden we ook bij doofgeboren kinderen die zonder onderwijs onder elkaar een ingewikkelde gebarentaal ontwikkelen waarvan de spraakkunst even complex en gestructureerd is als die van de gesproken taal. Een dovencreools dus. Met andere woorden, universaliteit in het creools gaat zelfs verder dan de gesproken taal. Deze merkwaardige universaliteit bleek uit een onderzoek in Nicaragua waarbij men dove kinderen volgde op scholen die niet in gebarentaal onderwezen.

Aangezien het universeel voorkomen van gedragselementen een aanwijzing is voor het aangeboren karakter van die elementen, hebben we geen problemen met de biologische wortels van taalstructuren. Ook mensen als Chomsky en Gould aanvaarden dat. Maar wil dat dan zeggen dat ergens in het Moederland sprake is geweest van selectiedruk om die elementen in het leven te roepen? Is natuurlijke selectie de motor geweest in de evolutie van de menselijke taal om die taalbegrippen vast te leggen? Of zijn die taalbegrippen bijverschijnselen van onze algemene hersencapaciteiten, zoals Gould meent? Om hierin enige klaarheid te krijgen, moeten we zoeken naar de krachten die een natuurlijke selectie kunnen hebben gericht. We moeten nagaan of het voor onze voorouders voordelig was om een taal te hebben.

Hoe taal ook is ontstaan, het zal altijd een belangrijk medium zijn geweest om informatie uit te wisselen. Was zo'n uitwisseling al mogelijk met de primitieve kanalen die we hebben behandeld, de taal moet een exponentiële uitbreiding van die mogelijkheid hebben betekend. Toevallige veranderingen in de omgeving konden daardoor veel gemakkelijker worden aangepakt. Door de informatie van velen te verzamelen en door af te spreken hoe een plotseling rijzend probleem moet worden aangepakt, konden mensen toevallige veranderingen in hun omgeving veel beter te lijf gaan dan soorten die op verdere evolutie moesten rekenen om zich aan veranderingen aan te passen. De mensen met hun taal waren bevoordeeld. Het grootste voordeel zit 'm wel in de collectieve beschikbaarheid van informatie. Zonder taal moet elk individu op grond van eigen ervaringen – met schade en schande – kennis verwerven. Hij kan hooguit iets van een ander imiteren (na-apen!). Maar als de individuele ervaring van heel veel mensen in één voor iedereen toegankelijke pot kan worden gestopt, vergaart men in een mensenleven een schat aan informatie die honderden of duizenden keren uitgebreider is dan individueel verworven kennis. Die pot is het medium van de vele gesprekken die mensen met elkaar voeren. Eén ervaring door één mens kan het leven redden van tientallen anderen.

Een tweede voordeel van de taal is het manipuleren, wijzigen, beïnvloeden van iemands gedachten. Het aaneenschakelen van de juiste klanken tot woorden en zinnen stelt ons in staat binnen te dringen in de geest van een ander, deze aan iets te doen denken waaraan hij zonder onze taal niet zou hebben gedacht. Door mijn woorden op dit blad denkt u op dit ogenblik aan het belang van onze taal, terwijl uw gedachten zonder deze alinea vast op iets heel anders zouden zijn gericht. Het manipuleren van iemands gedachten levert groot voordeel op bij de natuurlijke selectie: wij kunnen iemands gedrag beïnvloeden en iemand tot handelingen in ons voordeel bewegen. Ook dat maakte de taal als een evolutionaire aanpassing mogelijk.

Een derde voordeel van de taal heeft met de sociale structuur van de gemeenschap zelf te maken. We weten uit studies van makaken, bavianen, mensapen en veel menselijke culturen dat onze voorouders in grote groepen leefden. Daarin moesten ze relaties met elkaar aangaan, bondgenootschappen, families enzovoort. We waren afhankelijk van elkaar en moesten samenwerken. Dat betekent dat er banden moesten worden gesmeed én onderhouden. Kennis van elkaars toestand, ervaring, gevoelens, gemoedstoestand en verlangens was dan ook heel handig om die relaties optimaal te onderhouden. Wat is daarvoor nu beter geschikt dan het superkanaal voor informatie-uitwisseling: de taal? Mensen die in dit sociaal systeem over de taal beschikten, waren dus nogmaals bevoordeeld en de natuurlijke selectie heeft dat beloond.

Natuurlijk kunnen we ons afvragen waarom die taal akoestisch was. Zou een uitgewerkte gebarentaal – zoals bij de doofstommen – met dezelfde complexiteit niet even goed zijn geweest? Nee, het akoestisch systeem waarbij gebruik wordt gemaakt van stem en oren heeft een paar voordelen boven andere kanalen: er is een grote bandbreedte (veel informatie kan tegelijkertijd worden verstuurd), er kunnen grote afstanden worden overwonnen door te roepen, er kunnen veel groepsgenoten worden bereikt in plaats van een man-tot-mancommunicatie, er is geen licht nodig en obstakels kunnen de spreker niet verbergen van de toehoorder, zoals bij visuele communicatie wel het geval is. Er zijn natuurlijk ook nadelen aan dit systeem verbonden. De informatie moet in één dimensie worden doorgegeven, *serieel* zoals men dat technisch uitdrukt. Klanken en woorden moeten elkaar in de tijd opvolgen. Bij visuele communicatie kunnen we gebruikmaken van twee of meer dimensies, waarin veel informatie tegelijkertijd is te vatten. Vergelijk het met een foto van een landschap: in één oogopslag, binnen één seconde weten we wat er in dat landschap te zien is, waar de bomen staan en waar de boerderij. Door het sneeuwtapijt en de rook uit de schoorsteen weten we meteen dat het winter is, enzovoort. Na een paar seconden kijken hebben we veel informatie opgedaan over dat landschap. Met de seriële communicatie, de taal, zouden we enkele minuten nodig hebben om evenveel te vertellen als die ene foto. Een boek lezen duurt veel langer dan de film met hetzelfde verhaal bekijken. Dat probleem is door onze voorouders opgelost door wetten en wetmatigheden die de basisgrammatica van taal uitmaken: de invoering van symbolen in de vorm van woorden, de betekenis van hun combinaties en opvolging in zinnen, enzovoort, dus het lijstje van universele kenmerken van onze taal. De aard van de woorden, hun samenwerking en wederzijdse beïnvloeding maakten de overdracht van informatie sneller. Die kenmerken zijn dus door de natuurlijke selectie ten tonele gevoerd om de nadelen van de akoestische basis voor taal te ondervangen. De voordelen waren er al, de nadelen zijn opgelost.

Tot nog toe een mooi verhaal, niet? Maar er ontbreekt iets. We weten inmiddels dat de natuurlijke selectie het verschijnen van de eerste taalelementen heeft beloond. Maar daarmee weten we nog niet waardoor die eerste taal is begonnen. De natuurlijke selectie kan alleen het voorkomen van een gedrag belonen als dat gedrag daadwerkelijk voorkomt. De hele evolutie is een afwegen van dingen die toevallig verschijnen: mogen ze blijven bestaan of moeten ze verdwijnen? Die dingen moeten dan wel eerst *verschijnen* en worden pas dan gewikt en gewogen. Dus het bovenstaande verhaal heeft alleen zin als we te weten komen hoe de taal uit het niets is ontstaan, hoe ze haar eerste stappen kon zetten voordat de natuurlijke selectie zich erover uitsprak en ze zich verder kon ontwikkelen tot de taal die we nu gebruiken. Lange tijd was dat dé grote vraag. Gelukkig wist onderzoek van de primatendeskundige Robert Dunbar de nodige opheldering te brengen. Zijn verhaal is boeiend en mag hier zeker niet ontbreken. Dunbar ziet het ontstaan van taal als een noodzakelijkheid die zich voordeed bij het groter worden van de groepen waarin onze voorouders leefden. Maar laten we bij het begin beginnen.

Veel apen leven in groepen. Dat zijn geen anonieme groepen, zoals scholen vissen, maar groepen waarin echt wordt sámengeleefd. De eenvoudigste groep is de familie, waarbij enkele nauwe verwanten in een kleine groep met elkaar optrekken. Soms worden apen echter gedwongen een grotere groep te vormen. Dat kan afhangen van factoren in de omgeving, zo kan de aanwezigheid van roofdieren ertoe leiden dat solitair of in kleine groepjes leven minder raadzaam is. Grotere groepen zijn dan een oplossing voor dat gevaar, maar doen anderzijds een nieuw probleem rijzen. Wanneer apen harmonisch willen samenleven en een geordend systeem willen houden, moeten ze elkaar kennen. Anders dreigt er anarchie, waardoor de groep snel uiteen kan vallen. Het volstaat niet elkaar te herkennen: de dieren moeten ook weten welke relaties bestaan tussen henzelf en de groepsgenoten en tussen alle groepsgenoten onderling. Zo kent iedereen meteen zijn plaats. Wie is dominant over mij? Wie ontwijk ik liever als ik geen gedonder wil? Met wie kan ik zo goed opschieten dat we een front kunnen vormen wanneer ik bedreigd word? Op wiens steun kan ik rekenen? Wie kan ik zelf steunen waardoor ik later terugbetaald word? Wie is een goede partner voor de voortplanting? Heeft die al jongen grootgebracht? Heeft hij/zij dat goed gedaan? En wie heeft ook een oogje op die partner? Is die machtiger dan ik? Zo ja, wiens hulp kan ik tijdelijk inroepen om die rivaal opzij te zetten? En moet ik daarvoor niet te veel terugbetalen, bijvoorbeeld doordat mijn helper een wijfje van een veel sterkere rivaal zal willen afsnoepen waardoor ik zware klappen riskeer? Wie is goed in het vinden van voedsel? Wat kan ik bij wie inruilen voor dat voedsel? En zo kunnen we nog wel even doorgaan. We zijn er nog niet, want de sociale relaties liggen nog ingewikkelder: de groepsdieren moeten in zekere zin in de 'geest' van de andere kunnen kruipen. Ze moeten kunnen voorspellen wat een ander gaat doen, inzien welke conclusies een ander trekt, wat hij denkt over de groepsgenoten, hoe hij eventueel is te misleiden. Kortom, in een grote groep moet meer en ingewikkeldere informatie worden ingewonnen dan in een kleine groep. Daar komt nog bij dat het aantal mogelijke relaties in een groep veel sneller toeneemt dan het aantal leden van die groep.

Die snelle toename in informatieverwerking is alleen mogelijk als de computer die dat proces stuurt – onze grote hersenen – over voldoende rekencapaciteit beschikt. Het gaat daarbij niet om de volledige massa van de grote hersenen, maar vooral om de buitenste laag – de 'grijze massa'. Die laag noemen we de hersenschors of *neocortex*. Het is de computer die alle binnenkomende informatie verwerkt en er conclusies uit trekt. Welnu, naarmate de apen in grotere groepen zijn gaan leven, zien we ook hun neocortex vergroten. En dat heeft inderdaad met de interacties tussen groepsleden te maken en niet met een of andere toevallige factor, want dezelfde evolutie zien we bij andere zoogdieren die in groepsverband leven, zoals vleermuizen en hondachtigen. Er bestaat een mooi verband tussen de grootte van de groepen waarin dieren leven en de grootte van hun neocortex. Dat is een belangrijke vaststelling, die ons ook wat meer vertelt over de eerste mensen. We waren er niet bij toen de eerste mensen hier rondliepen, we hebben hun samenlevingen dus niet gezien. Maar de statistische relatie die we bij zowat alle sociale zoogdieren vaststellen tussen groepsgrootte en hersenomvang, kan ons een nauwkeurige aanwijzing geven over die eerste mensengroepen.

We kunnen namelijk met vrij grote zekerheid vaststellen dat de menselijke hersenen de laatste honderdduizenden jaren niet in grootte zijn veranderd. De schedels die we terugvinden van over-over-overgrootvader en -grootmoeder duiden aan dat het hersenvolume in die korte periode gelijk is gebleven. Dus ook de neocortex zal even groot zijn geweest als bij onze recente voorouders. Als we nu de grootte van de menselijke neocortex inpassen in de formule die de relatie met de groepsgrootte weergeeft, dan weten we hoe groot de mensengroepen waren op het ogenblik dat die hersenschors werd gevormd. Onze huidige hersenschors dateert uit het Moederland waarin hij was aangepast aan de groepsgrootte en dus aan de vele interacties die nodig waren om die groepen stabiel te houden. Een kleine berekening leidt ons tot het getal 148. Wij hebben een hersenschors die ons in staat stelt goed te functioneren in samenlevingsverbanden van 148 mensen. Natuurlijk is dat getal maar een rekenkundig resultaat van een wiskundige bewerking en geeft dat niet de realiteit in detail weer. Het gaat om een gemiddelde groepsgrootte die steunt op de gemiddelde grootte van onze hersenschors. We mogen dus aannemen dat onze voorouders in het Moederland leefden in groepen waarvan de gemiddelde grootte schommelde rond 150. Er waren zeker groepen van maar 50 leden, andere groepen gingen fors boven het getal van 150. Die groepen konden trouwens groeien en dan opsplitsten in kleinere (zie hoofdstuk 7). Hoe dan ook, dat gemiddelde is flink wat groter dan de stabiele groepen waarin de apen leven, zij komen niet boven een gemiddelde van 50 groepsgenoten.

Even iets terzijde. Misschien herinnert u zich nog de scène over het leven van *Homo erectus* die ik in hoofdstuk 2 van Leakey had ontleend; daarin was sprake van een kleine groep mensen. Toen Leakey deze beschrijving gaf, kende hij het rekenwerk van Dunbar nog niet. Het doet echter niets af aan de schoonheid van zijn reconstructie.

Ik vind deze berekening een prachtig werkinstrument om een blik te kunnen werpen op het dagelijks leven van onze voorouders. Het is echter goed mogelijk dat u mijn waardering niet volgt, dat u deze berekening te kunstmatig vindt. Wel, laat me u dan overtuigen met andere aanwijzingen die die groepen van 150 aannemelijk maken. Wij leven natuurlijk in een moderne samenleving die gekenmerkt is door niet of amper begrensde groepen. Onze dorpen tellen enkele duizenden inwoners, bij steden loopt het gauw in de honderdduizenden. Wij kennen veel mensen uit de krant, hun gezicht herkennen we van televisie of internet. Wij groeien stilaan naar een samenleving waarin steeds meer mensen thuishoren. De wereld is ons dorp. En toch! Onderzoek heeft aangetoond dat ondanks die grote samenleving de hoeveelheid mensen die we goed kennen – die we individueel onderscheiden van vreemden of verre kennissen – ongeveer 150 bedraagt! We zijn dermate vertrouwd met deze 150 mensen dat we hun een gunst durven vragen, dat doe je niet bij een vreemde. Bovendien, mensen buiten onze moderne maatschappij – in samenlevingen die veel minder verwijderd zijn van de jagerverzamelaars uit ons Moederland – leven in dorpen of gemeenschappen van gemiddeld 150 mensen. Dus de berekening van de grootte van de groepen bij onze voorouders van enkele honderdduizenden jaren geleden, is waarschijnlijk juist.

Keren we even terug naar de sociale organisatie bij de apen. We weten al dat deze dieren onderlinge banden smeden en onderhouden door lichamelijk contact, het vlooien. Dat vlooien vraagt tijd, zelfs veel tijd. Hoe meer bondgenoten en vrienden men wil, hoe meer tijd in het vlooien gaat zitten. Hier treedt een stukje economie naar voren. Hoeveel tijd kan ik spenderen aan deze sociale contacten, ten koste van andere noodzakelijke dingen, zoals voedsel zoeken, voor de jongen zorgen, een nest maken, enzovoort? Hoe meer tijd gestoken wordt in het ene, hoe minder in het andere en de economische aap moet dus uitmaken welke tijdsverdeling het meest rendeert. Hij moet nagaan hoeveel tijd er maximaal in het vlooien kan worden gestoken zonder andere levensnoodzakelijke activiteiten te verwaarlozen. Er werd berekend dat primaten maximaal 20% van hun tijd mogen investeren in sociale contacten. Een groter percentage leidt tot ondervoeding, verwaarlozing van de jongen, enzovoort. Een nieuw probleem dat rijst wanneer groepen groter worden: grotere groepen wil zeggen meer individuele banden en dat betekent dat er meer tijd moet gaan naar vlooien, terwijl die beperkt is tot 20%.

Voor onze voorouders werd dit probleem heel acuut. Men kan berekenen dat primaten die met de klassieke gedragsmechanismen een groep van 150 leden willen samenhouden, wel 40% van de individuele tijdsbesteding voor het vlooien moet reserveren. Dat is het dubbele van de maximaal toegelaten tijd. Met andere woorden, de groepscohesie kon niet meer worden verzekerd door sociale contacten die hoofdzakelijk uit vlooisessies bestonden. Er moest worden overgeschakeld op een ander systeem. Dat systeem mocht niet onderhevig zijn aan de beperkingen die worden gesteld door lichamelijk contact, namelijk het feit dat bij dat contact de individuen in elkaars onmiddellijke nabijheid moeten vertoeven en dat dit dan ook automatisch beperkt blijft tot twee of misschien drie individuen. Een nieuw systeem moest elk individu in de groep in staat stellen sociale banden te smeden en te onderhouden met meer dan één of twee groepsgenoten tegelijk, bijvoorbeeld vier, vijf, zes of enkele tientallen. Anders zou het economische tijdsprobleem weer de kop opsteken.

Aangezien hiervoor een ander communicatiekanaal dan het tactiele moest worden aangesproken, kijken we even terug naar de voor- en nadelen van de verschillende kanalen die ik eerder in dit hoofdstuk opsomde, om te weten welk communicatiemechanisme aan de nodige vereisten voldoet. Chemische communicatie kan nooit genoeg variatie in de signalen leggen. De visuele communicatie kan dat wel, maar wordt beperkt door het feit dat er licht moet zijn en de ontvanger van het signaal niet door een obstakel mag afgeschermd zijn. Bovendien heeft visuele communicatie pas effect als men de aandacht heeft. Akoestische communicatie kan veel informatie bevatten en ook obstakels omzeilen. Met geluiden kan je snel de aandacht van anderen opeisen. Dat is dan ook de keuze die werd gemaakt bij het vergroten van de groepen mensen. In plaats van elkaar te vlooien, werden geluiden geproduceerd die de producent en de ontvangers aan elkaar bond. Aan de hand van die geluiden kon men elkaar herkennen. Waren het knorrende geluiden, klonken ze eerder kreunend of waren het rauwe roepen? Dat weten we natuurlijk niet, maar dat is ook niet belangrijk in dit verhaal. Wel belangrijk is hun functie. Het horen van vertrouwde geluiden gaf een geruststellend gevoel – een beetje zoals de baby of de kleuter nu en dan de stem van zijn moeder wil horen. De sociale contacten werden niet meer door lichamelijke aanrakingen gerealiseerd tussen individuen dicht bij elkaar, maar door geluiden die verscheidene individuen uitwisselden. Die individuen konden ook ver van elkaar vertoeven. Het probleem was opgelost.

Dat systeem van sociale contacten moet over lange tijd hebben gefunctioneerd. Geleidelijk aan deed zich een fenomeen voor dat we vaak terugvinden in de evolutie van gedrag en dat ik al een paar keer heb genoemd. De evolutie begon namelijk gebruik te maken van het nieuwe systeem om er nieuwe functies aan te koppelen. Alsof de natuurlijke selectie het zo heeft gesteld: als er dan toch een nieuw systeem is gemaakt, met zoveel mogelijkheden, laten we dat systeem dan ook voor andere doeleinden gebruiken. Als ik een auto moet kopen om naar mijn werk te kunnen gaan, dan kan ik even goed die dure investering ook gebruiken om op vakantie te gaan. Het benutten van de nieuwe akoestische communicatie ging als volgt.

Een voordeel van de geluiden was het grotere bereik: er konden meerdere groepsgenoten worden bereikt. Daardoor kwamen ze in plaats van het vlooien. Deze verbetering kon worden geoptimaliseerd door de geluidssterkte te doen toenemen: hoe luider de communicatie, hoe verder ze droeg. Daarbij zijn de stembanden zich gaan ontwikkelen, samen met andere anatomische structuren die borg staan voor de geluidsproductie, zoals tong en mond. De evolutie van de klankproductie creëerde de mogelijkheid om variatie te brengen in de klanken. Variatie in geluidssignalen betekent variatie in informatie. Met andere woorden, men ging geluiden ook gebruiken voor het verspreiden van informatie, niet alleen om contacten te leggen. We kunnen ons best voorstellen dat er specifieke klanken werden verbonden met een specifieke betekenis. Misschien was er één klank voor 'pas op!' en een andere voor 'rustig maar' of voor 'ga weg'. Waarom zou er geen klank zijn voorbehouden voor 'roofdier' of 'panter' of 'baviaan'? Dit is niet zomaar een veronderstelling: zoiets bestond al veel langer bij andere primaten.

Dorothey Cheney en Robert Seyfarth hebben jarenlang groene meerkatten bestudeerd in Afrika. Ondanks hun naam gaat het hier om apen. Deze dieren leven in groepen waarbinnen ze elkaar op de hoogte houden van gevaren. Zoals veel soorten produceren ook deze dieren een alarmroep wanneer gevaar dreigt. In tegenstelling tot die vele andere soorten is de alarmroep van de meerkat complexer dan kortweg 'pas op!'. Deze apen geven in hun alarm meteen aan welk gevaar er dreigt. Ze hebben een specifieke roep voor een luipaard, eentje voor een roofvogel in de lucht en een roep voor een slang in het gras. Wanneer in de groep de eerste roep gehoord is, vluchten bijna alle dieren in een boom. Horen ze de tweede roep, dan kijken ze in de lucht en verstoppen zich in de struiken. Bij de derde roep kijken ze omlaag in het gras. Dat betekent dat deze apen niet alleen alarm slaan, maar een nauwkeuriger betekenis hebben toegekend aan hun signalen. De signalen zijn zowat symbolen geworden.

Er is geen enkele reden om te veronderstellen dat zoiets zich niet zou hebben voorgedaan bij een primaat die veel hoger staat op de ladder van de evolutie, zoals de mens. We kunnen ons best indenken dat zich na de ontdekking van die nieuwe toepassingmogelijkheid een exponentiële groei van nieuwe symbolen heeft voorgedaan. Honderden dingen uit de omgeving werden verbonden met een klank. Ik weet niet of het hier om eenlettergrepige kreten ging of om echte woorden, maar de dingen kregen een naam. En toen die bal eenmaal rolde, werden meer en meer elementen van een naam voorzien: voorwerpen, groepsgenoten, kleuren, maar ook activiteiten (werkwoorden), eigenschappen (warm, groot), gevoelens (pijn, boos) en ga zo maar door. Hoe het precies is verlopen, kunnen we niet achterhalen, maar deze symbolen is men vast gaan combineren in sequentiële rijen, voorlopers van de zinnen. De taal was geboren.

Deze ontwikkeling betekende het einde van de individuele wereld. Daarmee bedoel ik een wereld waarin elk individu voor zichzelf en zijn verwanten zorgde, waarin elk individu zelf de nodige ervaringen moest opdoen voor gedragssystemen die niet via de overerving vastlagen. Wat niet aangeboren is, moest je immers jezelf aanleren. Deze periode kwam nu voor de mens tot een eind. In plaats daarvan kon informatie worden uitgewisseld zodat iedereen een kopie kon krijgen van de ervaring van iedere groepsgenoot. Wie ziek was geworden door het eten van een nieuw ontdekte plant, kon door de taal voorkomen dat andere groepsleden dezelfde misselijkheid moesten ondergaan. Mensen konden putten uit de gemeenschappelijke pot aan ervaringen, aan informatie. Het gaat echter nog veel verder.

We hebben al onderstreept hoe belangrijk het was om elkaar te kennen in de groep. Dat kon nu veel beter en sneller gebeuren. In plaats dat men iemand bezig moest zien om hem of zijn eigenschappen te leren kennen – is zij een goede partner? jaagt hij goed? heeft hij goed gezorgd voor zijn kinderen? – kon men die informatie veel sneller opdoen door te communiceren met anderen die over deze dingen al informatie hadden verzameld. Het beeld dat men moest opmaken van de anderen, was nu veel gedetailleerder en grondiger dan door de rechtstreekse waarneming van die anderen.

Dat mes snijdt aan twee kanten. De taal gaf de mogelijkheid zichzelf sneller en uitgebreider te doen leren kennen bij anderen. Dat was handig wanneer men op zoek was naar een partner. Het was ook mooi meegenomen om zich kandidaat te stellen voor de vele bondgenootschappen die toen al onontbeerlijk waren. Zonder taal moest men zijn kunnen voortdurend aan de anderen tonen. Een jager moest met veel wild thuiskomen om een goede naam te verwerven. Nu kon een 'ik kan vreselijk goed jagen!' misschien volstaan. Er ging een nieuwe wereld open voor de mens.

Dit verhaal speelt zich af in een ver verleden. Is het honderdduizend jaar geleden, of twee-, driehonderdduizend jaar? We weten het niet, maar het is ook niet belangrijk voor ons verhaal. Het heeft zich allemaal voorgedaan in dat verre Moederland en de huidige ontwikkeling van de taal heeft tot zo onnoemelijk veel nieuwe dingen geleid, dat de wortels van dit gedrag sterk gemaskeerd zijn geworden. Ons cultureel verworven taalgebruik is zo sterk ontwikkeld dat wij de biologische wortels uit dat Moederland vergeten zijn of niet meer herkennen. En toch zijn ze er nog. Hoeveel takken, bladeren en bloemen er ook bijgekomen mogen zijn aan de boom van onze evolutie, de stam en de wortels zijn er nog steeds en wie de moed heeft even onder de bladeren te kijken, ziet onze evolutionaire geschiedenis nog zitten. Twee voorbeelden kunnen dit illustreren, twee voorbeelden die aantonen hoe het ontstaan van de menselijke taal, nu nog is te herkennen.

In ons verhaal over de taal was er het cruciale moment waarop de communicatie van individu tot individu (lichamelijk contact) door de taal wordt uitgebreid tot communicatie tussen één individu en drie, vier of vijf anderen. Dat is vandaag niet anders. Dunbar en zijn medewerkers hebben niet alleen makaken en bavianen bestudeerd, er werden ook stiekem mensen geobserveerd in sociale contexten. Feestjes en recepties zijn hiervoor dankbare studieterreinen. Daarbij zijn zij nagegaan hoe mensen zich in een babbelgroepje gedragen en waarover ze het hebben. Ze kwamen tot de volgende conclusie.

Mensen die in groepjes staan te praten op feestjes, op recepties, in kantines, op het schoolplein, beperken die groep tot vier personen. Er is één die het woord voert en er zijn drie toehoorders. Het gaat natuurlijk weer om gemiddelden. Deze aantallen hebben uiteraard ook te maken met de grootte van de cirkel waarin de sprekers staan: als er meer sprekers zijn, moet de cirkel wijder worden en moet je harder praten om verstaanbaar te zijn. Dat betekent ook dat de cirkel automatisch kleiner moet worden wanneer er meer achtergrondgeluid is: er kunnen dan minder mensen aan het gesprek deelnemen. Ook dat is nauwkeurig onderzocht. Zo bleek onder andere dat bij een alledaags, normaal achtergrondgeluid van 47dB nog 4,5 mensen een cirkel kunnen vormen voor een gesprek. Dus één individu bereikt met zijn taal driemaal meer andere individuen dan de vlooiende chimpansee, die maar één kornuit bereikt. Chimpansees leven in groepen van ongeveer 50 dieren; als zij ons systeem zouden gebruiken in plaats van het vlooien, zou hun groep uit 3 x 50 = 150 groepsleden kunnen bestaan, zoals de mens dus. Met andere woorden, als de taal inderdaad een nieuw sociaal bindmiddel is geworden dat het aantal betrokkenen in de communicatie moest opvoeren, dan is de efficiëntie ervan precies wat we verwachtten: driemaal beter. Toeval? Of een fossiel uit ons Moederland?

Het team van Dunbar heeft ook onderzocht welke onderwerpen behandeld worden in deze informele bijeenkomsten. Ze hebben stiekem honderden gesprekken afgeluisterd (u ziet hoe ver wetenschappelijke motivatie een onderzoeker kan drijven). Ook de onderwerpen geven aan hoe gesprekken dienen als bindmiddel voor onze soort. We moeten dit natuurlijk niet onderzoeken bij gespecialiseerde, technische gesprekken. Een architect die met de aannemer en de ploegbaas bouwplannen bespreekt, wordt door zuiver culturele thema's gedreven. Idem dito voor de verkoper die mevrouw en meneer de nieuwste cabriolet wil aansmeren. Maar als gesprekken worden gevoerd in een ontspannen, informele, vriendschappelijke context – dat wil zeggen, een context waarin *alles* aan bod kan komen en men van de hak op de tak kan springen – zijn de volgende onderwerpen aan de orde van de dag. Voor 67% gaat het om sociale onderwerpen, zoals persoonlijke relaties, ervaringen, sociale activiteiten van de spreker, van de toehoorders of van een afwezige partij (wat weet ik over wie? wie heeft een verhouding met wie? ben jij ziek geweest? de prins is getrouwd...). Er vallen dus veel meer onderwerpen onder deze sociale noemer dan alle volgende onderwerpen samen, namelijk niet-sociale elementen of kwesties die te maken hebben met de samenleving op grote schaal. Er wordt voor 12% gesproken over de vrije tijd – vakantie, bezigheden in het weekend – voor 11% over het werk, 4% over culturele aangelegenheden, 3% over technische onderwerpen en 3% over politiek. De distributie in tijd van de onderwerpen in informele gesprekken verschilt niet tussen mannen en vrouwen (er zijn wel verschillen te vinden over de onderwerpen binnen elke categorie).

Deze voorbeelden geven aan dat de wortels van de taal nu nog zijn bloot te leggen: de taal is in eerste instantie een sociaal bindmiddel. We stelden dus dat communicatie een nieuwe functie was voor de taal, maar het ontwikkelen van nieuwe functies bleef onverminderd doorgaan. Een voorbeeld van een andere nieuwe functie heeft een eerder negatieve klank: de intrede van bedrog. Zodra informatie kan worden uitgewisseld door taal, dat wil zeggen zonder dat het onderwerp van de informatie zelf getoond moet worden, kan je erover liegen of verkeerde informatie geven. Ik zou trouwens zelf liegen als ik stelde dat de mens de eerste leugenaar was. Dit systeem werd al lang voor hem toegepast, zij het in geringe mate, door verschillende primaten.

Primaten kunnen op twee manieren bedriegen. Ze kunnen informatie achterhouden of verkeerde informatie geven. Informatie achterhouden is een eenvoudige vorm van misleiding, die moeilijk is te ontdekken door de bedrogene. Een aap zal bijvoorbeeld geen alarmroep produceren wanneer zijn rivaal wordt bedreigd door een naderende predator, maar wel eigen verwanten alarmeren. Bij een proef met een chimpansee hadden onderzoekers fruit verborgen op een bepaalde plaats en wel zodanig dat het proefdier dit goed had kunnen volgen. Toen de onderzoekers het toneel hadden verlaten, gaf de chimpansee geen teken van zijn kennis zolang andere chimpansees in de buurt waren, dat wil zeggen hij produceerde geen voedselroep. Na enkele uren, toen de andere sliepen, ging hij het fruit opgraven en alleen verorberen. Dat neemt men ook in natuurlijke omstandigheden waar: bij een tekort aan voedsel zullen chimpansees geen voedselroep produceren, bij een overvloed aan voedsel verwittigen ze graag hun groepsgenoten. Dit is niet echt liegen, maar misleiden en dus ook bedrog.

Valse informatie doorgeven gaat verder dan misleiding, dat is wel echt liegen. Dit bedrog kan de kennis en verwachtingen van een tegenstander negatief beïnvloeden. In een handgemeen werd een chimpansee gekwetst door een dominant dier waardoor hij gedurende een week mank rondliep. Hij trok echter alleen met zijn been als zijn rivaal hem kon zien, zodat hij met rust werd gelaten. Deze misleiding houdt meer in dan informatie achterhouden: de ontvanger krijgt een verkeerd beeld van de omgeving.

Een ander voorbeeld vinden we in het verzoeningsgedrag van chimpansees. Elk agressief conflict wordt goedgemaakt door een verzoeningsgedrag. Daarbij wordt de ondergeschikte door een uitgestrekte hand uitgenodigd naderbij te komen om bijvoorbeeld gevlooid te worden, een teken van vriendschap. Soms kan een nog zeer agressief gestemde chimpansee zijn tegenstander uitnodigen voor een verzoening en wanneer deze voldoende genaderd is hem een flink pak op zijn donder bezorgen. Een ander minder fraai voorbeeld is de scène die men ooit heeft waargenomen bij een chimpansee die zijn makkers wijsmaakte dat er een slang zat in een doos. Zodra ze krijsend het toneel hadden verlaten, deed de bedrieger zich te goed aan het voedsel dat in de doos zat. Bavianen roepen soms de hulp in van een derde om een rivaal te verslaan. Om deze hulp te krijgen, kan een baviaan in de nabijheid van zijn rivaal beginnen schreeuwen alsof hij aangevallen is, waardoor de derde onmiddellijk te hulp komt. Zonder deze leugen zou hulp moeilijker zijn te krijgen.

Bedrog is dus ouder dan de mens, maar komt toch slechts in beperkte mate voor. Ten eerste vraagt het flink wat intellectuele rijkdom en bewustzijn om het inzicht te verwerven voor dergelijk doelgericht bedrog en dat blijft beperkt tot de hogere soorten. Ten tweede, ook binnen een soort blijft het beperkt omdat het anders geen effect meer zou hebben. Dat wil zeggen, wil je succes hebben met valse informatie, dan moet je die niet te vaak gebruiken, want groepsgenoten zullen de bedrieger vlug ontmaskeren en niet meer reageren op zijn signalen. Goede misleiders wisselen juiste en valse signalen af: ze brengen de nodige variaties aan in hun bedrog. Vandaag dit leugentje, morgen een ander. Tweemaal dezelfde leugen na elkaar zou te snel worden ontdekt. Dat is tenminste de wetmatigheid die we kunnen verwachten. Of primaten variatie toepassen in hun bedrog om het effect te behouden, moet nog wetenschappelijk worden aangetoond.

Mensen hebben natuurlijk datzelfde gedragssysteem benut, als het rendeert zal het ook worden toegepast. Bedrog is een nieuwe functie die op de vorige is geënt. Maar daar ziet Dunbar weer een reactie op ontstaan, namelijk roddels. Bedrog zou in principe op grote schaal kunnen worden gebruikt door mensen die parasiteren op de samenleving. Om dat te voorkomen zouden, aldus Dunbar, roddels zijn ontwikkeld. Roddels zijn uitwisselingen van informatie over iemands sociaal falen. Hoe meer men rondbazuint dat iemand een misstap heeft gezet, hoe beter men zich beschermt tegen verdere misstappen van de boosdoener. De taal wordt dan weer gebruikt om het misbruik van de taal als communicatiemiddel tegen te gaan. Dat zou zich pas hebben voorgedaan bij de mens toen deze in grote groepen leefde. In kleine groepen is de noodzaak voor een dergelijke verdediging niet nodig.

Van taal naar hersenen

Wat wij ook doen, ons gedrag wordt steeds gecoördineerd en gecontroleerd door onze centrale computer, de hersenen. Zij krijgen alle informatie die we nodig hebben voor het gedrag, ze zorgen voor de omvangrijke verwerking van de informatiegegevens met gegevens die in het geheugen zijn opgeslagen, ze komen tot een besluit en geven de nodige bevelen aan de spieren om een reactie op de informatie te verwezenlijken. Buiten de reflexen, die in hoofdstuk 3 even aan bod zijn gekomen, zijn onze hersenen het centrum van alles wat we doen, denken en willen. De manier waarop ze werken, is bepaald door twee grote systemen. Een eerste systeem is de erfelijkheid, de genetische code die via de natuurlijke selectie geëvolueerd is sinds ons Moederland. Alle gedragsmechanismen die optimale voortplanting in de hand werken, zijn beloond door de natuurlijke selectie door ze op te nemen in het genetisch bestand in de chromosomen. Dit boek heeft veel voorbeelden daarvan aangestipt. De genetische code wordt in onze hersenen vertaald. De hersenen krijgen van de genen de richtlijnen over de richting die ze moeten uitgaan bij het beleid van ons gedrag. Onze chromosomen zijn een schatkamer van massa's ervaringen van onze voorouders die genetisch zijn vastgelegd. Daarom spreekt men wel eens van het *geheugen van de soort*.

Een tweede systeem dat bepaalt op welke manier onze hersenen moeten werken, is het geheel van de persoonlijke ervaringen, de dingen die we in de loop van ons leven hebben geleerd. Dingen die een slechte afloop tot gevolg hadden, hebben we leren vermijden, evenementen met een positieve afloop leerden we nastreven. Ons geheugen is een lijvig boek met persoonlijke ervaringen, een persoonlijk geheugen dus. Deze ervaringen trekken in onze hersenen mee aan het stuur dat de richting van ons handelen bepaalt.

Van deze twee systemen is het eerste, de genetische code, het kanaal waarlangs het erfelijk bepaald gedrag wordt vastgelegd. De erfelijkheid van het gedrag huist onder andere in de organisatie van de hersenen. Het is dus interessant even naar die hersenen te kijken. De doelstelling van dit boek was het verband tussen ons gedrag en het Moederland te belichten en niet het verband tussen gedrag en hersenen, hoe interessant dat thema ook is. Toch is het goed de hersenen even van naderbij te bekijken, omdat er ook een verband bestaat tussen onze hersenen en het Moederland. De evolutie heeft als een goede huisvader de structuur en de werking van onze hersenen gebruikt om een economisch goedkope maar optimale coördinatie van ons gedrag te verwezenlijken. Daarom blijven we er even bij stilstaan en nemen we meteen de taal als voorbeeld. We kunnen even goed 'emoties' nemen – of 'zien' of 'evenwicht' – maar omdat we in dit hoofdstuk hebben gekeken naar taal, lijkt het me interessanter en meer voor de hand liggend als voorbeeld. Kom, we beginnen een nieuw hoofdstuk.

9

HERSENEN EN BEWUSTZIJN

In hoofdstuk 8 zien we een boeiende evolutie van de taal. Aanvankelijk was onze taal een sociaal bindmiddel dat het lichamelijk contact in de grote groepen van onze eerste samenleving moest vervangen. Later werd het een kanaal om informatie uit te wisselen, wat een explosie in de culturele ontwikkeling betekende. De natuurlijke selectie heeft hier knap werk geleverd. Ze is economisch te werk gegaan door gebruik te maken van bestaande systemen en deze een bijkomende of nieuwe functie te geven. Zo werkt evolutie nu eenmaal vaak. Dit alles is het verhaal van het waarneembaar gedrag, de uiterlijke taal zelf. Dat is één kant van het verhaal. Er is echter nog een kant aan, een even boeiende geschiedenis. De taal moet zoals elk gedrag worden gecoördineerd en gecontroleerd. De taal moet in wezen ergens gemaakt worden. Voordat we iemand horen spreken, heeft zich al een onvoorstelbaar ingewikkeld proces afgespeeld waarbij de uitgesproken woorden zijn samengesteld, met elkaar zijn samengevoegd, en waarbij een bevel is gegeven aan de juiste spieren voor de stembanden en de tong om die woorden uit te spreken. Dat ingewikkelde proces grijpt plaats in de hersenen, onze centrale computer die bijna alles in ons doen en laten beheerst. De andere kant van het verhaal is het programmeren van de hersenen om taal te maken. Ook daar heeft de evolutie een mooie politiek gevolgd. Ze heeft weer gebruikgemaakt van dingen die bestonden om zo op de goedkoopste manier nieuwe functies in te bouwen.

Het verhaal van de hersenen is boeiend. De kennis van ons brein is nu al geweldig uitgebreid – de laatste decennia hebben we veel mechanismen van onze hersenactiviteit leren kennen. Toch weten we maar een fractie van wat we zouden willen weten. Hoeveel we ook hebben geleerd en begrepen, de eigenlijke basis kennen we nog lang niet. We kunnen precies uitleggen hoe we een spier doen samentrekken, we kennen de werking van het oog en ons zien vrij nauwkeurig, maar hebben er nog geen idee van hoe bijvoorbeeld een gevoel ontstaat. We zullen vast ver in de 21ste eeuw zijn beland voordat we enig inzicht hebben in de diepste geheimen van ons brein. Maar wat we vandaag weten, is op zich al zo spannend en meeslepend dat ik er echt even iets over kwijt moet.

Hersenen zijn gekenmerkt door een tegenstrijdigheid. Aan de ene kant is hun werking zo onvoorstelbaar complex dat we ondanks ons vernuft (dat een resultaat is van die complexe werking!) de essentie ervan nog niet begrijpen. Aan de andere kant is er het eenvoudige beginsel dat er maar met één soort elementen wordt gewerkt: zenuwcellen of liever *neuronen*. Alle actieve basiselementen van ons brein zijn neuronen. Over heel ons zenuwstelsel zijn deze gelijk qua basisbouw en werking. Er bestaan wel kleine verschillen tussen neuronen, maar die zijn nooit fundamenteel. Elk neuron heeft een centraal gedeelte waarin veel aanvoerende uitlopers uitmonden – zij voeren de prikkels binnen – en van waaruit één afvoerende uitloper vertrekt – hij voert de uitgaande prikkel weg. Die prikkels zijn eenvoudige elektrische pulsen, die ontstaan en vervoerd worden in de vorm van chemische veranderingen aan het membraan dat het neuron omgeeft. De details zijn niet nodig voor ons verhaal. Laten we onthouden dat elk neuron, waar het zich ook bevindt, altijd hetzelfde doet. Dat is prikkels van elektrische aard ontvangen, deze optellen en verwerken tot één nieuwe prikkel, en die dan weer wegvoeren naar een ander neuron of naar een spiercel. Neuronen geven hun prikkels aan elkaar door. Die prikkels kunnen activerend zijn, dat wil zeggen dat ze een ander neuron daadwerkelijk prikkelen, of ze kunnen remmend zijn, dat wil zeggen dat ze een ander neuron gedeeltelijk en tijdelijk verlammen. Veel neuronen geven activerende en remmende prikkels aan één neuron door, deze telt alles op en komt tot een eindresultaat. Dat basismechanisme doet zich voor als we kiespijn hebben, als we warm en koud op de huid voelen, als we dingen zien en horen, maar ook als we nadenken, als we lezen en schrijven, als we boos, jaloers of verliefd zijn. Dat is die tegenstrijdigheid: enerzijds worden overal in het zenuwstelsel dezelfde prikkels op dezelfde manier behandeld, een proces dat we tot in de finesses begrijpen, anderzijds leiden miljoenen van deze eenvoudige prikkels tot zeer complexe dingen, die we pas over vele jaren zullen snappen.

Het feit dat alle neuronen op alle plaatsen op dezelfde manier werken en dat dit toch tot totaal uiteenlopende resultaten leidt, heeft te maken met de samenwerking van die neuronen. Die is niet op alle plaatsen van de hersenen dezelfde. De aard van de samenwerking bepaalt of we een pijnlijke kies voelen, of warm en koud, of boos, of verliefd zijn. Neuronen die met vele samenwerken aan één functie zijn vaak gegroepeerd in velden. De meeste van deze velden bevinden zich op de schors van de hersenen. Dat is een dunne laag aan de buitenkant, twee tot vier millimeter dik. Die schors is het meest complexe en krachtigste deel van onze computer. Het is de zogeheten 'grijze massa'. Alle neuronen die er samen voor zorgen dat we binnenkomende lichtprikkels kunnen omzetten in eenvoudige vormen zoals strepen, zitten samen in één groot veld achter aan het hoofd. Steek (denkbeeldig!) een priem tussen uw ogen recht naar achter en door het hoofd. Daar waar hij weer buiten komt, is uw gezichtsveld gesitueerd. Boven het oor zit een gehoorveld, waar de neuronen samen zorgen dat we een geluid herkennen. Die velden zijn vrij goed in kaart gebracht. We weten met welke velden we kunnen zien, horen, ruiken, voelen, bewegen en ook spreken. We hebben enkele velden die ervoor zorgen dat taal daadwerkelijk wordt aangemaakt wanneer we dat willen. Die velden zijn onderdelen van onze centrale computer die alleen zorgen voor taal. Hoeveel van die velden hebben we? Waar liggen ze? Waarom liggen ze daar en niet elders? Hoe werken ze samen? Dat is het thema waarvan ik in het begin van dit hoofdstuk zei dat het de andere kant van ons boeiende verhaal uitmaakt. En dat gaan we nu vertellen.

Bewustzijn

Dit verhaal begint met een ander mechanisme dat ook een resultaat is van onze evolutie: ons bewustzijn. We kunnen de cerebrale basis van onze taal niet begrijpen als we niet eerst kennismaken met het bewustzijn. Er zijn weinig dingen zo druk besproken en tegelijkertijd zo slecht begrepen als juist dat bewustzijn. Er zijn evenveel meningen over dit onderwerp als er auteurs boeken over geschreven hebben. Verwacht nu niet van mij dat ik hier eventjes het probleem met enkele elegante volzinnen van tafel veeg – ik beperk me tot een mogelijke omschrijving van het begrip bewustzijn en vooral hoe een en ander past in het verhaal rond taal en hersenen. Toch kan ik niet nalaten hier en daar enkele bevindingen omtrent het bewustzijn aan te stippen, zaken die misschien niet rechtstreeks nodig zijn om de taal in onze hersenen te situeren, maar die ons helpen een juister beeld te tekenen van de mens in de levende wereld. Als ik toch iets over bewustzijn vertel, moet ook dat eventjes aan bod komen.

Is bewustzijn een toestand die tegengesteld is aan bewusteloosheid? Of heeft het eerder iets te maken met het besef van een toekomst, of van goed en kwaad? Is bewustzijn menselijk? Ik werk liefst met een visie op bewustzijn die duidelijk is en zowat alle punten omvat die vanuit verschillende gezichtshoeken worden aangehaald. In die visie worden vijf niveaus van bewustzijn onderscheiden. Ik zal deze voorleggen, steeds met de vraagstelling of we met een exclusief menselijk of een algemeen fenomeen te doen hebben. Het zal duidelijk worden dat de opvatting dat alleen de mens met bewustzijn begiftigd is, niet opgaat.

Het eerste en meteen laagste niveau van bewustzijn is de aanwezigheid van aandacht en de mogelijkheid om die aandacht doelgericht te veranderen. Dat betekent dat bewustzijn inhoudt dat men niet slaapt of bewusteloos is. De hersenen zijn in staat prikkels op te vangen uit de omgeving. Natuurlijk kunnen ze dat ook als we slapen, maar dan wel in mindere mate, zonder echte alertheid. Wanneer we slapen en er doet zich een sterke prikkel voor – de wekker loopt af – dan schiet een speciale structuur in de hersenstam aan het werk die het bewustzijn van de hersenschors opwekt, zodat de aard van de binnenkomende prikkels kan worden herkend en de prikkels zelf kunnen worden verwerkt. De hersenen kunnen die aandacht voor prikkels richten. Een prikkel die speciale aandacht vraagt – een knal door ontploffing bijvoorbeeld – richt de aandacht in de richting van die prikkel. Dat geldt zowel voor zien en horen als voor andere zintuigen die die prikkel kunnen opvangen. Als iemand u aanspreekt, richten uw zintuigen en aandacht zich op de spreker; andere binnenkomende prikkels (geluid van een voorbijrijdende auto, pijnlijke voeten, koude handen, de geur van koffie) worden even terzijde geschoven. Dit niveau van bewustzijn is heel oud. Het komt zeker voor bij alle dieren die een zenuwstelsel met complexe zintuigen hebben, de gewervelde dieren. Het is nog niet duidelijk of we dit bewustzijn ook bij ongewervelden kunnen vinden.

Het tweede niveau van bewustzijn is de creatie van en het omgaan met abstracte ideeën, en ook het communicatief uitdrukken ervan. Ik denk dat de kikker die een vlieg vangt wel een beeld heeft van een vlieg, anders zou hij ze niet herkennen als potentieel voedsel, laat staan ernaar op zoek gaan. Maar ik denk niet dat die kikker zich een *abstract* beeld vormt van de vlieg, dat hij zich een idee vormt dat losstaat van de directe waarneming ervan. Als ik 'vlieg' schrijf, weet u meteen waarover ik het heb. Ik heb dat woord geschreven met een beeld in mijn hoofd dat een nogal natuurgetrouwe nabootsing is van een reële vlieg en dat beeld zit in mijn geheugen opgeslagen. Toen u het woord las, riep u een analoog beeld op. Wij hebben het dan over hetzelfde insect, zonder dat ik u persoonlijk een echte vlieg moet komen tonen om duidelijk te maken wat de kikker heeft gevangen. Sterker nog, dankzij het woord 'vlieg' vandaag te schrijven, roep ik het bij u veel later op, misschien wel enkele jaren later. 'Vlieg' is een abstracte idee, een symbool, dat wij gemaakt hebben. Zo'n idee maakt ons denken gemakkelijker en sneller. Wij kunnen in combinatie met veel andere symbolen op een veel complexer niveau denken dan zonder die ideeën. Bovendien kunnen we ze communicatief uitdrukken: we kunnen erover spreken en schrijven. Dit niveau van bewustzijn is niet meer zo algemeen verspreid als het vorige. Het vraagt een veel verder ontwikkeld brein. Dat vinden we pas terug bij de primaten – althans voor zover we vandaag weten. Denk even terug aan de alarmsignalen van de groene meerkatten (hoofdstuk 8). Deze apen hebben een speciaal symbool voor de panter, de slang, de arend. Die symbolen kunnen ze elkaar doorgeven, ze kunnen die communicatief uitdrukken.

Bij mensapen is dit bewustzijn nog verder ontwikkeld. Experimenten met chimpansees getuigen hiervan. Daarbij laat men de dieren symbolen leren, gaande van voorwerpen of vormen met een bepaalde betekenis tot gebaren uit de doofstommentaal. Zo werd bijvoorbeeld een chimpansee aangeleerd dat gekleurde plastic vormen een of andere betekenis hadden. Zo kon een rood, schijfvormig ding de betekenis 'banaan' hebben, een zwarte driehoek betekende 'kleur', een blauwe ster stond voor 'geel', enzovoort. De chimpansee leerde deze symbolen te combineren tot zinnen. Het voordeel hiervan is dat men vragen kan stellen. Toen het dier werd gevraagd om de zin '... is de kleur van een banaan' te vervolledigen met een van de vormen, koos ze de vorm die stond voor 'geel'. Let wel: deze vorm noch de vorm die 'banaan' betekende, waren geel. De chimpansee moet dus een abstracte notie van zowel 'kleur' als van de 'gele kleur' hebben gehad. Met andere woorden, de herinnerde kleur van een banaan en de plastic vorm die deze kleur weergeeft, hebben alleen een symbolische relatie met elkaar, net als het woord 'geel' voor ons. Er zijn veel van die proeven gedaan met mensapen. We kunnen eruit concluderen dat de vorm van bewustzijn die aanleiding geeft tot de creatie van en het omgaan met abstracte ideeën, en ook het communicatief uitdrukken ervan al voorkomt vanaf de primaten.

Een derde vorm van bewustzijn omvat de mogelijkheid om de betekenis van een handeling van tevoren na te gaan, en verwachtingen en plannen te hebben. Met dit niveau van bewustzijn kan men op voorhand nagaan wat het effect zal zijn van deze of gene daad. Men kan als het ware een simulatie maken van een handeling om na te gaan hoe de zaak zal aflopen. Denk even terug aan het voorbeeld in hoofdstuk 3, waar ik het belang aangaf van een simulatie bij het al dan niet oversteken van een straat bij rood licht. De virtuele handeling laat ons toe gevaarlijke dingen achterwege te laten of uit een keuze mogelijkheden de juiste te pikken. We kunnen dit inzicht noemen, of planmatig handelen. Dat betekent dat men een doel voor ogen kan hebben en dat deze vorm van bewustzijn ons aanstuurt om dat doel te bereiken. Het is evenzeer gebonden aan verwachtingen. Men verwacht een bepaalde uitkomst, namelijk het doel.

Wie dacht dat dit een zuiver menselijke vorm van bewustzijn is, moet maar eens kijken naar de vele voorbeelden uit de niet-menselijke dierenwereld. Denken we maar aan het werktuiggebruik, waarbij dieren een of ander werktuig gebruiken om hun doel te bereiken – bijvoorbeeld een steen om een noot te kraken. Het dier dat zo'n gedrag vertoont, wordt verondersteld vooraf te hebben ingezien dat de kracht die met de steen wordt uitgeoefend de noot *kan* openbreken. Sceptici zullen opmerken dat zoiets ook zonder inzicht kan: het dier kan door toeval de relatie steen/noot hebben ontdekt of kan het gedrag van een ander imiteren, zonder planmatig te handelen. Voor deze sceptici verwijzen we naar het feit dat werktuigen vaak speciaal voor hun doel worden vervaardigd. De dieren fabriceren het werktuig en wel zodanig dat het aangepast is aan de taak. Een chimpansee maakt een spons van bladeren om water op te nemen en uit te zuigen. Die spons wordt hiervoor gemaakt en daarna weggesmeten. Of hij ontdoet een tak van alle bladeren om in een termietennest naar termieten te vissen. De 'hengel' is perfect ontworpen voor deze taak en dient verder tot niets. Wie denkt dat ook zoiets zonder inzicht kan, mag tegelijk veronderstellen dat de stoel waarop hij zit zonder inzicht is gebouwd.

Dit kan volstaan om te aanvaarden dat ook dit niveau van bewustzijn niet typisch menselijk is. Moeten we deze bewustzijnsvorm als hoger omschrijven dan de vorige, die over abstracte ideeën ging? Dat hangt af van de betekenis van 'hoger'. Voor een bioloog betekent deze term meestal: hoger in de evolutie. Maar je kan ook stellen dat een bewustzijnsvorm hoger is dan een andere door de grotere complexiteit. Over dit laatste punt kunnen we redetwisten, maar over de visie 'hoger' in de evolutie valt nog wel iets te zeggen. Ook buiten de primaten, dus bij lagere zoogdieren, zijn er voorbeelden van planmatig handelen. Neem bijvoorbeeld de markante waarnemingen die men heeft gedaan bij een herdershond tijdens de uitoefening van zijn taken. De hond hield alle schapen mooi bij elkaar, met uitzondering van één ooi. Deze had zich met haar lam van de groep verwijderd en reageerde niet op de hond, die haar probeerde terug te drijven. Het enige wat ze deed, was de hond aanstaren en met de poten stampen. Daarop keerde de hond terug naar de kudde en splitste een klein groepje schapen af van de rest. Hij stuurde het groepje naar de ongehoorzame ooi. Deze sloot zich onmiddellijk aan bij de nieuwe groep. De hond bracht alle dieren terug naar de hoofdgroep. Het probleem was opgelost. Deze waarneming is moeilijk anders uit te leggen dan dat er minstens enig inzicht bij kwam kijken.

Een volgend niveau dat we kunnen onderscheiden in bewustzijn is zelferkenning en het erkennen van andere individuen. Dat houdt in dat een individu onderscheid kan maken tussen zichzelf en andere individuen, en dit binnen het proces van het denken, van het virtueel nabootsen van handelingen en dergelijke om een simulatie van de werkelijkheid te maken. Die andere individuen worden op een gelijk plan met het 'ik' gezet. Wij zitten met zijn allen in een verzameling en van die verzameling ben ik een element. Dit bewustzijnsniveau omvat dus het ik-besef. Voor ons dagelijks leven is dit zo triviaal dat het misschien vreemd overkomt. Wij zijn al van kindsbeen af vertrouwd met onszelf; het woordje 'ik' was een van de eerste woorden die we leerden. Toch is dit niet zo triviaal. Organismen die lager staan op de evolutionaire ladder, hebben dat ik-besef niet. Zij handelen binnen een universum dat wordt bepaald door onmiddellijke waarneming. Zij plaatsen zichzelf niet naast andere individuen op hetzelfde niveau binnen een verzameling. Dat vermoeden we tenminste – niemand van ons is ooit in de huid gekropen van een kikker of een merel.

Daar wringt de schoen. De houding van de mens tegenover andere soorten is altijd bepaald geweest door dingen die men vanuit zijn rede naar voren bracht, dingen die als vanzelfsprekend werden beschouwd zonder verder wetenschappelijk denkwerk. Mensen zagen zichzelf als wezens met een rede, andere soorten waren slechts mechanismen. Die houding is gek genoeg juist een teken van een *tekort* aan rede. De zienswijze omtrent andere soorten krijgt sinds enkele jaren stilaan een wending doordat er wel wetenschappelijk inzicht wordt aangevoerd om uitspraken te doen over andere soorten. Dus moet ik mijn bewering uit de vorige alinea minder expliciet stellen, moet ik niet zomaar zeggen dat organismen die lager staan op de evolutionaire ladder, geen ik-besef hebben. Ik moet dit benaderen met wat wetenschappelijke methodiek.

Hoe onderzoek je of een dier onderscheid maakt tussen zichzelf en andere individuen, dat er een ik-besef is? Je kunt het ze niet vragen. Hoewel... kúnnen we niets vragen aan een andere soort? Ik had het daarjuist over het aanleren van symbolen aan chimpansees en de wijze waarop deze dieren hiervan gebruik kunnen maken om eenvoudige zinnen te maken. Dat heeft onderzoekers in staat gesteld om vragen te stellen die verband houden met het individu. Een antwoord kan dan een ik-begrip inhouden, bijvoorbeeld 'ik ga naar buiten'. Dat is echter geen bewijs van het ik-besef. Tenslotte wordt het woordje 'ik' in deze zin door de onderzoeker geïnterpreteerd, het is niet zeker dat het dier in kwestie bijvoorbeeld niet bedoelde 'de chimpansees gaan naar buiten', of 'het waarneembare universum gaat naar buiten'. Het taalgebruik in deze proeven is veel te beperkt om dergelijke radicale vraagstellingen rond bewustzijn te kunnen stellen. Daarom moeten we een beroep doen op andere proeven. Een klassiek geworden proef gaat als volgt.

Een chimpansee wordt in slaap gedaan met anesthesie. Onderzoekers plaatsen een felgekleurde stip op het voorhoofd van het dier, bijvoorbeeld met verf. Het voorhoofd is een plaats op het lichaam dat men niet zelf rechtstreeks kan waarnemen, wel in een spiegel. Als de chimpansee wakker wordt, is de verf opgedroogd en het dier voelt niets bijzonders. In de proefruimte staat een spiegel. Vroeg of laat ziet het dier zichzelf in de spiegel en merkt dat er iets veranderd is ten opzichte van enige tijd geleden. Hij merkt een ongewone kleur in het spiegelbeeld dat hem zo vertrouwd was. Tientallen keren heeft hij dat beeld in de spiegel gezien en nu is daar opeens een grondige verandering te zien. In deze proef stelt men vast dat het proefdier, in de spiegel kijkend, zijn eigen voorhoofd betast met een vinger. Hij onderzoekt wat er veranderd is, niet in het spiegelbeeld waar de verandering te zien is, maar op zijn eigen lichaam. De onderzoekers die dit voor het eerst hebben waargenomen, kregen vast kippenvel. Zij zagen immers voor het eerst een niet-menselijk dier blijk geven van het ik-besef, van een bewustzijnsniveau waarvan men duizenden jaren lang dacht dat het exclusief voor de mens was voorbehouden.

Het feit dat de chimpansee een direct verband legt tussen een waargenomen element in de spiegel en zijn eigen lichaam, is alleen te verklaren door het feit dat hij besef heeft van zichzelf. Hij beseft dat het beeld in de spiegel een weergave is van hem en niet van 'de chimpansees' of van 'het waargenomen universum'. Eenvoudig gesteld, het is alsof het dier zegt: 'Het individu dat ik daar zie, ben ik' en nu is het woordje 'ik' wel door het dier ingevuld, anders zou hij op een andere manier hebben gehandeld. Als er geen ik-besef was, zou de chimpansee waarschijnlijk niets doen na het waarnemen van de gekleurde vlek, of er hooguit even naar staren of het spiegelbeeld aanraken. Mensen die om welke overtuiging ook niet kunnen aanvaarden dat de mens hier wederom een exclusiviteit verliest, zullen proberen de uitkomst van dit experiment anders te verklaren. Ik moet het eerste zinvolle alternatief nog horen. Je moet het echt niet proberen met de bewering dat het hier om een toevallige handeling van het proefdier gaat. De proef is vaak herhaald, met varianten in de proefopstelling en steeds moest men tot de dezelfde conclusie komen. Nog sterker, ook dieren van andere soorten – dolfijnen bijvoorbeeld – hebben via dergelijke spiegelexperimenten te kennen gegeven een onderscheid te kunnen maken tussen zichzelf en andere individuen. Ziehier dus weer een bewustzijnsniveau dat niet voorbehouden is voor de mens, maar wordt gedeeld met andere hoog geëvolueerde dieren.

Bij de omschrijving van dit bewustzijnsniveau was ook 'het erkennen van andere individuen' opgenomen. Dat is inderdaad een belangrijk element aangezien zonder dat punt een dier zichzelf als het centrum van het hele gebeuren zou zien: ik en de rest van de wereld. Biologen die veel waarnemingen hebben gedaan op het sociaal gedrag van dieren, weten maar al te goed dat een dergelijke houding van 'ik en de rest' geen sociaal gedrag zou mogelijk maken. De laatste decennia zijn er veel nieuwe bevindingen over sociale banden tussen dieren op papier gezet, die duidelijk wijzen op het feit dat dieren niet alleen een ik-besef hebben, maar ook een jij-besef, een hij-, zij- en wij-besef. Hoe anders kan men verklaren dat een baviaan een groepsgenoot helpt een wijfje van een ander af te pakken? Hij wil dit grote risico nemen omdat hij erop rekent later door diezelfde groepsgenoot geholpen te worden wanneer hij een wijfje van een ander wil afsnoepen. Het erkennen en herkennen van die ene groepsgenoot is hierbij een onontbeerlijke voorwaarde.

De vele complexe relaties tussen primaten noodzaken hen tot een hoge graad van intelligentie. Zij moeten niet alleen alle groepsgenoten individueel kennen en weten welke relaties tussen hen kunnen voorkomen en welke handelingen tot welke andere handelingen kunnen leiden, ze moeten ook als het ware in elkaars geest kunnen kijken. Ze moeten zich kunnen inleven in het denken van de andere, dus het eigen denkproces verplaatsen naar de geest van een groepsgenoot. Laat me dat weer even karikaturiseren om het te verduidelijken. 'Als ik, chimpansee, iemand zie trekken met zijn been, is mijn conclusie dat dit individu gekwetst is, misschien door een pak rammel – ik zal hem maar met rust laten'. Dat is mijn chimpansee-redenering. Nu verplaats ik deze redenering naar de geest van een ondergeschikt dier waarop een dominante groepsgenoot boos is (de ondergeschikte heeft misschien een bevruchting gestolen). 'Als ik met mijn been trek, ziet die dominante chimp dat en zal hij denken dat ik gekwetst ben, door het pak rammel dat ik al van hem heb gekregen; hij zal mij dan met rust laten. Dus ook al heb ik nergens pijn, toch doe ik er goed aan te manken wanneer ik in zijn vizier kom.' Op die manier is het denkproces naar een andere geest verplaatst. Dit vermogen wordt in de literatuur aangeduid met *Theory of mind*. Er is geen kant-en-klare vertaling voor te geven omdat 'theorie van de geest' niet veel zegt. Laten we daarom maar de Engelse term aanhouden en die afkorten tot ToM.

ToM betekent dus dat ik begrijp wat uw of zijn geestestoestand is. Toestanden als 'ik wil' of 'ik ben bang' of 'ik moet oppassen als...' zijn te vertalen in: 'jij wilt' of 'jij bent bang' of 'jij moet oppassen als...'. In wetenschappelijke literatuur noemt men dit 'intentionaliteit van de tweede orde'. We zullen deze ingewikkelde terminologie niet verder gebruiken en het op deze wijze eenvoudig samenvatten: intentionaliteit van tweede orde betekent gewoon: 'Ik weet dat jij weet'. Bijvoorbeeld, 'ik weet dat jij weet waar die appel ligt'. Zo kunnen we ook van een derde orde spreken: 'Ik weet dat jij weet dat ik weet waar de appel ligt'. En van een vierde orde: 'Ik besef dat jij weet dat ik het sterke vermoeden heb dat zij ons kan zeggen waar de appel ligt'. We kunnen hier een spelletje van maken en verdere ordes uitwerken, maar als u dat probeert, zal duidelijk worden dat we het spoor snel bijster raken. Verder dan een vijfde of zesde orde kunnen we de gedachtegang eigenlijk niet meer volgen. In het dagelijks leven zouden wij ons beperken tot de vierde orde: 'Ik hoop dat u zich bij het lezen van deze woorden kan voorstellen dat ik denk te kunnen verwachten dat u een andere kijk krijgt op het begrip bewustzijn.'

Het is moeilijk te onderzoeken hoever andere soorten kunnen gaan in dit soort gedachteverplaatsingen, hoe sterk zij zijn in ToM. Primatologen die zowat hun hele leven hebben besteed aan het observeren van het sociale gedrag van veel apensoorten, zijn zo vertrouwd geraakt met de innerlijke wereld van deze dieren, dat ze er niet aan twijfelen dat veel primaten een ToM hebben waarbij ze tot in de tweede orde elkaars geest kunnen schatten. Voor mensapen bestaat hierover geen twijfel, sterker nog: ze zouden tot de derde orde kunnen gaan. Het is precies die ToM die dieren in staat stelt te liegen en bedrog te plegen, waarover we in hoofdstuk 8 melding hebben gemaakt. Door te weten welke conclusies een ander zal trekken uit de informatie die ik geef, kan ik zijn handelen manipuleren met valse informatie.

Het is ondertussen wel duidelijk dat de bevindingen omtrent ToM inhouden dat 'het erkennen van andere individuen' ook buiten de mens voorkomt bij hoog geëvolueerde soorten. Ik hoop dat de lezer die de mens zo graag als een unicum was blijven zien, niet te sterk gefrustreerd raakt door deze nieuwe inzichten.

Ten slotte is er een laatste niveau van bewustzijn, namelijk het gebruiken van esthetische en ethische waarden. Dat is het maken van onderscheid tussen mooi en lelijk, goed en kwaad. De vorige niveaus konden in objectieve termen worden omschreven. Aandacht, symbolen, plannen en bewustzijnsprocessen bij een ander individu, het zijn even zo veel reëel bestaande, duidelijk omschrijfbare en wetenschappelijk bestudeerbare fenomenen. Esthetische en ethische waarden echter zijn subjectief. Het zijn kenmerken die door de culturele ontwikkeling zijn gemaakt. Het zijn uitvindingen van de mens, *artefacten*. Mooi en lelijk, goed en kwaad zijn begrippen die niet bestaan in de materiële wereld. Het zijn evaluaties in onze geest, in onze subjectieve indeling van de wereld. Is een zonsondergang mooi? Dat is een bijzonder onwetenschappelijke vraag. Er is geen antwoord op te geven, omdat er geen wezenlijk verband bestaat tussen zonsondergangen en schoonheid. Mooi is een menselijke kwalificatie. Dus een zinnige vraag zou kunnen zijn: 'Vind ik een zonsondergang mooi?' Of: 'Vinden de meeste mensen dat?' Dat zijn wél objectieve, wetenschappelijk verantwoorde vragen, die met wetenschappelijke technieken zijn te onderzoeken. Hetzelfde geldt voor de vraag: 'Is het stelen van iemands bezit slecht?' Het begrip 'slecht' bestaat alleen in onze geest. We moeten eerder vragen: 'Zijn wij het er allemaal over eens dat stelen slecht is?' Vanuit die invalshoek is het vanzelfsprekend dat dit bewustzijnsniveau typisch menselijk is. Wie graag een uniek kenmerk van de mens wil vinden om te kunnen stellen dat de mens zich onderscheidt van andere wezens, kan nu gerust zijn. Er is zo'n eigenschap: esthetische en ethische normen. Maar hij of zij moet dan wel goed beseffen dat deze normen door de mens zelf gemaakt zijn.

Toch is dit alles veel te eenvoudig gesteld. De schoonheid van de zonsondergang is inderdaad geen objectief gegeven, maar kan wel worden ondergebracht in een categorie van indelingen waarin positief versus negatief wordt onderscheiden wanneer het om de omgeving gaat. Dat is een beetje ingewikkeld gezegd, maar betekent dat we schoonheid ervaren als iets positiefs, zoals we dat ook doen met begrippen als warm, lekker, zacht. In die zin ervaren we lelijke dingen (koud, wrang, ruw) als negatief. De indeling positief/negatief is niet meer zo typisch menselijk. Lekker versus vies is een onderscheid dat we terugvinden vanaf diersoorten die via smaakpapillen hun voedsel beoordelen. Wat vies smaakt, is waarschijnlijk slecht voor de gezondheid of zelfs gevaarlijk. De natuurlijke selectie zal nooit een slechte smaak hebben gegeven aan voedsel dat goed is voor de consument ervan. De slechte smaak is een afweermiddel tegen gevaarlijke dingen. Vice versa voor lekkere dingen. De opsplitsing in positief en negatief heeft een rechtstreekse relatie met natuurlijke selectie. Het is objectief.

Een lichaam ervaart een positieve prikkel door een positief gevoel binnenin. Wat dat gevoel precies is, hoe het wordt gemaakt, weten we niet. We weten wel dat de hersenen hier een belangrijke rol spelen, er wordt gesproken van een *wellustcentrum* in de hersenen. Wanneer dat centrum geprikkeld wordt, krijgt het lichaam een goed gevoel. Je kunt het zelfs kunstmatig prikkelen, met een elektrische sonde, wat eveneens tot een goed gevoel leidt. Dit brengt ons tot een nauwkeurigere benadering van de positief-versus-negatief indeling: als de smaak van voedsel het wellustcentrum prikkelt, of de warmte van de zonnestralen, of de zachtheid van de huid van een partner, of wat dan ook, dan gaat het om positieve dingen. Andere zaken zijn neutraal; als ze pijncentra prikkelen, zijn ze negatief.

Terug naar de zonsondergang. Wie bij het aanschouwen van het geheel van dit natuurfenomeen een aangenaam gevoel krijgt, een gevoel dat hij alleen en voor zichzelf kan omschrijven, dan is dat positief. De wijze van het positief ervaren is niet belangrijk, wel het al dan niet aanwezig zijn van het goede gevoel. De *gestalt* van het natuurfenomeen dat een goed gevoel geeft, kunnen we niet omvatten, noch objectief meten en beschrijven. We noemen het schoonheid. In die zin is schoonheid een van de dingen die wij een plaats geven op de balans van positief versus negatief. In hoeverre is het nu nog een typisch menselijke eigenschap? In zoverre dat het een menselijke ervaring is. Een zoete smaak is wellicht algemeen verspreid in de wereld van dieren met goed ontwikkelde smaakpapillen. De schoonheid van een zonsondergang is dat niet. Tenminste, dat wéten we niet. Ik kan voor mezelf uitmaken wat voor mij schoonheid is, maar ik twijfel er vaak aan of dezelfde normen gelden voor mijn partner, die ik toch goed ken. Hoe kan ik dan weten wat schoonheid is voor iemand die ik niet ken, of voor iemand van een andere cultuur? Hoe zouden we dan iets kunnen weten over vertegenwoordigers van een andere soort? Een baviaan zit hoog op een rots achterovergeleund en valt stilaan in slaap. Vindt hij de zonsondergang mooi? Misschien is het geheel van dit natuurfenomeen voor hem een dagelijks weerkerend teken dat het einde van de dag weer is bereikt, dat de rust terugkeert. De roofdieren kunnen hem niet volgen op zijn rots, zijn rivalen zijn nu ook moe en zullen zowel hem als zijn vrouwtjes met rust laten. Misschien is het een teken dat alles nu goed is, dat hij zich mag neerleggen en genieten van een herstellende rust, van een energiescheppende diepe slaap. Voor de baviaan is de zonsondergang een positieve zaak.

Is liegen slecht? Net als esthetische normen zijn ethische waarden een mengeling van culturele gebondenheid enerzijds en innige verwevenheid met biologische wortels anderzijds. Wij hebben in onze wetteksten duidelijk bepaald wat in onze maatschappij mag en wat niet, en welke straffen we uitspreken als iemand die afspraak niet nakomt. We hebben dat in onze democratische systemen 'met zijn allen' afgesproken. Deze component in onze ethische normen is zo expliciet cultureel gebonden dat we deze afspraken morgen al kunnen veranderen. We kunnen liegen belonen, belasting ontduiken fiscaal honoreren en gevangenisstraffen opleggen aan wie schenkingen doet voor een goed doel. Bedenk het maar, als onze democratie het wil, kan het. En toch ligt ook hier een biologische wortel, die teruggaat tot in ons Moederland. Om dat duidelijk te maken, keren we even terug naar het einde van hoofdstuk 8, naar de vaststelling dat met de ontwikkeling van de taal ook het bedrog en de leugen zijn ontstaan.

Elk levend organisme probeert maximaal profijt uit zijn omstandigheden te halen. Elk wezen zoekt een maximum aan voedsel, de beste schuilplaats en een minimum aan gevaar, kou en inspanning. Daarvoor is het geprogrammeerd. Dat maximaal rendement kunnen hogere zoogdieren zoals roofdieren, vleermuizen of primaten behalen door samenwerking. Het groepsleven waarin ze steun van elkaar ondervinden, is geen liefdadigheidskwestie. Je geeft steun als die niet te veel kost in de verwachting dat je steun terugkrijgt als het nodig is. Dat leidt tot een goed gestructureerde samenleving, die in de loop van de evolutie almaar complexer is geworden. De persoonlijke relaties, de bondgenootschappen, de vriendschapsbanden, de economie van geven en krijgen, het zijn dingen die een zodanig zware belasting betekenden voor de hersenen, dat het brein almaar moest uitbreiden en uiteindelijk de menselijke taal is ontstaan. Die complexe samenleving betekent harmonie en evenwicht. Iedereen kent zijn plaats in dat netwerk. Iedereen leeft in overeenstemming met zijn plaats en houdt zich aan de regels: als ik iets van de groep wil, moet ik ook iets aan de groep geven. Het maximale profijt kan dus gehaald worden door samenwerking en door zich aan de regels te houden. Het verstoren van de regels is een ontwrichting van de harmonie en dat brengt het maximaliseren van het rendement in gevaar. Daardoor speelt iedereen eerlijk mee.

Zo zou het móéten zijn, zeker als we de groep als geheel beschouwen. De economie van het maximale rendement gaat echter verder op individueel niveau. Elk individu apart kan een persoonlijke rekening opmaken en een strategie bedenken die meer opbrengt dan het gemiddelde van de gezamenlijke rekening van de groep. Een individu kan er immers meer bij winnen wanneer hij wel de steun van de groep ontvangt, maar ontsnapt aan het zelf verlenen van steun. Parasiteren op het groepsleven betekent dus wel ontvangen, niet betalen. Je hoeft geen econometrist te zijn om te zien dat dit meer oplevert dan eerlijk spel. Dus in elke complexe groep waar meer te verdienen is dan het gemiddelde, zal een bedrieger opstaan die daar ook achter komt en bedrog pleegt. Het is het gevolg van de biologische economie. Niemand kan dit goed of slecht noemen; het is biologische en dus a-morele economie. Hier gelden geen ethische normen.

Nu komen we op een punt waarbij we even in herinnering moeten brengen wat we in hoofdstuk 4 hebben uitgelegd als een evolutionair stabiele strategie – u weet nog wel, dat systeem dat ontleend is aan de speltheorie. We hebben daarbij gesteld dat er verschillende gedragsstrategieën naast elkaar kunnen bestaan, we namen als voorbeeld duif en havik. Deze strategieën groeien naar een evenwicht. Zolang dat evenwicht niet is bereikt, zal een van de strategieën toenemen in frequentie. Een populatie met alleen duiven is bijvoorbeeld een ideale samenstelling om als havik te kunnen renderen. In die situatie zal het aantal haviken toenemen, tot het evenwicht is bereikt.

Datzelfde systeem kan ook worden gebruikt om na te gaan wat er gebeurt met die ene economisch ingestelde groepsgenoot die berekend heeft dat een strategie met bedrog meer opbrengt. De evolutionair stabiele strategie gaat weliswaar over de frequentie van genen in de populatie en het gedrag dat door die genen wordt bepaald, en natuurlijk is het bedrog plegen in de samenleving geen genetisch bepaalde strategie, het kan hooguit door een of andere genetische karaktertrek vergemakkelijkt worden. Toch gaat deze zienswijze hier ook op en wel als volgt.

De snoodaard die bedrog heeft gepleegd, gaat vrijuit als zijn bedrog niet aan het licht komt. Als het bij die ene misstap blijft, is er ook niet veel aan de hand. Het bedrog valt dan in de categorie 'geven en krijgen' in de groep. De verleiding zal echter groot zijn om nog een keer winst te halen uit bedrog, en misschien nog eens. Zolang er geen nadeel aan verbonden is, zal het economisch 'denken' van de betrokkene hem aanzetten tot het volharden in de strategie van het bedrog. Alleen krijgen, niets of weinig geven. Maar dat blijft niet onopgemerkt. De groepsgenoten hebben vlug door dat een van hen de regels overtreedt. Hij zal al vlug geen steun meer krijgen. Dat is geen straf, want dat kennen we in dit verhaal nog niet. Het is economie: wie zou nog iets geven aan een klant die nooit of te weinig betaalt? De bedrieger zet zichzelf dus buiten de samenwerking, hij verliest alle profijt van dit groepsleven. Zijn economisch gedreven gedrag zal daardoor snel omkeren: het rendeert niet te bedriegen! Zijn bedrog wordt weggeselecteerd, niet door natuurlijke selectie, maar door de economie zelf.

Er zal dus een evenwicht ontstaan tussen de eerlijke groepsgenoot en de bedrieger, net als tussen duif en havik. Een beetje bedriegen kan renderen, veel bedriegen kost veel. De samenleving zal dus overwegend uit eerlijke medespelers bestaan en enkele uitzonderingen kennen: de bedriegers. Zo werkt het bij primaten. Gedragsbiologen nemen nu en dan bij bavianen en chimpansees gedragingen waar die het etiket bedrog kunnen dragen. Die waarnemingen zijn inderdaad beperkt, de regel is dat deze dieren niet liegen of bedriegen.

Wat is nu het verband met ons begrip 'slecht'? Wel, hoe groter de groepen van de primaten worden, hoe complexer de relaties. De eerste mensen leefden in grotere groepen van ongeveer 150 leden (zie hoofdstuk 8). Deze toename van het aantal groepsleden verhoogt het aantal mogelijke combinaties tussen partners, bondgenoten, vrienden in veel grotere mate dan de toename van het ledenaantal zelf. Bovendien was de menselijke geest zich ook sterk aan het ontwikkelen. De gedragingen werden complexer. Waar bij de voorouders de ruilhandeling bijvoorbeeld beperkt bleef tot voedsel, steun, seks en vriendschap, konden mensen stilaan meer dingen vervaardigen. Gebruiksvoorwerpen waren een veel belangrijker ruilmiddel dan voedsel. Tenslotte eet men van voedsel eenmaal, een gebruiksvoorwerp kan lange tijd zorgen voor meer of beter voedsel. Het bedrog kon dus nog beter gaan renderen dan daarvoor, er viel meer te rapen. Er ontstond behoefte aan een nieuw middel om het bedrog te ontmaskeren, een beter middel dan het rechtstreeks vaststellen dat een van de groepsgenoten vals speelt, zoals dat bij apen en mensapen ging. Er waren te veel mensen in het spel betrokken, waardoor het niet meer mogelijk was dat iedereen ook iedereen in het oog hield.

Gelukkig was bij die sprong in ons sociaal gedrag onze taal al ontwikkeld. En die taal maakte het mogelijk dat wanneer één bedrieger door één waarnemer was ontdekt, dit nieuws snel de ronde kon doen. Eén ontdekking was informatie voor veel groepsleden. De vele babbelpartijen die de sociale banden onderhielden, waren ideale kanalen om de groep te beschermen tegen bedriegers. De roddel was geboren.

Deze roddels waren als kranten, ze brachten het laatste nieuws. Meteen konden deze kranten ook nauwkeurig omschrijven wat er precies fout was gedaan. Een uitzonderlijke misstap van een lid kon zonodig genuanceerd worden. Degene die zijn hulp niet terugbetaalde, kon dat misschien niet door de zware wond aan de voet, die het jagen of het werken onmogelijk maakte. Hij had misschien wel recht op niet-terugbetaalde hulp door de handicap. Of moeten we hem maar laten verhongeren, hij is toch van geen nut meer voor de groep? Misschien kunnen we dat overwegen. Hoewel, door zijn wond heeft hij meer tijd om zich met de kinderen van de groep bezig te houden, hij vertelt ze over jachttechnieken, over de snelheid van het wild, over het weer en over de betekenis van de grillen van de wolken. De kinderen zijn veel kalmer en leren veel bij sinds zijn voetwond. Gun hem die niet-terugbetaalde hulp dan maar.

Bij de bavianen zou hij wel verhongeren, bij de mens misschien niet. Het bedrog, of het zogenaamde bedrog werd gewikt en gewogen, werd in een breder perspectief geplaatst. Een verkrachter kon misschien op vergiffenis rekenen omdat hij nog jong was, terwijl zijn oudere spitsbroeder een flink pak rammel kreeg van de vader en de broers van het slachtoffer. Die vrouw die overal en bij iedereen voedsel steelt, wordt misschien ontzien; tenslotte zijn al haar negen kinderen door ziekte omgekomen en is zij daarna door haar derde partner verlaten; ze is haar zinnen verloren. Mensen gingen via de krant van toen uitspraken doen, afwegen wat kon en wat niet. Naarmate de samenleving ingewikkelder werd, zowel door het aantal mensen als door de gedragingen, werden meer en duidelijkere afspraken gemaakt over wat kon en wat niet, wat goed was en wat slecht. Ethische normen deden hun intrede.

Ik ben vrij lang blijven stilstaan bij dit bewustzijnsniveau. Ten eerste dacht ik dat het goed was om te onderzoeken of ook dit zogenaamd typisch menselijk kenmerk niet bij andere soorten voorkomt. Ten tweede leek het me interessant eens na te gaan waar we de mogelijke voorlopers van esthetische en ethische normen moeten zoeken. Ten slotte moge het ondertussen duidelijk zijn dat de dingen die wij onder bewustzijn verstaan, maar een andere naam geven (geest, ziel), geen menselijke bouwsels zijn, geen artefacten, geen culturele uitvindingen. Het gaat hier om hersencapaciteiten die door de evolutie zijn voortgebracht, door de natuurlijke selectie zijn gestuurd. Bewustzijn is een fenomeen dat de hogere dieren in staat stelt zich beter aan de omgeving aan te passen, vooral aan een veranderende omgeving. Dit vermogen is in de loop van de evolutie steeds meer verfijnd, totdat het bewustzijn bij ons zijn (voorlopig ?) maximale complexiteit bereikte. Onze geest is een biologische structuur.

Nu we een idee hebben over wat we onder bewustzijn kunnen verstaan en hoe oud dit fenomeen is, keren we terug naar de hersenen. Wat kunnen we over ons brein zeggen op basis van bewustzijn en taal? Waar in de hersenen zitten deze fenomenen, waar worden ze gestuurd en gecontroleerd?

Ontwikkeling en structuur van de hersenen

Als we onze hersenen van boven af bekijken, valt meteen op dat ze uit twee grote, gelijke helften bestaan. Ze worden wel vergeleken met de helften van een walnoot. Die dubbele structuur is interessant voor ons verhaal, maar om te begrijpen waar ze vandaan komt en wat de essentie ervan is, moeten we weer eens afdalen in ons verre verleden. Ik bedoel dan wel het héél verre verleden, want we nemen een kijkje bij de vissen. Dat zijn de laagste gewervelde dieren. Zij hebben een hersenstructuur die sterk verschilt van de onze, maar toch ook weer niet zo fundamenteel als je in eerste instantie zou denken. De hersenen van een vis zijn langwerpig, ze bestaan uit een drietal blaasjes die mooi op een rijtje liggen. Structuur en functies van die blaasjes zijn nog grotendeels terug te vinden in de oeroude stam van onze hersenen, de hersenstam. Bij vissen vertoont het voorste hersenblaasje een dubbele structuur: er steken twee kleine blaasjes uit, recht naar voren. Dit voorste gedeelte huisvest vooraan het reukcentrum. Die dubbele structuur voor aan de hersenen, die twee uitstekende blaasjes, zijn blijven bestaan in de loop van de evolutie. Amfibieën (waaronder kikkers en salamanders), die uit de vissen zijn ontstaan, hebben nog steeds deze tweeledige structuur. Alleen zien we dat de voorste blaasjes al wat groter zijn. Deze tendens zet zich voort bij de reptielen (zoals slangen, hagedissen, de dinosauriërs van vroeger). De voorste blaasjes kregen ook meer belang, maar toch bleef de grootste activiteit van de hersenen geconcentreerd in de hersengedeelten die meer naar achteren lagen en die we nu nog in de diepte van onze hersenen terugvinden. Men spreekt niet voor niets van onze 'reptielenhersenen'. Dat zijn de gedeelten die nog overeenstemmen met de hoofdcomputer van de reptielen. Daarin vinden bijvoorbeeld voor een groot gedeelte onze emoties hun oorsprong.

Bij de overgang van reptielen naar vogels en zoogdieren deed zich driemaal een plaatsgebrek voor in verband met de hersenen. Ten eerste, de levensverrichtingen van deze hogere dieren werden ingewikkelder, er werden meer eisen gesteld aan het brein om alles te controleren en te sturen. En er werd meer en gedetailleerdere informatie uit de omgeving opgenomen. De bewegingen werden complexer en vroegen meer stuurvaardigheid van de hersenen. Het algemene gedrag nam aanzienlijk toe in complexiteit. Ga zo maar door. Het reptielenbrein werd te klein. De computer was verouderd. Er was niet genoeg plaats meer in deze oude computer om de extra bewerkingen te kunnen uitvoeren. Zoals een bedrijf dat uit zijn voegen barst, werd uitgekeken naar uitbreiding. Die expansie werd gevonden in de voorste blaasjes van daarnet. Zij werden hoe langer hoe meer ingeschakeld om de ingewikkelde taken van het reptielenbrein over te nemen. Als uw computer verouderd is en hij kan niet meer geüpdatet worden, dan koopt u een nieuwe. De oude wordt dan vervangen, bedankt voor zijn diensten en gaat de vuilnisbak in. Dat doet de evolutie vaak anders. Oude, afgedankte dingen die niet meer voldoen aan de eisen, worden niet altijd weggegooid. Ze verliezen dan wel aan belang en misschien ook aan omvang, maar ze blijven zitten en worden aangevuld met moderne, krachtigere apparatuur. Zo ook met het brein. Het reptielenbrein had weliswaar afgedaan, maar mocht rustig blijven zitten en zit er vandaag nog. De aanvulling werd dus gevonden in de voorste hersenblaasjes, die een nieuwe generatie computer betekenden voor vogels en zoogdieren. Deze hersenstructuur kreeg eigen input, eigen programma's om te werken, eigen bevoegdheden om output te bevelen. De nieuwe computer mocht groeien en kreeg steeds meer verantwoordelijkheden.

Toen rees een tweede plaatsprobleem. Tot aan de reptielen waren de hersenen hoofdzakelijk langwerpig van structuur. De schedel waarin ze zaten was een min of meer langwerpige doos. Het uitgroeien van het voorste hersengedeelte zou dus een verlenging van de schedel betekenen. Om de nieuwe computer optimaal te laten werken, zou de schedel zo lang moeten worden dat het dier niet meer kon bewegen. Wij zouden met deze gang van zaken misschien een hoofd hebben dat een halve meter lang is. De evolutie vond dat geen goede idee, er kunnen te veel problemen rijzen met een lange schedel: het vraagt een stel sterke nekspieren, het behoud van het lichaamsevenwicht moet worden opgelost, enzovoort. In plaats daarvan gaf de evolutie bevel aan de hersenen om zich anders te gaan oriënteren, de meubels in de kamer te verzetten, zeg maar. De voorste hersenblaasjes mochten niet meer vooruit uitgroeien, maar moesten – zoals de slurf die door de olifant op het hoofd wordt gelegd – zich naar boven plooien, boven op de reptielenhersenen gaan liggen en achterwaarts uitgroeien. De schedel kon zo kort blijven, maar moest wel wat boller worden om de tweede verdieping hersenen te kunnen huisvesten. Daardoor hebben vogels en zoogdieren een ronde kop. Dat maakt dus dat die twee kleine blaasjes die de vissen vooraan aan hun hersenen zagen bengelen, bij ons twee grote hersenhelften zijn die boven op de oude stam liggen.

Ik sprak van drie keer plaatsgebrek. De bolle schedel was een economische oplossing om de nieuwe computerinfrastructuur te huisvesten, maar de evolutie – zoals onze economie – zat niet stil. Het bedrijf dat ons brein is, bleef groeien. Expansie was het codewoord. Het gedrag van de vogels, maar vooral van de zoogdieren, werd steeds ingewikkelder. De nieuwe computer kreeg dan ook voortdurend nieuwe taken en moest ook uitbreiden. Ik weet wel dat een computer niet kan groeien, maar hier gaat de vergelijking dan maar mank. De hersenen werden groter en meer neuronen met meer schakelingen maakten ingewikkeldere berekeningen mogelijk. Meer neuronen betekent echter ook meer oppervlakte. Het eigenlijke computerelement van het brein is de neocortex, de buitenste schors van de hersenen met een dikte van enkele millimeters. Dus om meer verwerking aan te kunnen, moest die oppervlakte toenemen, dat is zoals een voetbal die wordt opgepompt: hoe groter de bal wordt, hoe meer oppervlakte hij heeft. Ziedaar weer een probleem met de beschikbare plaats. De schedel kan wel wat groter worden om er een grotere hersenmassa in onder te brengen, maar er zijn grenzen. De toename in omvang van de schedel werd gelimiteerd door de evolutie, of beter gezegd door onze moeders. De moeders moesten die schedels maar blijven baren. Denkt u dat uw moeder het leuk zou hebben gevonden om u op de wereld te zetten met een schedel die de omvang had van een opgeblazen voetbal? Natuurlijk kon de evolutie deze geboortes vergemakkelijken door het geboortekanaal te verbreden, maar dat leidt weer tot heel andere reorganisaties van de lichaamsbouw, die evolutionair economisch gesproken niet renderen. In plaats daarvan werden de hersenen niet opgeblazen, maar werd de actieve oppervlakte in kronkels gevouwen. Als men een blad papier verfrommelt, neemt het minder plaats in, idem dito met de neocortex. Aldus ontstonden de in- en uitstulpingen aan de oppervlakte van onze hersenen, niet meer of minder dan een vergroting van de oppervlakte om plaats te bieden aan meer neuronen. Op deze wijze hebben de hersenen vanaf de vissen tot de mens een evolutie gekend die bestond uit een toename in complexiteit met een oplossing voor het hieraan gekoppelde plaatsgebrek.

Dit verhaal vertelt ons waarom wij twee hersenhelften hebben en waarom ze er uitzien als een walnoot. Ze zijn in de loop van de evolutie zo sterk verfijnd en geperfectioneerd dat we zonder schroom mogen zeggen dat we twee computers onder ons schedeldak hebben zitten. De linker- en de rechterhersenhelft kunnen volledig zelfstandig input verwerken en output regelen. Er zijn trouwens mensen waarvan een van deze helften is uitgevallen door een ongeval of afwijking; deze mensen functioneren niet normaal, maar blijven wel in leven. Twee computers in één schedel, dat is te veel luxe om onbenut te laten. De evolutie, zuinig en economisch zoals altijd, zag hier weer een kans de werking te verfijnen en te optimaliseren.

Wat doet u als u twee tv's hebt? Kijkt u op beide naar hetzelfde programma? Ik denk het niet, het zou niet van een goed economisch huishouden getuigen. U plaatst de twee toestellen op verschillende plaatsen en laat de mogelijkheid open om twee verschillende programma's te ontvangen. Evenzo voor ons brein. De evolutie, als een goede huisvader, vond het niet economisch om twee computers hetzelfde werk te laten doen, zeker niet toen de verwerking van binnenkomende informatie steeds ingewikkelder werd. De twee hersenhelften werden weliswaar niet in aparte kamers gezet, maar ze kregen beide eigen specialisaties. Om dat te begrijpen, moeten we eerst een grote, grove indeling maken van de aard van de bewerkingen waartoe de hersenen in staat zijn. In grote lijnen kunnen we de verwerking omschrijven als analyse en synthese.

Bij het waarnemen van de omgeving is het vaak gewenst kleine veranderingen op te merken. Details in de informatie kunnen belangrijk zijn. Herinnert u zich de voorbeelden die ik in hoofdstuk 8 gaf over de soms minuscuul kleine signalen die wij uitzenden via onze ogen? Die kleine verschillen in onze ogen kunnen een belangrijke betekenis hebben, ze kunnen bijvoorbeeld een teken van een positieve of een negatieve houding zijn. Het waarnemen van een bewegende tak temidden van een uitgestrekt landschap kan nuttig zijn om op tijd een roofdier op te merken. Wie in het Moederland een konijn wilde vangen met behulp van de nieuwste technologie – het werpen van een steen, wat in de tijd voor de mens niet als jachttechniek bestond – moest de juiste afstand kunnen berekenen, hij moest precies weten hoe hoog de steen moest worden gelanceerd en met welke kracht, hij moest de voortbeweging van het konijn juist kunnen schatten zodat de steen neerkwam op een andere plaats dan waar het konijn zich bevond bij het loslaten van de steen, enzovoort. Dat alles is een analyse maken van de omgeving. Details uit het geheel kunnen halen. Het begrip van hoeveelheid, van optellen en aftrekken (als ik acht appels heb gevonden en ik heb vier kinderen, hoeveel krijgt ieder er dan? en hoeveel als ik er ook eentje wil?) is een analyse van informatie. Wie goed wil functioneren binnen een steeds veranderende omgeving en binnen een sociaal systeem waarin je constant rekening moet houden met groepsgenoten, heeft voortdurend analyse nodig.

De omgeving en de informatie die ons daaruit bereikt, is echter veel te complex om alleen te steunen op analyse. Er moet evenveel (of meer?) aan synthese worden gedaan. Veel details maken één geheel dat soms ook als geheel moet worden geïnterpreteerd, los van de afzonderlijke details. Communicatie via het gezicht is meer dan de bewegingen van de ogen alleen. Het hele gezicht draagt een schat aan informatie die ons dingen leert over de persoon voor ons. Zeker in de tijd dat onze voorouders zich nog niet behielpen met taal, was dit communicatiekanaal van grote betekenis. Zoals ik in hoofdstuk 8 zei, is het herkennen van mensen aan de hand van hun gezicht zo'n ingewikkelde aangelegenheid dat we dat niet kunnen doen door het analyseren van alle kleine details waarin het ene gezicht van het andere verschilt. We zouden dagen nodig hebben om te weten dat het de buurvrouw is die voor ons staat. We maken in plaats daarvan gebruik van een synthese van het hele gezicht waardoor we, zonder rekening te houden met de ontelbare, kleine details, meteen weten met wie we te doen hebben. Details worden zo onbelangrijk in dit proces dat we onze buurvrouw nog altijd binnen een fractie van een seconde herkennen wanneer ze haar bril niet op heeft of naar de kapper is geweest. Het geheel geeft ons de nodige informatie. Synthese is ook belangrijk bij het juist interpreteren van iemands emoties. We willen snel weten in welke stemming onze partner, bondgenoot of vijand zich bevindt. Anders lopen we het risico verkeerd te handelen. Die emotie kunnen we snel en juist schatten wanneer we niet alle kleine signalen apart hoeven te analyseren, maar het geheel van de signalen als een geheel kunnen interpreteren. In het Moederland gebruikte men synthese om een overzicht te hebben van het grondgebied, van het territorium van de naburige groepen, van de grootte van het gebied dat een prooi gebruikt bij zijn rondtrekken, enzovoort. Inzicht in de samenleving met haar veelheid aan sociale contacten en relaties was alleen mogelijk door synthetisch te denken.

Ziedaar twee verschillende manieren om informatie uit de omgeving te interpreteren: de details uiteenrafelen of het geheel in een kader plaatsen. Beide zijn interessant, maar moeilijk en duur om ze gezamenlijk te laten plaatsgrijpen. Ze vragen namelijk elk een heel andere instelling van de centrale computer die de verwerking moet realiseren. Ook de evolutie vond dat te duur voor één brein, het was te gevaarlijk om twee zo verschillende systemen in één programmatuur te verwerken. De kans op fouten zou toenemen naarmate de hoeveelheid van de nodige informatie zou groeien. Daar had de evolutie wat op gevonden: aangezien er toch twee hersenhelften als volwaardige computers waren ontwikkeld – beide gelijk aan elkaar wat structuur en neuronenschakelingen betreft, beide in staat ingewikkelde verwerkingen uit te voeren – en aangezien er twee tegengestelde systemen nodig zijn om de massa binnenkomende informatie te verwerken, waarom zouden we dan niet elke computer een van deze systemen als zijn specialiteit laten uitwerken? Kort gezegd, de evolutie besloot dat één hersenhelft zich ging specialiseren in de analyse (de linker) en de andere hersenhelft zou zich toeleggen op de synthese (de rechter).

Door dat economisch handelen van de evolutie zijn onze hersenhelften collega's van elkaar, ze vullen elkaar aan om het gedrag te sturen binnen een ingewikkelde, steeds veranderende omgeving. Beide krijgen dezelfde input – ze zien, horen, ruiken en voelen hetzelfde. De massale input aan informatie uit de omgeving wordt door beide opgevangen. Ze kunnen leren en onthouden, onafhankelijk van elkaar. Maar ze doen er niet hetzelfde mee. Ze verwerken deze informatie elk met hun eigenheid, met hun specialiteit. De linkerhelft ontrafelt de zee aan gegevens, zoekt de details in het binnenkomende beeld van de omgeving. De rechterhelft neemt dat beeld meer waar als een geheel, als een gestalt, ziet meer de samenhang. Zo worden rekenkundige taken, waarbij een grondige analyse van getallen en bewerkingen nodig is, afgehandeld in de linkerhelft van onze hersenen. Het zal u niet verbazen dat het herkennen van gezichten zich voordoet in de rechterhelft van het brein. Het werken met twee- en driedimensionale voorstellingen huist aan de rechterkant. Zo ook al die dingen die betekenis krijgen door hun gestaltkenmerken, muziek bijvoorbeeld. Wie geniet van een mooie melodie of symfonie luistert niet naar de afzonderlijke noten, ritmes, klanktimbres en dies meer. Hij neemt het geheel op en ondergaat een emotionele beroering door de gestalt van de muziek. En wel aan de rechterkant.

Ik zei dat hersenhelften zelfstandig kunnen werken, maar meestal doen ze dat niet, ze werken graag samen, elk met zijn eigen specialiteit. Daarom noemde ik ze ook collega's. Wat de ene helft doet, wordt doorgegeven aan de andere via miljoenen zenuwbanen die van links naar rechts en omgekeerd lopen via een brug. Die brug is een dikke verbinding tussen de hersenhelften, de *hersenbalk*.

Hoe past de taal in dit verhaal? Wij weten niet precies wanneer de taal zich begon te ontwikkelen in de loop van onze evolutie in het Moederland, maar wel dat het verschil tussen rechter- en linkerkant in het brein al zeer oud is. Het komt al in een bepaalde vorm voor bij andere soorten. De dubbele computer is dus veel ouder dan onze taal. Bij de ontwikkeling van taal moest de evolutie dus een plaatsje zoeken in het brein waar de nodige programma's konden worden geschreven om die taal tot stand te brengen. De keuze lag voor de hand. Taal is mogelijk door een aaneenschakeling van klanken. Klanken, die wij nu als letters omschrijven, worden in een welbepaalde volgorde samengenomen om symbolen (dus woorden) te maken. Die woorden worden weer in een bepaalde volgorde samengenomen om zinnen met de gewenste betekenis te maken. Elke keer is die opeenvolging essentieel. Dat betekent dat taal werkt met details zowel in de productie ervan als in het opvangen en begrijpen. We maken een zin door details aan elkaar te schakelen, we verstaan een zin door deze tot op detailniveau te ontrafelen. Dat kan alleen in de linkerhelft van onze hersenen, die heeft vroeger al deze specialisatie meegekregen. Ziedaar de logische, of wellicht enige keuze die de evolutie kon maken om een thuis voor de taal te vinden.

Wanneer u deze letters en woorden leest, gebruikt u de linkerhelft van uw hersenen. U kunt dat niet met de rechterhelft (tenzij u een van die uitzonderingen bent, een klein percentage van de mensen heeft de taal rechts gesitueerd). Mensen die hun taalvermogen verliezen door een hersenbeschadiging, bijvoorbeeld door een beroerte, hebben die beschadiging opgelopen in de linkerhelft van de hersenen. Let wel, als ik zeg dat de taal aan de linkerkant zit, heb ik het over de primaire structuur van de taal, het maken en begrijpen van woorden en zinnen. De taal op een ander niveau, bijvoorbeeld de schoonheid van een gedicht, de emoties van de lyriek enzovoort gaan verder dan de aaneenschakeling van klanken. Voor zulke taalbelevingen wordt de rechterhelft mee ingeschakeld, deze kan de nodige emoties, zoals schoonheid bepalen.

Nu moet ik even op de rem duwen. De kritische lezer vraagt zich al enkele alinea's af of de theorie over verschillen tussen de rechter- en linkerkant van de hersenen geen sciencefiction is, een spannend maar fictief verhaal. Wel, het is zeker geen fictie. Deze kennis steunt op jarenlang onderzoek waarvoor de pionier op dat gebied, Roger W. Sperry, een Nobelprijs kreeg. Voor die kritische lezer wil ik kort beschrijven hoe we tot deze kennis zijn gekomen. Ik wil alleen een idee geven van dit onderzoek en geen volledig overzicht nastreven. Als het u te technisch voorkomt, spring dan gerust over naar de paragraaf 'Taalcentra'.

Onderzoek van de hersenhelften

Dat onze hersenhelften van elkaar verschillen in de manier waarop ze binnenkomende informatie verwerken, is moeilijk zonder meer aan te nemen, we voelen dat niet intuïtief aan. We voelen niet dat we bij spreken of lezen de linkerkant gebruiken en bij het genieten van muziek de rechterkant. We ervaren wel dat we rechts- of linkshandig handelen bij schrijven, tekenen, roeren in de pan, maar we voelen niet welk deel van ons brein we gebruiken. Daarom heeft de wetenschap gebruik moeten maken van zeer verfijnde technieken. Voor ik deze technieken aanstip, maken we eerst kennis met het merkwaardige fenomeen van het zien: de weg die beelden volgen van onze ogen tot de hersenschors.

Beelden worden opgevangen door het netvlies in het oog. Daar worden ze omgezet in elektrische signalen (via een reeks ingewikkelde chemische processen) die langs zenuwbanen worden geleid naar een gedeelte van de *thalamus* midden in onze oudere hersengebieden. Daar schakelen de neuronen over op een andere zenuwbaan en deze loopt door de hersenmassa tot achteraan, tot de zogeheten *visuele schors* aan de achterkant van ons brein. We vangen de beelden dus op aan de voorkant van het hoofd en verwerken ze aan de achterkant. Het eigenlijke zien gebeurt dus aan de achterkant van het hoofd. Het merkwaardige hieraan is dat er een opsplitsing plaatsgrijpt van de beelden die uit de linker- en de rechterhelft van ons gezichtsveld komen. Alles wat zich aan de linkerkant van onze neus bevindt, komt uiteindelijk aan de rechterkant van de visuele schors terecht en alle beelden aan de rechterkant van de neus eindigen aan de linkerhelft van de visuele schors. Laten we het ons iets concreter voorstellen. Kijk even met beide ogen naar het middelpunt van uw horloge. De cijfers tussen twaalf en zes aan de kant van de drie worden geprojecteerd naar de linkerhelft van uw hersenen, de andere cijfers naar de rechterkant. Het gaat hier dus niet om de input van linker- en rechteroog! Beide ogen krijgen beelden uit de linker- én rechterhelft van het gezichtsveld, en die beelden splitsen zich op.

De beelden die aankomen in de visuele schors worden verwerkt, waardoor we lijnen, hoeken enzovoort kunnen onderscheiden. Dat gebeurt zowel links als rechts, maar de hersenhelften werken niet los van elkaar. Beide helften zijn immers met elkaar verbonden via de hersenbalk, de brug tussen de twee hersenhelften. Deze brug verbindt ook de visuele schors links en rechts. Wat we dus waarnemen uit de linkerhelft van het gezichtsveld komt weliswaar eerst terecht in de rechterzone van de visuele schors, maar wordt daarna doorgegeven aan de linkerhelft. Daardoor kan iemand die door een beroerte een ernstige beschadiging heeft opgelopen aan de linkerzone van de visuele schors, toch nog lezen, ook al bevindt de taal zich in de linkerhelft (we komen hier onder 'taalcentra' uitvoerig op terug). De beelden die in de rechterhelft – zonder taal – kunnen worden verwerkt, worden immers doorgeseind naar de kant mét de taal.

De merkwaardige opsplitsing van de binnenkomende beelden naar de linker- en de rechterkant kan worden gebruikt in proeven op epileptici wier hersenbalk is doorgesneden. Deze chirurgische ingreep scheidt beide hersenhelften van elkaar en verhindert dus dat gegevens van de ene naar de andere helft worden doorgegeven. 'Schandalig!' hoor ik u zeggen. De hersenbalk is echter niet doorgesneden om de arme patiënt aan een proef te onderwerpen, maar om zijn epileptische aanvallen te verminderen. Een epileptische aanval is een ongecontroleerd 'vuren' vanuit één punt van de hersenschors. Dat leidt tot bewustzijnsstoornissen met spiertrekkingen en dergelijke tot gevolg. Deze storing breidt zich uit over grotere delen van de hersenen en kan via de hersenbalk de andere helft bereiken. Door het verbindingsstuk tussen de helften door te snijden, verlicht men de aanvallen van de epilepticus aanzienlijk doordat de storing beperkt blijft tot één hersenhelft. Patiënten die een dergelijke ingreep ondergingen, hebben een zogenaamd *split brain*, hun brein is letterlijk in tweeën gesneden. Ze hebben er in het dagelijks leven amper hinder van, ze functioneren normaal. Sperry ontwierp echter heel fijne proeven waardoor hij beide helften onafhankelijk van elkaar kon onderzoeken.

De tests worden uitgevoerd op splitbrain-patiënten die al lang hersteld zijn van hun hersenoperatie. De proefpersoon zit voor een scherm dat op een tafel is geplaatst. Op deze tafel bevinden zich achter een scherm verschillende voorwerpen die de proefpersoon onder het scherm door wel kan betasten maar niet kan zien. De proefpersoon moet de ogen gefixeerd houden op een punt in het midden van het scherm. Dan wordt gedurende enkele honderdsten van een seconde de naam van één der voorwerpen geprojecteerd op de linker of op de rechterhelft van het scherm. De projectieduur moet heel kort zijn om te verhinderen dat de ogen van het fixatiepunt naar het geprojecteerde woord zouden bewegen. Zodoende wordt het woord alleen waargenomen door de rechterhelft van de hersenen als het in de linkerhelft van het scherm was geprojecteerd en andersom. Nu worden drie proefjes gedaan. Ten eerste projecteert men de naam van een van de voorwerpen aan de rechterkant (dus naar de linkerhelft van het brein) en men vraagt de proefpersoon dit te lezen. Dat kan hij zonder probleem. Ten tweede projecteert men de naam links (dus naar de rechterhelft van het brein). Nu kan de proefpersoon het woord niet lezen. Men vraagt hem het genoemde voorwerp met de linkerhand uit de set op tafel te zoeken, dus op de tast. Dat lukt dan weer probleemloos. Ten derde projecteert men gelijktijdig twee woorden, bijvoorbeeld links het woord 'sleutel' en rechts 'ring'. Men vraagt de proefpersoon te lezen wat hij ziet en het betreffende voorwerp met de linkerhand uit te zoeken. De proefpersoon zegt 'ring' en raapt de sleutel op. Met de rechterhand zou de ring worden opgenomen. Achteraf ondervraagd, zegt hij niets van een sleutel gezien of gevoeld te hebben.

Hieruit is te concluderen dat de hersenhelften onafhankelijk van elkaar kunnen werken. Bovendien kan de linkerhelft een taak in verband met de taal vervullen (een vraag beantwoorden), de rechter kan dat niet. De rechterhelft bleek echter wel in staat een woord te herkennen, anders zou het juiste voorwerp niet kunnen worden opgenomen met de linkerhand. De rechterhelft kan het woord niet uitspreken, maar weet wel ongeveer over welk voorwerp het gaat. Hij kan alleen heel eenvoudige begrippen herkennen. Daardoor kon de linkerhand het voorwerp zoeken dat aan de rechterhelft van het brein was gevraagd. De linkerhand wordt gecommandeerd door de rechterhelft van het brein, de rechterhand door de linkerhelft. Dat is een apart en nogal technisch verhaal. Neemt u maar van me aan dat het klopt.

In een tweede reeks proeven worden specialiteiten van de rechterhelft aan het licht gebracht. Ten eerste wordt de splitbrainer gevraagd een eenvoudige puzzel te leggen met de linker- of rechterhand. Met de linkerhand (dus de rechterhelft van het brein) gaat dat zonder moeite, de rechterhand (dus de linkerhersenhelft) daarentegen ondervindt grote moeilijkheden en veroorzaakt eerder chaos dan orde. Ten tweede moet de proefpersoon een kubus tekenen. De linkerhand maakt hierbij een veel betere tekening dan de rechterhand. Hetzelfde resultaat werd verkregen met andere figuren die een visueel-ruimtelijke voorstelling vereisen. Hieruit blijkt dat de rechterhelft van de hersenen dominant is bij het uitvoeren van opdrachten die een visueel-ruimtelijk voorstellingsvermogen vereisen. De rechterhelft heeft dus een beter driedimensionaal inzicht en ziet beter de deel-geheelverhoudingen.

Een laatste reeks proeven onderstreept nogmaals de genoemde verschillen tussen linker- en rechterhelft, maar plaatst vooral de capaciteit van het herkennen van gezichten op de voorgrond. Ik heb al zo vaak naar deze hersenfunctie verwezen dat het goed is deze binnen de hersenstructuren te situeren. In een eerste proef worden twee foto's van gezichten van twee verschillende personen mooi in het midden in tweeën gesneden, waarna de linkerhelft van de ene foto tegen de rechterhelft van de andere wordt geplakt. Een dergelijke samenstelling van twee helften van verschillende figuren, noemt men een *chimerische figuur*. De splitbrain-patiënt fixeert een punt in het midden van het scherm. De chimerische figuur wordt zodanig op het scherm geflitst dat de scheidingslijn van de twee helften op dat fixatiepunt valt; daardoor komt elke fotohelft in een andere hersenhelft terecht. Men vraagt de proefpersoon de naam (dus een taalfunctie!) te geven van de persoon die werd waargenomen. In de meeste gevallen is het antwoord de naam van de persoon die door de linkerhelft van het brein werd gezien. De rechterhelft kan niet spreken, dus geeft ook geen antwoord.

In een tweede proef gebeurt hetzelfde als in de eerste proef, maar nu vraagt men de waargenomen foto uit een reeks foto's aan te wijzen. De proefpersoon wijst met linker- én rechterhand bijna steeds naar het gezicht dat de rechterhelft van het brein zag. Wordt de proefpersoon daarna ondervraagd over het verloop van de twee proeven, dan blijkt dat hij niet weet twee verschillende personen te hebben gezien, noch dat het om helften van gezichten ging: de proefpersoon is zich slechts bewust één persoon te hebben waargenomen en aangeduid. Hieruit blijkt weer dat de twee hersenhelften onafhankelijk van elkaar hebben gewerkt, maar vooral dat elke hersenhelft de waargenomen fotohelft automatisch heeft vervolledigd tot een geheel; de proefpersoon nam steeds een heel gezicht waar. Bovendien is een interessante constatering uit de tweede proef dat met beide handen steeds dezelfde foto werd aangeduid. Dat wordt verklaard door het feit dat de rechterhelft dominant is over de linkerhelft bij het herkennen van gezichten. Als er dus geantwoord moet worden zonder taal, zal de rechterhelft deze dominantie doordrukken. Als het antwoord een taalfunctie inhoudt, kan de rechter niet antwoorden en neemt de linkerhelft het heft in handen. Ook dat is een interessante conclusie uit deze proeven: de hersenhelften zijn in verschillende zaken gespecialiseerd en wanneer aan beide dezelfde taak wordt opgelegd, zal de hersenhelft die in deze taak gespecialiseerd is, zijn dominantie laten gelden en het antwoord doordrukken.

Het doordrukken van de dominantie bij de hersenhelften wordt door veel andere proeven geïllustreerd. Het ligt niet in de bedoeling van dit hoofdstuk om hierbij te blijven stilstaan, maar ik wil nog één elegante proef voorleggen die ons veel vertelt over de werking van onze hersenen. Er werd gewerkt met een Italiaanse patiënt met een verwaarlozingssyndroom. Deze pathologische toestand doet zich voor na een beroerte of een ongeval waarbij een groot deel van de rechterhelft van de hersenen is beschadigd. De beschadiging is niet van dien aard dat er verlammingsverschijnselen optreden, wel dat de patiënt alle informatie uit de linkerhelft van zijn waarnemingsveld verwaarloost, doet alsof die linkerhelft er niet is. Zelfs de linkerhelft van het eigen lichaam wordt verwaarloosd, bijvoorbeeld doordat de linkerwang niet wordt geschoren. De Italiaanse patiënt werd gevraagd zich in te beelden dat hij een plein in Rome – dat hij voor zijn beroerte goed kende – vanuit het noorden betreedt en te beschrijven wat hij ziet. De patiënt beschrijft alle gebouwen aan de westkant (de rechterkant), maar kan niets vertellen over de gebouwen aan de oostkant. Vervolgens vraagt men hem in gedachten datzelfde plein te betreden vanuit het zuiden. Nu beschrijft hij de gebouwen aan de oostzijde en negeert de westzijde. Hieruit blijkt dat het verwaarlozingssyndroom geen handicap is in het waarnemingsvermogen, maar een echt verdringen van informatie doordat de ene hersenhelft over de andere domineert. De rechterhelft is door de beschadiging immers zodanig verzwakt dat de linkerhelft alle output naar zich toetrekt. Dat geldt zelfs voor beelden uit het geheugen!

Deze voorbeelden geven aan hoe men in het begin te werk ging om hersenhelften apart van elkaar te onderzoeken. Dit onderzoek is uiteraard verder uitgediept en verfijnd, en bleef aantonen dat de linkerhelft vooral analytisch werkt, de rechterhelft vooral synthetisch. Een vraag die zich ondertussen opdringt, is waarom al de informatie uit de linker- en rechterhelft via de hersenbalk wordt uitgewisseld. Als beide helften volwaardige computers zijn en elk zelf de informatie kunnen verwerken, waarom moeten ze elkaar dan op de hoogte houden? Die hersenbalk is kennelijk niet levensnoodzakelijk. Bij al de splitbrainers is die brug doorgesneden en die mensen gedragen zich normaal, kleine uitzonderingen daargelaten. Waarom hebben we die verbinding tussen de hersenhelften dan? Een mogelijke verklaring is dat de evolutie weliswaar heeft beslist om onze twee computers elk een eigen specialisatie toe te kennen, maar toch een soort controlefunctie heeft ingebouwd. Het moet zeker gerendeerd hebben om de twee specialisaties door te voeren, maar dat rendement was nog op te voeren door de ene computer de andere te laten controleren. Bovendien kan de andere hersenhelft door de verbinding over de hersenbalk misschien een helpende hand toesteken als er iets onherstelbaar fout loopt in een van de twee hersenhelften. Er zijn sterke aanwijzingen dat deze hulp zich inderdaad voordoet. We komen daar straks op terug met een voorbeeld. Een volledig klare kijk heeft men nog niet op de functie van de hersenbalk, maar controle is ongetwijfeld een belangrijk punt geweest die de evolutie voor ogen heeft gehouden.

Even iets terzijde. Voordat we ons specifiek op taalcentra richten, wil ik u een interessant gegeven niet onthouden. De hersenbalk blijkt bij mannen en vrouwen niet geheel gelijk te zijn. Bij vrouwen is het achterste deel van deze brug dikker dan bij mannen: er zijn bij vrouwen meer verbindingen tussen de twee hersenhelften dan bij mannen. De samenwerking tussen de hersenhelften en hun wederzijdse beïnvloeding zijn sterker bij vrouwen dan bij mannen. Hiervoor is de volgende verklaring geopperd: bij de vrouw zou de eerder emotioneel werkende rechterhelft meer invloed moeten uitoefenen op de eerder rationeel werkende linkerhelft, omdat de zorg voor de kinderen een van haar belangrijkste opdrachten in het Moederland was. Die taak vraagt veel empathie en dus was haar handelen daardoor ook gekenmerkt. De man vond zijn hoofdopdracht in de jacht en de verdediging, meer agressief gerichte taken. Daardoor mocht zijn rationeel handelen niet te veel gestoord worden door emotionele bekommernissen, zeg maar remmingen. Dat werd weer vertaald in *zijn* hersenbalk. Dat is een hypothese over de oorsprong van dit seksueel verschil. Ik durf hier een hypothese naast zetten die handelt over het gevolg van dat verschil. In ons denken werken we zowel analyserend als synthetiserend, beide systemen wisselen elkaar voortdurend af. Bovendien worden we in ons denken gestuurd door rationele en emotionele krachten. Beide hersenhelften komen dus aan bod. Als de verbinding tussen deze helften vergroot wordt, betekent dit dat de samenwerking toeneemt, dat de mengeling van analyse en synthese en van ratio en emotie groter wordt. Wanneer ons denken zo sterk door de twee mechanismen wordt gestuurd, ontstaat een nieuwe kracht: intuïtie. Dat is de kunde om snel iets in te zien, wellicht meer door aanvoelen dan door rationele overwegingen. Of intuïtie is een breder gebruik van onze hersencapaciteiten dan alleen de ratio. Misschien ligt hier een mogelijke verklaring voor het feit dat vrouwen een veel sterkere intuïtie hebben dan mannen: ze zijn er gewoon voor gebouwd! Wie denkt dat intuïtie een negatief, te gevoelsmatig proces is, wil ik erop wijzen dat veel, zo niet het meeste wetenschappelijk denken begint met een flinke dosis intuïtie. Zonder intuïtie geen wetenschap.

Taalcentra

Gedurende het lange proces van de vorming van de taal, eerst als sociaal bindmiddel, later als communicatiekanaal, werden gebieden op de neocortex voorbehouden om de benodigde programmatuur hiervoor vast te leggen. Als we de vergelijking van ons brein met een computer blijven doortrekken – ook al gaat die vergelijking mank – kunnen we het zo stellen dat onze centrale computer moet worden bestuurd door programma's die de symbolen aanmaken en combineren, andere programma's die de aangeboren beginselen van de grammatica vastleggen, weer andere programma's die de juiste spieren sturen om de symbolen in klanken om te zetten, enzovoort. Vanwege de aard van de taal, die een opeenvolging van elementen is, moesten die taalprogramma's in de linkerhelft van de hersenen worden ingebrand. De gebieden op de linkerhersenschors die specifieke taalfuncties sturen, noemen we *taalcentra* of *taalgebieden* (zoals we ook de visuele schors hebben om te zien, een auditieve schors om te horen, een motorische schors om bewegingen te sturen, enzovoort). Onze kennis van die taalgebieden is vrij nauwkeurig. De eerste bevindingen hierover dateren uit de 19de eeuw. Sindsdien is de wetenschap van de hersenen snel geëvolueerd. Er werden diverse technieken ingezet om specifieke hersengebieden af te bakenen; ook de taalgebieden.

Een oude techniek steunt op de symptomen van patiënten die een hersenbeschadiging hadden opgelopen. Bijvoorbeeld door een beroerte: doordat een bloedvat in de hersenen door een bloedklonter verstopt raakt of doordat het barst, valt de bloedtoevoer naar een deel van de hersenen stil. Daardoor lijdt dit deel aan zuurstoftekort, waarvoor het zenuwstelsel gevoelig is en sterven de cellen af. De functies van dat deel vallen dan ook uit. Dergelijke beschadigingen hebben vaak het wegblijven van een gedragspatroon of een deel ervan tot gevolg. Men bestudeert het afwijkende gedrag van de patiënt nauwkeurig – hij spreekt bijvoorbeeld slecht – en na zijn dood gaat men na welke delen van de hersenen vernietigd zijn. Daaruit wordt geconcludeerd dat het uitgevallen of afwijkende gedrag in normale omstandigheden gecoördineerd wordt in dat hersendeel dat bij de patiënt beschadigd is, of daar iets mee te maken heeft. Een moderne techniek is de PET-methode (positron-emmissie-tomografie). Daarbij spuit de onderzoeker in de bloedvaten van de hersenen een stof in, bijvoorbeeld glucose, waarvan de moleculen verbonden zijn met een zwak radioactief isotoop. Actieve hersendelen nemen meer van deze stof op en zullen bij meting dus duiden op meer straling; bij het spreken zullen de taalgebieden meer radioactiviteit uitstralen. Zo zijn dus ook levende en werkende hersenen te onderzoeken.

Dankzij de eerste, oude technieken konden een Franse en een Duitse onderzoeker, namelijk Paul Broca en Carl Wernicke, al in de 19de eeuw twee taalgebieden afbakenen. Ze worden het *gebied van Broca* en het *gebied van Wernicke* genoemd. Het is merkwaardig dat deze twee gebieden, die beide onontbeerlijk zijn om te kunnen spreken, een eigen ingebrand programma hebben. Die programma's zijn zeer uiteenlopend. Bovendien liggen ze niet bij elkaar, maar van elkaar verwijderd zodat er een brug van zenuwvezels tussen nodig is om gegevens door te geven. De evolutie heeft dus niet gezegd: er moeten programma's komen voor de taal, dus ik reserveer hiervoor één 'directory'. Nee, de programma's kregen elk een eigen gebied, meer bepaald in een zone waar al programma's bestonden die ook ingeschakeld worden bij de taalproductie. Zo werd het gebied van Wernicke geplaatst naast de auditieve schors, waar de geluiden binnenkomen, en het gebied van Broca naast de motorische schors, die de bewegingen van stembanden, lippen en tong besturen. Nemen we even de twee gebieden apart onder de loep.

Eerst het gebied van Wernicke, want daar grijpt het eerste proces van de taalproductie plaats. Plaats uw vinger loodrecht tegen uw hoofd en wel zodanig dat u nog juist de bovenkant van uw linker oorschelp raakt. Nu wijst u ongeveer naar het gebied van de schors waarmee u de binnenkomende geluiden ontleedt. U hebt eenzelfde gebied aan uw rechteroor, maar dat hebben we nu niet nodig. Verplaats uw vinger ongeveer één centimeter naar achter. Nu wijst u naar uw gebied van Wernicke. Dat gebied *maakt* de woorden. Wanneer de wil ontstaat om een woord uit te spreken, bijvoorbeeld 'konijn', en wanneer de nodige informatie uit het geheugen is aangekomen, stelt het gebied van Wernicke het woord 'konijn' samen. We kunnen dat nog niet horen, want het zit – als ik het even zo mag stellen – voorlopig nog in een soort tijdelijk geheugen. Het gebied van Wernicke zou ik de theoretische speler willen noemen of de architect die het woord tekent. Het zorgt voor het vocabulaire en grammaticale deel van de taalproductie. Om het woord hoorbaar te maken, wordt de informatie doorgestuurd naar het gebied van Broca via een dikke bundel zenuwvezels, de *fasciculus arcuatus*, die als een brug de twee taalgebieden verbindt.

Zo komen we bij het gebied van Broca. Als uw vinger nog steeds tegen uw hoofd staat gedrukt, verschuif hem dan nu ongeveer 5 cm naar voren. Daar moeten we zijn voor het gebied van Broca. Het was historisch gesproken eerder dan dat van Wernicke bekend. In de taalproductie wordt het pas ingeschakeld wanneer het gegevens vanuit het gebied van Wernicke heeft ontvangen. Als ik het gebied van Wernicke de theoretische speler noemde, zou ik het gebied van Broca tot de praktische speler willen dopen, de uitvoerder, de aannemer. Zolang het gebied van Broca niet werkt, blijft het woord 'konijn' in ons hoofd zitten, maar hebben anderen er niets aan. Het gebied van Broca is een deel van de computer dat een programma schrijft dat bepaalt welke spieren van stembanden, tong, onderkaak en lippen moeten samentrekken om het woord uit te spreken. Dat is bijzonder ingewikkeld. Voor elke klank moeten verschillende spieren samentrekken en wel in de juiste volgorde, met precies de juiste kracht en voor precies de juiste duur. Per klank is dat een grote reeks gegevens, dus voor een heel woord en zeker voor een zin, is dat een bijzonder ingewikkeld proces. Zodra het programma voor 'konijn' is geschreven, wordt het als een reeks commando's naar de motorische schors gestuurd. Het motorisch gebied dat instaat voor de bewegingen van mond, tong, stembanden enzovoorts ligt juist boven en achter het gebied van Broca. Die motorische schors zet de binnenkomende gegevens om in de juiste bevelen voor de juiste spieren. Het woord 'konijn' kan worden uitgesproken.

De toehoorder krijgt dit woord te horen via zijn auditieve schors. Deze geeft de resultaten van zijn analyse door aan het gebied van Wernicke, waar het woord herkend wordt en een betekenis krijgt, uiteraard dankzij de medewerking van het geheugen. De geluidsgolven die langs het oor zijn binnengekomen, doen de toehoorder denken aan een konijn. Er heeft taal plaatsgegrepen.

Bij het bekijken van de functie van deze gebieden begrijpen we waarom de evolutie, in de loop van die lange ontwikkeling in ons Moederland, twee afzonderlijke gebieden heeft voorzien en waarom ze op die plaatsen liggen. Waarom twee gebieden? De functie van het gebied van Wernicke, de theoreticus, is zo fundamenteel verschillend van dat van Broca, de practicus, dat ze beter niet door één programma wordt ondersteund. Als we een huis laten bouwen, doen we ook een beroep op twee specialisten, de architect en de aannemer. Ook al werken ze intensief samen, hun werk is totaal verschillend en we hebben minder vertrouwen in de man die zegt beide specialisaties te bieden. De evolutie heeft de architect in het gebied van Wernicke aangesteld, de aannemer in het gebied van Broca.

Waarom liggen ze juist daar? Het gebied van Wernicke moet tijdens het spreken eerst de binnenkomende klanken analyseren, dus ligt het bij de auditieve schors. Het gebied van Broca moet de bewegingen voor het spreken aan de gang zetten, dus ligt het bij de motorische schors. Alweer heeft de evolutie de meest economische oplossing bedacht.

Wie taal zegt, denkt ook meteen aan schrijven en lezen. Op dit ogenblik doe ik het ene nu en u het andere, vele maanden later. Dat is weer een heel boeiend verhaal binnen onze hersenschors. Immers, lezen en schrijven worden door de hersenen mogelijk gemaakt zonder rechtstreekse inbreng van de evolutie. Dat is niet moeilijk te begrijpen. De taal zoals we die tot nu hebben behandeld, is een gesproken taal en die werd gebruikt gedurende wellicht enkele (of vele) tienduizenden jaren. In die periode in ons Moederland heeft de evolutie via de natuurlijke selectie gewerkt aan dit gedragsfenomeen, heeft het de programmatuur gekneed en bijgeschaafd. In die enorm lange tijdsspanne is taal gegroeid van een primitieve, sociale geluidsproductie tot communicatie met een ingewikkelde grammatica. Het schrijven en lezen echter, het omzetten van de gesproken symbolen in sematectonische symbolen (denk even terug aan hoofdstuk 8), is bijzonder recent. Historici vertellen ons dat de mens pas enkele duizenden jaren geleden een schrift ontwikkelde. Dat is voor de evolutie veel te kort om er greep op te kunnen hebben. Natuurlijke selectie werkt over een tijdsspanne van veel duizenden, liefst miljoenen jaren. Daardoor heeft de evolutie nog geen programma in onze computer gebrand om schrijven en lezen mogelijk te maken. Dat programma schrijven we zelf als kind en elk kind doet het opnieuw.

Geschreven symbolen zijn van een andere aard dan symbolen die we in ons denken gebruiken. Het zijn symbolische voorstellingen van onze symbolen – 'symbolen van de tweede orde' zou ik ze durven noemen. Als wij het woord 'konijn' in gedachte nemen, dan is dat woord een symbool voor een pluizig, huppelend, gras etend diertje. Dat symbool zit in onze gedachte, in ons geheugen. We kunnen het alleen horen, het is een auditief symbool. Wanneer we de letters k, o, n, i, j en n op papier zetten, vormen deze een symbool van dat symbool in onze gedachte. Wellicht zal een linguïst niet gelukkig zijn met mijn omschrijving van een 'symbool van tweede orde', maar het is in dit verhaal een goede omschrijving om het verschil voor de evolutie tussen symbolen in onze gedachte en symbolen op papier duidelijk te maken. Symbolen van eerste orde zijn begrippen, symbolen van de tweede orde zijn voorstellingen van die begrippen. De eerste zijn zeer oud, we kunnen ze alleen horen, de tweede zeer recent, we kunnen ze alleen zien.

Gedurende de zeer lange tijd in ons Moederland heeft de evolutie alleen rekening gehouden met taal die we kunnen horen. Het gebied van Wernicke werkt met gehoorde symbolen, onze taal is in wezen een gehoorde taal. Geschreven symbolen vragen een nieuw programma in onze hersenschors. Immers, het gaat hier om visuele symbolen, dingen die we moeten kunnen zien. Een letter k is pas ontstaan toen men die ergens op kon schrijven – daarom noem ik dat ook sematectonische symbolen – op steen, boombast, papier of later op een beeldscherm. Zien doen we niet met het gebied van Wernicke, noch met dat van Broca, maar met de visuele schors achter in ons brein. De letter k kan niet bestaan zonder visuele schors. Maar die heeft weer geen benul van taal. Hoe moet dat nu? De evolutie heeft dat nog niet kunnen oplossen, daarvoor moeten we wellicht nog enkele honderdduizenden jaren wachten. Ons brein heeft dat zelf opgelost, namelijk door een gebied tussen de visuele schors en het gebied van Wernicke in te schakelen. Dat gebied heet de *gyrus angularis* (onofficieel te vertalen als 'hoekige hersenkronkel'). Die gyrus angularis doet iets wonderlijks. Hij kan de woorden die we zien, omzetten in klank. Wanneer u dus op dit moment het woord 'konijn' leest, is er een ingewikkelde verwerking bezig, eerst in uw visuele schors om deze kleine beelden, letters dus, te herkennen en samen te stellen tot een geheel beeld, het gelezen woord. Daarna wordt dat beeld doorgegeven aan de gyrus angularis, die van dat beeld een klank maakt, een gehoord woord. Nu kan het gebied van Wernicke weer meespelen. Het krijgt de informatie binnen, herkent de klank 'konijn' en kent dus meteen de betekenis van de aaneengeregen letters k-o-n-i-j-n. De geschreven, visuele tweedeordesymbolen zijn omgezet in de oeroude, hoorbare eersteordesymbolen.

Dat is heel knap werk van ons brein. Het maakt gebruik van bestaande structuren en functies om zelf een nieuwe functie te maken. We hebben nog geen idee van de omvang van het programma dat in de gyrus angularis wordt geschreven om beelden in klank om te zetten, maar het moet fenomenaal ingewikkeld zijn. En het wordt nog leuker, want deze gyrus kan ook nog eens het omgekeerde. Hij kan klank omzetten in beeld. Als we schrijven, gaan we uit van gehoorde symbolen, de woorden die in onze gedachte rondzweven en die we op papier willen krijgen. Een klank kunnen we niet op papier of op een computerscherm zetten, dus doen we een beroep op de symbolen van tweede orde, de visuele symbolen. De gyrus angularis is hier weer de centrale speler. Hij maakt in samenwerking met de visuele schors, een beeld van het woord. Dat kunnen we opschrijven. De gyrus angularis treedt ook op bij het spellen van een woord. Als ik u vraag om 'konijn' te spellen, doet u dat door eerst een visueel beeld van dat woord op te roepen. Het woord 'konijn' zelf kennen we als klank, niet als afzonderlijke letters. Daarom maakt u er eerst een beeld van, pas dan kan dat beeld worden opgesplitst in de samenstellende letters, met behulp van de gyrus angularis. Het is schrijven in gedachten en dat vraagt dezelfde hersenwerking als schrijven op papier.

Daarbij vergeet ik te zeggen dat om een woord echt neer te schrijven, we ook nog een andere weg moeten volgen dan bij het uitspreken ervan. Voor de uitspraak maakte het gebied van Broca een programma waardoor de juiste spieren van stembanden en mond op de juiste manier kunnen samentrekken. Bij het schrijven van dat woord is het ook het gebied van Broca dat voor de uitvoering zorgt. Maar nu schrijft het een programma dat andere spieren stuurt, namelijk die van de hand en de vingers die de pen vasthouden of die op het toetsenbord ratelen.

De beschrijving van de werking van de hersenschors om taal voort te brengen, stel ik hier natuurlijk veel te simpel voor. Het doet zowel het werk van de evolutie als het ingenieuze niveau van ons brein geweld aan. Er komen namelijk nog tal van andere dingen bij kijken. Maar ik denk dat deze korte kennismaking mag volstaan om te zien hoe de evolutie stilaan de taal in onze hersenschors heeft gebrand en hoe wij ondertussen al verder zijn dan de evolutie heeft voorzien: we zijn al aan het schrijven zonder dat de fabrikant van onze computer de middelen daartoe heeft ingebouwd.

De functie van de verschillende taalgebieden is, zoals ik heb gezegd, vaak aan de hand van hersenletsel te achterhalen. Het feit dat het bovenstaande niet verzonnen is, blijkt uit de verschijnselen bij *afasie*. Een afasie is een spraakstoornis die wordt veroorzaakt door het slecht of niet functioneren van taalgebieden in de hersenen, meestal door een beschadiging door een beroerte of een tumor. Het gaat dus niet om een verlamming van spieren of een psychische afwijking, alleen om een fout in de werking van de schors ter hoogte van de taalgebieden. De aard van de afasie wordt dan ook bepaald door de plaats op de hersenschors waar iets misloopt en door de omvang van de beschadiging.

Wanneer bijvoorbeeld het gebied van Broca geheel of gedeeltelijk beschadigd is, kan de patiënt nog wel taal in gedachte vormen (de architect is nog intact) maar hij kan de taal niet naar buiten brengen (de aannemer is ziek). De patiënt spreekt zeer moeizaam, maar begrijpt de taal van anderen goed. Hij spreekt weinig, stopt vaak en kan moeilijk articuleren. Er worden geen hele zinnen uitgesproken, eerder woorden in telegramstijl. Meestal is ook het schrijven gestoord, dat wordt dan weer *agrafie* genoemd. De betrokkene beseft welke fouten hij maakt. Dat bewijst dat het gebied van Broca niet dient om taal te begrijpen, maar om ze te uiten.

Een heel andere vorm van afasie doet zich voor bij beschadiging van het gebied van Wernicke. Hierbij hoort men de patiënt vlot spreken, maar de woorden zijn vervormd, worden weggelaten of verkeerd gebruikt. Zelfs al zijn de afzonderlijke woorden juist, dan kan de toehoorder soms de hele zin slechts na goed nadenken begrijpen. Sommige woorden worden niet gevonden en vervangen door een omschrijving. 'Wat je gebruikt om te snijden' in plaats van 'mes'. Of mes wordt verward met vork. De problemen kunnen zich ook binnen een woord voordoen als er verkeerde klanken worden ingebouwd, of letters van plaats verwisseld. Soms spreekt de patiënt daardoor een totaal onverstaanbare taal. De patiënt verstaat de taal – die hij echter goed waarneemt – niet of moeilijk. Hij beseft niet dat zijn taal gestoord is. Kortom, het is duidelijk dat hier de ontvangst van de symbolen gestoord is, de taal zelf dus. De architect is ziek, de aannemer werkt goed maar met slechte informatie.

Nog een andere afasievorm kan zich voordoen wanneer de *fasciculus arcuatus* onderbroken is, dus de brug die de gebieden van Broca en Wernicke verbindt. Doordat deze gebieden zelf intact blijven, zal de patiënt vlot kunnen spreken, zal hij zonder moeite elk woord herkennen en begrijpen, maar de inhoud van zijn spraak zal totaal abnormaal zijn. De goede informatie kan immers niet worden doorgegeven aan het gebied van Broca. De architect maakt goede plannen, maar kan ze niet ongeschonden aan de aannemer bezorgen. De patiënt zal gehoorde of gelezen woorden of zinnen perfect begrijpen, maar kan ze niet herhalen.

Een laatste voorbeeld van afasie zien we bij beschadiging van de gyrus angularis. Aangezien dit gebied instaat voor de omzetting van beeld naar klank en omgekeerd, en aangezien we die omzetting nodig hebben om te lezen en te schrijven, zal deze beschadiging het lezen en schrijven onmogelijk maken. We noemen dat respectievelijk *alexie* en *agrafie*. Een patiënt met alexie en agrafie kan probleemloos spreken en gesproken taal begrijpen, hij kan ze echter niet lezen of schrijven: de goed waargenomen woorden kunnen niet in een auditief patroon worden omgezet en blijven daardoor betekenisloze visuele patronen. Om te spellen en te schrijven is het omgekeerde nodig en dat was ook niet mogelijk, vandaar de agrafie.

Dit is een boek over evolutie van gedrag, waarom besteed ik dan al die aandacht aan afasie, aan een storing van de normale werking van de hersenen? Ten eerste omdat deze afasievormen aantonen dat de taalgebieden wel degelijk verschillende functies hebben en dat onderzoek naar de verschillende verschijningsvormen van afasie ons veel leert over die taalgebieden en over de manier waarop de evolutie de programmatuur voor onze taal in ons brein heeft gebrand. Maar ten tweede is afasie voor dit verhaal interessant omdat ze weer een geweldige oplossing van de evolutie blootlegt. Het optreden van hersenletsels is geen normale zaak en is niet iets dat door natuurlijke selectie wordt beloond. Maar de oplossingen die het brein hiervoor uitdoktert, zijn wel het werk van de natuurlijke selectie in het Moederland. De evolutie heeft er namelijk voor gezorgd dat wanneer er iets misloopt met die geweldige uitvinding die we taal noemen, wij niet meteen verloren zijn, dat we ons nog kunnen aanpassen, dat we nog een kans krijgen. Het mechanisme dat de evolutie hiervoor heeft gepland, is de plasticiteit van de hersenen. De evolutie programmeerde onze centrale computer zodanig dat hij zichzelf kan herprogrammeren! Ziedaar een van de redenen waarom mijn herhaalde vergelijkingen tussen ons brein en een computer mank gaan: de computer die u en ik in de winkel kopen, verandert niet qua hardware. Hij blijft zoals hij in de computerfabriek is gemaakt. Ons brein niet, dat verandert voortdurend en past zich aan als er iets misloopt. Het loont de moeite daar even bij stil te staan.

Plasticiteit van de hersenen

De hersenen zijn niet statisch of onveranderlijk. Ze tonen een merkwaardige plasticiteit in de organisatie van hun functies. Zenuwweefsel dat vernietigd is door een tumor of beroerte kan niet worden hersteld. Toch vond de evolutie het geen goede zaak om zich bij functieverlies in het brein onmiddellijk gewonnen te geven: de natuur kwam met een mogelijkheid tot herstel. Voor zover we weten, delen de neuronen zich niet om de schade weg te werken – zoals bij een snijwond in de huid. Waarschijnlijk worden de functies van beschadigde hersengebieden geheel of gedeeltelijk overgenomen door andere gebieden. In een bedrijf kan de baas het werk van een groepje afwezige werknemers laten uitvoeren door andere krachten, die normaal gezien deze job niet doen. De bedrijfsorganisatie is plastisch, dat verhoogt de rentabiliteit. Zo ook met de hersenen: als een deel is uitgevallen, worden andere delen ingeschakeld. De kunst om zichzelf aan de handicap aan te passen, is via de natuurlijk selectie beloond. Hoe jonger de hersenen, hoe gemakkelijker zulke veranderingen plaatsgrijpen. Deze plasticiteit in de hersenen kan zich op twee manieren voordoen.

Ten eerste kunnen functies worden overgenomen door neuronen die zich rond het beschadigde gebied bevinden en niet actief waren. Zo kan men zich indenken dat neuronen die in een zone rond het gebied van Broca liggen, de mogelijkheid hebben dezelfde functie waar te nemen als de neuronen van dat gebied zelf. Na het uitvallen van het taalgebied, zouden de buurcellen de functie overnemen, althans gedeeltelijk want volledig herstel is niet mogelijk.

Dankzij deze capaciteit van ons brein zien we dat patiënten met een afasie van Broca in de loop van maanden na de beroerte, stilaan meer woordjes gaan uitspreken. De evolutie heeft zo veel neuronen in onze hersenen voorzien, dat er meestal wel enkele reservekandidaten klaarstaan wanneer er collega's uitvallen.

Een tweede mechanisme van plasticiteit in de hersenen houdt in dat de andere hersenhelft de weggevallen functie zou leren overnemen. De rechterkant van de hersenen zou – wat de taal betreft – blijven 'slapen' tot ze als reserve geactiveerd wordt bij een beschadiging van de linkerkant. Dat betekent niet dat de bijzonder complexe werking van de taalgebieden in de linkerhersenschors zonder meer wordt overgenomen aan de andere kant. Het betekent eerder dat er een beroep kan worden gedaan op de primitieve mogelijkheid van de rechterhersenhelft om eenvoudige woorden te herkennen, zoals we dat gezien hebben bij de proeven waarbij de linker- en rechterhelft van het brein afzonderlijk werden onderzocht. Een interessante hypothese van deze vorm van plasticiteit vinden we in een oplossing die de hersenen bedenken bij de vorm van afasie waarbij de brug tussen de gebieden van Wernicke en Broca, de fasciculus arcuatus, onderbroken is. Door dat euvel kan zich een alexie of diepe dyslexie (moeilijkheden bij het lezen) voordoen. Woorden kunnen dus moeilijk of helemaal niet worden gelezen. De onderbroken brug is een dikke bundel van zenuwvezels, dat betekent dat hier geen sprake is van naburige neuronen die de taak kunnen overnemen. De eerste methode van herstel is dus uitgesloten. Toch ziet men na verloop van tijd en na de nodige therapie dat patiënten met deze storing stilaan meer woorden kunnen lezen.

Men heeft het sterke vermoeden dat hierbij de rechterhersenhelft wordt ingeschakeld. Laat men een patiënt met deze afasie het woordje 'konijn' lezen, dan weet het gebied van Wernicke waarover het gaat, maar weet er geen weg mee. Door het aanmaken van nieuwe verbindingen tussen neuronen, zou deze informatie van het gebied van Wernicke via de hersenbalk – dus de brug tussen de twee hersenhelften – naar de rechterkant worden gebracht. Daar bevinden zich geen taalcentra, maar op een of andere wijze zou 'konijn' hier herinneringen of associaties kunnen oproepen, dankzij de primitieve mogelijkheid om eenvoudige woorden te herkennen. De niet-beschadigde rechterhersenhelft denkt dus aan een konijn. Dat denkbeeld wordt dan teruggestuurd naar de linkerhersenhelft, weer via de hersenbalk. Het belandt in het gebied van Broca, dat een programma aan de motorische schors zendt om 'konijn' te zeggen. Deze omweg over de hersenbalk naar de onbeschadigde hersenhelft, is een hypothese, er zijn geen harde bewijzen voor. Er is wel een sterke aanwijzing die deze hypothese zeer aannemelijk maakt, namelijk de vaststelling dat het wel eens fout loopt. De patiënt ziet 'konijn' staan, maar leest hardop 'haas'. Dat is te verklaren doordat de rechterhersenhelft geen echte, fijne woordenkennis heeft, alleen ruwe ideeën. Hij herkent het woord 'konijn' als een pluizig dier met grote ogen en lange oren, maar dat kan ook een haas zijn. Deze vergissing resulteert in een denkbeeld van de haas en geeft die informatie door aan het gebied van Broca aan de linkerkant van de hersenen. Deze gehoorzaamt het commando om 'haas' uit te spreken. Dit soort foutjes zijn te verklaren door het inschakelen van de andere hersenhelft bij taalproductie.

Er bestaan sterke vermoedens dat er algemeen nieuwe neuronenschakelingen worden gevormd bij nieuwe behoeften. Dat is de plasticiteit van de hersenen. Daarin kan de kracht van een goede therapie zitten. Overigens hoeven er niet per se beschadigingen op te treden om gebruik te maken van de plastische vermogens van ons brein. Ons geheugen zou voor een groot deel ook worden opgeslagen door nieuwe verbindingen tussen neuronen te maken. Maar dat is weer een heel ander verhaal.

Zoals gezegd was het niet de bedoeling een grondige behandeling te geven van de werking van onze hersenen. We maakten een bewuste keuze om enerzijds een idee te geven van de werking van het brein en hoe het in staat is ons gedrag te sturen, anderzijds om te illustreren hoe de evolutie op een economische en doeltreffende manier het bewustzijn en de taal in onze hersenen heeft gebrand. Met deze strenge beperking doen we de pracht van de evolutie en de kwaliteit van onze hersenen geen eer aan. Ons brein is op dit ogenblik het meest complexe mechanisme dat we kennen. Het zal nog een flinke tijd duren voordat wij enig idee zullen hebben van de manier waarop de natuurlijke selectie in het Moederland deze onvoorstelbare complexiteit heeft ontworpen, hoe ze die heeft gekneed en gemoduleerd. Dat is een van de belangrijkste uitdagingen van de moderne biologie.

10

NOG MEER VRAGEN STELLEN

Waarom doen we wat we doen? Dat is de Grote Vraag. Het verhaal over de Grote Vraag naar ons gedrag is onvoorstelbaar boeiend. Het is geschreven door de evolutie, met de natuurlijke selectie als pen. Het is een spannend verhaal met schitterende voorbeelden. Het sleept ons mee. Wie een stuk van het verhaal hoort, wil steeds meer weten. De schoonheid van dit verhaal zit niet in de romantiek, want die komt er niet bij kijken. En ook niet in de goedheid van de spelers, want die bestaat niet. Het is de vindingrijkheid van de evolutie, de economische 'intelligentie' om rationeel om te springen met wat al is bereikt om daaruit een maximaal rendement te behalen. Het is de niet te stoppen klim naar steeds meer complexiteit en de onverzadigbare gulzigheid naar meer die dit verhaal zo mooi maken. Het verhaal van de Grote Vraag is zeer oud. De evolutie begon er enkele miljarden jaren geleden aan te schrijven en ze werkt er vandaag nog aan. De eerste bladzijden van het oude verhaal werden gevonden door Charles Darwin, halverwege de 19de eeuw. Hoewel, we mogen Darwin niet tekortdoen, de man die ons denken veranderde door te zien wat iedereen zag, maar in te zien wat nog niemand had ingezien. We zouden beter zeggen dat de eerste bladzijden werden *ontcijferd* door Darwin. Tenslotte hoeven we het manuscript van het verhaal niet te vinden, het is overal om ons heen te zien. We moeten het wel kunnen ontcijferen. En daar heeft Darwin ons de weg gewezen. Hij leerde ons door zijn bril te zien. Sindsdien vordert het ontcijferwerk met razende snelheid; zeker de laatste decennia beginnen we steeds meer episodes van het verhaal van de Grote Vraag te begrijpen. De schoonheid van het verhaal openbaart zich. De bioloog is de gelukkige die deze schoonheid als eerste mag aanschouwen en meteen verliefd wordt.

En wat doet een verliefde bioloog? Hij wil erover praten, anderen laten weten welke schoonheid hij mag aanschouwen en waaraan hij zijn hart verloren heeft. Als een jongen die over de pracht van zijn liefje wil praten, zo wil de bioloog aan iedereen die het horen wil zijn verhaal kwijt. En dan schrijft hij een boek over de Grote Vraag om anderen te laten meegenieten van al die pracht. Hij doet zijn uiterste best om het verhaal zo goed mogelijk te vertellen. Maar als het af is, is hij ontgoocheld: hij beseft dat hij het verhaal tekortdoet, dat hij er misschien te veel een soapverhaal van heeft gemaakt, dat hij de schoonheid niet genoeg in de verf heeft gezet. De jongen heeft zijn beeldschone meisje niet kunnen beschrijven zoals hij haar ziet.

En toch zal er wel iets zijn overgekomen van de Grote Vraag. Ik hoop dat u de grote lijnen van dit verhaal hebt gevolgd. Dat u beseft hoe de evolutie werkt via natuurlijke selectie. De voorbeelden die ik heb behandeld, zullen dat wel duidelijk hebben gemaakt. Het waren maar een paar voorbeelden. Ik wilde u niet vervelen met een encyclopedisch overzicht van het menselijk gedrag. Dat zou niet alleen erg saai worden, het zou ook een onvoltooide symfonie blijven. Er verschijnen aan de lopende band publicaties over ons gedrag, steeds opnieuw worden nieuwe constateringen gedaan, nieuwe episodes toegevoegd aan het verhaal. Het is dus niet mogelijk een volledig overzicht te maken. In plaats daarvan heb ik voorbeelden gebruikt om het mechanisme uit te leggen, de manier van werken van de evolutie. Als dat enigszins bij u is blijven hangen, dan is dat veel meer waard dan een encyclopedisch overzicht. Een systeem doorzien is mooier dan een opsomming van feiten.

Daarom zijn veel van onze gedragssystemen niet of slechts zeer oppervlakkig aangeraakt. Territorialiteit bleef bijvoorbeeld onaangeroerd. Ik heb het even genoemd in de context van het ontstaan van grootschalige agressie, maar sprak toen niet over individuele territoria. Ook onze emoties heb ik niet uiteengerafeld, hoe interessant ze ook zijn. Onze kennis hierover is nog te gering. Over een paar jaar kunnen we er misschien spannender over vertellen. Ik heb het onderwerp wel aangestipt toen ik het had over veranderingen in dominantiestatus. Dat deed ik omdat emoties het belang van die veranderingen voor ons gedrag onderstrepen, maar ook omdat dit een gelegenheid was om even het biologisch belangrijkste kenmerk van emoties te vermelden: het feit dat emoties zoals andere gedragingen of fysiologische reacties of lichaamsstructuren aanpassingen zijn die zijn bepaald door natuurlijke selectie. Het zijn *biologische* structuren.

Ik behandelde ook niet de ontwikkeling van het gedrag vanaf de geboorte tot de volwassenheid, de *ontogenetische ontwikkeling*. Het is een hoofdvraag uit de gedragsbiologie: hoe ontwikkelt gedrag zich ontogenetisch? Het bleef onbehandeld omdat ik anders te veel overlappingen zou krijgen. Ik zou dan opnieuw moeten spreken over agressie en seks en communicatie en taal... Anderzijds is er in de vele uitgewerkte systemen toch geregeld over ontwikkeling gesproken. Hoe manifesteert agressie zich bij een kind? En dominantie? En taal? Vooral dit laatste heeft ons getroffen, meer bepaald het feit dat kinderen zelf een spraakkunst ontwikkelen. De *ontogenie* is dus toch eventjes aan bod gekomen, maar niet als een systematisch overzicht.

Ik sprak niet over het vermogen om te leren, toch is ook dat een boeiende vertelling gelet op de enorme complexiteit van de dingen die te leren zijn. Het is een eigenschap van lage tot hoge dieren, maar vooral kenmerkend voor de meest ontwikkelde soorten. De evolutie heeft steeds meer belang gehecht aan aangeleerd gedrag, en heeft het als supplement van het aangeboren gedrag laten ontwikkelen. De mogelijkheid om gedragselementen te leren, maakt het gedrag flexibel en daardoor kan een dier gemakkelijker inspelen op een snel veranderende omgeving. De aandachtige lezer zal echter vaak tussen de lijnen door kennis hebben gemaakt met ons leervermogen, als tegenhanger van aangeboren gedragingen, bijvoorbeeld bij de paragrafen over communicatie en taal.

Intelligentie is een zeer spannende episode uit ons verhaal, hoe de evolutie dit fenomeen heeft uitgewerkt om de toenemende complexiteit van ons sociaal gedrag aan te kunnen. Ik heb het ook niet diepgaand uitgewerkt, ondanks nieuwe inzichten hierover, de niet onbelangrijke genetische factoren voor intelligentie bijvoorbeeld. Toch heb ik het aangeraakt toen ik het over die complexiteit had, bijvoorbeeld in verband met de *theory of mind* waarbij een individu in de geest van een ander kijkt, of bij de korte behandeling van het bewustzijn, waarvan we de thuishaven in onze hersenen zochten. Intelligentie is door de evolutie ontworpen om samenleven in grote groepen mogelijk te maken en om het verwerven van voedsel te optimaliseren.

Zo kan ik nog een tijdje doorgaan met het opsommen van wat in dit boek ontbreekt. Menselijk gedrag is meer dan hetgeen we tegenkwamen. Je hoeft geen wiskundige te zijn om te becijferen hoe dik dit boek zou zijn geworden als ik elk ontbrekend punt hierboven wel had uitgewerkt in een apart hoofdstuk – u zou er niet eens aan beginnen! Je beperken en zelfcensuur plegen is voor een schrijver vaak moeilijker dan een lijvig werk schrijven.

Een manier van denken

In het begin van dit boek heb ik gezegd dat het niet alleen de bedoeling was dat mooie verhaal – ik heb mijn verliefdheid nu wel voldoende bezongen – te vertellen. Naast het verhaal wilde ik ook duidelijk maken dat het mechanisme dat de evolutie gebruikt, namelijk natuurlijke selectie, een algemeen systeem is dat we ook terugvinden in andere omgevingen dan in de levende wereld. Dat algemene systeem noemen we *differentiële reproductie* – een moeilijke term om aan te geven dat wanneer dingen met zekere regelmaat worden voortgebracht, er verschillen in de frequentie van dat voortbrengen kunnen optreden.

In de volgende alinea's wil ik duidelijk maken dat differentiële reproductie een algemeen verschijnsel is en geen alleenrecht van de biologische evolutie. Het is een proces dat zich in alle mogelijke stelsels voordoet, zelfs in ons dagelijks leven. Een uitgever geeft boeken uit, laat ze in een zekere oplage drukken en herdrukken. De aanmaak van een boek is de reproductie. Niet alle boeken krijgen dezelfde oplage of hetzelfde aantal herdrukken. Alleen werken die veel lezers waarderen, worden opnieuw gedrukt. Die boeken zullen veel voorkomen in de populatie boeken. Ze worden jaren, soms zelfs eeuwen later nog verkocht. Die verschillen tussen populaire en minder populaire boeken, is het differentiële in de reproductie van de boeken. De lezer maakt de selectie.

Elk economische productie is onderhevig aan differentiële reproductie. De mooiste of beste auto's worden meer verkocht en dus geproduceerd dan minder begeerde. De auto's worden hoe langer hoe meer aangepast aan de wensen van de consument. De lekkerste chocolade of jam of wijn of tabak wordt meer verkocht dan mindere soortgenoten. Chocolade die men vult met mosterd, wordt er door de natuurlijke selectie – de consumentenselectie – snel uitgekegeld. Evenzeer als terpentijnconfituur, kattenpiswijn of ploftabak: ze worden in *no time* weggeselecteerd.

De differentiële reproductie in de economie zien we ook op macroniveau, het voortbestaan en uitgroeien van bedrijven zelf. Bedrijven die producten op de markt brengen die de consument behagen, blijven overeind en krijgen de mogelijkheid te groeien. Ze richten filialen op en dochterbedrijven die zelfstandig kunnen worden. Bedrijven die niet kunnen voldoen aan de wens van de consument, zijn niet langer aangepast aan de economische omgeving en verdwijnen, ze worden afgestraft door de selectie. Tenzij ze een huwelijk aangaan met een ander bedrijf, fuseren of een *joint venture* afsluiten. Zo ontstaan grotere bedrijven die door toename van hun kritische massa rendabeler kunnen produceren en de prijs kunnen drukken. Ze zijn weer aangepast aan de omgeving, in casu het economisch milieu. De selectie, in casu de consument, kan dat weer belonen.

De natuurlijke selectie werd in dit boek steeds als tegenhanger van culturele krachten gesteld. Iets is door de evolutie gemaakt of door de mens. Dat is een juiste indeling. Maar ik wil het nog wat ingewikkelder maken. Ook de ontwikkeling van die culturele fenomenen volgt een evolutie via differentiële reproductie. Dingen die de mens maakt, zijn ook onderhevig aan dit algemene principe, zoals de eenvoudige voorbeelden van daarnet illustreren. Dat is niet zo verrassend als we beseffen dat onze hele cultuur een uitvloeisel is van de biologische evolutie. De natuurlijke selectie heeft onze hersenen zodanig gemodelleerd dat ze zelfstandig nieuwe dingen kunnen aanmaken. Die 'nieuwe dingen' vormen onze cultuur. En die dingen veranderen ook in de tijd, steeds volgens het algemene selectiemechanisme. Een mooi voorbeeld zijn de vele talen van de mensheid. Talen zijn geëvolueerd op een wijze die sterk lijkt op de biologische evolutie van planten- en diersoorten. Verschillende talen die grote gelijkenis vertonen, stammen af van een gemeenschappelijke voorouder. Nederlands, Engels, Duits en Fries stammen bijvoorbeeld van het West-Germaans, terwijl Deens, Zweeds, Noors en IJslands uit het Noord-Germaans of Oud-Noors zijn ontstaan. Beide groepen evolueerden uit het Germaans, dat samen met onder meer de Balto-Slavische, de Italo-Keltische talen, het Grieks, Armeens en Tochaars stamt van Indo-Europese vooroudertalen. Hoe sterker talen verschillen, hoe verder je in de tijd terug moet om een gemeenschappelijke stam te vinden. En net als bij levende soorten zijn er flink wat talen uitgestorven.

Ook binnen een taal zien we differentiële reproductie. Mensen gebruiken woorden omdat ze nuttig zijn en gemakkelijk uit te spreken. Als ik een woord zou willen lanceren, *przinkajofkupiljada* bijvoorbeeld, en het zou qua betekenis verwijzen naar de snelheid waarmee suiker oplost in koffie met melk – voor koffie zonder melk heb ik een ander woord bedacht – dan zal dat woord snel worden weggeselecteerd door de gebruikers van onze taal. Wellicht zou ik de enige zijn die dat woord kent en gebruikt. Anderen zouden best kunnen leven zonder te willen spreken over dit natuurkundig verschijnsel, en áls het eens ter sprake zou komen, misschien één keer in iemands leven, dan zal de omschrijving 'de snelheid waarmee suiker oplost in koffie met melk' even efficiënt zijn. Bovendien zal niemand zo'n onuitspreekbaar woord uit het hoofd willen leren. Het woord 'suiker' daarentegen mag blijven bestaan, want het is gemakkelijk uit te spreken en heeft nut. De selectie die woorden doet verspreiden, houdt ook rekening met andere krachten. Zo kan een woord een signaal worden als herkenning van een bepaalde groep. De jeugd bedenkt in hoog tempo woorden die de buitenwereld duidelijk moeten maken dat de gebruiker ervan de nieuwste trends van de jongeren volgt en dus 'in' is. Dat soort woorden is meestal een kort leven beschoren, want als ze te algemeen worden gebruikt, verliezen ze hun exclusiviteit en worden weggeselecteerd door de eerste gebruikersgroep. Woorden kunnen een mutatie ondergaan en in hun nieuwe vorm succesvoller worden dan voorheen. De geschiedenis van een moderne taal uit oudere vormen is er een van mutaties van woorden. Ons woord 'maag' is een mutatie van 'mage' in het Middelnederlands, wat zelf een verandering was van 'mago'. Slechte mutaties verdwenen, goede mutaties hebben zich verspreid. En zo zal de taalhistoricus allerlei voorbeelden kunnen aanhalen van differentiële reproductie in onze taal.

Ook in onze kunstuitingen speelt differentiële reproductie. Kunstwerken worden gereproduceerd door de selectie van de kunstliefhebber. De werken van Mozart, Bach en Beethoven worden nog dagelijks uitgevoerd en op cd gezet omdat ze gewild zijn, omdat ze positief worden geselecteerd. Hun waarde is enorm. De liedjes van een marktkramer kennen misschien tijdelijk enige verspreiding, maar zullen kort na zijn dood zijn weggeselecteerd, tenzij ze inmiddels een andere waarde hebben gekregen – voor de lachspieren bijvoorbeeld. Shakespeares *Romeo en Juliet* heeft zo'n sterke overlevingswaarde dat het al eeuwen steeds opnieuw wordt gedrukt, opgevoerd, bewerkt, herschreven voor film enzovoort. De romannetjes uit de Boeketreeks vinden weliswaar tijdelijk gretig aftrek, maar worden nooit herdrukt en zijn na enkele jaren verdwenen uit de boekenpopulatie (of verschenen onder een andere titel).

Memen

Differentiële reproductie in onze cultuur vinden we terug in wat Richard Dawkins de *meme* noemde. Een meme is een eenheid van culturele overdracht bij de mens, zoals een idee, een melodie, een gezegde, een modestijl in de architectuur, kleding, gastronomie, enzovoort. Een meme is de culturele evenknie van het genetische gen en wordt eveneens van de ene generatie op de andere doorgegeven, niet via geslachtscellen maar door nabootsing – het 'springt' van het ene brein naar het andere. Een goed idee wordt doorgegeven. Een belachelijk idee verdwijnt, tenzij het humoristische waarde heeft en als grap blijft bestaan. Een meme is onderhevig aan mutatie en dus aan selectie. Goede memen, dat wil zeggen memen met een of andere kracht waardoor het over meerdere generaties van het ene brein naar het andere wordt doorgegeven, kunnen eeuwen meegaan. Slechte memen, dus zonder blijvend nut, leven niet lang.

Een voorbeeld van een sterke meme is de godsidee. Deze idee moet oeroud zijn, misschien is zij vele keren ontstaan als mutatie van een andere idee, maar we kennen de oorsprong ervan niet. Zij is vele eeuwen lang doorgegeven via het gesproken en geschreven woord. Ze heeft haar intrede gedaan in andere vormen van onze cultuur zoals in de kunst. Ze moet dus een sterke overlevingswaarde hebben. De evolutie van deze idee is onderhevig geweest aan vele mutaties, er bestaan veel varianten op de godsidee, maar de basisidee blijft overleven. Wat is die kracht? Een godsfiguur biedt mensen houvast, een verklaring voor hetgeen ze rationeel niet kunnen duiden. Fundamentele vragen over ons bestaan of over het begin en het einde der dingen zijn moeilijk te beantwoorden. Pas recent beginnen onze wetenschappelijke vorderingen enig licht te werpen op dergelijke vragen, maar gedurende eeuwen moest men die kennis ontberen. Dus veel vragen, weinig antwoorden. Een voor de hand liggende oplossing voor dat probleem is dan de veronderstelling van een bovenaardse kracht die losstaat van onze wereld en alles van daar uit dirigeert. Wat wij zelf niet weten of begrijpen, is dan met die kracht te verklaren. Het alternatief is: wachten tot ons rationeel denken wel zo ver is om rationele antwoorden te geven. Die oplossing biedt echter geen bevrediging, het frustreert de denkende mens. Dingen die frustreren en niet bevredigen kunnen geen goede memen zijn en krijgen geen kans in de ontwikkeling van onze cultuur. Vertel onze voorouders van pakweg het begin van onze tijdrekening maar eens dat ze zich niet druk hoeven te maken over het ontstaan van ziekten, over de dood, over het waarom van ons bestaan, over de leeftijd van de aarde. Dat ze rustig moeten wachten tot de 19de, misschien de 20ste eeuw om goede antwoorden te krijgen. '*No way*', is het antwoord, 'wij willen een antwoord hier en nu!' Die houding is menselijk, we doen dat tenslotte nu ook. Ondanks de snelheid waarmee onze wetenschap vordert, willen we al antwoorden kennen die we nog niet kunnen geven. Bestaat er een equivalent van het menselijk brein in een ander zonnestelsel? Bij die vraag krijg je nu al de stelligste ja's en nee's te horen! Maar zouden we niet nog een paar decennia wachten voordat we met enige kennis van zaken proberen te antwoorden?

Dus de overlevingswaarde van de idee god is de kracht van een tijdelijke, oppervlakkige verklaring voor dingen die ons beroeren. Die kracht wordt nog versterkt door een emotionele, psychologische waarde. De godsidee is uitgewerkt in veelomvattende stelsels, zeg maar godsdiensten. Deze geven aan hoe men moet leven ('Doe ook een ander niet wat u niet wilt dat u geschiedt', 'Wie niet wordt als de kinderen, zal het rijk der hemelen niet binnengaan'). Godsdienst schrijft voor wat kan en niet, wat goed is en wat slecht. Dat is van onschatbare waarde. Mensen krijgen een houvast in hun angsten, zoals een bange peuter die bij het naderen van een grote hond de vaste, stevige hand van vader wil voelen waarna alle angst wegzakt. Het leven is voor ons één grote, dreigende hond, die elk ogenblik kan bijten. Daarom willen we een vaste hand voelen van onze vader of van Onze Vader. De godsdienst neemt twijfels weg, verschaft een warm gevoel. Wat wilt u nog meer? Dat warme gevoel drong binnen in de kunsten, werd belichaamd in de vorm van magistrale werken. Wie krijgt geen kippenvel van het *Ave Maria* van Gounod of het *Agnus Dei* van Barber? Zo wordt de vraag omtrent het bestaan van

God overbodig. Natuurlijk bestaat hij: als een meme in onze cultuur.

Het is goed nog even stil te staan bij de overlevingskracht van de godsidee. De waarde van de idee ligt dus voor een groot stuk in de populariteit – sorry voor het minder eerbiedige woord. Er kleven echter nog meer waardebepalende aspecten aan en die maken dat menig godsdienst uit de bocht vliegt. De overlevingswaarde krijgt steun van een ander meme, het *geloof*. Men *moet* de meme aannemen, zonder vragen te stellen. Doe geen onderzoek naar aard en oorsprong van de meme, want anders... zal de beschermende hand hierboven zich terugtrekken. Geloof is onvoorwaardelijk aanvaarden. Deze meme heeft de zwakte van de meme van de godsidee voor een groot stuk opgeheven. Want stel dat onze voorouders telkens weer vragen zouden stellen over die god die alles regelt, dat ze zouden vaststellen dat hij niet consequent handelt, dat hij dingen vergeet, dat hij vaak lijkt te slapen. Vermoedelijk zouden veel mensen gauw afhaken. En iedere mens die afhaakt, is een 'voortplantingskans' minder voor de meme. Dat zou een negatieve selectie zijn. Het risico elke keer opnieuw, door iedere nieuwe mens ter discussie te worden gesteld, wordt ontkracht door de nieuwe meme van het geloof, het 'blind vertrouwen'. Dat blinde vertrouwen moet de godsgedachte blijven steunen, juist *omdat* er geen tastbare bewijzen zijn voor het bestaan en handelen van een opperwezen. Bestond er wel een aanvaardbaar bewijs, dan zou geloof overbodig worden. U hoeft immers niet te gelóven in het bestaan van het staatshoofd, de postbode, de zon, de seizoenen, de bacteriën (al hebt u wellicht nooit microben gezien). Geloof is een vorm van indoctrinatie die meestal vanaf de vroege kinderjaren wordt toegepast. Op een ogenblik dat de mens nog weerloos is, nog niet voldoende informatie heeft over de wereld om vragen te kunnen beantwoorden en hunkert naar zekerheid en houvast. Dan valt hij ten prooi aan de propaganda van de meme. Niet zo'n fraai trekje van deze meme: hij maakt misbruik van kinderen, creëert eerst angst en onzekerheid, en geeft dan één antwoord: 'Geloof in God, want anders...' We kunnen zelfs van hersenspoeling spreken. Het dwangmatige van dit geloof uit zich op allerlei manieren, variërend van de verplichting om god met hoofdletter te schrijven, tot gruwelijkheden die niet vervat zitten in de meme van de godsidee. Inderdaad, omwille van het geloof voeren we oorlogen om andersdenkenden te bekeren en anders te onthoofden. Geloof versterkt zo het wegnemen van de agressieremmende factoren die oorlog zouden kunnen verhinderen. Geloof wordt een wapen op zich: hij die zijn leven offert in de strijd, zal verheerlijkt worden in 'het' hiernamaals. Onze geschiedenis staat er bol van en we blijven de pagina's ervan volschrijven.

Eeuwenlang heeft de kracht van de meme de godsidee doen verspreiden van brein tot brein. De selectie was haar gunstig gezind. Vandaag echter ontstaan er problemen. In een biologische evolutie kan een of andere structuur opeens niet meer aangepast zijn aan een omgeving, omdat die omgeving verandert. Denk nog even aan die vlindertjes uit hoofdstuk 1, die berkespanners, die met hun witte kleur niet meer aangepast waren toen de bomen door luchtvervuiling zwart waren geworden. De problemen voor de meme van de godsidee ontstaan ook door een verandering van het milieu, geen luchtvervuiling maar kennisverandering. De meme kon gedijen in de wereld van onze gedachten, in de omgeving van ons geestesleven. Die omgeving verandert. Sinds de 20ste eeuw groeit ons inzicht in wereld en kosmos: we weten van alles over moleculen en atomen en elementaire deeltjes. We kunnen grote delen van het heelal nauwkeurig beschrijven, we hebben een precies beeld van de processen die zich afspeelden gedurende de eerste seconden van de *big bang* en van het ontstaan van de materie. Wij beginnen ook ons eigen brein te begrijpen, hoe neuronen werken en vooral samenwerken om tot gedachten en gevoelens te komen. We begrijpen hoe wij door een evolutionaire ontwikkeling vanuit het Moederland zijn gegroeid. Wij ontcijferen het Grote Verhaal. In zo'n milieu is de meme van 'blind vertrouwen in een bovenaards wezen' niet meer aangepast. Die meme krijgt het zwaar te verduren en haar verspreiding begint te tanen. De negatieve selectie is ingezet en het zal mogelijk niet lang meer duren of de meme van de godsidee is verdwenen. Ik weet niet of we dat moeten toejuichen. In plaats daarvan zal de wetenschappelijke kennis zich als meme verspreiden. Dat is een veel 'moeilijkere' meme, zo moeilijk zelfs dat haar verspreiding voorlopig niet zo massaal zal zijn als die van de godsidee. Slechts enkele bevoorrechten zullen warm worden van rationele kennis. De godsidee zal na haar verdwijnen niet worden vervangen door een ander algemeen houvast. Er dreigt een vacuüm dat tot onzekerheid kan leiden. Het warme gevoel kan in kilte overgaan. En dan steken er nieuwe memen de kop op – sekten bijvoorbeeld – die een kans krijgen te overleven.

De meme 'geloof' is niet alleen de apostel van godsdiensten. Elke ideologie of filosofische overtuiging kan als meme verspreid worden door geloof. Communistische leiders waren als de dood voor denkers die vraagtekens stelden bij het systeem. De communistische doctrine moest worden aanvaard, niet onderzocht. De doctrine is echter nooit een lang leven beschoren geweest. Dat komt doordat de selectie er veel sneller vat op kon krijgen dan op een godsdienst. Een godsidee is abstract, zij zit in ons hoofd. Een communistisch stelsel zie je op straat, bij de bakker, in de fabriek, op televisie. De waarde ervan is ondanks het verplichte engagement (geloof) gemakkelijker in twijfel te trekken. Daarmee wil gezegd zijn dat zij die het communisme moesten beleven rechtstreeks konden zien dat andere systemen rendabeler waren. De meme van het communisme was te tastbaar en had daardoor onvoldoende overlevingswaarde.

Het darwinistisch gedachtegoed, de evolutieleer, is ook een meme. Ze zegt ons dat zich reproducerende dingen in de loop van verscheidene generaties kunnen veranderen door selectie. Dat is een schitterende meme, daarom was ze onze leidraad in de vorige hoofdstukken. Ze heeft de selectie tot op heden doorstaan. In de wetenschappelijke wereld, in het rationeel menselijk denken, heeft deze visie het van alle andere gewonnen door de kracht van de bewijzen. Anderhalve eeuw lang is deze visie streng beproefd, getoetst aan waarnemingen, gewikt en gewogen. En nooit te licht bevonden. Deze meme lijkt de enige verklaring te zijn voor het bestaan van de levensvormen, inclusief de mens. Ze had geen ondersteuning nodig door de meme van het geloof. Darwinisme is geen geloof, niettegenstaande de opvatting van de schaarse tegenstanders. Het is geen geloof omdat er geen blind vertrouwen wordt gevraagd, geen onvoorwaardelijk aanvaarden. Integendeel, het darwinisme vindt zijn overlevingswaarde in de overtuigingskracht – steeds opnieuw en bij iedere nieuwe mens die erover nadenkt. Het kan ook overlevingswaarde vinden in een warm gevoel. Wie doordringt tot de kern van de evolutiemechanismen krijgt een warm gevoel van begrijpen – darwinistisch denken doet goed.

O ja, u hebt het goed gelezen, ik liet me ontvallen dat er 'schaarse tegenstanders' zijn. Het zijn de *creationisten*. Dat vraagt toch wat uitleg. In het milieu van het rationeel denken is de meme van het darwinisme nu algemeen verspreid, maar rationeel denken is niet het enige stelsel dat de mens als uitgangspunt gebruikt. Er is nog steeds het ideologisch en godsdienstig denken van zojuist. De godsmeme mag dan tanen, ze bestaat nog en dat zal ook nog wel even duren. Het religieus denken dat daaruit voortspruit, is een slechte omgeving voor de darwinistische meme. Binnen deze omgeving werkt de selectie negatief uit en wordt Darwins grote idee verketterd. Wanneer de wetenschappelijke meme de godsmeme volledig heeft verdrongen, zal de meme van de darwinistische visie algemeen verspreid zijn. Ik zei dat de tegenstanders schaars zijn, dat is zo in verhouding tot de enorme massa wetenschappelijke denkers; in absolute termen zijn ze nog talrijk, zo talrijk dat ze in de Verenigde Staten zelfs invloed op de wetgeving kunnen uitoefenen.

Het begrip meme is natuurlijk zelf een meme. Ze is in 1976 door Dawkins geïntroduceerd en zo sterk aangeslagen dat het op korte tijd een zeer sterke verspreiding heeft gekregen. Er is vrij snel een adjectief van gemaakt: *memetisch*. Het begrip meme wordt op internet trouwens meer geciteerd dan veel andere recente uitdrukkingen en er verschijnt zelfs een tijdschrift over. We kunnen dus wel stellen dat deze, net als elke andere goede meme, onze cultuur als een virus heeft geïnfecteerd. De filosoof Daniel Dennett stelt dat de menselijke geest een kokende massa van memen is. Hij gaat zelfs zo ver dat hij de hypothese verdedigt dat ons bewustzijn een gigantisch memencomplex is. De jonge meme oogst dus nu al veel succes. Het is niet uitgesloten dat ze binnen enkele jaren in het dagelijks taalgebruik is ingeburgerd, zo van: 'Goed idee van u, misschien wordt het nog 'ns een meme!'

Susan Blackmore ziet in onze telefoons, radio's, hifi-installaties, computers, modems de replicatiemachines van memen. Die apparaten worden ontworpen, geselecteerd en aangepast door de memen zelf. Memen zorgen zo voor hun eigen replicatiemogelijkheden, zoals miljarden jaren geleden onze genen voor hún replicatie chromosomen, cellen en lichamen ontwierpen. Ze ziet internet als een supersnel medium om memen te verspreiden. Memen vliegen – in de vorm van binaire codetaal – met onvoorstelbare snelheden over de wereld. Ze worden – indien ze succes hebben – vele malen gekopieerd. Akkoord, die kopieën maken wij zelf, dus hebben we er nog controle over, maar zal dat zo blijven? Blackmore wijst op het gevaar dat memen als computerprogramma's een zelfstandig bestaan zullen kunnen leven. Denk aan computervirussen. Zelfstandige memen zullen zich verspreiden via internet, een omgeving waarin ze zullen muteren en worden geselecteerd – positief of negatief. Wie weet waartoe dat kan leiden? Zullen we binnen enkele jaren nog het verschil zien tussen memen die aan ons brein zijn ontsproten en memen die op het elektronische wegennet zijn ontstaan? Toch een griezelige gedachte!

De basisgedachte van deze paragraaf is dat darwinistisch denken een algemene manier van denken wordt. De differentiële reproductie, het selectieprincipe bij de vermenigvuldiging van dingen, geldt niet alleen voor de biologische evolutie van genfrequenties en soorten. We staan aan de wieg van een nieuwe beweging, een toepassing van het darwinisme in andere disciplines. In het begin van dit boek wees ik al op de sterke groei van de evolutiepsychologie, die van dezelfde darwinistische inzichten als de biologie uitgaat. Er zijn andere disciplines, denkoefeningen en andere rationele bezigheden die in de nabije toekomst deze weg zullen opgaan. Ik doe een greep uit de voorbeelden die zich al aandienen. De toekomst zal uitwijzen in hoeverre de darwinistische meme deze disciplines en denkoefeningen heeft beïnvloed.

Zin van het leven

Het darwinisme leert ons veel. De bril van Darwin is zo sterk dat hij ons ook kan helpen wanneer dé ultieme vraag 'Wat is de zin van het leven?' ons kwelt. De ontwikkeling van ons denken en bewustzijn heeft nu eenmaal als neveneffect dat zulke vragen rijzen. Dit is te vergelijken met een booghoekvulling, de metafoor waarmee Gould erop wijst dat niet alle fenomenen evolutionaire aanpassingen zijn, maar neveneffecten kunnen zijn van dingen die wel een evolutie kenden (zie hoofdstuk 8). De evolutie vond het nodig ons uit te rusten met intelligentie, met bewustzijn, met een nieuwsgierigheid die aanzet tot ontdekken en onderzoeken. Dat alles is goed om te overleven in een steeds complexere omgeving, een omgeving die ook bepaald wordt door soortgenoten. Diezelfde vaardigheden deden echter meer dan ons alleen in leven houden: ze riepen wezensvragen op. Waarom leven wij? Wat komt er na dit leven? Wat wordt er van ons verwacht in dit bestaan? Met het verschijnen van die onzekerheden kon de meme van de godsidee postvatten en gedijen.

Darwinisme brengt echter een rationele, heldere visie. Het leert ons dat zowel het ontstaan van het leven als de evolutie van het leven tot en met de mens één groot festijn van toeval is. De evolutie heeft een weg gevolgd, de weg tot alle nu bekende levensvormen, maar had evengoed een andere weg kunnen volgen. Op ontelbaar veel momenten van de evolutie had het toeval een ander pad kunnen inslaan, waardoor andere levensvormen waren ontstaan. Misschien zouden er helemaal geen meercellige organismen zijn geëvolueerd, of geen dieren, of geen zoogdieren, of geen intelligentie noch bewustzijn. De kans is wel erg groot dat er helemáál geen mensen waren ontstaan. Door een kans van één op oneindig veel is nu juist onze soort ontwikkeld. Door een andere kans van één op oneindig heeft de evolutie de pantoffeldiertjes voortgebracht, door eenzelfde kans zagen we de orchideeën verschijnen, de vliegezwammen, de olifanten. Alle levensvormen zijn verschenen door een kans die onwaarschijnlijk klein is. Dat is niet zo onvoorstelbaar. Als ik u vraag een getal te noemen tussen één en een miljard, dan zou uw antwoord 903 kunnen zijn. Er is één (mathematische) kans op 1 miljard dat u juist 903 zou zeggen, en toch is het gebeurd. En dat geldt ook voor het getal 523 444, met dezelfde kans kunt u het gekozen hebben en met dezelfde kans had u eender welk ander getal kunnen noemen. Er was oneindig veel meer kans dat de mens *niet* was ontstaan.

Dat is één toevalstreffer, het feit dat de mens als levensvorm bestaat. Dan is er nog een tweede onvoorstelbare toevalstreffer, het feit dat elk individu, elk mens zelf op deze aardbol is verschenen. Wat is de kans dat u geboren werd?

Dat kan niemand bepalen. U bent het resultaat van de versmelting van één van de vier- à vijfhonderd eicellen die uw moeder kon voortbrengen met één van de ongeveer tien biljoen zaadcellen die uw vader kon produceren. Als een van alle andere eicellen van uw moeder de gelukkige was geweest (een kans van – laten we een gemiddelde nemen – 449 op 450) of als er een andere zaadcel van uw vader de voltreffer van de bevruchting had gerealiseerd (10 biljoen min één kansen op de 10 biljoen), dan was u iemand anders, een broer of een zuster van wie u nu bent. De kans dat u een broer of zuster van uzelf zou zijn geworden, is onvoorstelbaar groot. Deze berekening betekent dus dat u maar een uiterst toevallig kind van uw ouders bent. En dan neem ik uw ouders nog als uitgangspunten, alsof zij geen toevalligheden zijn. De redenering van de toevallige versmelting van de geslachtscellen geldt ook voor uw beide ouders, en grootouders, en overgrootouders,... De kans dat al uw voorouders ooit geboren zijn, is iedere keer oneindig klein. En dan moeten ze elkaar nog gevonden hebben, en een koppel gevormd, en kinderen gewild. Hoeveel mannen had uw moeder kunnen strikken? Toevallig was het uw vader. Een geluk dat ze kinderen wilden of in elk geval kregen. En ga zo maar door. Uw en mijn bestaan is niet meer of minder dan een onvoorstelbare toevalstreffer.

Waarom leven wij? Dit is een verkeerde vraag. 'Waarom' vraagt naar de reden, het doel waarop gemikt wordt. Die vraag houdt in dat iemand of iets een bedoeling had of heeft met ons leven. We weten nu dat die iemand of iets alleen de evolutie kan zijn, en die heeft geen doel voor ogen. Een betere vraag is dan 'Waardoor leven wij?' Laten we daarover heel duidelijk zijn: door toeval. Geen millimeter meer of minder. Die toevalligheid kan niemand berekenen. Is dat een koude douche? Moeten we nu in een zwart gat vallen? Is het niet aangenamer te geloven dat we geschapen zijn tot meerdere eer en glorie van een god? Krijgen we geen warmer gevoel als we ons leven als voorbereiding kunnen beschouwen op een hiernamaals, waar een heel ander leven kan bestaan? Dat hoeft allemaal niet. Zulke opvattingen en overtuigingen kunnen ons goed doen, maar ook veel pijn bezorgen. Het godsbeeld dat godsdiensten ons voorhouden, leidt tot ontgoocheling. We kunnen de gestelde eisen niet nakomen, we falen voortdurend, we stellen ons nog meer vragen (waarom laat god dit of dat gebeuren?). De meme die we gecreëerd hebben om ons goed te voelen, geeft even grote katers. Is dat dan geen koude douche?

Het toevalsverhaal dat we in het darwinisme vinden, reikt wel antwoorden aan: als we door toeval zijn ontstaan, met een kans van één op oneindig, laten we dan oneindig blij zijn dat we die loterij hebben gewonnen. Er is geen beloning of straf voor ons leven nodig, alleen vreugde omdat we er zijn en elke dag opnieuw met volle teugen van dat leven mogen genieten. We moeten elke dag opnieuw beseffen dat we moeten genieten, dat we elke dag opnieuw de positieve kanten van het grote toeval moeten proeven. Wanneer ons lichaam het loodje legt, vallen onze weefsels uit elkaar, het feest van het grote lot is dan voorbij en het verhaal is afgelopen. Dus 'wat is de zin van het leven?' is een nonsensvraag. Want 'zin' betekent in dit verband bestaansreden, nut. 'Zin' heeft een doel voor ogen. Als we echter met die vraag bedoelen 'wat moet ik doen met mijn leven?', dan vallen er natuurlijk wel antwoorden te formuleren. De vraag naar de 'zin van het leven' is zo sterk ingeburgerd dat ik die formulering maar aanhou, maar dan met de duidelijke betekenis 'wat moet ik met mijn leven doen'. Dus opnieuw, wat is de zin van het leven? Wel, voor de helft is dat: blij zijn dat het toeval ons hier heeft gezet, ervan genieten, pluk de dag!

En de andere helft? Ik moet toegeven, wat hierboven staat is wat al te rooskleurig en vrijblijvend. Ons leven *is* niet altijd zo mooi gladgestreken. We kunnen veel dingen opnoemen die ons tegenzitten, waardoor we ons rot voelen, die ons pijn doen – ondraaglijk veel pijn soms. Dat is dan *ook* het resultaat van het toeval. Een ziekte hadden we evengoed *niet* kunnen hebben. Het verlies van iemand die ons lief was, had evengoed *niet* kunnen plaatsgrijpen. Ik heb het over negatieve dingen die hetzelfde toeval voortbrengt: die hebben geen *zin*. De kern van de zaak van het negatieve, het ultieme bestaan ervan, hebben we niet nodig. Kiespijn is goed om te weten dat er iets mis is met een tand; die pijn moet er (even) zijn. Maar de problemen met de tand zelf hebben geen zin, geen functie. Ze hadden evengoed niet bestaan. Die negatieve kanten moeten we aanpakken, we moeten ze bestrijden en overwinnen. Dan voelen we ons weer goed. Dat is de tweede helft van de zin van ons leven: zorgen dat negatieve elementen verdwijnen.

Dit alles lijkt erg individueel en egoïstisch, alsof iedereen alleen zijn eigen geluk moet nastreven. Niets is minder waar. Onze samenleving is zodanig ontwikkeld – zowel door de biologische evolutie als door de culturele ontwikkeling – dat we op elkaar steunen. Onze gedrag is te complex om alleen te leven. We zijn sociale wezens, ik hoop dat de laatste hoofdstukken van dit boek dat duidelijk hebben gemaakt, en dus delen we veel met elkaar, ook geluk. Wat onze vriend te kort komt, moet bijgepast worden. We willen in het kader van onze samenleving met zijn allen gelukkig zijn. Dat zit vervat in de twee helften van de 'zingeving' hierboven: de zin houdt evengoed in dat we ook kameraden laten genieten van de dag en dat we hem helpen om de negatieve kanten van het toeval te lijf te gaan.

Is dat nog altijd een koude douche? Nee, dit is de warmte die men kan vinden aan de hand van het inzicht in het evolutieproces. Dit is een zin van het leven die niet steunt op drogredenen en succesvolle memen. Wie toch de voorkeur geeft aan zo'n meme – zoals de godsidee – wil ik zeker niet tegenhouden. Wie moeilijkheden heeft met de realiteit – of met het rationalisme – heeft het volste recht te kiezen voor andere vormen van zingeving, voor een verhaal dat hem of haar beter past. Maar alsjeblieft, geen bekeringsijver! Niemand heeft het recht de verspreiding van een meme te forceren. Godsdienst kan goed zijn als een individuele zaak, niet als een systeem dat wordt opgelegd. Ik hoop dat iedereen goed voor ogen houdt dat het opdringen van een ideologie of filosofische overtuiging anderen de kans en het recht ontneemt te genieten van de uitkomst van die toevalstreffer die elk individueel leven is.

Dit alles heeft consequenties. Als we aanvaarden dat de zin van het leven onder andere inhoudt dat ik mijn kameraad moet helpen met het wegwerken van negatieve dingen die uit het toeval zijn voortgekomen, dan moet dat ook gebeuren als de nood het hoogst is. Wanneer hij ondraaglijke pijn lijdt en wel in die mate dat er geen sprake meer kan zijn van enige vreugde in zijn bestaan. Als die pijn het gevolg is van een negatieve factor die hem binnen afzienbare tijd het leven zal ontnemen, dan moet ik die pijn wegnemen door zijn leven te verkorten. Zijn leven heeft dan geen positieve elementen meer, alleen negatieve, alle zin is weg. Het verkorten van zijn leven is dan niet mijn recht, maar een plicht. Ik weet het, het is zeer gevaarlijk zo een diepgaand probleem met één enkele pennentrek te willen oplossen. Dat is niet mijn bedoeling. Want wie oordeelt over de totale afwezigheid van positieve levenselementen bij mijn kameraad? Hij zelf? En als hij dat niet meer kan? Wat doen we met psychische pijn? Zo zijn er nog meer moeilijke vragen die ook voortspruiten uit mijn redenering. Geen oplossing met één pennentrek dus, maar deze bedenking wil juist aangeven dat mijn visie op 'zin van het leven' ingewikkelder is dan het opsommen van twee puntjes. Het heeft verregaande gevolgen.

Zo zijn er nog consequenties, veel daarvan worden vandaag nog tegengehouden door andere zingevingsstelsels – memen die berusten op niet-rationalistische gronden. Bijvoorbeeld, als mijn kameraad zich seksueel niet voelt aangetrokken door het andere, maar door het eigen geslacht, dan is dat voor hem een invulling van een positief element van het toeval. Ik heb niet het recht hem dat te ontzeggen. Ik heb in hoofdstuk 6 duidelijk gemaakt dat homoseksualiteit geen 'ziekelijke' afwijking is, maar een variant op ons seksueel systeem en biologisch dus niet abnormaal. Maar zelfs als het biologisch wel aberrant zou zijn, dan nog heb ik niet het recht het geluk van mijn kameraad te dwarsbomen. Dat houdt niet in dat ik persoonlijk de plicht heb het onderwerp van zijn verlangens te worden. Het betekent dat ik hem geen relatie met een partner van dezelfde kunne mag ontzeggen. Ook niet als die relatie officieel moet worden geregistreerd door de overheid zodat hij en zijn vriend aanspraak kunnen maken op dezelfde maatschappelijke regelingen als gewone echtparen en andere samenlevingsvormen.

Nog een consequentie situeert zich op ruimer vlak. Mijn kameraad, wie is dat? In ons Moederland was dat geen moeilijk begrip, de groepen waarin wij leefden waren vrij beperkt. We kenden iedereen in de groep en wilden voor iedereen opkomen, wellicht met uitzonderingen, zoals die kerel die gisteren met mijn vrouw was verdwenen of die mijn voedselvoorraad heeft geplunderd. Maar vandaag is onze groep niet meer zo begrensd en worden we geconfronteerd met problemen op veel ruimere basis, zelfs mondiaal. Een hongerend kind in Afrika roept ook ons medeleven op. We noemen hem wellicht niet 'mijn kameraad', maar willen hem wel helpen, al was het maar door geld te storten. Ons brein leeft nog steeds in gemeenschappen van ongeveer 150 groepsgenoten en heeft zich nog niet aangepast aan de huidige explosieve vergroting van onze samenleving.

Dit zijn allemaal voorbeelden van het gebruik van het darwinistisch paradigma in andere domeinen van denken dan alleen de evolutieleer. De grondbeginselen van dit paradigma zullen later in een veel ruimere context worden toegepast dan vandaag. Het darwinisme is zo sterk dat het andere disciplines – in zoverre we binnen enkele decennia nog van afzonderlijke disciplines zullen spreken – sterk zal beïnvloeden. Ik stip even enkele terreinen aan waar we die invloed kunnen verwachten. Het blijft wel bij aanstippen want het is niet mijn bedoeling met de vermelding van deze disciplines om de beoefenaars ervan te inspireren in verband met hun werk, die pretentie heb ik niet.

Geneeskunde en psychiatrie

In 1995 publiceerden Randolph Nesse en George Williams een boek over darwinistische geneeskunde. Zij menen dat de geneeskunde meer moet zoeken naar de biologische functie van ziektesymptomen. Medisch onderzoek moet meer in de richting van evolutionaire verklaringen worden geduwd. Het is misschien beter om bijvoorbeeld koorts aan te pakken met zijn bestaansreden, in plaats van meteen middeltjes toe te dienen die de lichaamstemperatuur doen dalen. Koorts kan een afweermechanisme zijn tegen infecties. Bij stijging van onze lichaamstemperatuur wordt het optimale milieu voor bacteriën in ons lichaam verstoord. Het wordt te warm voor hun voortplanting en ze worden teruggedrongen. Het kan dus beter zijn de koorts even zijn gang te laten gaan om bacteriën te bestrijden dan die verhoging te onderdrukken en bacteriën alle kans te geven. Als de koorts te hoog wordt, waardoor ons eigen mechanisme in gevaar komt (een te hoge temperatuur is bijvoorbeeld slecht voor de werking van onze enzymen), moeten we er natuurlijk alles aan doen om deze weer te doen dalen. Hetzelfde geldt voor zaken als pijn, braken, hoesten en diarree. Ook dat zijn afweermechanismen tegen dingen die ons kunnen schaden. Wij braken om giftige stoffen uit onze maag te verwijderen. Het lichaam kiest hier voor een goedkope oplossing: er wordt iets verkeerds ontdekt in de maag, het is beter geen risico te lopen en de maag zo snel mogelijk weer te ledigen. Deze handeling is misschien onprettig, maar kan je leven redden. Antibraakmiddelen verhinderen deze afweer. Pijn is een signaal dat meldt dat er ergens schade wordt berokkend aan het lichaam. De hersenen werken als alarmbel en geven ons een onaangenaam gevoel met de bedoeling dat we aandacht besteden aan het gevaar. Bovendien kan pijn, net als een algemeen ziektegevoel, ons manen tot rust of tot het ontzien van ons lichaam. Een omgeslagen voet doet niet pijn om ons lastig te vallen of te straffen, en ook niet doordat de natuurlijke selectie ons slecht heeft ontworpen, maar om ons te manen die voet rust te gunnen. In plaats van meteen met pijnstillers te komen aanrukken, kan het beter zijn de oorzaak weg te nemen.

Hetzelfde geldt voor emoties. Negatieve emoties zoals angst, neerslachtigheid en verveling kunnen even functioneel zijn als positieve emoties zoals blijdschap, verliefdheid en vreugde. Angst of een depressief gevoel wijzen erop dat er iets misloopt en dat er moet worden gehandeld om die verkeerde toestand recht te trekken. Pillen die de symptomen wegnemen, laten de oorzaak zitten. Nesse en Williams drukken er wel op dat zulke darwinistische overwegingen geen invloed mogen hebben op de klinische adviezen van individuele artsen, noch voor lichamelijke noch voor geestelijke problemen. Een emotionele storing kan zich ook voordoen zonder functie, net als pijn en braken. De darwinistische geneeskunde moet worden toegepast op het niveau van het onderzoek, het moet inspirerend werken bij de keuze van researchprojecten.

Die evolutionaire visie kan duidelijk maken wat de betekenis of de functie is van ziektesymptomen. Waarom niezen we bij een verkoudheid? Die verkoudheid is het gevolg van een virusbesmetting. Die virussen hebben maar één 'doel': zich vermenigvuldigen. Een virus is tenslotte niet meer dan wat DNA of RNA met eiwitten eromheen. Het gaat dus eigenlijk om een pakketje genen. Die virussen hebben er alle belang bij dat ze niet te lang bij dezelfde gastheer blijven, hun milieu wordt immers verpest. Ze moeten dus tijdig op andere gastheren worden overgedragen. Hun genen zorgen dan voor een dusdanig ziektebeeld bij de gastheer dat hij de nodige kriebels in de neus voelt die uitmonden in een reactie, het bij ons minder populaire maar door het virus zeer gewaardeerde niezen. Men zou kunnen stellen dat het virus ons gedrag manipuleert om zelf beter verspreid te kunnen worden. Natuurlijk hebben wij bij dit gedrag zelf een voordeel: het maakt onze verstopte neusgangen enigszins vrij, dat is dan een toegift van het virus.

Buiten deze theoretische inbreng in de geneeskunde, kan de psychiatrie – zeg maar de geneeskunde van de psyche – veel informatie halen uit wat al is bestudeerd in de evolutiepsychologie. Slechts één voorbeeld, in hoofdstuk 7 legden we een verband tussen dominantie en emoties. Mensen die een statusverlaging ondergaan, kunnen een vorm van depressie ontwikkelen, dat is een normale, biologische aanpassing. Deze negatieve emotie kan worden weggewerkt door een nieuwe statusverhoging, eventueel op een ander vlak dan waar men zijn status aanvankelijk was verloren. Deze benadering is heilzamer dan de medicatie die beoogt de depressie op biochemische basis weg te nemen, bijvoorbeeld door de heropname van serotonine in de neuronen te regelen, aldus Nesse en Williams.

Politiek

Over enkele decennia zal het politieke gebeuren veranderd zijn ten opzichte van vandaag, zeker als ons denken de lijn volgt van het darwinistisch paradigma. Daarbij heb ik het niet over de kennis die een politicus kan opdoen uit de gedragsbiologie om zijn dominantie op te vijzelen, al dan niet virtueel, of zijn populariteit te vergroten door de juiste signalen kunstmatig te produceren. Ik hoop dat de politicus geen artificieel gebruik van onze biologische communicatie zal nastreven, bijvoorbeeld door via spiegelgedrag het vertrouwen van potentiële kiezers of adepten te winnen. Hij zou snel door de mand vallen, deels omdat hij nooit voldoende kennis over deze signalen zal opdoen en dus evenveel andere, ongewilde signalen zal uitzenden, deels omdat mensen sterk zijn in het ontmaskeren van bedriegers. We hebben dat in hoofdstuk 8 besproken, ik hoop dat die politicus dat ook eerst leest vooraleer hij misbruik wil maken van de biologische kennis.

Veranderingen die we wel mogen verwachten zijn inhoudelijk van aard. De politiek zal inhoudelijk veel kunnen bijschaven. De politieke besluitvorming zal worden beïnvloed door een grondigere kennis van de mens als individueel en sociaal wezen en van de achtergronden uit ons Moederland waarop ons doen en laten steunt. Wie weet wordt de politiek zelfs helemaal herschreven. Een basisgegeven van ons gedrag is de sterke motivatie om zichzelf op te trekken, om vooruit te komen, om meer hulpbronnen en sociale aandacht, dus aanzien te verwerven. Uit hoofdstuk 6 en 7 weten we dat dit universeel is, het is des mensen. Vooruitkomen doen we al honderdduizenden jaren, waarbij we twee mechanismen gebruiken. Ten eerste doen we het op eigen houtje, we verhogen onze vaardigheden en gebruiken deze om ons bezit te vergroten, om ons aanzien binnen de groep op te vijzelen. Een tweede mechanisme is het sluiten van coalities en samenwerkingsverbanden om krachten te bundelen. Op die manier kunnen hulpbronnen worden verkregen die men als individu niet kan krijgen, bijvoorbeeld doordat de vaardigheden ontoereikend zijn. Een slechte jager kan misschien toch het begeerde wild te pakken krijgen door samen met andere, minder handige jagers op pad te gaan. De groep verzamelt dan genoeg vaardigheden om hetzelfde te bereiken als die ene handige jager.

Het voordeel van het eerste mechanisme is dat men snel veel kan bereiken voor zichzelf, zowel hulpbronnen als aanzien. Een nadeel is dat men deze kans niet krijgt als de nodige vaardigheden niet kunnen worden ontwikkeld, bijvoorbeeld doordat de aanleg ontbreekt. Het voordeel van de tweede methode is dan weer dat men meer kansen krijgt als de nodige vaardigheden niet kunnen worden ontwikkeld; wie nooit een goed jager zal worden – bijvoorbeeld vanwege slechte ogen – kan toch iets bereiken door groepswerk. Een nadeel is dat men minder bereikt, want er moet worden gedeeld met anderen die hielpen bij de uitvoering. Bovendien is het moeilijk om prestige te verwerven. De groep kan aanzien krijgen, maar dat bevredigt niet op dezelfde wijze de hunkering naar persoonlijke status.

Deze methodes zijn vanuit het Moederland in ons hedendaags leven meegegroeid. De eerste methode ontwikkelde zich tot de liberale politiek, de tweede groeide uit tot wat nu als socialisme wordt omschreven. 'Fundamenteel verschillende opties' zullen liberalen en socialisten zeggen, maar in de grond steunen hun politieke benaderingen op dezelfde menselijke drijfveren, alleen de wijze om die te verwezenlijken is verschillend. Zijn het misschien de politici zelf die het politieke speelveld zo sterk willen polariseren? Dat is te begrijpen, want dat veld is het terrein dat zij nodig hebben om als individu op te klimmen; polariseren ervan is een tactiek om concurrenten in een slecht daglicht te stellen bij de kiezer.

Politiek inzicht zal ook rekening moeten houden met de vele consequenties die voortspruiten uit de 'zin van het leven' die ik aan het darwinisme meen te kunnen ontlenen. Als de politicus, de verkozene van het volk en dus onze vertegenwoordiger, deze visie volgt, zal hij weten hoe om te springen met zaken als euthanasie en het homohuwelijk. Hij zal dankzij dat inzicht weten wat te doen met al die andere problemen die ontstaan doordat machthebbers, die moeten beslissen over het leven van anderen, zich laten leiden door hun persoonlijke 'zin van het leven' en deze visie aan hun 'onderdanen' opdringen. Het zou een goede zaak zijn als politici enig inzicht zouden hebben in de evolutie van de mens, in zijn erfenis uit het Moederland.

Sociologie

De toepassing van het darwinisme in de sociologie ligt voor de hand. Sociologie is de wetenschap die sociale mechanismen van de mens onder de loep legt. De sociobiologie en later de evolutiepsychologie hebben meermaals gesteld dat deze sociale mechanismen voor een groot deel zijn ontworpen en aangepast door de evolutie. Van de vele systemen in het brein die ons gedrag binnen de grote groep van de samenleving richten en ordenen, zijn er in dit boek veel aan bod gekomen. We hebben fenomenen behandeld die interessante sociologische onderwerpen zijn, en perfect vanuit de evolutietheorie zijn te begrijpen: familieverbanden, prostitutie, partnerkeuze, verschil tussen vrouw en man, kindermoord, pedofilie, homoseksualiteit, agressie, ontstaan van oorlog, oorlog en seks, xenofobie, dominantie, status, rangorde, taal en communicatie, bedrog enzovoort. De socioloog zal een nog veel uitgebreider lijstje kunnen voorleggen van darwinistisch uit te werken onderwerpen. Het onderscheid met de evolutiepsychologie is daarbij niet altijd duidelijk, maar het in elkaar vloeien van denkrichtingen is juist een verrijking voor ons denken. De materie, noch ons gedrag laat zich in hokjes opsluiten. De grenzen tussen disciplines vervagen nu eenmaal. Of positiever: meerdere disciplines werken samen aan een antwoord om het menselijk gedrag te kunnen verklaren.

De sociologie kan in haar zoeken naar verklaringen voor sociale mechanismen informatie putten uit onze erfenis uit het Moederland. Bijvoorbeeld: waardoor mislukken alle menselijke experimenten om tot een samenleving op basis van gelijkheid te komen? Er zijn twee biologische predisposities of motivaties die zo sterk zijn dat elk egalitair systeem meteen doorbroken wordt. Ten eerste is er de motivatie om een hogere status te verwerven binnen de groep, ten tweede hebben wij een sterke 'drang' om ons te onderwerpen aan een autoriteit en deze te gehoorzamen. Ik verwijs nog eens naar de evolutionair stabiele strategie in hoofdstuk 4. Als iedereen gelijk was, zou één individu dat niet meespeelt en zich boven de anderen stelt, worden beloond. Egalitarisme is geen stabiele toestand, alle goede bedoelingen ten spijt. We moeten echter het egalitarisme als doel blijven nastreven. Het is goed dat we binnen onze culturele afspraken proberen de biologische wortels te onderdrukken als we opteren voor maximale samenwerking. Alleen door te streven naar egalitarisme kunnen we dat doel enigszins benaderen. Maar het blijft bij streven, de oeroude erfenis kunnen we afzwakken, maar niet wegwerken. De drang tot statusverhoging kan niet uit onze genen worden gehaald, noch de drang tot onderwerping.

Als ik een suggestie zou durven doen aan de socioloog die darwinistisch denkt, dan zou dat kunnen gaan over de memen. Het is wellicht boeiend na te gaan welke memen positief worden geselecteerd in onze cultuur. Wat maakt de ene meme populair en doet de andere snel verdwijnen? Zoals de bioloog zoekt naar de selectiekrachten om biologische fenomenen te verklaren, zo kan de socioloog de selectiekrachten zoeken van cultuurelementen zoals memen. Waarom zou men geen onderzoeksproject 'De culturele selectie van de memen' opzetten? Dit als cultureel equivalent van 'De natuurlijke selectie van de genen'. Ik maak me sterk dat we hierover binnen tien of twintig jaar veel zullen hebben geleerd.

De socioloog is geïnteresseerd in de sociale rangorde van mensen. Die heeft grote invloed op veel aspecten van onze samenleving. Het is een terrein waar veel onderzoekswerk ligt. Er is immers nog altijd geen algemeen verklarende theorie over de manier waarop mensen hun dominantie over anderen vastleggen. Welke eigenschappen worden in mensen gewaardeerd, welke verafschuwd? Welke seksuele verschillen bestaan er in dit opzicht? Welke culturele? Wat zijn de verschillen tussen jongeren en volwassenen? Zijn er universeel geldende criteria voor prestige en kunnen die op basis van de evolutietheorie worden voorspeld? Er is een cross-cultureel onderzoek gestart om hier een antwoord op te vinden, maar de voltooiing hiervan zal nog wel enige tijd op zich laten wachten.

De evolutietheorie leert ons verschillende sociologische fenomenen begrijpen. Bijvoorbeeld: waarom storen sommigen zich zo mateloos aan punkers? Die mensen dragen onconventionele kleding, verven hun haar in de raarste kleuren en laten het kappen tegen alle normen in. Verder doorboren ze hun lichaam met ringen en spelden. En bovendien lopen en praten ze opvallend anders dan wij. Kortom: ze willen totaal anders zijn dan Jan Modaal. Onze afkeer moeten we waarschijnlijk weer zoeken in het Moederland. Toen de mens zijn samenleving gestalte gaf, maakte hij afspraken. Die afspraken moesten chaos voorkomen. Er zou orde in de grote groep worden gebracht door gebruik te maken van signalen, van een rangorde, van overeenkomsten in ruilhandel enzovoort. De signalen hielden bijvoorbeeld de begroeting in, waardoor mensen hun onderlinge relaties bevestigden, hun onderwerping kenbaar maakten, de bereidheid tot verder contact etaleerden. Signalen, kleding en voorkomen drukten samenhorigheid uit. Die samenhorigheid was nodig want de groep had vijanden, namelijk andere groepen. Dus binnen de groep moeten we niet te veel verschillen, moeten we dezelfde manier van spreken hebben. Er wordt zelfs beweerd dat dialecten zijn ontstaan om groepen mensen van elkaar af te bakenen. Als nu iemand – om welke reden of oorzaak dan ook – zeer manifest te kennen geeft dat hij hier niet aan meedoet, dat hij al die signalen, conventies van rangorde, tekenen van het lidmaatschap van de grote groep overboord gooit, dan is dat iemand die zichzelf buiten de groep of de samenleving zet. Ik weet niet of er in het Pleistoceen al punkers waren, maar zo'n pleistopunk zou vast snel uit de groep zijn verwijderd. Wie niet meedoet met de groep, mag er ook niet de vruchten van plukken. Vandaag laat die afkeer zich nog gelden, ook al heeft ze geen functie meer. Daarmee is de afkeer voor punkers misschien verklaard, maar niet waarom excentriekelingen zich excentriek gedragen. Dat is wellicht eerder een psychologisch fenomeen.

Een ander verschijnsel dat beter is te begrijpen door de evolutietheorie, is xenofobie, de angst en afkeer voor buitenlanders en andere rassen. Door xenofobie ontstaat racisme. Xenofoob gedrag moet in ons Moederland een belangrijke rol hebben gespeeld. Mensen leefden in zelfstandig functionerende groepen, samenlevingen die volledig van anderen waren afgesloten. Andere groepen betekenden gevaar of waren juist een bron van bezit dat kon worden afgenomen. Mensen die vreemd waren aan de groep hadden dus geen positieve inbreng. In hoofdstuk 7 hebben we bij de mogelijke oorzaak van oorlog gezien hoe vreemde groepen enerzijds gebruikt werden om het voortplantingspotentieel te verhogen, anderzijds geweerd moesten worden omdat ze gevaarlijke rovers van dit potentieel waren. Dat leidde tot xenofobie. De erfelijke aanleg hiervoor is niet verdwenen, zoals weinig genetische factoren verdwijnen in de evolutie. Die erfelijke aanleg zit echter wel met een probleem. Vandaag is onze sociale omgeving zo sterk veranderd dat er geen onafhankelijke groepen meer zijn, dat de grenzen tussen samenlevingen zijn vervaagd. De wereld is één grote samenleving geworden en onze cultuur heeft hier een duidelijke afspraak gemaakt: wij willen met zijn *allen* verder. Pech voor die biologische aanleg. Daar is een belangrijke taak voor de sociologie weggelegd, namelijk zoeken naar de mechanismen waarmee mensen zo ver zijn te brengen dat ze die culturele afspraak als vanzelfsprekend gaan beschouwen. De cultuur heeft hier de plicht een vervanger te zoeken voor de biologische drijfveer van de xenofobie. Zijn wij racisten? Ja, natuurlijk want wij hebben dat geërfd, wij zijn allen racisten in onze chromosomen. Gedragen we ons als racisten? Dat hangt van ieder van ons af, dat is een afspraak die men maakt. Om alles in deze mondiale samenleving vlot te laten verlopen, om vreedzaam te kunnen samenleven, moet het antwoord op deze tweede vraag ontkennend luiden. We hebben hier overigens geen keuze meer. Die keuze is gemaakt bij de ontwikkeling van onze cultuur. Als we vroeger met zijn allen besloten hadden dat onze cultuur zou worden gestuurd door oorlogvoering, dan was racistisch gedrag aangewezen, een goed wapen als motivator. We hebben echter een andere keuze gemaakt, en onderstrepen die nu nog voortdurend. Racistisch handelen maakt die culturele keuze onmogelijk. Hier moeten we antiracistische memen alle mogelijkheden bieden zich te verspreiden. Sociologen aan het werk!

Mannen en vrouwen

Ik vertel niks nieuws als ik stel dat er in onze samenleving een kloof gaapt tussen de sociale verantwoordelijkheden van mannen en vrouwen. We leven in een samenleving geschoeid op mannelijke leest. Onze culturele en politieke geschiedenis is er een van mannelijke suprematie. De inbreng, invloed en macht van vrouwen mogen we niet onderschatten, maar blijven van ondergeschikt belang. Denken we alleen al maar aan het feit dat de vrouwen nog maar recent stemrecht hebben gekregen om mee te beslissen over hoe hun leven bestuurd wordt. In sommige landen zijn ze zelfs nog niet zo ver. Men kan zich de vraag stellen op welke basis dit onderscheid steunt, rekening houdend met de toestand in het Moederland waar de grondslag van ons gedrag ligt.

Bij de behandeling van de grote gedragsstrategieën in dit boek is steeds naar voren gekomen dat mannen en vrouwen grondig verschillen in hun doelstellingen, in hun *fitness* en in de wijze waarop ze die nastreven. Veel gedragsmechanismen uit het Moederland zijn het gevolg van deze doelstellingen. Kortom, mannen en vrouwen gedragen zich anders doordat ze fundamenteel van elkaar verschillen qua selectiedruk. In het Moederland waren overleving en voortplanting de dominerende factoren die de selectie stuurden. We hebben gezien hoe mannen en vrouwen deze factoren met verschillende wapens moesten aanpakken. De hele seksuele strategie ging daardoor verschillen, ouderzorg, agressie, betrokkenheid bij oorlog, dominantie en status... Het gaat hier om verschillen op individueel niveau, maar die doen hun invloed ook gelden op sociaal vlak. Fundamenteel bekeken zouden we het man-vrouwverschil kunnen samenvatten als individueel-agressief ingesteld tegenover sociaal ingesteld. Wie de moed heeft de vorige hoofdstukken opnieuw te lezen, zou deze etiketten in grote lijnen terugvinden.

Denken we even terug aan de waarnemingen die men deed bij spelende kinderen. Jongens spelen veel meer spelletjes waarbij ze via agressie dominantie opbouwen. Ze gebruiken hun verbale vaardigheden eerder om zichzelf op het voorplan te werken. Meisjes daarentegen geven een socialere bindingsfunctie aan hun verbaal gedrag. We zagen ook dat jongeren op vakantiekampen snel een rangorde vastleggen. Jongens doen dit hoofdzakelijk op basis van lichamelijke kenmerken, meisjes steunen meer op sociale vaardigheden. De agressieve/sociale verschillen manifesteren zich dus op jonge leeftijd, op een ogenblik dat de culturele kenmerken van onze samenleving nog geen stempel op het gedrag kunnen drukken.

De beschrijving die ik in hoofdstuk 2 ontleende aan Leakey geeft goed weer hoe de dagelijkse taken en dus het dagelijkse leven van mannen en vrouwen honderdduizenden jaren lang van elkaar verschilden. De jagende man, die individueel of in kleine groepjes soms dagenlang van huis was, moest in eerste instantie op zijn jachtcapaciteiten rekenen. Geen kracht, geen snelheid, geen agressie betekenden geen winst, geen beloning, geen aanzien. De vrouw bleef met haar seksegenoten en de kinderen ter plekke, regelde de sociale aangelegenheden, ze was de coördinator van de groep. Is het vanuit dit beeld verkeerd te stellen dat het sociale karakter van onze samenleving door de vrouw is gebaard? Misschien komen de aanwijzingen voor menig lezer niet overtuigend over, maar wie met handen en voeten in de gedragsbiologie, in de evolutieleer van ons gedrag baadt, voelt met al zijn antennes en intuïtie aan dat dit wel móét kloppen.

Ik vertelde u over het ontstaan van de taal. Daaruit leren we dat de taal, in tegenstelling tot wat velen voordien beweerden, in eerste instantie door vrouwen is ontwikkeld. De taal was de opvolger van het lichamelijk contact om sociale banden aan te gaan en te onderhouden. De groei van de samenlevingsgroepen noopte de mens – over lange tijd gespreid wel te verstaan – over te schakelen van lichamelijk contact naar geluidssignalen, het embryo van de taal. De sociale contacten werden in eerste instantie en hoofdzakelijk door vrouwen gelegd, dus is de redenering dat ook zij de taal maakten niet uit de lucht gegrepen. Studies over het gebruik van de taal vandaag bevestigen dit. Mannen gebruiken gesprekken hoofdzakelijk om informatie uit te wisselen, de onderwerpen die vrouwen behandelen gaan meer over sociale aangelegenheden én zorgen voor het onderhoud van het contact. Vrouwen praten veel meer om het contact zelf, daar waar mannen het meer als een informatiekanaal benutten.

Ziedaar een discrepantie die binnen de samenleving heeft geleid tot tegengestelde krachtlijnen. Ofwel individueel werken aan dominantie ofwel met zijn allen bouwen aan een sociale groep. Dankzij de evolutionair stabiele strategie, de redenering die ik eerder al enkele malen heb gebruikt, kunnen we gemakkelijk begrijpen dat deze eerste krachtlijn voor een individu meer opleverde dan de tweede. Hierboven stelde ik dat een egalitaire samenleving evolutionair niet houdbaar is. Elke man zal in het Moederland voordeel hebben geput uit dominant gedrag als de groep zich sociaal en egalitair opstelde. Dat betekent dat de mannelijke dominantie – als resultaat van een grotere kracht en een sterkere agressieve motivatie dan bij vrouwen – binnen de groep ging primeren, dat ze de overhand kreeg over de sociale bindingen die de vrouw realiseerde. Natuurlijk is dit te eenvoudig gesteld. Hoe kan één man zijn dominantie laten gelden over enkele tientallen vrouwen die via een sociaal lijmmiddel als groep zowat een eigen organisme zouden zijn geworden? Vele factoren speelden hierbij een rol. In de eerste plaats weten we dat mannen om hun individuele dominantie te verwerven, coalities aangaan met andere mannen en/of vrouwen. We kennen dat al van andere soorten, van lang voor de mens. Bovendien moeten we ons die sociale vrouwengroep niet te idealistisch voorstellen. Als ik zeg dat de vrouw in wezen sociaal was ingesteld, betekent dat niet dat zij geen dominantiestreven kende, dat zij geen voordeel kon halen door bedrog te plegen, dat zij nooit egoïstisch gedrag vertoonde, enzovoort. Die vrouwengroep was dus niet zo hecht en onoverwinnelijk dat een mannencoalitie zich er niet boven kon zetten. Maar de grote lijnen herkennen we wel in dit beeld.

Zo kunnen we begrijpen waardoor menselijke culturen steeds een mannelijke suprematie kennen. Maar betekent dat ook dat we dit stramien dan maar moeten aanhouden? Betekent dit verhaal uit het Moederland dat het ook goed is? Dat we alles zo maar moeten laten? Ik denk van niet. Onze samenleving wordt stilaan te complex om het sociale karakter, het samenwerkingselement te onderdrukken. De toekomst zal uitwijzen dat individuele dominantie niet kan standhouden in deze complexiteit. Samenwerking zal winnen aan belang. Daarmee doel ik niet op die 'mannelijke' samenwerking in de vorm van coalitievormingen, die zijn alleen gericht op individuele doeleinden. Ik bedoel de 'vrouwelijke' samenwerking, die meer de klemtoon legt op gemeenschappelijke doeleinden. Feministen zullen dit wellicht graag horen, maar het spijt me dat ik hen moet teleurstellen. De verwezenlijking van een eerder 'vrouwelijke' strategie in onze samenleving zal ook zonder feministen gebeuren. Zij zijn het niet die de biologische wortels in de mannelijke suprematie van onze samenleving zullen tegenwerken. Het is de kracht van de zelfregulering van onze cultuur die dat zal doen, met of zonder feministen. Zij zullen ernaar kijken en juichen, maar zullen weinig ertoe hebben bijgedragen – hooguit hebben ze het proces versneld. De economie bijvoorbeeld is een systeem dat doorbloed wordt door culturele selectiemechanismen. Die selectiemechanismen werken volgens differentiële reproductie (denk aan het begin van dit hoofdstuk). Ze zullen economische stelsels die steunen op samenwerking in plaats van concurrentie steeds meer belonen. De 21ste eeuw zal in deze richting evolueren. Inderdaad zien we vandaag al dat er een nieuwe, vrouwelijke aanpak ontkiemt. Neem bijvoorbeeld de *Wereldvereniging van Vrouwelijke Bedrijfsleiders*. Deze stelt dat ze een wereldwijde economie wil ontwikkelen met 'een netwerk van vriendschapsbanden en uitwisseling van informatie, met wederzijdse steun en stimulatie'. Ik denk dat het verschil van deze opkomende tendens met de oude mannelijke strategie wel duidelijk is.

Houding tegenover andere soorten

Mensen en dieren, hoe vaak horen we dat onderscheid niet? Het is een reflexmatige handeling in ons taalgebruik. We beschouwen ons als buitenstaanders van de levende natuur. We weten wel dat we levende wezens zijn, maar we zien onszelf als veel meer dan dat. We plaatsen ons voortdurend boven de andere soorten. Voor een bioloog is dat tegen de haren in strijken. Aan de ene kant weet de bioloog dat we op basis van fundamentele levenskenmerken de levende wereld indelen in vijf rijken: de bacteriën, de protisten, de planten, de schimmels en de dieren. Als een mens zich hierbuiten plaatst, wat is hij dan? Een mineraal of een niet-materiële vorm van leven soms? Toch heeft de mens een lichaam en een set van lichaamsfuncties die hij voor 100% gemeen heeft met de zoogdieren.

Aan de andere kant begrijpt de bioloog de zelfzuchtige houding van de mens wel. Daarin is de mens niet uniek, andere soorten doen dat ook. Ik heb nog niet de gelegenheid gehad een gesprek te hebben met een chimpansee, maar als ik dat zou kunnen, weet ik zeker dat de chimpansee zal spreken van 'de chimpansees en de dieren'. De mens zal daarbij tot de laatste groep horen. Uiteraard doet de chimpansee dat, want zijn wereld bestaat uit drie grote velden: ten eerste de verzameling van chimpansees waarmee hij interageert, paart en concurreert; ten tweede de eetbare wereld (planten, vruchten en dieren), ten derde de niet-levende wereld waarop hij kan lopen. Het belangrijkste veld is het eerste. In dat veld moet hij de meeste energie steken, daarbinnen vindt hij de enige mogelijkheid om zijn voortplantingssucces op te voeren. Chimpansees zijn de wezens waarmee hij rekening moet houden, mee moet samenwerken, vechten enzovoort. Andere wezens zijn om op te eten, om van weg te vluchten of om te negeren. Dus maakt de chimpansee het onderscheid tussen enerzijds de enige ware, echte, hoogstaande levensvorm: de chimpansee; anderzijds de dieren. Diezelfde redenering volgt de olifant, de honingbij, de mens. Daarom is dit onderscheid een tegen de haren in strijken: het is niet helemaal uit den boze, maar het wringt. Mensen zouden beter moeten weten dan chimpansees. Ze hebben immers van de natuurlijke selectie een berg intelligentie, inzicht en bewustzijn meegekregen, dan moeten ze het domme van dit onderscheid toch kunnen inzien?

Daar raak ik meteen de kern van dit onderscheid: de geestelijke kenmerken die we bij onszelf terugvinden, en belangrijk genoeg achten om als scheidingsmuur tussen onszelf en andere soorten te plaatsen. Wij hebben bewustzijn, een ziel, een geest, de rede. We noemen onszelf niet voor niets *Homo sapiens*, de 'wetende' mens. In feite zou ik hier kunnen volstaan met een verwijzing naar de vele malen dat we in dit boek konden kennismaken met het doorlopen van kenmerken in de evolutie, van apen via mensapen naar ons, en zeggen dat er dus geen reden is een muur op te trekken. We hebben genoegzaam gezien dat wij dezelfde mechanismen voor het bevorderen van ons voortplantingssucces gebruiken als andere soorten, dat we dezelfde vormen van agressie ontwikkelen, dat we dezelfde sociale banden smeden, dat we zelfs hetzelfde bewustzijn ontwikkelen. Maar ik wil toch nog wat andere accenten leggen.

De vele kenmerken die we gemeen hebben met andere primaten, komen per soort in verschillende sterkten tot uiting. Zo kennen alle soorten dominantie binnen de groep, maar dat geldt niet voor elke soort even sterk: sommige soorten hebben een uitgesproken dominantiegedrag, bij andere komt het sporadisch voor. Dat geldt ook voor kenmerken van de geest zoals intelligentie en bewustzijn. Daar zijn wij veel sterker in dan pakweg de chimpansee, die hier zelf weer veel sterker in is dan de hond. We mogen nog zo sterk zijn in deze kenmerken, we kunnen niet van een fundamentele opsplitsing reppen. We spreken ook van rijke mensen en mensen zonder geld. Die laatste groep heeft natuurlijk wel geld, maar niet veel. Als iemands vermogen niet groter is dan 500 euro en een ander bezit een fortuin van 500 miljoen euro, dan hebben we nog altijd te maken met twee mensen met geld. Zo heeft de mens een fortuin aan geestelijke vermogens die die van andere soorten verre overtreft, maar het gaat om een veel-weinigverhouding, niet om een wel-nietonderscheid.

Ik weet dat dit laatste voor velen moeilijk te aanvaarden is. Heel onze cultuur staat bol van de memen die stellen dat de mens een geest, een bewustzijn heeft en de (andere) dieren niet. Die memen zijn oud, en werden gelanceerd onder andere door denkers als Thomas van Aquino en Descartes. Zij stelden dat de mens weliswaar een stoffelijk lichaam heeft, maar vooral een ziel – een denkende, wijze, waardevolle geest. Die geest staat volledig los van dat aardse lichaam, zo los zelfs dat het na de dood van het lichaam blijft bestaan en verhuist naar andere – hopelijk betere – oorden. Dat dubbele kenmerk van de mens – lichaam plus geest – staat in de filosofie geboekstaafd als cartesiaans *dualisme*. Wij zijn volgens deze visie duale, tweeledige wezens. Daartegenover staat het *monisme* dat de eenheid van lichaam en geest vooropstelt. De geest is een resultaat van de lichaamsfuncties, zo'n beetje als de bloeddruk. De vergelijking gaat gauw mank, maar maakt wel duidelijk dat wanneer het lichaam stilvalt, ook de geest verdwijnt, net als de bloeddruk. Deze dualisme-monismediscussie is niet alleen vanuit filosofische hoek interessant, we hebben ze nodig om onze houding tegenover andere soorten te bepalen. Want, als de menselijke geest echt losstaat van het lichaam, is er een fundamentele kloof tussen mens en dier. Indien echter de geest niet meer is dan het resultaat van een lichaamsfunctie, hebben we geen reden om het bestaan van die kloof te veronderstellen. De nieuwste wetenschappelijke technieken, vooral uit de neuropsychologie en -biologie, kunnen in dit opzicht een steentje bijdragen. Laten we even onze – al dan niet lichamelijke – geest hiervoor pijnigen.

Wat verstaan we onder 'geest'? Neem tien boeken over dit onderwerp, en je hebt tien omschrijvingen. Toch is er een element dat altijd terugkomt: de geest is intens verbonden met het bewustzijn. Vaak worden deze begrippen als synoniemen gezien, soms is de geest de 'zetel van het bewustzijn', maar nooit staan de begrippen ver van elkaar. Ook Descartes zag de overeenstemming in deze begrippen: de kenmerkende eigenschap van de geest is 'bewust zijn', of in bredere zin van de term, denken. We laten de precieze omschrijving over aan de filosoof en beperken ons tot het feit dat geest en bewustzijn niet in essentie van elkaar verschillen. Die visie is namelijk handig om mee te werken en stelt ons in staat er de moderne wetenschappelijke technieken op los te laten. In wetenschappelijk onderzoek werkt men alleen met definieerbare begrippen die 'klaar zijn voor gebruik'. We noemen ze *operationele begrippen*. In hoofdstuk 9 zagen we een operationele omschrijving voor bewustzijn. Ik wil vooral de hogere vormen onthouden: de mogelijkheid om de betekenis van een handeling van tevoren na te gaan, en verwachtingen en plannen te hebben, alsook het gebruiken van esthetische en ethische normen. In hetzelfde hoofdstuk maakten we kennis met het onderzoek op *splitbrain*-patiënten. De onderzoekers kunnen ons hier twee leerzame dingen vertellen.

Ten eerste stellen ze vast dat de twee hersenhelften weliswaar dezelfde informatie uit de buitenwereld opvangen, maar die info geheel apart en met hun eigenheid verwerken. Het zijn twee afzonderlijke breinen die zelfstandig kunnen werken. Ze kunnen beide denken, ook toekomstgericht denken, plannen maken, ze kunnen beide met symbolen werken (zij het dat de linkerhelft hier sterker in is). Ten tweede – en dit klinkt misschien sterk – kunnen ze allebei normen toekennen, zowel ethische als esthetische. Michael

Gazzaniga en Joseph LeDoux deden in dit verband enkele zeer fijne proeven. Het zou vele bladzijden vergen om hun werkwijze uit de doeken te doen, dat bespaar ik u. Maar samengevat komt het neer op het volgende. De onderzoekers vonden een middel om bij een splitbrainer vragen te stellen aan de linker- en de rechterhersenhelft afzonderlijk, de ene had geen weet van de andere. Die vragen werden geformuleerd met de operationele omschrijving van bewustzijn voor ogen: er werd gevraagd naar vooruitzichten (toekomstgericht denken) en naar waardeoordelen (esthetische en ethische normen). Uit de resultaten bleek dat de twee hersenhelften lang niet altijd hetzelfde dachten en voelden, niet dezelfde toekomst voor zich zagen en ook niet dezelfde normen hanteerden. Ze kwamen vaak niet met elkaar overeen. Het was alsof de onderzoekers twee verschillende personen voor zich aan het werk zagen. Hun conclusie was dan ook van essentieel belang in dit verhaal: beide hersenhelften huisvesten elk een eigen bewustzijn. Ze stellen het wat aanschouwelijker voor: de chirurg heeft als het ware met zijn scalpel de geest van de patiënt in twee gesneden.

Indien de geest een onafhankelijke substantie – los van het lichaam – was, zou het niet mogelijk zijn deze te splitsen. Onderzoek van de hersenen versterkt dus de monistische visie. De geest is het resultaat van een lichaamsfunctie. Maar laten we eerlijk zijn. Ik heb gesteld dat we een operationele omschrijving van de geest moesten hebben voor het wetenschappelijk onderzoek. Daarbij zei ik dat de geest grotendeels samenvalt met onze omschrijving van bewustzijn. Sommigen zullen stellen dat ze nog andere elementen zien in de geest, dingen waarover we hier niet hebben gesproken. Die elementen zouden dan wel onafhankelijk kunnen werken van het lichaam, en dus aan het dualisme beantwoorden. Aangezien die elementen buiten het wetenschappelijk onderzoek vallen, is het aanvaarden van hun bestaan eerder een persoonlijke overtuiging, die misschien thuishoort in de godsidee. Ik geef de voorkeur aan dingen die we kunnen leren uit objectief wetenschappelijk onderzoek, en dus zie ik geen reden om aan te nemen dat mensen begiftigd zijn met een 'bovenaardse' geest (of ziel) die het fundamenteel verschil met andere soorten zou uitmaken. Net als vele andere biologische eigenschappen is ook het bewustzijn in de loop van de evolutie toegenomen, zelfs zeer sterk, maar het rechtvaardigt geen muur tussen soorten. Wie nog eens spreekt over 'mensen en dieren' moet dat goed voor ogen houden. O ja, als ik ooit nog eens dat gesprek heb met die chimpansee, zal ik hem ook duidelijk maken dat het afgelopen moet zijn met *zijn* onderscheid tussen chimpansees en dieren.

Net als al die andere levensvormen zijn wij het resultaat van de opeenhoping van vele verworvenheden van de natuurlijke selectie. De evolutie heeft steeds weer, geduldig als ze is, veel verbeteringen aan ons aangebracht, zodat we bij elke fase in de evolutie iets beter waren uitgerust. Daarbij lieten we andere soorten achter ons. De rijke heeft de armere achter zich gelaten. Is dat voldoende reden om ons als 'rijken' zo verheven te voelen boven de andere soorten dat we er geen respect voor hoeven te tonen? Kunnen wij vanwege een enorm cadeau van de evolutie andere soorten zonder meer gebruiken, zoals we dat met een steen doen? Mogen wij een dier, ook van een andere soort dan wij, zomaar pijnigen, respectloos behandelen? We kunnen hier twee kanten uit.

Of we zeggen nee, want we zijn met z'n allen levende wezens en moeten hiervoor respect hebben. Rijken en armen bezitten geld, en moeten de geldelijke afspraken respecteren. Dat houdt dan in dat mensen niet willekeurig met andere dieren mogen omspringen, ze mishandelen, in onwaardige omstandigheden houden, ze sociale contacten ontzeggen, enzovoort. We moeten dan met andere woorden respect voor andere levensvormen hebben.

Of het antwoord is ja, want we zijn hogergeplaatst doordat we meer hebben gekregen. Rijken mogen zich boven armen plaatsen. Dat houdt dan weer een groot gevaar in. Als men een ander naar believen mag gebruiken alleen omdat men zich beter begiftigd acht, zet je de deur open voor analoge redeneringen binnen de eigen soort. Dan is die vergelijking met rijken en armen geen metafoor meer, dan moet men dulden dat rijken geen rekening met armen houden. Vooral op het niveau van racisme wordt dat linke soep. Het is niet moeilijk om verschillen tussen mensenrassen te vinden; als die verschillen er niet waren, zouden we ook niet van rassen kunnen spreken. Welnu, iedereen kan wel ergens verschillen ontdekken waardoor hij kan stellen dat het ene ras een of andere voorsprong heeft op het andere. Dus is de suprematie van het ene over het andere ras verantwoord. Waar hebben we dat nog gehoord? Van de slavernij tot Hitler en apartheid was dit de doctrine.

Respect voor andere soorten wil niet zeggen dat we geen dieren mogen doden voor onze consumptie, dat we ze niet mogen houden als gezelschapsdieren of dat we ze niet kunnen gebruiken als proefdieren. Het wil wel zeggen dat we daarbij steeds het welzijn van het dier voor ogen moeten houden, dat men alles moet doen om lichamelijk en psychisch lijden te voorkomen. Consumptiedieren moeten een leven kunnen leiden dat niet onderdoet voor het leven van soortgenoten in het wild. Gezelschapsdieren moeten opgenomen worden in een familiekring met een maximaal behoud van soorteigen gedrag. Proefdieren mogen pas worden ingeschakeld wanneer er geen alternatieve methoden voorhanden zijn en wanneer de proef alleen nodig is om echt menselijk lijden te voorkomen (dus niet voor de productie van oogschaduw). Zo kunnen we nog wel even doorgaan, we kunnen veel voorbeelden geven van het houden, kweken en behandelen van dieren, steeds onder optimale omstandigheden. Dat kan een lange lijst worden, maar dat is niet het oogmerk van deze paragraaf. De bedoeling van deze paragraaf is alleen aan te duiden dat de darwinistische evolutieleer ons maant tot nederigheid. We moeten ons gevoel van superioriteit laten varen, het verhaal van onze afkomst maakt duidelijk dat er geen reden is tot grootheidswaan. We moeten ons intellect niet aanwenden om suprematie over andere soorten te ontwikkelen, maar om harmonie na te streven, ook met andere soorten.

Voor mensen die geld verdienen met het kweken of behandelen van dieren, is dit moeilijk in te zien. Ook voor mensen die geen notie hebben van het hier vertelde verhaal, mensen bijvoorbeeld die graag jagen, met één geweerschot een leven beëindigen. Anderzijds zijn er mensen die hier overdrijven, die huisdieren behandelen als mensen. Ook die houding strookt niet met een verantwoorde verhouding tegenover andere soorten. Een dier moet worden behandeld zoals het zijn soort betaamt. Een graf met gouden letters voor de poes die is heengegaan, wijst meer op een gestoorde instelling van de baas van de poes dan op respect voor de andere soort. Zo'n overdreven bezorgdheid is het resultaat van een kenmerk dat ik 'de mogelijkheid om de soortengrenzen te verleggen' zou kunnen noemen. Daarmee bedoel ik dat mensen hun huisdier niet meer als hond of kat of kanarie zien, maar als mens. De grenzen van de mensensoort worden zodanig verlegd dat het huisdier erbinnen komt te vallen. Het klinkt misschien vreemd, maar die eigenschap maakt van de mens een goed huisdier! Wat bedoel ik daarmee?

Mensen zijn sinds enkele tienduizenden jaren bezig diersoorten via vele kweeklijnen om te vormen tot huisdieren. Die omvorming noemen we domesticatie. De hond is het eerste product als huisdier, gekweekt uit de wolf. Deze soort is niet willekeurig gekozen. Niet elke soort komt in aanmerking voor domesticatie, er moet aan bepaalde voorwaarden zijn voldaan. Het dier mag geen strenge eisen stellen qua voeding, anders kan het niet bij de mens worden grootgebracht. Zo zijn er nog wat voorwaarden, maar voor een gezelschapsdier is er een zeer belangrijke voorwaarde: het dier moet zich tegenover dieren van andere soorten kunnen gedragen alsof het soortgenoten zijn. Het moet met andere woorden zijn soortengrenzen kunnen verleggen. Dat is nodig om de mens te kunnen opnemen binnen zijn groep, als soortgenoot. Dat is precies wat de wolf kon en de hond nu doet. De hond beschouwt de familie waarbij hij woont als medewolven, met zijn allen zijn ze een roedel. Bovendien heeft de hond geleerd zich te onderwerpen aan zijn dominante roedelgenoten, het baasje bijvoorbeeld. Als de hond zich dominant zou gedragen, is hij niet in huis te houden, hij zou zeer agressief worden en alleen zijn zin doen. Dat is niet wat men van een gezelschapsdier verwacht. Dus voor de hond is de mens een hond. Een analoog verhaal kan verteld worden over de kat, ook dit dier ziet mensen als soortgenoten, deze keer niet als roedelgenoten (katten zijn solitair) maar als familiegenoten. De ene keer zijn wij kittens voor de poes, de andere keer zijn we haar moeder. Diezelfde grenzenverleggende eigenschap heeft de mens ook. Hij beschouwt dieren van een andere soort waarmee hij omgaat als mensen. Wij kennen menselijke gevoelens toe aan honden, ratten, makaken. De hond krijgt een blikje hondenvoer met een strik eromheen onder de kerstboom, de poes krijgt in de winter een dekentje over zich als ze gaat slapen, ook al kruipt ze er steeds weer onderuit, wij spreken tegen ons huisdier alsof die alles verstaat. 'Ja meneer, echt waar, mijn Minouche verstaat precies wat ik zeg!' Mooi is dat zonder taalcentra in de hersenschors. Onze houding tegenover deze dieren is dus wat men 'antropomorf' noemt, we geven dieren een menselijke gedaante.

Dat leidt tot rare toestanden bij het opkomen voor dierenrechten. Huisdieren worden als familieleden gezien en krijgen daardoor meer sympathie en aandacht om lijden te voorkomen dan andere soorten. Voor consumptiedieren geldt minder sympathie. Ongedierte moet het helemaal ontgelden. Zo vergiftigen wij ratten met anticoagulantia, dat zijn stoffen die de bloedstolling verhinderen en door inwendige bloeduitstortingen zorgen voor een langdurige, pijnlijke ziekte en de dood. Ook al kan het bewustzijn van een rat waarschijnlijk vergeleken worden met dat van een hond, toch roept deze praktijk geen maatschappelijk protest op. Een gelijksoortige behandeling van honden is in onze samenleving totaal onaanvaardbaar en zou wettelijk worden bestraft. Zo krijgen ook jonge dieren meer medeleven dan oudere, ondanks het feit dat oudere dieren door hun grotere ervaring meer bewustzijn hebben opgebouwd. Ook zeldzame en mooie dieren krijgen meer aandacht dan andere. Kortom, onze antropomorfistische benadering vraagt nog flink wat onderwijs en opvoeding om een meer volwassen, meer menselijkere houding tegenover andere soorten aan te nemen. Alweer een aanwijzing dat voorlichting omtrent de evolutie niet zou misstaan in onze samenleving.

Het wordt stilaan tijd om een punt te zetten achter deze vertelling. Het verhaal van de evolutie, waaraan Darwin is beginnen schrijven, is zo boeiend dat ik wel zou kunnen blijven schrijven. Een van de moeilijkste dingen bij het schrijven van een boek is nu juist selecteren en veel schrappen. Het verhaal dat ik wilde vertellen is veel te uitgebreid. Ik zou nog zo veel dingen willen behandelen, er staan nog zo veel vragen open, nog zo veel voorbeelden te geven. Evolutie is een *never ending story*. Het verhaal zal misschien nooit helemaal neergeschreven worden. Dat hoeft ook niet. Belangrijk voor ons mensbeeld is de kern van de zaak, de essentie van het evolutieverhaal. Wat is natuurlijke selectie? Hoe werkt ze – vooral op ons gedrag? Hoe kan dit gebruikt worden om menselijk gedrag te verklaren? Wat is de plaats van de cultuur in deze evolutie? Dat zijn vragen die naar de essentie van ons gedrag gaan, van onze afkomst. De antwoorden hierop kunnen een belangrijke richting aangeven waarin we moeten verder gaan om het mensbeeld te verfijnen.

Er zijn veel grote denkers geweest die het mensbeeld hebben bijgestuurd, vaak slechts tijdelijk. Zij brachten goede memen aan maar die zijn na enige tijd toch verzwakt in de strijd met andere memen. Darwins bijsturing van ons mensbeeld is van een heel andere aard. In de eerste plaats is ze veel moeilijker te vatten. Hij deed ons dit cadeau halverwege de 19de eeuw, maar het heeft geduurd tot het einde van de 20ste eeuw voordat we de draagwijdte ervan doorhadden, dat we begonnen in te zien hoe onze visie op de mens moet worden herschreven. In de 21ste eeuw zal dit werk worden voortgezet. Vervolgens is Darwins bijdrage tot ons mensbeeld van een andere aard dan al die andere, doordat het om de kern van de zaak gaat, het wezen van ons bestaan. Het is geen geloof, geen hypothese die men kan volgen of verwerpen op basis van een ideologie. Nee, het is een vaststelling van feiten, een theorie die al anderhalve eeuw elke wetenschappelijke toetsing *cum laude* doorstaat. Daardoor is Darwins bijdrage waarschijnlijk geen tijdelijke inbreng in ons denken, maar een blijvend herdefiniëren van de mens. Het is een onverwoestbare meme.

Veel passages in dit verhaal zijn nog niet ontegensprekelijk bewezen, en zullen binnen enkele jaren misschien anders worden geformuleerd. Dat neemt niet weg dat we nu al conclusies mogen trekken uit de wetenschappelijke bevindingen waarover we wel beschikken. Het kan geen kwaad hypothesen naar voren te schuiven die nog veranderd kunnen worden – we moeten dat durven! Anders vordert ons denken niet. De basisgedachte, de grote lijnen blijven overeind. De precieze invulling van de vele details kan steeds – zoals altijd in wetenschap – worden bijgeschaafd.

Menselijk gedrag is een moeilijk ontwarbare verstrengeling van nieuwe culturele verworvenheden en oeroude biologische wortels. In het menselijk denken is dit gedurende eeuwen niet aan bod gekomen. Menselijk gedrag kreeg een exclusief culturele stempel. Als er een notie bestond van overerfbaar gedrag of gedrag waarvoor een materiële verklaring kon worden aangevoerd, dan werd dat ondergebracht in een onderaardse categorie, iets dat niet menselijk was omdat het niet strookt met de menselijke verhevenheid. Sinds de evolutieleer, de gedragsbiologie en de erfelijkheidsleer weten we echter dat die visie verkeerd is, dat het ons een schijnbeeld van de mens voorhoudt, een meme die lang succes had. Dankzij het onderzoek van de laatste decennia worden de biologische wortels blootgelegd. Er zijn mensen die dit jammer vinden, ze beschouwen dat als een stap achterwaarts voor het mensbeeld. De mens is niet meer de goddelijke verhevenheid, maar een toevalstreffer van de evolutie. Ik hoop dat dit hoofdstuk heeft duidelijk gemaakt dat deze mensen zich vergissen, het is geen stap achterwaarts, maar een stap vooruit waarbij we uit een droomwereld stappen en in de realiteit belanden, een bijzonder boeiende realiteit. Alleen moet men dat zien, en er dan ten volle van genieten. Dat is de opzet van dit boek. Als ik hier een klein beetje in ben geslaagd, ben ik een gelukkig bioloog. En ik heb meteen iets van mijn verliefdheid kunnen overdragen.

Het verhaal van de evolutie van ons gedrag is niet alleen boeiend. Het is niet alleen iets dat onze intellectuele honger stilt, dat ons verrijkt in onze kennis. Het zal – daar ben ik van overtuigd – uitgroeien tot een verbetering van onze cultuur. Bij het herschrijven van het mensbeeld, kijkend door de bril van Darwin, zullen we elementen vinden in onze cultuur die niet meer functioneel zijn, waarmee we niet verder kunnen bij de uitgroei van onze samenleving. Het Grote Verhaal zal een ander licht werpen op dingen die dringend aan sanering toe zijn. De biologische wortels van ons gedrag die hier en daar te sterk gaan domineren over de culturele afspraken, zullen vakkundig kunnen worden aangepakt om hun dominantie weg te werken. Anders stopt die cultuur in een doodlopende straat.

Zulke saneringen zijn legio. De visie die ik heb voorgelegd over homoseksualiteit zal onze weerstand tegenover dit verschijnsel ombuigen tot het aanvaarden ervan als een gewone, maar minder voorkomende geaardheid – zelfs als een verrijking van ons seksueel bestel. Het begrijpen van het verschijnsel overspel zal menig man doen afzien van een dwangmatig gedrag om zich als macho te manifesteren. Als die man inziet dat hij nog met wapens speelt uit ver vervlogen tijden, zal hij wellicht meer kunnen werken aan het geluk binnen zijn huwelijk in plaats van aan zijn buitenechtelijke veroveringen. Hetzelfde geldt voor de vrouw die zal inzien dat ze met haar avontuurtje in wezen op zoek is naar betere genen, maar de toekomst met haar vaste partner daarvoor kan kwijtspelen. Pedofielen zullen inzien dat de essentie van hun voorkeur voor kinderen een reactie is op supranormale prikkels, en dat dit in het Moederland kon leiden tot een hoger voortplantingssucces, maar nu alleen nog – zelfs onherstelbare – schade kan toebrengen aan de zich ontwikkelende psyche van het kind. Mannen zullen zichzelf gaan zien als voortdurende dwangneurotici op zoek naar dominantie. Het storende van deze biologische stuwkracht in onze complexer wordende maatschappij zal duidelijk worden en extra worden belicht. Deze mannen zullen zich genoodzaakt zien om minstens een deel van de vrouwelijke strategie, de samenwerking, over te nemen.

Zo kan ik nog veel conclusies uit dit verhaal trekken, maar één moet er nog van mijn hart. Dat is het voorkómen van de gruwelijkste dingen die ons gedrag mee kenmerken: geweld, verkrachting, foltering, oorlogvoering. Dat zijn pas echt belangrijke dingen die aan bod moeten komen bij het herschrijven van het mensbeeld. De volgende decennia moeten deze slagschaduwen van onze cultuur worden aangepakt als we onze samenleving niet willen hypothekeren voor de toekomst. Daarover zit ik wel een beetje met de handen in het haar. Het is zeker niet de bedoeling van dit verhaal om op basis van de evolutietheorie een remedie voor deze kwalen te formuleren. Ik denk dat onze kennis terzake nog niet ver genoeg is. We hebben wel kennis gemaakt met de hypothese die de wortels van oorlog blootlegt, met de evolutionaire verklaring van verkrachting. Maar dat volstaat niet om er nu al een remedie uit te destilleren. Voor zaken als weerstand tegen homoseksualiteit, overspel, pedofilie en drang naar dominantie kan het begrijpen van de oorsprong ervan een enorme hulp betekenen. Voor gruwelijkheden als oorlog en verkrachting echter, dingen die te ver zijn doorgedrongen in het abnormale, ziekelijke, oncontroleerbare gedrag, is dat besef niet voldoende. Geen generaal zal een oorlog laten staan vanwege het verhaal van de chimpansee. Geen psychopaat zal zijn drang tot verkrachting overwinnen door het besef dat hij in wezen gehoorzaamt aan wetten die zijn *fitness* verhogen. In afwachting van een remedie moeten we echter de evolutiegedachte, het verhaal van Darwin, zo veel mogelijk helpen verspreiden. En misschien werkt dan het systeem van Freud wel. Hij stelde dat mensen van hun psychische problemen kunnen worden verlost als ze inzicht krijgen in de oorsprong ervan: wie beseft dat zijn dwangneurose het gevolg is van een verdrongen element uit zijn kinderjaren, is al half genezen. Laat dan voorlopig het Grote Verhaal een analyse brengen waardoor wij misschien al half kunnen genezen van de negatieve elementen in onze cultuur.

Ziedaar het mooie van een meme en meteen ook het nut ervan. Die schoonheid en dat nut zullen de verspreiding ervan nog lange tijd verzekeren. Er zal nog veel over worden gesproken en geschreven, het zal zich nestelen in het mensbeeld. In die zin mogen ook dit boek en zijn auteur voertuigen zijn voor de verspreiding van Darwins Grote Verhaal. Het warme gevoel dat eruit voortspruit, heeft mij ertoe aangezet dit boek te schrijven. *Romeo en Juliet* kan ik niet weergeven, dat talent ontbreekt me. Maar Darwins idee heeft me zo vervuld dat ik het heb aangedurfd daar wél iets over te schrijven. Misschien sprong die meme en het goede gevoel dat het met zich brengt van mijn brein over op het uwe!

VERDERE LITERATUUR

De onderstaande lijst van boeken bevat niet meer dan een greep uit het rijke aanbod aan literatuur over de onderwerpen die in dit boek aan bod zijn gekomen. Deze lijst is geen referentielijst en ook geen bibliografie. Het is niet meer dan een wegwijzer voor verdere literatuur: er zijn alleen boeken vermeld die een overzicht bieden van een onderwerp, er werden geen technische artikelen opgenomen.

Badcock C. (1995). *PsychoDarwinism. The New Synthesis of Darwin and Freud.* Flamingo, Londen.

Baker R. (1996). *De Spermaoorlog.* Contact, Amsterdam/Antwerpen.

Barash D.P. (1977). *Sociobiology and Behavior.* Elsevier, New York.

Barkow J.H., Cosmides L. & Tooby J. (1992). *The Adapted Mind.* Oxford University Press, Oxford, New York.

Blackmore S. (1999). *The Meme Machine.* Oxford University Press, Oxford.

Bloom F.E. & Lazerson A. (1988). *Brain, Mind, and Behavior.* W.H.Freeman & Company, New York.

Boyd R. & Silk J.B. (1997). *How Animals Evolved.* W.N. Norton & Company, New York/Londen.

Buss D. (1994). *The Evolution of Desire. Strategies of Human Mating.* Basic Books, New York.

Buss D. (1999). *Evolutionary Psychology. The New Science of the Mind.* Allyn and Bacon, Boston.

Byrne R. (1995). *The Thinking Ape.* Oxford University Press, Oxford.

Byrne R. & Whiten A. (1988). *Machiavellian Intelligence.* Oxford University Press, Oxford.

Chagnon N. (1968). *Yanomamö: The Fierce People.* Holt, Rinehart & Winston, New York.

Chagnon N. (1992). *Yanomamö: The Last Days of Eden.* Harcourt Brace Jovanovich, New York.

Cheney D.L. & Seyfarth R.M. (1990). *How Monkeys See the World.* University of Chicago Press, Chicago & Londen.

Chomsky N. (1993). *Language and Thought.* Moyer Bell, Londen.

Cronin H. (1991). *The Ant and the Peacock.* Cambridge University Press, Cambridge.

Daly M. & Wilson M. (1988). *Homicide.* Aldine de Gruyter, New York.

Damasio A.R. (1994). *De Vergissing van Descartes. Gevoel, Verstand en het Menselijk Brein.* Wereldbibliotheek, Amsterdam.

Darwin Ch. (1859/1964). *On the Origin of Species.* Harvard University Press, Cambridge, Mass.

Darwin Ch. (1872/1965). *The Expression of Emotions in Man and Animals.* The University of Chicago Press, Chicago.

Dawkins M. (1980). *Animal Suffering. The Science of Animal Welfare.* Chapman and Hall, Londen.

Dawkins M. (1993). *Through our Eyes only?* W.H. Freeman, Oxford.

Dawkins R. (1989). *The Selfish Gene.* Oxford University Press, Oxford.

Dawkins R. (1995). *River out of Eden.* Weidenfeld & Nicolson, Londen.
Dennett D.C. (1995). *Darwins Gevaarlijke Idee.* Contact, Amsterdam/Antwerpen.
Dennett D.C. (1991). *Consciousness Explained.* Penguin Books, Londen.
De Waal F. (1982). *Chimpansee-politiek. Macht en Seks bij Mensapen.* Becht, Amsterdam.
De Waal F. (1997). *Bonobo, de Vergeten Mensaap.* Natuur & Techniek.
Dunbar D. (1996). *Vlooien, Roddelen en de Ontwikkeling van Taal.* Ambo, Baarn.
Eibl Eibesfeldt I. (1989). *Human Ethology.* Aldine de Gruyter, New York.
Gazzaniga, M. & Ledoux, J. (1978). *The integrated Mind.* Plenum, New York.
Goodall J. (1971). *In the Shadow of Man.* Collins, Londen.
Gould S.J. (1996). *Full House. The Spread of excellence from Plato to Darwin.* Harmony Books, New York.
Hamilton W.D. (1995). *The Narrow Roads of Gene Land.* W.H. Freeman, Oxford.
Hinde R, ed. (1972). *Non Verbal Communication.* Cambridge University Press, Cambridge.
Hinde R. (1974). *Biological Bases of Human Behaviour.* McGrawHill Book Company, New York.
Hinde R. (1982). *Ethology.* Fontana Paperbacks, Glasgow.
Hrdy S.B. (2000). *Moederschap. Een Natuurlijke Geschiedenis.* Het Spectrum, Utrecht.
Leakey R. (1995). *De Oorsprong van de Mensheid.* Contact, Amsterdam/Antwerpen.
Ledoux J.E. & Hirst W. (1986). *Mind and Brain. Dialogues in Cognitive Neuroscience.* Cambridge University Press, Cambridge.
Maynard Smith J.M. (1993). *The Theory of Evolution.* Cambridge University Press, New York.
Morris D. (1967). *De Naakte Aap.* Bruna Uitgevers A.W., Utrecht.
Nelissen M. (1996). *Lexicon van de Gedragsbiologie.* Garant, Leuven/Apeldoorn.
Nelissen M. (1997). *Introductie tot de Gedragsbiologie.* Garant, Leuven/Apeldoorn.
Nesse R. & Williams, G. (1995). *Evolution and Healing. The New Science of Darwinian Medicine.* Weidenfeld and Nicolson, Londen.
Pinker S. (1994). *The Language Instinct.* HarperCollins, New York.
Pinker S. (1998). *Hoe de Menselijke Geest Werkt.* Contact, Amsterdam/Antwerpen.
Ridley Mark (1986). *The Problems of Evolution.* Oxford University Press, Oxford.
Ridley Matt (1993). *The Red Queen. Sex and the Evolution of Human Nature.* Penguin Books, Londen.
Ridley Matt (1996). *De Oorsprong van de Moraal.* Contact, Amsterdam/Antwerpen.
Ridley Matt (1999). *Genoom. Het Recept voor een Mens.* Contact, Amsterdam/Antwerpen.
Schmitt A., Altzwanger K., Grammer K. & Schäfer K. (1997). *New Aspects of Human Ethology.* Plenum Press, New York/Londen.
Springer S.P. & Deutsch G. (1997). *Left Brain, Right Brain. Perspective from Cognitive Neuroscience (Series of Books in Psychology).* W.H. Freeman & Co, San Francisco.
Sulloway F.J. (1996). *Born to Rebel. Family Conflict and Radical Genius.* Pantheon, New York.
Tinbergen N. (1951). *The Study of Instinct.* Oxford University Press, Oxford.
Thornhill R. & Palmer C. (2000). *A natural history of rape.* MIT Press, Cambridge.
Trivers R. (1985). *Social Evolution.* Benjamin/Cummings, Reading, Mass.
Van De Grind W. (1997). *Natuurlijke Intelligentie. Over Denken, Intelligentie, en Bewustzijn van Mensen en Andere Dieren.* Nieuwezijds, Amsterdam.
Wilson E.O. (1975). *Sociobiology.* The Belknap Press of Harvard University Press, Cambridge.
Wilson E.O. (1978). *On Human Nature.* The Belknap Press of Harvard University Press, Cambridge.
Wrangham R. & Peterson D. (1996). *Agressieve Mannetjes.* Nieuwezijds, Amsterdam.
Wright R. (1998). *Het Morele Dier.* Wereldbibliotheek, Amsterdam.

REGISTER